U0170335

"十三五"国家重点出版物出版规划项目

国家科学技术学术著作出版基金资助出版

能源化学与材料丛书　总主编　包信和

液流电池储能技术及应用

张华民　著

科学出版社

北　京

内 容 简 介

本书共分为 9 章。第 1 章概要介绍适用于大规模储能的锂离子电池、钠硫电池、铅炭电池等电化学储能技术；第 2 章综合介绍液流电池的结构与组成、分类与特点及各种无机储能活性物质（电对）的液流电池技术的结构特点和研究开发进展；第 3 章、第 4 章、第 5 章分别详细介绍液流电池电解液、电极与双极板、离子交换（传导）膜等关键材料的功能、特点及技术发展现状；第 6 章全面介绍已实现了产业化应用且在长时段储能中具有广阔应用市场的全钒液流电池电堆及电池系统的结构、设计原则及方法、发展现状与挑战；第 7 章介绍数值模拟与结构设计及其在液流电池中应用的研究进展；第 8 章介绍水系、非水系液流电池技术的研究进展及发展前景；第 9 章举例介绍液流电池储能技术的应用。

本书内容涉及电化学、材料科学、新能源技术、电能存储和化学工程等多个领域。本书适合于大规模储能技术、智能电网技术、能源存储与转化技术相关领域研究开发和应用的工程技术人员，以及高等院校、科研院所从事储能技术研究的人员阅读。

图书在版编目（CIP）数据

液流电池储能技术及应用 / 张华民著. —北京：科学出版社，2022.2
（能源化学与材料丛书 / 包信和总主编）
"十三五"国家重点出版物出版规划项目
ISBN 978-7-03-071401-5

Ⅰ. ①液… Ⅱ. ①张… Ⅲ. ①化学电池—储能—研究 Ⅳ. ①O646.21

中国版本图书馆 CIP 数据核字（2022）第 015849 号

丛书策划：杨 震
责任编辑：李明楠 孙静惠 / 责任校对：杜子昂
责任印制：赵 博 / 封面设计：蓝正设计

科 学 出 版 社 出版
北京东黄城根北街 16 号
邮政编码：100717
http://www.sciencep.com

北京厚诚则铭印刷科技有限公司印刷
科学出版社发行 各地新华书店经销
*
2022 年 2 月第 一 版 开本：720 × 1000 1/16
2024 年 9 月第四次印刷 印张：24 1/4
字数：486 000
定价：150.00 元
（如有印装质量问题，我社负责调换）

丛书编委会

丛 书 序

　　能源是人类赖以生存的物质基础，在全球经济发展中具有特别重要的地位。能源科学技术的每一次重大突破都显著推动了生产力的发展和人类文明的进步。随着能源资源的逐渐枯竭和环境污染等问题日趋严重，人类的生存与发展受到了严重威胁与挑战。中国人口众多，当前正处于快速工业化和城市化的重要发展时期，能源和材料消费增长较快，能源问题也越来越突显。构建稳定、经济、洁净、安全和可持续发展的能源体系已成为我国迫在眉睫的艰巨任务。

　　能源化学是在世界能源需求日益突出的背景下正处于快速发展阶段的新兴交叉学科。提高能源利用效率和实现能源结构多元化是解决能源问题的关键，这些都离不开化学的理论与方法，以及以化学为核心的多学科交叉和基于化学基础的新型能源材料及能源支撑材料的设计合成和应用。作为能源学科中最主要的研究领域之一，能源化学是在融合物理化学、材料化学和化学工程等学科知识的基础上提升形成，兼具理学、工学相融合大格局的鲜明特色，是促进能源高效利用和新能源开发的关键科学方向。

　　中国是发展中大国，是世界能源消费大国。进入 21 世纪以来，我国化学和材料科学领域相关科学家厚积薄发，科研队伍整体实力强劲，科技发展处于世界先进水平，已逐步迈进世界能源科学研究大国行列。近年来，在催化化学、电化学、材料化学、光化学、燃烧化学、理论化学、环境化学和化学工程等领域均涌现出一批优秀的科技创新成果，其中不乏颠覆性的、引领世界科技变革的重大科技成就。为了更系统、全面、完整地展示中国科学家的优秀研究成果，彰显我国科学家的整体科研实力，提升我国能源科技领域的国际影响力，并使更多的年轻科学家和研究人员获取系统完整的知识，科学出版社于 2016 年 3 月正式启动了"能源化学与材料丛书"编研项目，得到领域众多优秀科学家的积极响应和鼎力支持。编撰该丛书的初衷是"凝炼精华，打造精品"。一方面要系统展示国内能源化学和材料资深专家的代表性研究成果，以及重要学术思想和学术成就，强调原创性和系统性及基础研究、应用研究与技术研发的完整性；另一方面，希望各分册针对特定的主题深入阐述，避免宽泛和冗余，尽量将篇幅控制在 30 万字内。

　　本套丛书于 2018 年获"十三五"国家重点出版物出版规划项目支持。希望它的付梓能为我国建设现代能源体系、深入推进能源革命、广泛培养能源科技人才贡献一份力量！同时，衷心希望越来越多的同仁积极参与到丛书的编写中，让本套丛书成为吸纳我国能源化学与新材料创新科技发展成就的思想宝库！

包信和

2018 年 11 月

前　言

　　2020 年 9 月 22 日，习近平总书记在第七十五届联合国大会上向世界庄严宣布：中国将提高国家自主贡献力度，采取更加有力的政策和措施，二氧化碳排放力争于 2030 年前达到峰值，努力争取 2060 年前实现碳中和。

　　为实现"碳达峰"和"碳中和"的双碳目标，就要深化以新能源为主体的新型电力系统。2060 年的能源供给体系将会以"新能源+新型储能"的方式存在，这种供给体系既能有效降低碳排放，达到"碳中和"目标，又能提供安全稳定的电力能源。

　　截至 2020 年 7 月底，我国国家电网经营区新能源装机累计达 3.65 亿 kW·h，装机占比 22.9%，成为国家电网第二大电源。预计到 2025 年，新能源装机占比将达到 36%以上。到 2030 年，风能将新增 12 亿～16 亿 kW（现在是 7 亿 kW），太阳能光伏发电将新增 7.2 亿 kW（现在是 4.8 亿 kW）。我国的风能、太阳能等可再生能源发电装备的制造技术和制造能力已经非常成熟，技术国际领先，新型储能技术将是瓶颈技术之一。如果要求可再生能源发电配 10%～20%的储能装备，巨大的储能市场，特别是长时储能（储能时间在 8h 以上）市场，将极大地推动储能产业的发展。实现双碳目标为储能产业的发展和技术应用提出了新的要求，也为储能产业的快速发展提供了机遇。

　　已经实用化的大规模储能技术主要包括物理储能和电化学储能。物理储能技术主要包括抽水储能和压缩空气储能，这两种储能系统具有规模大、寿命长、安全可靠、运行费用低的优点，建设规模一般在百兆瓦级以上，储能时间长达数天至十数天，适用于电力系统的削峰填谷、电网调峰、紧急事故备用容量等应用。但这两种储能技术都需要特殊的地理条件和配套设施，建设的局限性较大，难以满足可再生能源发电分布式建设及电网系统分散式、局部自愈能力和智能化的要求。电化学储能技术是指利用电化学反应装置，通过电化学反应实现化学能与电能之间的相互转换，实现电能的大规模储存和释放。用于风能、太阳能发电的储能技术主要包括先进锂离子电池技术、先进液流电池技术、铅炭电池技术、钠基电池技术等。电化学储能技术具有系统简单、安装便捷及运行方式灵活等优点，建设规模一般在千瓦到百兆瓦级别，根据储能电池种类的不同，既可适用于发电端储能需求，又可适用于输配电及用户端储能需求，是近些年电力储能行业发展的重点。

液流电池储能技术是利用正、负极储能活性物质价态的变化来实现电能的储存和释放。液流电池的种类很多，实现了产业化应用且具有很好市场前景的是无机电解质的全钒液流电池、锌基液流电池等，因此，无机电解质的液流电池近年来已成为国际上基础研究和工程应用开发的热点。液流电池尤其是全钒液流电池由于具有储能规模大、安全性高、充放电循环寿命长、生命周期中性价比高、环境负荷小、电池材料可循环利用、环境友好等优点，近年来越来越得到世界各国的重视，发展越来越快，技术越来越成熟，成本越来越低，具有十分巨大的市场前景。本书作者从 1982 年在日本留学时，就开始了燃料电池相关技术的研究，2000 年回国后，"十五"期间，作为项目负责人主持了国家高技术研究发展计划（863 计划）电动汽车重大专项"燃料电池发动机"项目和中国科学院知识创新工程重大项目"大功率质子交换膜燃料电池发动机及氢源技术"的研究开发，先后开发出 75 kW、100 kW 及 150 kW 燃料电池电动汽车用燃料电池发动机，并开始了液流电池技术的研究开发。"十一五"以来，作者作为首席科学家主持了国家重点基础研究发展计划（973 计划）"大规模高效液流电池储能技术的基础研究"，作为项目负责人主持了 863 计划、中国科学院、辽宁省和大连市政府多项液流电池技术项目的研究开发和应用示范。作者的研究团队先后开展了多硫化钠/溴液流电池、全钒液流电池、锌/溴液流电池、锌/镍液流电池和锌/铁液流电池的电解液、电极双极板、新型离子交换（传导）膜等关键材料及电堆等核心部件的研究和工程开发，液流电池储能模块和大规模液流电池的系统设计、制造、集成和控制管理技术的研究开发及其工程化、产业化技术平台建设和工程应用示范，使我国全钒液流电池储能技术处于国际领先水平。

作者在近 20 年液流电池技术的研究开发过程中，得到了 973 计划、863 计划，"国家能源液流储能电池技术重点实验室"项目，国家自然科学基金项目，中国科学院"洁净能源战略性先导专项"、辽宁省政府和大连市政府"科技创新重大项目"等的经费支持，在此表示衷心的感谢。迄今，本书作者发表学术论文 400 余篇，他引 40000 余次，获授权国家发明专利 300 余件，积累了丰富的研究经验和大量的技术资料；主持制定的国际、国家及能源行业燃料电池和液流电池标准 20 余项已颁布实施。研究成果荣获首届"全国创新争先奖"、国家技术发明奖二等奖、中国科学院杰出科技成就奖、中国电化学贡献奖、辽宁省企业重大研发成果奖、辽宁省科学技术奖一等奖等多种奖项。本书是在作者持之以恒 20 年获得的液流电池关键材料、核心部件、系统集成、工程制造、应用示范及标准化工作的研究经验和技术积累基础上撰写的。

在本书撰写过程中，作者的同事和研究生李先锋、张洪章、孙佳伟、刘涛、郑琼、鲁文静、袁治章、谢聪鑫、张宇、刘宗浩、王晓丽、马相坤、邢枫、赖勤志、邹毅、阎景旺、荣倩、高素军、宋杨等为本书相关章节资料收集和引用文献校对等做了大量工作。同时，近 20 年作者指导的从事液流电池领域研究工作的研究生的研究成果，为本书提供了丰富的研究数据和结果。在此，作者对为本书的撰写做出贡献的所有同事和学生们表示诚挚的谢意。

　　由于作者知识积累和学术水平有限，而且液流电池技术发展迅速，书中难免会出现不足和疏漏之处，敬请同行和读者批评指正。

张华民

2020 年 8 月

目　　录

丛书序
前言
第1章　电化学储能技术 ··· 1
  1.1　概述 ··· 1
  1.2　锂离子电池 ·· 4
    1.2.1　锂离子电池的原理及特点 ··························· 4
    1.2.2　锂离子电池的关键材料 ····························· 5
    1.2.3　锂离子电池的应用及产业现状 ······················ 9
    1.2.4　锂离子电池的发展趋势 ··························· 13
  1.3　钠硫电池 ··· 13
    1.3.1　钠硫电池的结构和原理 ··························· 14
    1.3.2　钠硫电池的特性 ································· 15
    1.3.3　钠硫电池的应用及产业现状 ······················ 17
    1.3.4　钠硫电池的发展趋势 ····························· 19
  1.4　铅炭电池 ··· 20
    1.4.1　铅炭电池的原理 ································· 20
    1.4.2　铅炭电池的种类和结构 ··························· 20
    1.4.3　铅炭电池的技术发展现状 ························· 21
    1.4.4　铅炭电池的工程应用现状 ························· 22
    1.4.5　铅炭电池存在的主要问题及研究开发重点 ············ 26
  参考文献 ··· 27
第2章　液流电池储能技术 ··· 31
  2.1　概述 ·· 31
  2.2　液流电池的结构与组成 ····································· 35
    2.2.1　液流电池单电池 ································· 35
    2.2.2　液流电池电堆 ··································· 36
    2.2.3　液流电池系统及液流电池储能系统 ················· 38

2.3 液流电池的分类与特点 ……………………………………………………… 39

2.4 液流电池性能的评价方法 …………………………………………………… 40

    2.4.1 充、放电性能测试 ……………………………………………………… 42

    2.4.2 极化曲线测试 …………………………………………………………… 48

    2.4.3 充、放电性能和极化曲线的关系 ……………………………………… 51

2.5 铁/铬液流电池 ………………………………………………………………… 53

2.6 锌/溴液流电池 ………………………………………………………………… 55

    2.6.1 锌/溴液流电池的工作原理及特点 …………………………………… 55

    2.6.2 锌/溴液流电池的研究进展 …………………………………………… 57

2.7 锌/溴单液流电池 ……………………………………………………………… 66

    2.7.1 锌/溴单液流电池的工作原理及特点 ………………………………… 66

    2.7.2 锌/溴单液流电池的研究进展 ………………………………………… 69

2.8 钒/溴液流电池 ………………………………………………………………… 69

    2.8.1 钒/溴液流电池的工作原理及特点 …………………………………… 69

    2.8.2 钒/溴液流电池的研究进展 …………………………………………… 70

2.9 锌/镍单液流电池 ……………………………………………………………… 71

    2.9.1 锌/镍单液流电池的工作原理及特点 ………………………………… 72

    2.9.2 锌/镍单液流电池的研究进展 ………………………………………… 73

    2.9.3 锌/镍单液流电池的应用示范 ………………………………………… 75

2.10 多硫化钠/溴液流电池 ……………………………………………………… 76

    2.10.1 多硫化钠/溴液流电池的工作原理及特点 ………………………… 76

    2.10.2 多硫化钠/溴液流电池的发展历程 ………………………………… 77

    2.10.3 多硫化钠/溴液流电池的研究进展 ………………………………… 79

2.11 锌/铈液流电池 ……………………………………………………………… 84

2.12 铅酸单液流电池 ……………………………………………………………… 84

2.13 锌/铁液流电池 ……………………………………………………………… 85

    2.13.1 碱性锌/铁液流电池 ………………………………………………… 85

    2.13.2 中性锌/铁液流电池 ………………………………………………… 88

参考文献 ……………………………………………………………………………… 91

第3章 液流电池电解液 …………………………………………………………… 98

3.1 铁/铬液流电池电解液 ………………………………………………………… 98

3.2 多硫化钠/溴液流电池电解液 ……………………………………………… 100

    3.2.1 多硫化钠负极电解液的制备 ………………………………………… 101

    3.2.2 多硫化钠负极电解液对电池循环性能的影响 ……………………… 102

    3.2.3 多硫化钠负极电解液的初始组成分析 ……………………………… 105

　　　3.2.4　溶液组成与平衡电位随电池荷电状态的变化 ·············· 107
　　　3.2.5　初始组成对溶液稳定性的影响 ························· 110
　3.3　全钒液流电池电解液 ·································· 112
　　　3.3.1　钒化学的相关知识 ····························· 112
　　　3.3.2　电解液对全钒液流电池性能的影响 ··················· 137
　　　3.3.3　正、负极电解液中水和钒离子的迁移规律 ··············· 144
　　　3.3.4　电解液中质子浓度对全钒液流电池储能容量的影响 ········· 158
　　　3.3.5　电解液离子在离子交换膜中的传输机理 ················ 167
　　　3.3.6　离子传输过程中的物料守恒及电荷守恒 ················ 169
　　　3.3.7　全钒液流电池效率及储能容量稳定性 ················· 170
　　　3.3.8　储能容量的提升及恢复策略 ······················ 171
　　　3.3.9　全钒液流电池电解液的稳定性 ····················· 174
　　参考文献 ··· 178
第4章　液流电池电极与双极板 ······················· 183
　4.1　液流电池电极 ····································· 183
　　　4.1.1　电极的功能与作用 ····························· 183
　　　4.1.2　电极的特点与分类 ····························· 183
　　　4.1.3　液流电池电极材料的发展现状 ····················· 185
　4.2　液流电池双极板 ··································· 194
　　　4.2.1　双极板的功能与作用 ··························· 194
　　　4.2.2　双极板的特点与分类 ··························· 195
　　　4.2.3　双极板的发展现状 ····························· 196
　　参考文献 ··· 200
第5章　液流电池用离子交换（传导）膜 ·················· 203
　5.1　离子交换（传导）膜的作用和性能要求 ················· 203
　5.2　全钒液流电池用离子交换（传导）膜的分类及特点 ·········· 204
　5.3　全钒液流电池用离子交换（传导）膜材料 ··············· 204
　　　5.3.1　全氟磺酸离子交换膜 ··························· 204
　　　5.3.2　部分氟化离子交换膜 ··························· 212
　　　5.3.3　非氟离子交换膜 ····························· 214
　　　5.3.4　多孔离子传导膜 ····························· 223
　　参考文献 ··· 238
第6章　全钒液流电池电堆及系统技术 ··················· 243
　6.1　概述 ·· 243
　6.2　全钒液流电池的原理和特点 ······················· 244

  6.3　全钒液流电池电堆的结构设计 ······················ 247
    6.3.1　电堆的构成 ·· 247
    6.3.2　电堆中的电解液分布 ································· 247
    6.3.3　电堆的共用管路设计 ································· 249
    6.3.4　电堆的密封材料与结构 ····························· 250
    6.3.5　端板和导流板 ·· 250
    6.3.6　电堆的组成与组装 ···································· 251
  6.4　电堆的设计原则 ··· 252
    6.4.1　电堆的额定输出功率与额定能量效率 ········· 252
    6.4.2　低流阻、高均匀性流场结构 ····················· 253
    6.4.3　漏电电流的控制 ·· 254
    6.4.4　电堆的可靠性与安全性 ····························· 256
  6.5　全钒液流电池储能系统 ··································· 256
    6.5.1　全钒液流电池系统的组成 ························· 256
    6.5.2　全钒液流电池系统的设计原则 ··················· 257
    6.5.3　全钒液流电池的控制管理系统 ··················· 260
  6.6　液流电池发展现状与挑战 ······························ 262
  参考文献 ··· 264
第7章　数值模拟与结构设计及其在液流电池中的应用 ··· 266
  7.1　概述 ··· 266
  7.2　全钒液流电池数学模型的研究进展 ··················· 267
    7.2.1　电解液流动模型 ·· 268
    7.2.2　二维多物理场耦合模型 ····························· 268
    7.2.3　三维多物理场耦合模型 ····························· 274
  7.3　全钒液流电池结构设计的研究进展 ··················· 277
    7.3.1　全钒液流电池的部件及结构 ····················· 277
    7.3.2　电解液流动方式 ·· 281
    7.3.3　全钒液流电池流场结构设计的研究进展 ········ 283
  参考文献 ··· 292
第8章　新型电对液流电池探索 ································· 296
  8.1　非水系液流电池 ··· 296
    8.1.1　Li/TEMPO 液流电池 ································· 296
    8.1.2　Li/BODMA 液流电池 ································· 297
    8.1.3　Li/醌类化合物液流电池 ···························· 298
    8.1.4　Li/二茂铁液流电池 ···································· 299

  8.1.5　Li/Br₂ 液流电池 ……………………………………… 300

  8.1.6　FL/DBMMB 液流电池 ………………………………… 301

 8.2　水系新型液流电池 …………………………………………… 301

  8.2.1　水系有机电对液流电池 ……………………………… 301

  8.2.2　新型水系无机电对液流电池 ………………………… 310

 参考文献 …………………………………………………………… 321

第 9 章　液流电池储能技术的应用 …………………………………… 323

 9.1　液流电池储能技术的应用概况 ……………………………… 323

  9.1.1　液流电池的典型应用领域 …………………………… 323

  9.1.2　液流电池储能系统的应用 …………………………… 324

 9.2　液流电池在可再生能源发电中的应用 ……………………… 331

 9.3　液流电池在可再生能源发电中的应用案例 ………………… 336

  9.3.1　澳大利亚国王岛风电储能项目 ……………………… 336

  9.3.2　日本住友电气工业株式会社在北海道风电场的储能项目 … 337

  9.3.3　张北国家风光储输全钒液流电池项目 ……………… 339

  9.3.4　辽宁中国国电石风电储能项目 ……………………… 340

 9.4　液流电池储能技术在电网侧的应用 ………………………… 345

  9.4.1　液流电池在电网侧的作用和价值 …………………… 345

  9.4.2　输电网发展面临的突出问题 ………………………… 345

  9.4.3　储能系统接入输电网所起的作用 …………………… 346

  9.4.4　配电系统运行面临的挑战 …………………………… 348

  9.4.5　储能系统在配电网所起的作用 ……………………… 350

 9.5　液流电池在电网侧的应用案例 ……………………………… 351

  9.5.1　美国犹他州 Castle Valley 储能项目 ………………… 351

  9.5.2　美国华盛顿州 Avista 全钒液流电池储能项目 ……… 352

  9.5.3　中国辽宁大连液流电池储能调峰电站项目 ………… 353

  9.5.4　英国多硫化钠/溴液流电池储能电站 ……………… 355

 9.6　液流电池在微电网和分布式储能中的应用案例 …………… 356

  9.6.1　液流电池在分布式储能中的作用和价值 …………… 356

  9.6.2　微电网经济运行优化 ………………………………… 358

 9.7　液流电池在微电网和分布式储能中的应用案例 …………… 359

  9.7.1　日本住友电气工业株式会社横滨工厂微电网项目 … 359

  9.7.2　德国北海佩尔沃姆岛微电网项目 …………………… 360

  9.7.3　中国北京、中国宁夏金风科技集团微电网项目 …… 361

  9.7.4　中国辽宁旅顺蛇岛微电网储能项目 ………………… 363

9.7.5　锌/溴液流电池微电网储能项目 ·················· 364
9.8　液流电池应用的发展趋势 ························ 365
参考文献 ······································ 365

索引 ·· 367

第1章 电化学储能技术

1.1 概　　述

能源是支撑人类生存的基本要素，是国民经济的物质基础，是推动世界发展的动力之源。随着国民经济发展和人民生活水平的提高，对能源的需求越来越大。化石能源的大量消费，不仅造成了化石能源的日益短缺，也造成了严重的环境污染、雾霾和恶劣气候频发。提高能源供给能力、保证能源安全、支撑人类社会可持续发展已成为全球性挑战。以化石能源为主的能源结构显然无法支撑人类社会的可持续发展。因此，开发绿色高效的可再生能源，提高其在能源供应结构中的比重是实现人类可持续发展的必然选择。可再生能源发电如风能、太阳能发电受到昼夜更替、季节更迭等自然环境和地理条件的影响，电能输出具有不连续、不稳定、不可控的特点，给电网的安全稳定运行带来严重冲击[1, 2]。

为缓解可再生能源发电对电网的冲击，提高电网对可再生能源发电的接纳能力，需要通过大容量储能装置进行调幅调频，平滑输出、计划跟踪发电，提高可再生能源发电的连续性、稳定性和可控性，减少大规模可再生能源发电并网对电网的冲击。因此，大规模储能技术是解决可再生能源发电普及应用的关键瓶颈技术。

电化学储能技术具有系统简单、安装便捷及运行方式灵活等优点，建设规模一般在千瓦到百兆瓦级别，根据储能电池种类的不同，既可适用于发电端储能需求，又可适用于输配电及用户端储能的需求，是近些年电力储能行业发展的重点。

Navigant Research 公司在其 "Energy storage for renewables integration: A burgeoning market" 的报告[3]中指出了未来若干年用于风能、太阳能发电的集成（储能）技术。如图 1.1 所示，这些技术主要包括先进锂离子电池技术、先进液流电池技术、先进铅炭电池技术、钠硫电池技术等。

美国能源部 2011 年制定了美国储能发展计划（图 1.2），重点支持的储能技术主要为电化学储能技术，包括液流电池、锂离子电池、钠基电池及铅基电池（铅酸电池和铅炭电池）[4]。

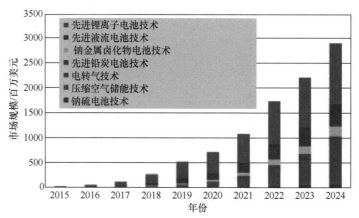

图 1.1* 用于风能、太阳能发电的储能技术市场规模

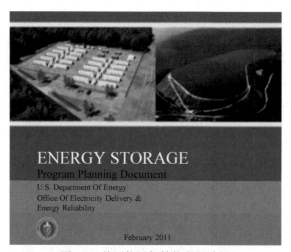

图 1.2 美国能源部储能发展计划

从技术成熟度、电化学储能产业化程度和项目应用规模这三方面上看,锂离子电池、钠硫电池、铅蓄电池(包括铅酸电池和铅炭电池)和液流电池等技术是目前国际商业化应用的主要电化学储能技术,据中关村储能产业技术联盟不完全统计[5],截止到2018年年底,全球已投入运行的储能项目的累计装机规模约为181 GW。其中,抽水储能的装机规模最大,约为171 GW;电化学储能的累计装机规模约为66 GW。图1.3给出了2000~2018年全球储能市场累计装机容量所用的储能技术及增长速度。可以看出,近几年来装机容量及增长速度都在大幅度提高。如图1.3所示,目前全球储能市场以抽水储能为主,近几年来,电化学储能的装机

---

* 扫封底二维码可查看本书彩图。

容量明显增加，随着储能刚性需求的增长，其增长速度将会显著加快，到2025年，我国电化学储能的市场份额将会超过30%。据中关村储能产业技术联盟统计，截止到2018年年底，中国已实施的储能项目的累计装机规模约为31 GW，占全球市场总规模的17.3%。其中，抽水储能的装机规模最大，约为30 GW；电化学储能的

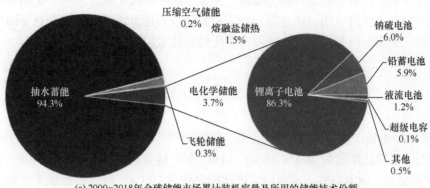

(a) 2000~2018年全球储能市场累计装机容量及所用的储能技术份额

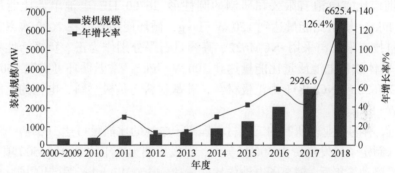

(b) 2000~2018年全球储能市场年度装机容量及增长速度

图 1.3　2000～2018 年全球储能市场累计装机容量所用的储能技术及增长速度

数据来源：CNESA 全球储能项目库

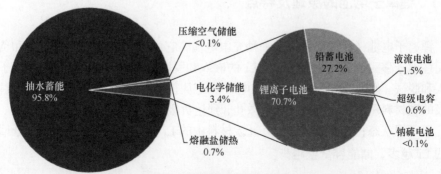

图 1.4　2000～2018 年中国储能市场累计装机容量所用储能技术

数据来源：CNESA 全球储能项目库

累计装机规模约为 10.7 GW。图 1.4 给出了 2000～2018 年中国储能市场累计装机容量所用储能技术。由上述可以看出，近几年来装机容量及增长速度都在大幅度提高。据中关村储能产业技术联盟不完全统计，在 2020 年度，我国电化学储能累计装机容量为 3.27 GW，与 2019 年度的 1.71 GW 相比，增长了 91.2%。

在本章中，将分别对锂离子电池、钠硫电池和铅炭电池三种商业化储能技术的技术特点、项目应用、产业现状和未来发展趋势加以详细介绍，重点介绍锂离子电池、钠硫电池和铅炭电池三种商业化储能技术。

1.2　锂离子电池

锂离子电池已实现了大规模产业化。磷酸铁锂单体电池比能量约为 120 W · h/kg，整个电池系统比能量为 100 W · h/kg。以镍、钴、锰金属离子为正极材料的三元电池（NCM），国内一些厂家可以生产比能量约为 200 W · h/kg 的圆柱形电池。例如，深圳市比克电池有限公司研制的圆柱形 26700 HE 电池单体比能量可达 190 W · h/kg，模组比能量达到 150 W · h/kg，循环使用寿命在 2000 次以上。中航锂电科技有限公司采用 NCM622、高容量石墨分别作为正、负极活性材料，20 A · h 单体软包电池质量比能量达到 200 W · h/kg，常温循环可实现 2000 次。采用 NCM622 或 NCM811 为正极材料，硅基材料为负极材料，电池的比能量可达 265 W · h/kg。

最近，有的企业所研制的三元材料锂离子电池的比能量可达 300 W · h/kg。美国能源部制定了研发经费为 500 亿美元，研发周期为 5 年的 Battery 500 项目，计划在项目启动 5 年后，锂离子电池的比能量达到 500 W · h/kg，引起了国际电池界的高度关注。

1.2.1　锂离子电池的原理及特点

锂离子电池（摇椅电池）是一种充电电池，它由锂离子（Li^+）在正极和负极之间往返迁移完成充放电循环，在 Li^+ 的嵌入和脱嵌过程中，伴随着等当量电子的嵌入和脱嵌。如图 1.5 所示，电池充电时，Li^+ 从正极脱嵌，经过电解质嵌入负极，负极的碳材料呈层状结构，有很多微孔，到达负极的 Li^+ 就嵌入碳层的微孔中，负极处于富锂状态；放电时，嵌在负极碳材料中的 Li^+ 脱出，又迁移回正极，迁回正极的 Li^+ 越多，储能容量就越高。

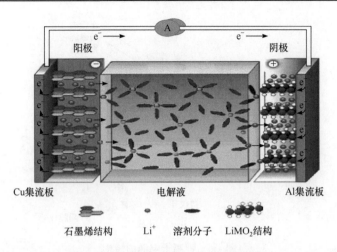

石墨烯结构　　Li$^+$　溶剂分子　LiMO$_2$结构

图 1.5　锂离子电池的工作原理示意图

锂离子电池的主要优点如下。

（1）比能量高，具有高储存能量密度，是铅酸电池的 5～10 倍，甚至更高。

（2）额定电压高（单体电芯工作电压为 3～5V），约等于 3 只镍镉或镍氢充电电池的串联电压，便于组成电池模组。

（3）倍率特性好，适用于快速启动和加速。

（4）自放电率很低，一般可达 1%/月以下，不到镍氢电池的 1/20。

（5）高低温适应性强，可以在−20～50℃的环境下使用。

锂离子电池的主要缺点如下。

（1）锂离子电池均需保护线路，防止电池被过充/放电。

（2）多个单电池串联时，电池的一致性不好。

（3）电池热管理较为复杂，有安全隐患。

1.2.2　锂离子电池的关键材料

如图 1.6 所示，锂离子电池主要由正极材料、负极材料、隔膜和电解液四部分组成。正、负极材料都是 Li$^+$可以嵌入/脱嵌的材料，电解液一般是锂盐的有机溶液或聚合物。采用聚合物电解质的锂离子电池称为聚合物锂离子电池，相比于采用溶液电解质的液态锂离子电池不容易发生电解液泄漏，更安全。近年来，高安全性的全固态锂离子电池技术的发展引起了包括我国在内的许多国家的高度重视，并投入大量经费开展研究开发。

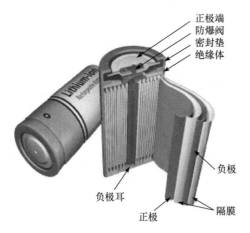

图 1.6　锂离子电池的结构

1. 锂离子电池正极材料

锂离子电池正极材料一般都具有层状结构，在特定电压下 Li^+ 能够嵌入或脱出这种层状结构，而材料结构不会发生不可逆变化。充电时，正极中的 Li 电离成 Li^+ 和电子。Li^+ 在外加电场作用下，通过电解液由正极迁移到负极，还原成 Li，嵌入到负极石墨的层状结构中。放电时，Li 脱出在负极表面电离成 Li^+ 和电子，分别通过电解液和负载电路流向正极。很多材料可以作为锂离子电池的正极材料，目前，实用化的正极材料主要是钴酸锂（$LiCoO_2$）、锰酸锂（$LiMn_2O_4$）镍酸锂等过渡金属氧化物和磷酸铁锂（$LiFePO_4$）及镍钴锰酸锂（NCM）或镍钴铝酸锂（NCA）等[6-10]。

磷酸铁锂电池的比容量在 110 mA·h/g 左右，相对较低，但循环寿命长，热稳定性和安全性都较好，原材料资源丰富，价格便宜，在储能领域有很好的应用前景。

钴酸锂电池的比容量高，可达 140 mA·h/g，但热稳定性差，钴的储量低，价格高，特别是近几年来，钴的价格快速上涨，使钴酸锂电池的价格高，限制了其应用。

镍酸锂电池的比容量可达 200 mA·h/g 以上，但热稳定性差、储能容量衰减快，循环寿命短。

锰酸锂电池的比容量在 100 mA·h/g 左右，原材料锰的资源丰富，性能稳定，但热稳定性不好，高温循环性能差，容量衰减快。

镍钴锰或镍钴铝三种金属离子复合的三元正极材料不但显示出优于钴酸锂、锰酸锂、镍酸锂材料的性能，而且弥补了三种材料各自的不足。其能量密度和比容量都比较高，比容量可达 190 mA·h/g 左右，循环性能好，价格相对便宜，在高比能量动力电池正极材料应用领域有着很好的应用前景。但其安全性和低温特性有待改善。

为进一步提高锂离子电池的能量密度，人们积极地研究开发具有更高比容量的可逆性嵌入和脱出锂的正极材料，如硅基复合材料、层状富锂锰材料和硫基材料，近几年来，高电压正极材料、高镍正极材料也受到了高度关注。

2. 锂离子电池负极材料

作为锂离子电池的负极材料，要求具有以下性能[11]。

（1）Li$^+$的脱、嵌电位低，接近金属锂的电位以增大电池输出电压。

（2）可逆脱、嵌锂容量大，增加电极的质量能量密度和体积能量密度。

（3）电极材料稳定性好，循环寿命长。

（4）电极材料的 Li$^+$电导率和电子电导率高，以减小电极极化、增大充放电电流密度。

目前用于锂离子电池的负极材料主要是碳材料，分为石墨型碳和无定形碳两大类，如人工石墨、天然石墨、中间相碳微球、石油焦、碳纤维、热解树脂碳、纳米碳管等[12-17]。尽管石墨型碳的理论比容量（达 372 mA·h/g）低于无定形碳（达 900 mA·h/g），但是石墨碳在电池中的循环可逆性更为理想，因此商业化锂离子电池负极一般采用石墨碳。锂离子电池负极放电时锂离子脱出，充电时锂离子嵌入。其负极反应如下。

充电时： $$x\mathrm{Li}^+ + xe^- + 6\mathrm{C} \longrightarrow \mathrm{Li}_x\mathrm{C}_6$$

放电时： $$\mathrm{Li}_x\mathrm{C}_6 \longrightarrow x\mathrm{Li}^+ + xe^- + 6\mathrm{C}$$

正在研究开发的锂离子电池负极材料主要有氮化物、硅基材料、锡基材料、新型石墨材料和纳米氧化物、硅/碳高比容量负极材料等[18,19]。为了进一步提高锂离子电池的能量密度，提高负极材料的嵌锂量极为重要，今后，研究开发的重要方向是新型碳材料和高性能硅碳复合材料。

3. 锂离子电池电解液

电解质在锂离子电池中的作用是在正负极之间传输离子、传导电流，是开发高能量密度、高安全性、长寿命电池的关键材料。因此，锂离子电池电解质对电化学储能器件的性能起着非常关键的作用，尤其是近几年高电压正极材料、高镍正极材料、硅/碳高比容量负极材料的发展，对锂离子电池电解质的性能提出了更高的要求。

由于锂离子电池的工作电压远高于水的分解电压，因此锂离子电池常采用有机化合物为溶剂，以可溶于有机溶剂的锂盐为溶质。锂离子电池电解液主要是可溶于有机溶剂的锂盐溶液。

通常以六氟磷酸锂（LiPF$_6$）、四氟硼酸锂（LiBF$_4$）、高氯酸锂（LiClO$_4$）、六氟合砷酸锂（LiAsF$_6$）等锂盐为溶质[10]。有机溶剂通常为碳酸酯类，如乙烯碳酸酯、丙烯碳酸酯、二乙基碳酸酯、碳酸二甲酯等，以及磺酸酯、硼酸酯、聚醚、环醚及砜类等[20-23]。

为提高电池性能，要求电解液具有高的导电性、良好的热稳定性和化学稳定性，但目前仍存在着一些有待解决的问题，例如，有机溶剂常常在充电时破坏石墨的结构，导致其剥脱，并在其表面形成固体电解质界面（solid electrolyte interphase，SEI）膜而导致电极钝化[24]。有机溶剂还带来易燃、易爆等安全性问题，另外，研究开发高稳定性的高电压电解液也是重要的发展方向。

根据锂离子电池所用电解质材料不同，锂离子电池可以分为液态锂离子电池（lithium ion battery）、聚合物锂离子电池（polymer lithium ion battery）和固态锂离子电池（solid lithium ion battery）三大类，液态锂离子电池和聚合物锂离子电池已实现了大规模产业化。

聚合物锂离子电池所用的正负极材料与液态锂离子电池相同，电池的工作原理也基本一致，它们的主要区别在于电解质的不同。通常锂离子电池使用的是液态电解质，而聚合物锂离子电池则以固体聚合物电解质来代替，这种聚合物可以是"干态"的，也可以是"溶胶态"的。

聚合物锂离子电池可分为三类。①固体聚合物电解质锂离子电池。其电解质为聚合物与盐的混合物。这种电池在常温下的离子电导率低，适于高温使用。②凝胶聚合物电解质锂离子电池，即在固体聚合物电解质中加入增塑剂等添加剂，从而提高离子电导率，使电池可在常温下使用。③聚合物正极材料的锂离子电池。采用导电聚合物作为正极材料，其比能量是现有锂离子电池的 3 倍，是最新一代的锂离子电池。由于用固体电解质代替了液体电解质，与液态锂离子电池相比，聚合物锂离子电池具有可薄形化、任意面积化与任意形状化等优点，也不会产生漏液与燃烧爆炸等安全上的问题，因此可以用铝塑复合薄膜制造电池外壳，从而提高整个电池的比容量。此外，聚合物锂离子电池在工作电压、充放电循环寿命等方面都比锂离子电池有所提高。固态锂离子电池还处于研究开发阶段。

4. 锂离子电池隔膜

锂离子电池隔膜的作用是在吸收电解液后，隔离正、负极材料，以防止接触短路，同时只允许离子通过而不允许电子通过。在过度充电或者温度升高时，隔膜通过闭孔来阻隔电流传导，防止燃烧和爆炸。隔膜材料与正、负极材料应具备优良的相容性，同时还应具备优良的稳定性、耐溶剂性、离子导电性、电子绝缘性、较好的机械强度、较高的耐热性及熔断隔离性。隔膜性能的优劣决定了电池的界面结构和内阻，进而影响电池的容量、循环性能、充放电电流密度等关键特性。性能优异的隔膜对提高电池性能和安全性起着十分重要的作用[25]。

商业化的锂离子电池隔膜材料主要为多孔聚烯烃类材料[26]，可分为聚丙烯（PP）、聚乙烯（PE）单层微孔膜和聚丙烯、聚乙烯多层（PP/PE/PP）微孔膜。聚烯烃材料具有良好的机械性能、化学稳定性和高温自闭性能，在电池内部温度过高时能熔化，从而防止电池爆炸。当电池内部达到一定温度时，隔膜的网状孔将闭合，阻止 Li^+ 通过，以达到阻止电芯内部温度继续升高的作用，从而保护电芯以防止电池爆炸，确保锂离子电池在日常使用时具有良好的安全性。近年来，固体和凝胶电解质开始被用作一个特殊的组件，同时发挥电解液和电池隔膜的作用[27]。

1.2.3 锂离子电池的应用及产业现状

截止到 2018 年 6 月，锂离子电池在电力储能领域全球的装机已达 2890 MW，占电化学储能总装机的 80%，在电力储能方面的应用主要包括电网调频和电网侧储能等。

电网调频市场是电化学储能技术第一个商业化的应用市场。其原因一方面是调频市场随着近些年风能和太阳能等可再生能源在电网所占比例越来越高，对调频资源，特别是快速精准的调频需求愈加迫切。另一方面储能调频性能是远超火电机组的。10 MW 的储能系统可以在 1 s 内精确调节最多达 20 MW 的调频任务，而传统火电机组则需几分钟。二者相比，精度和响应时间相差 50～100 倍。据测算，其储能调频效果是火电机组的 1.7 倍，燃气机组的 2.5 倍，燃煤机组的 20 倍以上。锂离子电池具有很好的功率倍率特性和技术成熟度，是目前储能调频市场的主流技术。

目前，在全球范围内储能调频项目主要应用在美国 PJM 地区、英国、韩国、澳大利亚和中国。据统计，目前已经投运及在建的锂电池储能调频电站超过 1000 MW。储能调频应用首先发展于美国。2011 年美国联邦能源管理委员会出台 755 法案，要求美国电力市场国际标准化组织（ISO）和区域电网传输组织（Regional Transmission Organization，RTO）采用"按效果付费"补偿标准替代其他调频补偿办法。电化学储能技术调频性能好且调节成本低，在 PJM 调频市场中具有很大的竞争优势。在 755 法令颁布后的几年，PJM 地区一共安装了超过 300MW 的储能设备以用于调频，大部分都采用磷酸铁锂电池技术（图 1.7）。

图 1.7　美国伊利诺伊州 31.5 MW/12.02 MW·h 和英国 49 MW/49 MW·h 锂电池调频储能电站

基于锂电池在美国调频市场的成功应用,近年来全球储能调频也在蓬勃发展。2010 年美国 AES 公司在智利建设了两个大型储能调频项目,解决了智力矿区电网的一次调频问题。2016 年英国国家电网发布了快速调频响应(EFR)服务项目的招标计划,招标规模 200 MW。从项目招标结果看,中标技术全部为储能技术,其中大部分为锂离子电池。在 EFR 储能项目的带动下,更多调频储能项目实现投运或被规划、在建。韩国电力公司(KEPCO)为了避免调频服务占用大量火力发电容量、提高火电的经济性,于 2014 年提出在 2014～2017 年实施 500 MW 调频储能采购计划,该计划可以满足韩国调频市场 40%的容量需求。项目总投资 5.03 亿美元(5680 亿韩元),未来每年可以节省 2.83 亿美元(约 3200 亿韩元)的调频电力购买成本。受此带动,LG Chem、三星 SDI 等韩国主要锂离子电池厂商在韩国市场连续建设多个大型调频储能电站项目。由于锂离子电池安全性存在问题,截至 2019 年年底,韩国 20 余座锂离子电池储能电站失火。因此,解决锂离子电池的安全可靠性是其产业化应用的关键。

我国的储能调频市场近两年发展快速,与国外储能调频项目的最大不同点是储能系统安装在火电厂内部,与火电机组联合参与电网调频,而国外储能设备是独立参与电网调频的,其主要原因是独立储能电站需要解决并网、结算等多方面问题。火电+储能联合调频项目一般选择 300 MW 以下的火电机组,配套机组功率 3%的锂离子电池,通过能量管理系统实现火电与储能的联合出力,从而满足调度调频信号。2011 年,石景山热电厂 3 号机组安装 2 MW 锂离子电池参与电网调频,这是我国首个储能调频项目。项目于 2013 年 9 月 16 日正式投入运行(图 1.8),各项性能指标优良,机组与储能系统配合效果良好,其调频的 K_p 值大幅度提高,自动发电控制(automatic generation control,AGC)系统性能指标大幅度提高。近几年在河北、山西、内蒙古和广东几省区调频储能项目发展迅速。根据中关村储能产业技术联盟项目数据库的统计,2018 年以来发布的调频辅助服务储能项目(含规划、在建、投运)总规模已经超过 180 MW,技术路线主要为磷酸铁锂电池和三元锂电池。2018 年，我国共有 3 座锂离子电池储能电站发生着火事故。

图 1.8　石景山储能调频项目和山西阳光电厂储能调频项目

　　锂离子电池在电力系统中另一大应用在电网侧。在变电站配套储能系统，通过电网的智能调度来实现削峰填谷，延缓电网的投资及提高电网主动调节能力。2016 年，为化解美国加利福尼亚州（简称加州）Alison Canyon 储气库泄漏给洛杉矶和圣迭戈地区带来的高峰供电危机，美国加州能源委员会要求南加州公共事业及三大电力公司紧急开展 100 MW 的储能实施计划，以应对电力短缺问题。电池系统主要用于在白天储存加州光伏电站资源发出的电力，在太阳落山后，储能系统被调度将电力释放给电网。2017 年 1 月，特斯拉为南加州爱迪生公司的 Mira Roma 变电站建成了输出功率为 20 MW，总容量为 80 MW·h 的锂离子储能系统（图 1.9），成为当时全球最大的电池储能系统。随后在 2017 年 2 月，AES 公司采用三星的锂电池为圣迭戈煤气电力公司（SDG&E）在加州 Escondido 市部署了输出功率为 30 MW、总容量为 120 MW·h 的储能系统。该项目 100 MW 锂离子储能系统全部在 6 个月内并网投运，不仅推动了储能成为未来应对电网危机的重要解决方案，也为利用分布式储能满足当地电力容量需求提供了强有力的支撑。

图 1.9　特斯拉在 Mira Roma 变电站安装的 20 MW/80MW·h 锂离子储能系统

2016年9月澳大利亚南澳州全州大停电事件发生后，南澳州政府开始征集电网级储能方案，应征方案要求的储能容量至少要达到100 MW。2017年3月，南澳州政府宣布计划设立一个1.14亿美元的基金，用于支持可持续能源项目。特斯拉从90多个竞标者中脱颖而出，提供了容量为100 MW/129 MW·h的锂离子储能项目。该储能电站于2017年12月1日投运（图1.10），并于2017年12月14日和2018年1月18日维多利亚州Loy Yang发电站机组跳闸事故中跨区域参与电网调频。在Loy Yang发电站机组两次跳闸事故中，该储能电站快速反应、快速出力，不仅参与了电网一次调频，也有效缩短了系统频率跌落后的恢复时间，证明了储能参与电网运行的实效性及其在电力现货市场中获利的商业模式的可行性。

图1.10　特斯拉在南澳州安装的100 MW/129 MW·h储能项目

2018年，为解决谏壁电厂3台33万kW发电机组退役后带来的电力缺口问题，中国国家电网江苏省电力有限公司利用丹阳、扬中、镇江等地8处退役变电站场地，紧急建设镇江储能电站工程，充分发挥储能设备建设周期短、配置灵活、响应速度快等优势，有效缓解了供电压力。该电网侧储能项目采用"分散式布置、集中式控制"方式，建设了8个储能电站项目，全部采用磷酸铁锂电池技术，规模共计101 MW/202 MW·h。该储能电站于7月18日正式并网投运（图1.11），

图1.11　镇江电网侧101 MW/202 MW·h锂离子电池储能项目

根据镇江东部地区负荷特点,采用常规"两充两放"模式参与到电网运行中,满足了用电高峰时期调峰需要。在江苏电网侧储能项目后,河南、湖南、山东等省电力公司分别规划了百兆瓦级电网侧锂电池储能项目。遗憾的是,镇江的这座储能电站在投入运行不久也失火了。所以,大规模储能电站的安全性极为重要。

目前,全球从事锂电池产业相关的企业超过 1000 家,已经形成了从锂电池材料、电芯、模组到系统集成的完整产业链,特别是近年来由于电动汽车产业的带动,锂离子电池的成本快速下降,极大地推动了其在电力储能方面的应用。全球主要的锂电池储能生产商来自日本(松下、三菱)、韩国(三星 SDI、LG Chem)、美国(特斯拉)和中国(宁德时代新能源、比亚迪、力神等)。

1.2.4　锂离子电池的发展趋势

以磷酸铁锂和三元锂离子电池为主流的锂电池技术俨然成为目前电化学储能技术的主流技术,占据大部分的市场份额。锂离子储能产业链已经成熟,价格基本满足市场需求。但锂离子电池仍需在电池安全性方面进一步提升,2018 年陆续出现的锂离子储能电站着火事件引起了行业和用户的高度重视,如何加强电池的一致性、热管理水平和有效的消防措施是当前锂离子行业的研究重点。

未来锂离子电池的发展趋势仍然是以发展高能量型为主,同时发展混合型和功率型。根据目前的研发速度,预计到 2025 年比能量可以达到 320 W·h/kg,而针对创新电池技术,对 2025 年提出了 400 W·h/kg 比能量预期。为了突破现有的比能量瓶颈,中国、日本、美国各国政府或行业组织将 2020 年比能量目标定位到 300 W·h/kg,2030 年远期目标要达到 500 W·h/kg 甚至 700 W·h/kg。我国《中国制造 2025》提出要求动力电池单体比能量中期达到 300 W·h/kg、远期达到 400 W·h/kg 的目标。锂离子电池的研究已不再局限于材料本身、热力学、动力学、界面反应等基础科学,正朝着新材料的开发、新电池结构的设计、全电池的安全性、热行为、服役和失效分析等关键技术迈进。

1.3　钠硫电池

钠硫电池是一种在 300℃附近充放电的高温型储能电池,它是由美国福特汽车公司于 1967 年首先公布的一种比能量高,可大电流、高功率放电的电池系统[28],至今已有 50 多年的研究开发历史。

1.3.1 钠硫电池的结构和原理

1. 钠硫电池的结构

如图 1.12 所示，钠硫电池单体主要由正极、负极、电解质、隔膜和外壳等组成。正极活性物质是硫和多硫化钠熔盐，由于硫是绝缘体，因此通常在正极添加碳毡或多孔碳材料以增加电极材料的导电性；负极活性物质是熔融的金属钠；具有良好钠离子传导性能的 $\beta\text{-}Al_2O_3$（一种钠离子掺杂的具有钠离子传导性能的氧化铝陶瓷）同时发挥固体电解质和分隔正、负极电极活性物质的作用。

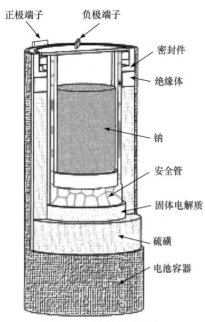

图 1.12　钠硫电池单体

$\beta\text{-}Al_2O_3$ 的氧化铝骨架层和钠离子导电层交错排列，具有传导钠离子的功能，是钠硫电池最重要的关键材料。固体氧化铝电解质隔膜将正、负极活性物质分开，在约 300℃ 的工作温度下，钠离子透过电解质隔膜与硫发生电化学反应，实现电能的释放和储存，所以 $\beta\text{-}Al_2O_3$ 承担着传导钠离子和阻隔正、负电极的双重作用。电池外壳通常也作为硫极集流体，由于多硫化钠有较强的腐蚀性，一般采用不锈钢作为电池外壳。

用于储能的单体电池最大容量可达 650 A·h，功率约为 125 W[28]。在实际应用时，通常将多个单体电池组合后形成模组，模组的功率通常为数十千瓦。图 1.13 给出了钠硫电池储能系统成组示意图。

(a) 单体电池　　　　　　　　(b) 电池模组　　　　　　　　(c) 电池储能系统

图 1.13　钠硫电池储能系统成组示意图

2. 钠硫电池的工作原理

钠硫电池的工作原理如图 1.14 所示。钠硫电池以单质硫与碳的复合物、金属钠分别用作正极和负极的活性物质，掺杂钠离子的氧化铝陶瓷膜起到正、负极活性物质隔膜和电解质的双重作用。

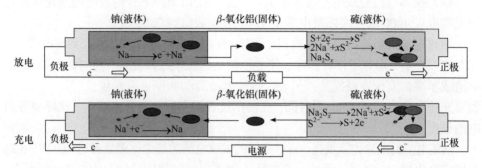

图 1.14　钠硫电池工作原理示意图

钠硫电池通常在 300℃附近运行，放电时负极熔融态的钠被电离失去电子而变成钠离子，电子通过外电路流向正极参与反应，钠离子通过传导钠离子的氧化铝陶瓷电解质膜扩散到正极并与硫发生化学反应生成多硫化钠。在充电过程中，多硫化钠变成硫和钠离子。钠离子重新通过电解质膜扩散到负极，获得电子形成钠原子。放电深度不同，正极多硫化钠的主要成分也不同[29]。

钠硫电池电极反应式如下。

负极反应：$2Na \xrightarrow[充电]{放电} 2Na^+ + 2e^-$

正极反应：$S + 2e^- \xrightarrow[充电]{放电} S^{2-}$

电池总反应：$2Na + xS \xrightarrow[充电]{放电} Na_2S_x$

新装配的钠硫电池一般处于完全荷电的初始状态，钠硫电池在放电的初始阶段（硫含量为 78%～100%），正极活性物质为液态硫与液态 $Na_2S_{5.2}$ 形成的非共溶液相，电池电动势约为 2.076 V；当放电至 Na_2S_3 出现时，电池的电动势降至 1.78 V；当放电至 $Na_2S_{2.7}$ 出现时，对应的电动势降至 1.74 V[30]。

1.3.2　钠硫电池的特性

钠硫电池与其他电池相比，特点如下。

（1）能量密度高。钠硫电池的理论质量比能量高达 760 W·h/kg。实际应用中，由于电池其他附件，尤其是加热保温装置等存在,实际电池比能量已达到 300 W·h/kg左右。

（2）功率特性好。钠硫电池可以大电流、高功率放电，其放电电流密度一般可达 200～300 mA/cm^2，功率密度约 60 W/kg。能量转换效率达 85%。

（3）原材料钠和硫在自然界储量非常丰富，价格便宜。

（4）循环寿命受放电深度影响大。在正常使用条件下，钠硫电池理论可以连续充放电近 4000 次，实际放电深度 100%时充放电约 2500 次。

钠硫电池由于是高温型电池，且反应活性物质为化学活性极为活跃的金属钠，存在剧烈燃烧、爆炸等潜在风险，使电池的制造过程极其复杂，材料制备要求高，制造成本高，安全性需提高。另外，钠硫电池启动和停止需要较长时间，从冷态到可充放电状态需要 1～2 周时间，在使用过程中不能随意发生断电，这样将导致电池报废。

钠硫电池的理论比能量高，通常所说的钠硫电池的理论比能量可达 760 W·h/kg 是按完全生成 Na$_2$S$_3$ 来计算的，而实际上钠硫电池的比能量约为 100 W·h/kg[31]，是铅酸电池比能量的 3～4 倍。钠硫电池储能系统体积比较小，开路电压高，内阻小，可大电流、高功率放电，其放电电流密度可达 200～300 mA/cm^2[32]，能量效率约为 80%[33]，充放电循环可达 4000 次以上，寿命长[34]。

但钠硫电池也存在着一些问题，如荷电状态（SOC）不能直接监测，只能用平均值计量，需要周期性的离线测量[35]。钠硫电池过充电容易引起严重的安全问题，需要严格控制电池的充放电状态。钠硫电池只有在达到 300℃左右的温度、钠和硫都处于液态时才能运行，如果 β-Al$_2$O$_3$ 电解质隔膜一旦破损形成短路，高温的液态钠和硫就会直接接触，发生剧烈的放热反应，产生高达 2000℃的高温，引起火灾。钠硫电池使用的钠离子掺杂氧化铝陶瓷隔膜比较脆，在电池受外力冲击或者存在机械应力时容易损坏，这种情况不仅影响电池的寿命，而且还容易发生安全事故。另外，高温操作带来结构、材料、安全方面的诸多问题。由于液态金属钠与液态硫腐蚀性很强，且容易渗透，对材料要求比较苛刻，液态硫的易挥发性还影响电池中电流的通过。要保持高能量效率就需要给电池保温，保温隔热层增加了电池的体积与质量，使得其能量与功率密度比理论值小得多。液态金属钠与硫直接接触反应相当剧烈，任何内部或外部的泄漏都会引起火灾或爆炸等事故。发生火灾的钠硫电池对环境的影响是很大的，负极活性物质金属钠暴露在空气中将自燃生成氧化钠，随后在空气中吸收水分，形成强腐蚀性的氢氧化钠，如果遇到水还会产生大量的氢气，再次引起爆炸；正极活性物质硫在高温下则生成具有酸性、腐蚀性的二氧化硫气体；负极活性物质金属钠与正极活性物质硫发生反应，还会生成具有恶臭和腐蚀性的硫化钠，它需要作为危险废弃物处理和处置。

因此，钠硫电池普及应用时，必须解决好电池系统的安全性问题，否则不仅会危害电网运行，还会造成环境影响，尤其是对大气和人健康的影响程度很大。钠硫电池设计时要充分考虑其机械可靠性和抗外力冲击性，由于防腐、隔热与安全等方面的需要，钠硫电池的结构相对于其他大规模储能电池要复杂得多，所需材料也相对昂贵，使得其成本在大型电池中是最高的。因此，钠硫电池储能技术是否可成功商业化普及，关键问题是其安全可靠性和成本。

1.3.3　钠硫电池的应用及产业现状

钠硫电池具有能量密度高、可大电流充放电的特点，适合用于兆瓦级以上电网储能的应用，具体包括以下几点。

（1）调峰和需求侧管理：减少发、输、变、配电设施的投入，缓解电网企业的调峰压力，实现降耗增收，获得稳定、可靠的电力供应。

（2）系统稳定控制：快速地吸收"剩余能量"或补充"功率缺额"，很好地适应频率调节和电压与功率因数的校正，从而提高电力系统的运行稳定性。

（3）提高供电的稳定性和可靠性，提高电能质量。

（4）风能、太阳能等可再生能源发电的功率稳定输出和跟踪计划发电。

目前全球仅日本碍子公司（NGK）具有钠硫电池产业化生产能力，产能为150 MW/a。20 世纪 80 年代中期，NGK 开始与日本东京电力公司展开合作，实现了钠硫电池的小规模商业化运作。合作模式是东京电力公司负责市场应用开发，NGK 负责储能系统生产制造。其应用定位于电站负荷调平（即起削峰填谷作用，将夜晚用电低谷多余的电存储在电池里，到白天用电高峰时再从电池中释放出来）、应急电源及瞬间补偿电源等。

双方于 1992 年合作实现了第一个钠硫电池储能系统在日本示范运行，至 2002 年，有 200 余座 500 kW 以上功率的钠硫电池储能电站在日本等国家投入商业化示范运行，电站的能量效率达到 80%以上。截至目前，NGK 在全球总装机量530 MW/3700 MW·h，其中在日本本土装机规模最大，已并网运行容量达 360 MW。此外，NGK 积极推广海外项目，在阿联酋，与阿布扎比水电局合作，于各水电站子变电站内分散配置钠硫电池系统，并统一接入全网管理系统中，总装机规模达110 MW，对当地电网的需求侧管理起到重要作用；在美国市场，NGK 在加州和纽约州已经有 9 MW/64.8 MW·h 的钠硫电池投入运行，后续将有 10 MW 的产品应用在加州和得克萨斯州；NGK 目前在中国仅有一个钠硫电池示范项目，与南京南瑞继保电气有限公司合作在南京江宁将军路园区安装了一个 200 kW/1440 kW·h 的钠硫电池储能电站，与园区内的 2.58 MW P 分布式光伏微电网结合使用，该项目 2015 年 6 月投入运行，主要运行模式为削峰填谷模式，在厂区断电情况下，以微网模式继续为重要负荷提供电能支撑，提高了供电系统的经济性和可靠性。

NGK 的钠硫电池储能技术自 1992 年开始示范，至今已有超过 200 座电站在运行，但钠硫电池自身电池反应特性仍不能排除其所存在的安全隐患。日本先后有两座电站发生故障，出现电站火灾事故。第一场事故是 2010 年 2 月 15 日上午 7 点，位于日本栃木县小山市 NGK 小山工厂内的 2 MW 钠硫电池储能系统，大火持续了 2 天多，于 17 日上午 10 点灭火；第二场事故是 2010 年 9 月 21 日上午 7 点，位于日本筑波三菱材料公司工程内的、由 NGK 制造的 2 MW/8 MW·h 钠硫电池储能系统，大火持续燃烧了 15 天，于 10 月 5 日下午 3 点灭火。大火将存放钠硫电池储能系统的建筑物都烧塌了。燃烧中的日本 NGK 公司的 2MW 钠硫电池储能电站见图 1.15。

图 1.15　燃烧中的日本 NGK 的 2 MW 钠硫电池储能电站

这两次大火引起了人们对电池安全性的高度重视，NGK 也因此暂停电池出厂，2012 年，NGK 的钠硫电池处于停止生产阶段，并对新一代的钠硫电池采用了多方面安全防护措施（图 1.16）：①在电池元件间增加熔断器，防止短路造成起火；②绝缘板将被放置在电池模块之间，防止渗漏熔融材料造成短路；③防火板将被放置在电池模块之间的上下方，防止火势蔓延到其他电池模块；④加强监视电池系统对着火的监测，增加灭火器和消防设备，开发消防疏散路线和指导系统预防火灾。2013 年 10 月 NGK 的钠硫电池开始恢复生产，但很难得到市场的认可。

基于对产品安全性能的提升，NGK 开始积极争取储能应用项目。据报道，2018 年 3 月 NGK 和日本九州电力公司合作的 50 MW/300 MW·h 钠硫电池示范项目开始并网运行（图 1.17），该系统是目前最大规模的钠硫电池电站。储能系统可以把午间的光伏电池电力存起来晚上使用，同时可以为电网提供多样化的功率和容量支持。

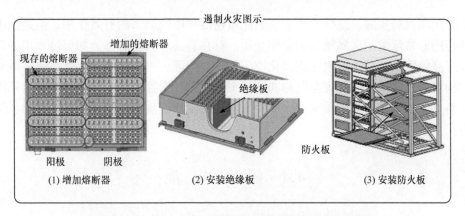

图 1.16　日本 NGK 公司增加安全措施的钠硫电池示意图

图 1.17　NGK 和日本九州电力公司合作的 50 MW/300 MW·h 钠硫电池系统

　　除日本的 NGK 外,中国科学院上海硅酸盐研究所与上海电气集团股份有限公司、上海电力股份有限公司成立"钠硫电池产业化公司",建成 2 MW 大容量钠硫单体电池中试生产示范线,并于 2010 年上海世博会期间,开发出 100 kW/800 kW·h 的钠硫系统并应用在上海世博园智能电网综合示范工程。我国虽然在钠硫电池关键技术和小批量制备上取得了突破,但在生产工艺、重大装备、批量化生产技术、成本控制和满足市场需求等方面存在明显不足,离真正产业化还有一段较长的路要走。由于产品成品率很低和安全问题,目前,上海钠硫电池产业化公司已经中止了钠硫电池的研究开发和产业化。

1.3.4　钠硫电池的发展趋势

　　在 2011 年之前,钠硫电池是全球装机规模最大的电化学储能技术,经过百余个应用项目的实施，充分验证了其高能量密度和电网调节的有效作用。但是由于其使用非常活泼的金属钠作为储能介质，存在容易着火的隐患。如何进一步提升其产品的安全性是钠硫电池规模化应用的核心问题，一方面需要加强电池单体的结构设计，确保系统的安全监测和防护来提升其安全性，另一方面需要通过采用低熔点的钠盐作为电解质来进一步降低电池的工作温度，从而提升各部件和系统的安全性。

1.4　铅炭电池

1.4.1　铅炭电池的原理

铅炭电池是指通过在电极中引入碳材料而具有更长充放电循环寿命和优异大电流充放电能力的一类先进的铅酸蓄电池。碳材料的存在提高了负极材料的导电性，从而提高了活性物质利用率，降低了电子转移反应阻力，使铅炭电池脉冲大电流充放电能力得到增强。铅炭电池是成本最低的化学储能技术，具有脉冲大电流充放电、寿命长（循环寿命比铅酸电池高4倍）的特点。

和铅酸电池相似，铅炭电池主要应用于：①大规模电能负荷调整、新能源储能系统和通信基站（备用电源）；②移动式动力和汽车起停电池，如作为纯电动交通工具的动力电源，内燃机车、混合动力汽车起停电源；③固定式工业储能系统；④军用特种电源等。可再生能源的大规模应用，给铅炭电池技术带来了新的发展机遇。

1.4.2　铅炭电池的种类和结构

铅炭电池按所采用的技术方案不同，大致可以分为三种：内混型铅炭电池（Pb-C battery, carbon-enhanced VRLA）、内并型铅炭电池（超级电池, ultrabattery）、纯碳负极型铅炭电池（PbC®）。其结构如图1.18所示。

（1）内混型铅炭电池是指在铅负极中掺入少量的碳材料而使其性能得到改善和寿命得到延长的铅酸蓄电池。国内各企业和研究单位主要开展内混型铅炭电池的研究与开发工作。

（2）内并型铅炭电池是指在电池内部铅酸电池负极与超级电容器负极并联使用的一种新型储能器件。电容性负极的引入，可以提高电池的抗大电流冲击能力，抑制负极的硫酸盐化，从而显著提升其在部分荷电工况下的循环寿命。内并型铅炭电池的概念由澳大利亚联邦科学与工业研究组织（CSIRO）的 L. T. Lam 等于

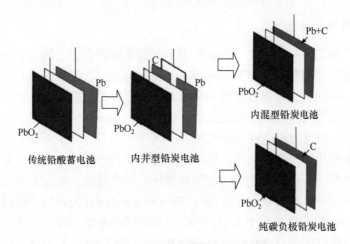

图 1.18　铅炭电池的种类及结构示意图

2003 年首先提出[35]。随后美国桑迪亚国家实验室、国际先进铅酸蓄电池联合会、澳大利亚联邦科学与工业研究组织、美国东宾制造公司、澳大利亚的 Ecoult 公司和日本古河电池株式会社（以下简称古河电池）开展了铅炭电池的研究、开发和性能测试等工作[37]。

（3）纯碳负极型铅炭电池是一种用活性炭作负极（超级电容器电极作负极），二氧化铅作正极的混合型储能器件，由美国 Axion Power 开发[38]。该公司将其称为铅炭电池（PbC®）。Axion Power 的铅炭电池实际上也是一种混合型超级电容器，其兼具铅酸电池的高能量密度特性和超级电容器的高倍率放电特性。

1.4.3　铅炭电池的技术发展现状

1. 内混型铅炭电池

内混型铅炭电池是指在铅负极中掺入少量的碳材料从而改善性能和延长寿命的铅酸蓄电池。作为添加剂的碳材料的制备、改性及作用机理，已有较多研究。为了研究在铅酸电池的负极中掺入不同碳材料的效果及其作用机理，2011 财政年度美国桑迪亚国家实验室和 East Penn Manufacturing 公司（以下简称 East Penn）合作，共同承担了美国能源部"Lead/Carbon Functionality in VRLA Batteries"项目[39]。近年来，已有各种碳材料适合用作铅炭电池负极的添加剂，以及不同形态的石墨、炭黑和活性炭可提升铅炭电池负极性能的报道，但不同研究者得出的结论相差较大，有的甚至相互矛盾。实用化内混型铅炭电池的专用碳材料的设计和制造方法仍属相关企业的技术秘密。

2. 内并型铅炭电池

美国桑迪亚国家实验室、国际先进铅酸蓄电池联合会、澳大利亚联邦科学与工业研究组织、澳大利亚的 Ecoult 公司和古河电池等，开展了内并型铅炭电池的研发工作。Ecoult 公司已经能够提供从数千瓦至数兆瓦的铅炭电池储能系统，可满足分布式及大规模储能市场的需求。2016 年，Ecoult 公司将铅炭电池应用于爱尔兰都柏林的快速响应电网储能系统。2006 年，古河电池开发出铅炭电池样品，开始用铅炭电池替代镍氢电池，作为中型混合动力汽车的主电池，并进行了车载试验。2013 年，一些汽车生产企业开始采用古河电池生产的铅炭电池。2017 年 1 月，古河电池与泰国的 Inter Far East Wind International 公司签订合同，将古河电池的 UB-1000 铅炭电池用于 1.152MW·h 风电储能系统。2017 年 8 月，古河电池宣布作为战略伙伴参与 Aquarius Marine Renewable Energy 的海试项目，将铅炭电池与太阳能发电装置构成的储能系统用于可再生能源船舶[40]。

3. 纯碳负极型铅炭电池

美国的 Axion Power 首先开发出用活性炭作负极，二氧化铅作正极的纯碳负极型铅炭电池。目前该公司已推出多个型号的商品。2015 年 1 月 28 日，Axion Power 宣布了一项与 Pacific Energy Ventures Limited Liability 公司签署的铅炭电池战略市场的开拓、营销与分销协议，将铅炭电池应用到包括 PJM Interconnection Limited Liability 公司运营的美国东北地区和哥伦比亚的 13 个州的电网[41]。2016 年，Axion Power 开发出为极寒地区灯塔供电和作为抽水储能系统备用电源的铅炭电池储能系统，以及 7 kW·h 的家用储能系统。

1.4.4　铅炭电池的工程应用现状

美国在铅炭电池领域的基础研究、工程应用及产业化方面都走在国际的前列，取得了大量的技术突破和科研成果，成为行业的引领者。在铅炭电池的关键材料领域，美国不仅在碳材料添加的负极材料，而且在高耐腐蚀正极板栅、铅/玻璃纤维复合材料、金属箔片（thin metal foil, TMF）板栅、4BS（$4PbO·PbSO_4$）小晶种、电极活性物质添加剂、高性能碳材料等多种材料方面的研究开发都取得了突破。

铅炭电池由美国 Axion Power 开发，该公司研制出比表面积在 1500 m^2/g 以上的由碳材料、高导电石墨粉、乙炔黑、分散剂、黏结剂等组成的高碳含量负极及相应的铅炭电池，成为国际上著名的铅炭电池研发和制造商[42,43]。美国 East Penn 公司通过在铅膏中加入高比表面积碳材料、超细石墨粉、乙炔黑等及分散剂等助剂，优化与氧化铅粉、硫酸的配比，调整铅膏比重和物相组成，开发出含碳材料铅膏的高分散机混合技术，制得适用于铅炭电池的铅膏。Axion Power 公司和 East Penn 公司均在 2009 年获得了金额分别为 3430 万美元和 3250 万美元的美国政府"下一代"电池和电动车计划资助的支持，开发了满足微混和中混混合动力汽车需求的项目。

美国 Johnson Controls 公司开发了含有铅酸钡的耐蚀板栅材料，将导电的铅酸钡覆盖于正极板栅表面，显著提高了板栅的耐腐蚀性能。得克萨斯州的 Electrosources 公司采用同轴挤压工艺在玻璃纤维芯线外包覆薄铅层，制成铅-玻璃纤维复合材料，采用挤压工艺制得的铅层晶体组织紧密，晶粒细致，具有很好的抗腐蚀性。美国 Daramic 公司通过高分子材料复合改性 AGM 隔板，成功开发出一种智能铅炭电池隔板，其能通过控孔剂主动改变孔隙结构，防止电池失水，改善电流分布和延长电池寿命。

保加利亚在国际先进铅蓄电池科学研究及新技术开发中具有很重要的地位，其中央电化学研究院设有专门的高性能铅蓄电池研究机构，聚集了一批国际著名的先进铅蓄电池专家，其代表性人物为保加利亚科学院原院长 Detchko Pavlov 院士。因其在铅蓄电池领域做出的杰出贡献，Pavlov 院士在 2005 年荣获国际铅蓄电池领域的最高荣誉奖——Plant 奖。Pavlov 院士创立了先进铅蓄电池电极活性物质二级结构理论，原创性地发明了真空和膏技术。该技术经德国 EIRICH 公司开发成先进装备，成功应用于铅蓄电池生产。Pavlov 院士首次提出了电极活性物质的"晶体胶体"工作机制，该理论已成为国际铅蓄电池界普遍接受的先进电池工作机理，2010 年 9 月 Pavlov 院士因此荣获国际铅奖。Pavlov 院士的先进铅蓄电池研究团队针对铅炭超级电池开展了深入的研究，他们系统分析了碳材料在负极板中的作用，提出了碳材料对于负极具有抗不可逆硫酸盐化、细化放电产物硫酸铅晶粒、构建负极活性物质导电网络等作用机理[44-46]，该理论已成为目前国际上铅炭电池最权威的原理解析。

日本古河电池公司和澳大利亚联邦科学与工业研究组织合作，获得了铅炭电池专利使用授权，首次实现了铅炭电池的生产。2007 年 4 月，由古河电池公司制造的一组 12 V 6.7 A·h 的铅炭电池在本田 Insight 混合电动车开始实车测试；2008 年 1 月完成 100000 mi①测试，平均油耗 4.73 L/100 km，路试后电池状况没有明显衰减，超过氢镍电池水平[47]。

澳大利亚在铅炭电池及其关键材料开发方面在国际范围内颇具影响力。2004 年，CSRIO 的 L.T. Lam 等在国际上首次提出了超级电池的概念并申请了高性能储能装置的专利[36]。在超级电池中，将铅粉和活性炭电容电极复合成负极，共用一个二氧化铅正极。2005 年 Lam 等与日本古河电池公司合作，生产出 12V 6.7A·h

---

① 1 mi=1609.344 m。

超级电池，并进行了车载路试，证明该电池具备电容器的大功率和蓄电池大容量的特性，适合应用于动力电池和储能领域。

ALABC 是国际上先进铅蓄电池领域最活跃且拥有最高技术水平的铅蓄电池研发机构[49]，是国际铅协会（ILA）的分支机构。ALABC 由现代电化学理论奠基人、保加利亚科学院原院长 Detchko Pavlov 院士、David Wilson 博士等发起，致力于在世界范围内推介先进铅蓄电池系统发展成为绿色环保、高功率、低成本、高充放电循环性能的电化学电池，确保铅蓄电池在储能市场的竞争力。ALABC 通过向国际范围内有实力的研究机构征集、资助研究项目推动铅炭电池的研究，其资助的范围十分广泛。近年来 ALABC 在储能用铅炭电池、起停用先进铅蓄电池领域已投入大量经费。

近几年来，我国高校、研究院所及大型铅蓄电池企业对铅炭电池给予了极大的关注，投入了大量的人力、财力，开展了碳材料、铅碳负极碳膏混合、涂敷技术的研发，成功研制出高耐电流冲击型、长充放电循环寿命的铅炭电池。

中国人民解放军防化研究院在铅炭电池用碳材料的研究开发方面做了大量研究工作。该机构拥有以杨裕生院士为代表的一批研发人员，他们通过增大碳材料的比表面积，特别是中孔的比例，成功研制出性能优异的高性能碳材料，其比表面积达到 2000 m^2/g 以上。为提高析氢过电位，加入部分析氢过电位较高的金属元素进行改性，从而达到抑制负极析氢反应的目的[50-52]。

哈尔滨工业大学与天能公司合作，开展了铅炭电池用碳材料的研究，并采用铋、铟、镓的氧化物对碳材料进行析氢抑制改性，取得了较好的结果[53]。在此基础上，研制出 12V 10A·h 铅炭电池。

吉林大学化学学院铅炭电池用碳材料研发团队采用碱法脱除稻壳中的二氧化硅，经高温活化制成了具有高表面积的稻壳基碳材料，并进一步对该材料的电化学性能进行了考察，取得了良好的进展。此外，该团队还开展了稻壳基碳材料制备工艺规模放大的工作。

浙江南都电源动力股份有限公司（以下简称南都电源）是国内最早开展铅炭电池研究和产业化的企业之一。他们通过与中国人民解放军防化研究院、哈尔滨工业大学等合作，将高比表面积的碳材料等应用于负极铅膏，生产出铅炭电池产品。该公司是国内最早与 ALABC 开展合作并承担 ALABC 国际性前沿研究课题的单位。2012 年该公司成功研发出 REXREX-C 铅炭储能电池并通过省级工业新产品成果鉴定，得到了"产品已达到国际先进水平"的评价。该公司的铅炭电池已在港口货物吊装、风能、太阳能发电系统的储能装备等领域获得较广泛的应用，成为国内铅炭电池龙头企业。近年来，该公司在国内外实施了多个兆瓦级以上的风电及光伏电站用铅炭电池储能系统的应用示范项目。该公司的铅炭电池产品已应用于浙江舟山东福山岛风光柴储能电站及海水淡化系统、新疆吐鲁番新能源城市微电网示范工程、南方电网光储一体化柴、储混合储能电站示范项目、江苏中能硅业储能电站等众多示范项目。2018 年 1 月，南都电源承接的无锡新加坡工业园 20 MW智能配网储能电站，得到国家电网有限公司批准，并已正式投入商业运行[54]。

2013 年，中国南方电网有限责任公司启动了光储一体化储能电站联合设计项目，该项目中 3 MW·h 混合式微网储能电站，系南都电源与南方电网等单位联合设计，采用铅炭电池、锂电池等多种先进储能技术，完全改变了电能不易存储的传统观念。该项目对于谷电峰用、改善电的电能质量、解决电压波动和电压暂降等影响重大，为风能及太阳能等新型能源接入电网的电能质量提供了保障[55]。

2013 年，南都电源中标了浙江鹿西岛储能项目。这是迄今浙江省最大的微网铅炭储能示范项目，采用了铅炭电池、超级电容器等多种先进储能技术，该储能项目由南都电源独家中标，提供储能系统解决方案。储能系统是在微网控制综合大楼内配置 2 MW·2 h 的铅炭电池组、500 kW·30 s 的超级电容和 5 台 500 kW的双向变流器[56]。

2015 年，南都电源作为总承包商和合作运维方，成功中标江苏中能硅业科技发展有限公司储能电站工程项目。南都电源作为总承包方提供该储能电站所需铅炭储能电池及相关系统集成设备，并负责该电站整体工程建设及后续合作运维[57]。

2017 年，南都电源与德国 Upside Consulting GmbH（以下简称 Upside 公司）及 Upside Invest GmbH & Co.,KG 两家公司签署储能项目合作合同。本项目通过双方的强强合作，将共同在德国建设、运营和出售已取得德国电网输电运营商预认可的用于一次调频服务的储能系统，初期建设总容量为 50 MW。南都电源与Upside 公司合作，将采用先进储能电池技术，配合快速响应的储能变流系统，在未来 2 年内，建设总容量超过 50MW 的调频储能电站，参与德国一次调频市场服务，投资总金额约为 4200 万欧元[58]。

山东圣阳电源股份有限公司（以下简称圣阳电源公司）是铅炭电池领域与国外合作的企业。2014 年 6 月，圣阳电源公司与日本古河电池签署合作协议，引进古河电池公司具有国际领先水平的铅炭技术，并在中国获授权生产，在国内风能、太阳能发电的储能及通信电源市场推广和销售。双方在各自国家和面向全球市场统一使用 FCPFCP 系列产品商标。2015 年，圣阳电源公司启动了高能环保型长寿命铅炭储能和动力电池扩建项目，项目总投资 2.1 亿元，建筑面积 2.6 万 m^2，生产规模为 200 万 kV·A·h，建设周期为 2 年。该项目的设计产品为高能环保型长寿命铅炭储能电池和动力电池，将引进连铸连轧连冲连涂极板制造系统、自动化装配生产线、酸循环化成生产线。项目建成后，该公司年生产能力将达到 600 万kV·A·h，生产装备自动化、智能化水平将达到国内领先、国际先进水平[59]。

2016 年，圣阳电源公司参与了西藏光储柴（油）微网电站工程项目。该工程由中国华电集团有限公司西藏分公司建设，国电南京自动化股份有限公司设计和总承包。整体工程由光储柴（油）电站和城区配电网组成，包括 22 MW 光伏发电站系统、12 MW 储能电源双向逆变器、12 MW · h 锂离子电池组、36 MW · h FCP 铅炭电池组及 2 台 1500 kW 柴油发电机。

FCP 铅炭电池是圣阳电源引进日本古河电池国际领先的铅炭技术，国内生产的能量型先进储能电池，其 70% 放电深度（DOD）循环寿命可达 4200 次以上，可满足项目对长寿命、高可靠性储能系统的需求[60]。

2016 年，圣阳电源公司实施了新建独立海岛微电网共建有 120 kWp 光伏、1MW · h FCP 铅炭储能系统。圣阳电源根据实际应用场景、用电负荷，结合海岛用电的重要性、可靠性、安全性等因素，选用了深循环、高性能、长寿命的铅炭电池（FCP-1000），应用于该储能系统[61]。

天能公司与哈尔滨工业大学联合成立了铅炭电池联合实验室，开展铅炭电池研发。2013 年公司动力铅炭电池获国家级重点新产品称号。2014 年公司的"大容量长寿命汽车超级电池的研发与产业化"项目获江苏省科技成果转化专项资助。该公司是国内最早进入光伏储能用铅炭电池领域研发和生产的新企业之一。

2015 年以来，中国科学院大连化学物理研究所和中船重工集团风帆有限责任公司合作，成立了"先进电池技术联合研发中心"，对先进铅炭电池产业化关键技术开展研究。2017 年，中船重工集团有限公司设立"化学储能技术研究"项目，对中船重工集团风帆有限责任公司与中国科学院大连化学物理研究所的合作研究予以资助。通过对铅炭电池负极电极过程和析氢反应机理的深入系统研究，开发出了拥有自主知识产权的铅炭电池专用碳材料并实现了批量制备。在此基础上，开发出一系列储能用贫液铅炭电池和起停用富液铅炭电池产品。所开发的储能用铅炭电池的充放电循环寿命、充电接受能力分别达到铅酸电池的 3～5 倍和 2 倍以上。所开发的起停用铅炭电池的循环寿命和充电接受能力均达到铅酸电池的 2 倍以上。此外，中国科学院大连化学物理研究所和中船重工集团风帆有限责任公司还开展了铅炭电池在太阳能路灯上的应用示范。在此基础上，在中国科学院战略先导专项的支持下，中国科学院大连化学物理研究所和中船重工集团风帆有限责任公司共同开展了 100 kW · h 光伏离并网储能系统、兆瓦级多种能源互补智慧微网铅炭电池储能系统的构建与应用示范。

1.4.5 铅炭电池存在的主要问题及研究开发重点

1. 铅炭电池比能量有待提高

铅、二氧化铅电化当量大，单位电池产品的铅消耗量偏高，且放电产物硫酸铅为绝缘性物质，体积膨胀系数高。为保证铅炭电池具备良好的循环寿命，设计时电极活性物质要过量。电极中部分活性物质用于构建骨架，不参与电化学反应，致使电极活性物质利用率偏低。上述各种因素造成电池比能量较低。传统的铅酸电池比能量一般为 35~45 W·h/kg，铅炭超级电池比能量为 40~60 W·h/kg。

2. 碳材料应用于负极的成本及析氢风险

铅炭电池用高品质碳材料的制造成本一般较高，且因在铅炭电池负极配料中使用了纳米碳管、碳纤维等材料而存在过充电条件下析氢的风险。负极析氢反应会导致碳材料与铅晶粒之间结合力降低，影响电极活性物质骨架牢固性的长期保持；电池失水导致硫酸浓度升高、板栅腐蚀加速、内阻增加，严重影响电池的综合性能，加速电池的失效。

铅炭电池今后研究开发的重点包括以下几个方面。

（1）开发高性能、低析氢率、导电性好、分散性好的碳材料和碳铅复合材料，进一步改善负极性能；通过碳材料及其复合改性材料的规模化制造技术的研发，降低材料的制造成本，提高经济效益，减小环境影响。

（2）突破铅炭电池产品的关键技术，提升电池循环寿命、比能量、比功率、耐高低温性能、耐小电流深放过放电性能，进一步提高铅的利用率；削减单位容量产品的铅消耗量，降低电池制造成本，大幅度延长循环寿命。

（3）严格控制电池制造和使用全生命周期中的铅对环境的污染，提高废旧铅炭电池的无害化回收率。杜绝铅污染物超标排放，如含铅粉尘、含铅废水和含铅固废，确保电池生产过程铅污染物排放的安全、环保。

综上所述，可再生能源和智能电网的快速发展给大规模的电化学储能技术带来了发展机遇。锂离子电池、钠硫电池、全钒液流电池及铅蓄电池具有不同的电池外特性和相对差异化的市场领域，在未来一段时间内将呈现百花齐放的局面。在电池技术本身方面，各种技术都在加强研发力度，通过新材料开发、电池结构优化和系统集成技术来提升电池的综合能量效率、充放电次数和安全性，并降低系统成本；在项目应用方面，通过项目的经验积累，完善并升级电池管理系统和能量管理系统，进一步与电网的管理调度以实现无缝的管理对接，提升电池系统运行的灵活性，满足电网应用多元化的要求；在商业模式方面，不断探索尝试金融租赁、投资运营和合同能源管理等模式，加速储能项目的规模化和商业化。通过这三方面的提升，同时伴随着我国电力体制改革的进一步深化，电力市场化的开放，将衍生出更多储能系统的赢利点，这将大大推进大规模储能技术的商业化应用。

参 考 文 献

[1] Yang Z, Zhang J, Kintner-Meyer M C, et al. Electrochemical energy storage for green grid[J]. Chemical Reviews,

2011, 111: 3577-3613.

[2] Li M, Lu J, Chen Z, et al. 30 years of lithium-ion batteries[J]. Advanced Materials, 2018, 30: e1800561.

[3] Navigant Research-Energy Storage for Renewables Integration: A Burgeoning Market[R], 2015.

[4] U. S. Department of Energy. Energy storage "Program Planning Document"[R], 2011.

[5] 中关村储能联盟, 中国能源研究会储能专业委员会. 储能产业研究白皮书 2019, 2019.

[6] Goodenough J B, Park K S. The Li-ion rechargeable battery: a perspective[J]. Journal of the American Chemical Society, 2013, 135: 1167-1176.

[7] Godshall N A, Raistrick I D, Huggins R A. Thermodynamic investigations of ternary lithium-transition metal-oxygen cathode materials[J]. Materials Research Bulletin, 1980, 15: 561-570.

[8] Thackeray M M, David W I F, Bruce P G, et al. Lithium insertion into manganese spinels[J]. Materials Research Bulletin, 1983, 18: 461-472.

[9] Song M Y, Lee R. Synthesis by sol-gel method and electrochemical properties of LiNiO$_2$ cathode material for lithium secondary battery[J]. Journal of Power Sources, 2002, 111: 97-103.

[10] Whittingham M S. Lithium batteries and cathode materials[J]. Chemical Reviews, 2004, 104: 4271-4302.

[11] Li H, Wang Z, Chen L, et al. Research on Advanced Materials for Li-ion Batteries[J]. Advanced Materials., 2009, 21: 4593-4607.

[12] Hu M, Pang X, Zhou Z. Recent progress in high-voltage lithium ion batteries[J]. Journal of Power Sources, 2013, 237: 229-242.

[13] Wu Y P, Rahm E, Holze R. Carbon anode materials for lithium ion batteries[J]. Journal of Power Sources, 2003, 114: 228-236.

[14] Li W Y, Xu L N, Chen J. Co$_3$O$_4$ nanomaterials in lithium-ion batteries and gas sensors[J]. Advanced Functional Materials, 2005, 15: 851-857.

[15] Wu Z S, Ren W, Wen L, et al. Graphene anchored with Co$_3$O$_4$ nanoparticles as anode of lithium ion batteries with enhanced reversible capacity and cyclic performance[J]. Acs Nano, 2010, 4: 3187-3194.

[16] Yang J, Winter M, Besenhard J O. Small particle size multiphase Li-alloy anodes for lithium-ion-batteries[J]. Solid State Ionics, 1996, 90: 281-287.

[17] Chan C K, Peng H, Liu G, et al. High-performance lithium battery anodes using silicon nanowires[J]. Nature Nanotechnology, 2008, 3: 31-35.

[18] Idota Y, Kubota T, Matsufuji A, et al. Tin-based amorphous oxide: a high-capacity lithium-ion-storage material[J]. Science, 1997, 276: 1395-1397.

[19] Goodenough J B, Kim Y. Challenges for rechargeable Li batteries[J]. Chemistry of materials, 2010, 22: 587-603.

[20] Gao Z, Sun H, Fu L, et al. Promises, challenges, and recent progress of inorganic solid-state electrolytes for all-solid-state lithium batteries[J]. Adv Mater, 2018, 30: e1705702.

[21] Meyer W H. Polymer electrolytes for lithium-ion batteries[J]. Advanced Materials, 1998, 10: 439-448.

[22] Arora P, Zhang Z M. Battery separators[J]. Chemical Reviews, 2004, 104: 4419-4462.

[23] Croce F, Appetecchi G B, Persi L, et al. Nanocomposite polymer electrolytes for lithium batteries[J]. Nature, 1998, 394: 456-458.

[24] Zhang H L, Sun C H, Li F, et al. New Insight into the interaction between propylene carbonate-based electrolytes and graphite anode material for lithium ion batteries[J]. Journal of Physical Chemistry C, 2007, 111（12）: 4740-4748.

[25] Kong L Y, Yan Y R, Qiu Z M. Robust fluorinated polyimide nanofibers membrane for high-performance lithium-ion batteries[J]. Journal of Membrane Science, 2018, 549: 321-331.

[26] Huang X. Separator technologies for lithium-ion batteries[J]. Journal of Solid State Electrochemistry, 2011, 15（4）: 649-662.

[27] Kang X. Nonaqueous liquid electrolytes for lithium-based rechargeable batteries[J]. Chemical Reviews, 2004, 104（10）: 4303-4417.

[28] 王育飞, 王辉, 符杨, 等. 储能电池及其在电力系统中的应用[J]. 上海电力学院学报, 2012, 28（5）: 417-422.

[29] 温兆银, 俞国勤, 顾中华. 中国钠硫电池技术的发展与现状概述[J]. 供用电, 2010, 27（6）: 25-28.

[30] 高晓菊, 白嵘, 韩丽娟. 钠硫电池制备技术的研究进展[J]. 材料导报, 2012, 26（20）: 197-199.

[31] 张华民. 储能与液流电池技术[J]. 储能科学与技术, 2012, 1（1）: 58-63.

[32] http://wenku.baidu.com/view/97f286d276eeaeaad1f33015.html.

[33] 张华民. 高效大规模化学储能技术研究开发现状及展望[J]. 电源技术, 2007, 31（8）: 587-591.

[34] 温兆银. 钠硫电池技术及其储能应用[J]. 上海节能, 2007, 2: 7-11.

[35] 褚景春, 程茜, 于滢. 钠硫蓄电池的应用功能及优势对比研究[C]. 第三届全国电力营销技术与管理交流研讨会论文集, 2008.

[36] Lam L T, Louey R. Development of ultra-battery for hybrid-electric vehicle applications[J]. Journal of Power Sources, 2006, 158（2）: 1140-1148.

[37] http://ultrabattery.com/technology/ultrabattery-a-global-heritage/.

[38] https://www.azocleantech.com/suppliers.

[39] Enos D G, Ferreira S R, Shane R. Sandia report: understanding the function and performance of carbon-enhanced lead-acid Batteries[R], 2014.

[40] https://www.ship-technology.com/news/emp-installation-ub-battery/.

[41] http://news.bjx.com.cn/html/20111123/325060.shtml.

[42] Axion Power International, Inc. Cell assembly for an energy storage device with activated carbon electrodes. US: US20080100990 A1.

[43] Axion Power International, Inc. Lead-carbon battery current collector shielding with ported carbon battery current collector shielding with ported packets. US: US20140329142 A1.

[44] Pavlov D, Nikolov P. Capacitive carbon and electrochemical lead electrode systems at the negative plates of lead acid batteries and elementary processes on cycling[J]. Journal of Power Sources, 2013, 242: 380-399.

[45] Pavlov D, Nikolov P, Rogachev T. Influence of carbons on the structure of the negative active material of lead-acid batteries and on battery performance[J]. Journal of Power Sources, 2011, 196: 5155-5167.

[46] Pavlov D, Rogachev T, Nikolov P, et al. Mechanism of action of electrochemically active carbons on the processes that take place at the negative plates of lead-acid batteries[J]. Journal of Power Sources, 2009, 191（1）: 58-75.

[47] Cooper A, Furukawa J, Lam L T, et al. The ultra battery-a new battery design for a new beginning in hybrid electric vehicle energy storage[J]. Journal of Power Sources, 2009, 188（2）: 642-649.

[48] Lam L T, Louey R, Lim O V, et al. VRLA Ultrabattery for high-rate partial-state-of-charge operation[J]. Journal of Power Sources, 2007, 174（1）: 16-29.

[49] http://www.alabc.org/publications.

[50] Xu B, Wu F, Cao G P, et al. Highly mesoporous and high surface area carbon: a high capacitance electrode material for EDLCs with various electrolytes. Electrochemistry Communications, 2008, 10（5）: 795-797.

[51] Wang L Y, Zhang H, Cao G P, et al. Effect of activated carbon surface functional groups on nano-lead electrode position and hydrogen evolution and its applications in lead carbon batteries. Electrochimical Acta, 2015, 186: 654-663.

[52] Xu B, Hou S S, Cao G P, et al. Ultra-microporous carbon as electrode material for supercapacitors[J]. Journal of Power Sources, 2013, 228: 193-197.

[53] Zhao L, Chen B S, Wang D L. Effects of electrochemically active carbon and indium（III） oxide in negative plates on cycle performance of valve-regulated lead-acid batteries during high-rate partial-state-of-charge operation[J]. Journal of Power Sources, 2013, 231: 34-38.

[54] http://naradabattery.com.cn/newsDetial.

[55] http://naradabattery.com.cn/newsDetial.

[56] http://shupeidian.bjx.com.cn/html/20141118/565099-3.shtml.

[57] http://quotes.money.163.com/f10/ggmx_300068_2121545.html.

[58] http://naradabattery.com.cn/newsDetial.

[59] http://www.sacredsun.cn/cn/news_show_id_208.html.

[60] http://chuneng.bjx.com.cn/news/20161108/787169.shtml.

[61] http://www.sacredsun.cn/cn/news_show_id_293.html.

第 2 章 液流电池储能技术

2.1 概 述

液流电池的概念是由 L. H. Thaller[美国国家航空航天局（NASA）Lewis 研究中心]于 1974 年提出的[1]。该电池通过正、负极电解液活性物质发生可逆氧化还原反应（即价态的可逆变化）实现电能和化学能的相互转化。充电时，正极发生氧化反应使活性物质价态升高；负极发生还原反应使活性物质价态降低；放电过程与之相反。有些学者把液流电池称为"氧化还原液流电池"，但通常而言，化学电池都是通过电池活性物质的氧化还原反应实现化学能与电能的相互转化的。所以，在国际电工委员会（IEC）的国际液流电池术语标准和中国液流电池术语国家标准中[2, 3]，都把液流电池定义为"液流电池"而不是"氧化还原液流电池"。相应的英文为"flow battery"而不是"redox flow battery"。如"全钒液流电池（vanadium flow battery，VFB）"，而不是"全钒氧化还原液流电池（vanadium redox flow battery）"。

如图 2.1 所示，与一般传统的电池不同的是，双液流电池（如铁/铬液流电池、全钒液流电池、多硫化钠/溴液流电池等）的正极和负极的储能活性物质电解液储存于电池外部的储罐中，通过电解液循环泵和管路输送到电堆内部并在电极上实现充放电反应，因此液流电池的输出功率与储能容量可独立设计。

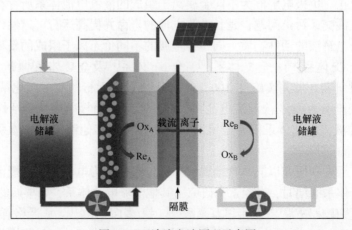

图 2.1 双液流电池原理示意图

理论上讲,两个具有不同电势的活性离子对可以组成一种液流电池。图 2.2 给出了部分可能组成液流电池的活性电对及其半电池电压,如 $Fe^{2+/3+}/Cr^{2+/3+}$、$Br^{1+/0}/Zn^{2+/0}$、$Ni^{2+/3+}/Zn^{2+/0}$、$V^{4+/5+}/V^{3+/2+}$、$Fe^{2+/3+}/V^{3+/2+}$等[4-6]。

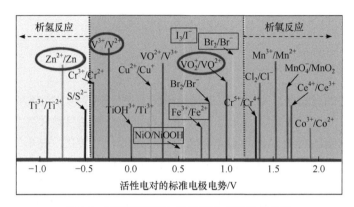

图 2.2　可构成液流电池的部分电对及电动势

在早期的液流电池技术研究中,世界各国对铁/铬(Fe/Cr)液流电池体系的研发最为广泛。自 1974 年,美国 NASA 及日本的研究机构和企业均开展了铁/铬液流电池技术的研究开发[3,5-7],其后日本企业成功开发出数十千瓦级的电池系统[6-9]。然而,由于 Cr 半电池的反应可逆性差,Fe 离子和 Cr 离子透过隔膜互串引起正负极电解液的交叉污染及电极在充电时析氢严重等问题,铁/铬液流电池系统的能量效率较低。因此,目前世界范围内对铁/铬液流电池的研究开发基本处于停滞状态,仅有美国的 EnerVault 及我国的国家电力投资集团有限公司等在进行项目研发及示范[8]。

为避免正、负极电解液为不同金属离子组成的液流电池体系所存在的正、负极电解液互混交叉污染问题,延长液流电池的寿命并提高运行可靠性,人们提出了正、负极电解液的活性物质为同一种金属的不同价态离子组成的新型液流电池体系,如全 Cr 体系[8,9]、全 V 体系[10]、全 Np 体系[11]及全 U 体系[12]等。但到目前为止,经过研究开发并实施过 100 kW 以上级示范运行的有多硫化钠/溴液流电池、全钒液流电池和锌/溴液流电池[13]。其中,正、负极电解液的活性物质为同一种金属的液流电池体系仅有全钒液流电池体系,其他液流电池体系仍处于探索阶段。

人们在探索和研究以同一种金属的不同价态离子为电池正、负极活性物质的液流电池新体系的同时,也探索和研究了其他液流电池体系,如早期的 Zn/Br_2[7]、Zn/Cl_2[14]、多硫化钠/溴[15]、铅/甲基磺酸[16]、钒/多卤化物[17]。从严格意义上来讲,这些并不是 Thaller 所定义的液流电池,因为这些电池在充放电过程中均涉及正负极活性物质相的变化。如 Zn/Br$_2$ 电池在充电时，负极电解液中的 Zn^{2+} 在电极上沉积，放电时发生金属 Zn 的溶解反应。目前，Zn/Br$_2$ 液流电池在国际上由 ZBB 能源公司（ZBB Energy Corporation）和 Premium 动力公司（Premium Power Corporation）进行产品开发及商业化应用推广[18]。而多硫化钠/溴电池的开发与商业化曾由 Regenesys 技术有限公司（Regenesys Technologies Limited）进行[19]。2004年 9 月 Regenesys 公司将多硫化钠/溴液流电池的所有知识产权转让给了加拿大的VRB 能源系统公司（VRB Power Systems Inc.），从而淡出了多硫化钠/溴液流电池行业。由于多硫化钠/溴液流电池采用的电解液价格便宜，因此曾被认为非常适于建造大型（数十～数百兆瓦/数十～数百兆瓦时）储能电站。英国 Innogy 公司于20 世纪 90 年代初开始发展多硫化钠/溴液流电池储能系统的商业化应用开发，成功地开发出 5 kW、20 kW、100 kW 三种输出功率的电堆模块。通过将这三种电堆模块串联或并联，可以组合出具有不同输出功率的多硫化钠/溴液流电池储能系统。该公司于 1996 年在英国南威尔士的 Aberthaw 电站对兆瓦级多硫化钠/溴液流储能系统进行运行测试[20]。

由于多硫化钠/溴体系中存在着离子交换膜选择性较低，电池正、负极电解液互混，液流电池能量效率下降的问题，同时，正、负极电解液互混导致其储能容量衰减和使用寿命显著缩短。因此，国际上已经终止了多硫化钠/溴液流储能电池体系的研究开发和工程应用示范。

20 世纪 80 年代，澳大利亚新南威尔士大学（UNSW）M. Skyllas-Kazacos 教授的研究团队在全钒液流电池技术领域做了大量研究工作，内容涉及电极反应动力学、电极材料、膜材料评价及改性、电解液制备方法及双极板的开发等方面，为全钒液流电池储能技术的发展做出了重要的基础研究贡献[21-37]。近几年来，全钒液流电池储能系统的研究开发、工程化及产业化不断取得重要进展，已进入了产业化应用阶段。

加拿大的 VRB 能源系统公司、日本的住友电气工业株式会社及 Kashima-Kita 电力公司曾致力于全钒液流电池储能系统的开发。全钒液流电池储能系统的正、负极活性物质均为钒离子，只是离子的价态不同，正、负极离子的少量互串对全钒液流电池的性能和寿命影响不大。日本住友电气工业株式会社与日本关西电力公司合作开发出输出功率为 100 kW 的全钒液流储能系统。Kashima-Kita 电力公司相继成功开发出 2 kW 和 10 kW 全钒液流电池电堆。日本住友电气工业株式会社在北海道建造了一套输出功率为 4 MW，储能容量为 6 MW·h 的全钒液流电池储能系统，用于对 30 MW 风电场的调幅、调频和平滑输出并网，2016 年，日本住友电气工业株式会社与北海道电力公司合作，在北海道札幌市附近建造 15 MW/60 MW·h 全钒液流电池储能电站，已经安全稳定运行了五年多。加拿大 VRB 能源系统公司曾利用日本住友电气工业株式会社制造的电堆，实施了调峰电站用 250 kW/2 MW·h 全钒液流电池储能系统和用于与风力发电配套的 200 kW/800 kW·h 全钒液流电池储能系统的应用示范。德国、奥地利等国家及地区也在开展全钒液流储能系统的研究，并将其应用于光伏发电和风能发电的储能电站。

中国科学院大连化学物理研究所张华民研究团队自 2000 年开始布局液流电池技术的研究开发，在液流电池关键材料、核心部件、储能系统设计集成、控制管理等方面都取得了国际领先的成果，到 2019 年年末，已经在液流电池领域获得国家授权专利 260 余件，形成了完整的自主知识产权体系。2008 年以技术入股创立大连融科储能技术发展有限公司。

近几年，中国科学院大连化学物理研究所-大连融科储能技术发展有限公司合作团队，在电池材料，包括电解液、非氟离子筛分传导膜、碳塑复合双极板、电堆结构设计和组装技术方面都取得了一系列的技术进步，开发出高导电性、高韧性碳塑复合双极板和高导电性、高离子选择性离子传导膜，同时，通过数值模拟和实验验证相结合的方法，掌握了高功率密度电堆的设计方法，大幅度降低了电堆的欧姆极化，从而在保持电堆充、放电能量效率大于 80% 的前提下，电堆的工作电流密度由原来的 80 mA/cm^2 提高到 300 mA/cm^2，电堆的功率密度提高了三倍以上，从而大幅度降低了全钒液流电池的制造成本。国电龙源卧牛石风电场 5 MW/10 MW·h 全钒液流电池储能系统是由大连融科储能技术发展有限公司和中国科学院大连化学物理研究所共同设计和建设。该项目于 2012 年 12 月并网调试，并于 2013 年 5 月通过国家电网有限公司和国电龙源业主的测试验收。储能电站功能包括实现跟踪计划发电、平滑风电功率输出、暂态有功出力紧急响应、暂态电压紧急支撑功能等，由全钒液流电池系统、储能逆变器、升压变压器和就地监控系统及储能电站监控系统等设备组成。5 MW/10 MW·h 全钒液流电池由 15 个 352 kW/700 kW·h 全钒液流单元电池系统组成，接入风电场 35 kV 母线，与 50 MW 风电场联合运行。截至 2021 年 9 月，该项目已稳定运行 8 年 9 个月，目前仍在正常运行。该 5 MW/10 MW·h 全钒液流电池储能系统是迄今全球兆瓦级液流电池系统运行时间最长的项目，充分验证了全钒液流电池储能技术的可靠性和稳定性，积累了大量的实际运行数据和工程建设、维护经验。另外，从运行角度看，该储能电站的调度运行除了可以实现本地操作外，还可以直接受到省电网公司调度中心的调度指令，表现出稳定的运行状态和快速的响应效果，充分证明了全钒液流电池系统对于风电波动控制、计划发电能力和响应电网服务的全功能。

在兆瓦级全钒液流电池应用项目成功的基础上，大连融科储能技术发展有限公司正在承建的 200 MW/800 MW·h 储能调峰电站国家示范项目是目前国内在建的最大规模的电化学储能电站，项目计划分两期完成，一期 100 MW/400 MW·h，预计在 2020 年并网，主要功能定位是电网调峰、紧急备用电源和黑启动及可再生能源发电并网的平滑输出。该项目将对电化学储能电池的价值验证、产业化推广及政策制定起到重要作用。

　　锌基液流电池由于储能活性物质锌的来源广泛，价格便宜，近几年来，引起了人们的高度关注。笔者的研究团队近几年来探索研究了包括锌/镍单液流电池、锌/溴液流电池、锌/溴单液流电池、锌/铁液流电池、锌/碘液流电池等多种锌基液流电池技术[38-42]。

　　目前锌/溴液流电池已处于产业化应用开发及工程应用示范阶段。主要生产商包括澳大利亚 Red Flow 公司、美国 EnSync Energy Systems 公司、韩国 Lotte 化学公司和美国 Primus Power 公司。2018 年 Red Flow 公司推出了家庭用 10 kW · h 锌/溴液流电池模块和应用于智能电网的 600 kW · h 电池系统。锌/镍单液流电池仍处于实验室工程放大阶段，主要通过材料、结构等关键技术研发，解决负极锌沉积形貌问题。

　　为了进一步降低液流电池储能活性物质的成本，近年来，国内外许多科研工作者对液流电池新体系开展了探索研究。根据支持电解液的特点，探索研究的液流电池新体系可分为水系和非水系[43-51]。水系液流电池是以水作为支持电解质，非水系是以有机物作为支持电解质。对非水系液流电池的研究，主要是追求更高的电位；对水系液流电池的研究旨在降低储能活性物质的成本，提高液流电池的能量密度。本章将重点介绍除全钒液流电池技术以外的传统的无机电对水溶液体系液流电池技术。全钒液流电池和液流电池新体系将在后面几章中重点介绍。

2.2　液流电池的结构与组成

　　传统的二次电池的活性物质与其电极材料一般为一体的，封存在电池壳体内部，正、负电极间的隔膜采用多孔膜，且充、放电过程中一般有相变化或形貌的改变，电池输出功率固定后，其储能容量也相应固定。液流电池是一种与传统二次电池结构完全不同的可重复充、放电使用的电池。液流电池储能系统主要由电堆、电解液、电解液储供体系、电池管理体系、充放电体系、储能监控体系等部分组成。电堆是液流电池储能系统的核心部件，一般是由十数节或数十节单电池以特定要求，按压滤机的形式叠合而成的。液流电池电堆的结构与质子交换膜燃料电池电堆有相似之处。

2.2.1　液流电池单电池

　　液流电池单电池是评价电池材料和部件、优化电池结构设计和运行条件及组装电堆的最基本单元。如图 2.3 所示，在单电池的中央是一张用于分隔正负极电解液、传导质子（离子）形成电流回路的质子（离子）传导（交换）膜。在此离子传导膜的两侧配置有对称的电极、电极框、密封垫、双极板、集流板、绝缘板、端板及螺杆、螺帽等。

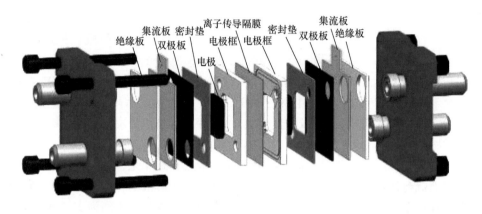

图 2.3　液流电池单电池结构示意图

2.2.2　液流电池电堆

液流电池电堆是液流电池储能系统的核心部件。如图 2.4 所示，电堆是由多个单电池以压滤机的方式叠加紧固而成的，是具有一套和多套电解液循环管道及

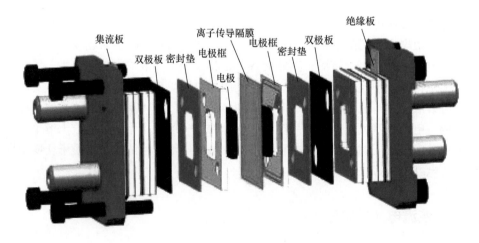

图 2.4　液流电池电堆结构示意图

统一的电流输出的组合体。电堆的性能和成本直接影响液流电池储能系统的性能和成本。优化电堆结构、提高电池性能的关键技术包括：提高电解液在各单电池内的高效均匀分配，降低浓差极化损失；提高电极表面反应活性，降低活化极化损失；减小电堆内阻，降低欧姆极化损失。另外，从工程角度看，要设计有效的密封结构、开发有效的组装工艺，提高电堆的生产效率和运行可靠性。从应用的角度看，液流电池一般应用于风能、太阳能等可再生能源发电储能及电网削峰填谷储能等领域，要求储能装备的输出功率和储能容量都比较大。为简化系统、提高液流电池系统运行的可靠性和稳定性，适用于此领域的单体电堆的额定输出功率通常为十数千瓦～数十千瓦。

图 2.5 给出了中国科学院大连化学物理研究所-大连融科储能技术发展有限公司合作团队开发的第一代 22 kW 全钒液流电池电堆的照片。该电堆是由 50 节单电池叠合组成的。在 80 mA/cm² 恒电流运行时，电堆的输出功率为 22 kW，电堆的能量效率大于 80%。该电堆已应用于国电龙源卧牛石风电场 5 MW/10 MW·h 全钒液流电池储能系统等多个兆瓦级以上储能电站。

图 2.5　中国科学院大连化学物理研究所-大连融科储能技术发展有限公司合作团队开发的
第一代 22 kW 全钒液流电池电堆照片

图 2.6 给出了中国科学院大连化学物理研究所-大连融科储能技术发展有限公司合作团队开发的第二代 32 kW 全钒液流电池电堆的照片。在 120 mA/cm² 恒电流运行时，电堆的输出功率为 32 kW，电堆的能量效率大于 80%。

图 2.6　中国科学院大连化学物理研究所-大连融科储能技术发展有限公司合作团队开发的第二代 32 kW 全钒液流电池电堆照片

2.2.3　液流电池系统及液流电池储能系统

　　图 2.7 给出了由笔者作为负责人牵头制定的国际电工委员会液流电池标准"固定电站用液流电池能源系统"中的《性能通用要求与试验方法》(*Performance General Requirements and Test Methods*)(IEC 62932-2-1)对液流电池系统和液流电池储能系统的定义。如图 2.7 所示，液流电池系统主要由电堆(stacks)、电解液循环系统(fluid circulation system)、电池管理系统(BMS)、电池储能系统(BSS)构成。液流电池储能系统(FBSS)由液流电池系统和能量转换系统(power conversion system)两部分组合而成。

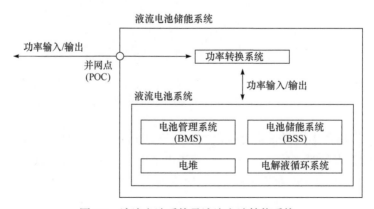

图 2.7　液流电池系统及液流电池储能系统

2.3　液流电池的分类与特点

自 20 世纪 70 年代以来，人们探索研究了多种液流电池，早期的液流电池的电解液溶剂一般为水，储能活性物质为可溶性无机离子，近年来，科技工作者又研究探索了以有机化合物为溶剂，以可变价态的有机化合物为储能活性物质等多种液流电池。根据液流电池正、负极电解质活性物质采用的氧化还原活性电对的种类，正、负极电解质活性物质的形态或电解液溶剂的种类，液流电池有多种分类方式。

（1）根据正、负极电解质活性物质采用的氧化还原电对的不同，液流电池可分为全钒液流电池、锌/溴液流电池、锌/氯液流电池、锌/铈液流电池、锌/镍液流电池、多硫化钠/溴液流电池、铁/铬液流电池、钒/多卤化物液流电池等。

（2）根据正、负极电解质活性物质的特征，液流电池又可分为液-液型液流电池和沉积型液流电池。沉积型液流电池根据反应的特点，可分为半沉积型液流电池及全沉积型液流电池。

（3）根据电解液溶剂的种类，液流电池又可分为水系液流电池和有机系液流电池等。

此外，液流电池正、负极电解质活性物质均可溶于水的液流电池称为液-液型液流电池，如全钒液流电池、多硫化钠/溴液流电池、铁/铬液流电池、钒/多卤化物液流电池。沉积型液流电池是指在运行过程中伴有沉积反应发生的液流电池。电极正、负极电解液中只有一侧发生沉积反应的液流电池，称为半沉积型液流电池或单液流电池，如锌/溴液流电池、锌/镍液流电池；电池正、负极电解液都发生沉积反应的液流电池为全沉积型液流电池，如铅酸液流电池。

表 2.1 给出了按正、负极电解质活性物质特征分类的液流电池。以下就几种典型的液流电池的工作原理及技术发展进行详细介绍。

表 2.1　液流电池分类、特点及代表技术

分类	特点	代表技术
液-液型液流电池	正、负极活性物质均溶解于电解液中；正、负极电化学氧化还原反应过程均发生在电解液中，反应过程中无相转化发生；需要设置隔膜	全钒液流电池；多硫化钠/溴液流电池；铁/铬液流电池；全铬液流电池；钒/溴液流电池等
半沉积型液流电池	正极电化学氧化还原反应过程发生在电解液中，无相转化发生；负极电对为金属的沉积溶解反应，充放电过程中存在相转化；需设置隔膜	锌/溴液流电池；锌/铈液流电池；全铁液流电池；锌/钒液流电池等

续表

分类		特点	代表技术
单液流电池	固-沉积型液流电池	正极电化学反应过程为固固相转化；负极电对为金属沉积溶解反应；正负极电解液组分相同；无须设置隔膜	锌/镍单液流电池；锌/锰单液流电池；金属/PbO_2单液流电池等
	固-固型液流电池	正负极电化学氧化还原反应均为固固相转化过程；正负极电解液组分相同；无须设置隔膜	铅酸单液流电池

液流电池是二次蓄电池的一种，但与传统的蓄电池相比，液流电池具有以下特点。

（1）液流电池的输出功率和储能容量相互独立。液流电池储能的输出功率大小取决于电堆的大小和数量，储能容量大小取决于电解液的体积和浓度，故可实现功率与容量的独立设计。需要提高输出功率时增加电堆的大小和电堆数目即可；而通过增加电解液的量或提高电解质的浓度，则可达到增加储能容量的目的。

（2）双液流电池的储能活性物质均为液态，故充、放电过程中，只有价态的变化，不涉及物相的变化，避免了传统电池因相变化及枝晶的生成而发生的电池短路、活性物质性能下降等问题。

（3）液流电池的活性物质溶解于电解液中，而只有当液流电池在使用时，电解液通过循环泵的作用进入电堆时，才会发生反应，液流电池不使用时，正、负极电解液分别密封存放于不同的电解液储罐中，没有普通电池存放过程中的自放电问题，液流电池的储存寿命长。

（4）液流电池结构简单，材料价格相对便宜，更换和维修费用低；能100%深度放电而不损坏电池；充放电时，正、负极电解液是循环流动的，反应极化小，可实现快速充放电。

（5）传统的液流电池的电解液为水溶液，不存在着火爆炸的风险，安全性好。

2.4 液流电池性能的评价方法

对大规模储能系统而言，由于其输出功率和储能容量大，材料使用量多，若发生安全事故，其造成的危险和损失很大，并且系统废弃后对环境可能造成的影响也很大。所以，大规模储能技术应具备三个基本条件：安全性高、生命周期的性价比高和生命周期的环境负荷低。液流电池储能技术能很好地满足上述基本条件，因而受到国内外高度关注，成为推广可再生能源普及应用的大规模储能技术之一。目前，多种液流电池先后被提出并成功开发，如全钒液流电池、铁/铬液流电池、锌/溴液流电池、可溶性铅酸液流电池、锌/镍单液流电池等。为了进一步提高液流电池的性能，采用材料创新和结构优化等手段，许多相应的实验与模拟研究工作先后开展。在此研究过程中，可靠且准确地评价液流电池的性能十分关键。因此，确立科学合理的性能评价方法是液流电池研究的基础。

国际电工委员会在制定液流电池国际标准时，把液流电池的评价方法作为重中之重给予优先安排。由 TC21 和 TC105 合作成立了液流电池标准化联合工作组（JWG7），笔者本人作为负责人牵头制定的《性能通用要求与试验方法》（*Performance General Requirements and Test Methods*）国际标准（IEC 62932-2-1）已在 2020 年年初颁布实施。国家能源行业液流电池标准化技术委员会在制定液流电池国家标准时，也把液流电池的评价方法作为重中之重给予优先安排，笔者牵头制定完成的液流电池国家能源行业标准《全钒液流电池用电解液 测试方法》（NB/T 42006—2013）、《全钒液流电池用双极板 测试方法》（NB/T 42007—2013）、《全钒液流电池 单电池性能测试方法》（NB/T 42081—2016）、《全钒液流电池 电极测试方法》（NB/T 42082—2016）、《全钒液流电池 电堆测试方法》（NB/T 42132—2017）等液流电池关键材料和电堆性能的评价方法国家和行业标准已经颁布实施。本节将以全钒液流电池电堆为例，详细介绍笔者研究团队在液流电池电堆性能的评价方法及评判液流电池性能的重要参数或指标方面的研究工作[52]。

充、放电性能测试方法是评价液流电池性能的一种常用方法，这种方法通过电堆的充、放电性能测试，获取充、放电性能曲线及充、放电性能参数（库仑效率、电压效率、能量效率、电解液利用率及容量保持性能）来评价电池性能。由于燃料电池也常用极化曲线测试得到的放电极化曲线及功率密度曲线评价电池性能[53, 54]，一些原从事于燃料电池技术的研究人员逐渐转为研究液流电池技术，他们沿用燃料电池常用的性能评价方法评价液流电池性能，即采用放电极化曲线及功率密度曲线评价电池性能[55-58]。但是，燃料电池的燃料和氧化剂由外界供应，只要外界能够源源不断地供应活性物质，燃料电池就可以连续发电，因此，燃料电池无须充电，是一种只有放电过程的发电装置，即实现化学能向电能转换的能量转换装置。与燃料电池不同，液流电池是一种通过化学能与电能相互转换的储能装置，具有充、放电过程，其储能介质储存在电解液储罐中，随着充、放电过程的进行，反应物不断被消耗，其储能介质的浓度逐渐降低。其中，电解液的体积及储能介质的浓度决定了液流电池的储能容量。通过放电极化曲线和功率密度曲线可以分析电池电压损失的原因。

本节以全钒液流电池为例，选用三种不同厚度的离子传导膜（膜的材料、组成等均相同，仅在厚度上不同）：Nafion 115（膜厚为 125 μm）、Nafion 212（膜厚为 50 μm）和 Nafion 211（膜厚为 25 μm）组装成具有不同电池内阻的全钒液流电池作为研究对象。通过充、放电性能测试获得的充、放电性能曲线和充、放电性能参数、极化曲线测试获得的放电极化曲线和功率密度曲线分别对上述液流电池的性能进行评价，比较两种测试方法对液流电池性能评价的一致性与差异，确立适合于液流电池的性能评价方法，分析离子传导膜的钒离子选择性、离子传导性对液流电池的库仑效率（CE）、电压效率（voltage efficiency，VE）、能量效率（energy efficiency，EE）、电解液利用率（utilization of electrolyte，UE）及储能容量保持性能的影响规律，为液流电池研究奠定基础。液流电池的库仑效率、电压效率、能量效率、电解液利用率及容量保持性能在充、放电过程中互相制约、互相影响。要正确表述液流电池的性能，必须同时给出电池的库仑效率、电压效率、能量效率、电解液利用率及容量保持性能。

2.4.1　充、放电性能测试

液流电池的充、放电性能可以通过其充、放电性能曲线，充、放电性能参数（库仑效率、电压效率、能量效率、电解液利用率和储能容量保持性能）反映。要准确地分析液流电池的充、放电性能，首先需要了解电池充、放电性能参数及其影响因素。

（1）库仑效率：库仑效率是储能容量与充电容量的比值。

$$CE = \frac{Q_{dis}}{Q_{ch}} \times 100\% = \frac{\int I_{dis}(t)dt}{\int I_{ch}(t)dt} \times 100\%$$

式中，Q_{dis} 为储能容量，$A \cdot h$；Q_{ch} 为充电容量，$A \cdot h$；I_{dis} 为放电电流密度，mA/cm^2；I_{ch} 为充电电流密度，mA/cm^2；t 为充、放电时间，s。

库仑效率用来衡量电池在充、放电过程中电量转换的效率。若充、放电过程中不存在电量损失，则库仑效率为100%，但是电池在实际的充、放电过程中存在电量损失，主要原因有：①离子传导膜两侧正、负极钒离子互相渗透发生自放电反应；②电解液泄漏造成正、负极活性物质流失；③温度过高或过低引起正、负极钒离子沉淀析出；④充电过程发生析氢、析氧等不可逆副反应。后三个因素引起的电量损失可以通过合理的操作来降低或消除，离子传导膜两侧钒离子渗透（互串）发生的自放电反应是影响电池库仑效率的主要因素，钒离子渗透与离子传导膜的阻钒性（离子选择性）密切相关。一般而言，离子传导膜的阻钒性越高，正、负极电解液中钒离子的相互渗透越少，电池的库仑效率越高；反之，库仑效率越低。

（2）电压效率：电压效率为放电平均电压与充电平均电压的比值。

$$VE = \frac{\overline{V_{dis}}}{\overline{V_{ch}}} \times 100\% = \frac{\int V_{dis}(t)dt / \int V_{ch}(t)dt}{t_{dis} / t_{ch}} \times 100\%$$

式中，$\overline{V_{dis}}$ 为放电平均电压，V；$\overline{V_{ch}}$ 为充电平均电压，V；V_{dis} 为任意时刻的放电电压，V；V_{ch} 为任意时刻的充电电压，V；t_{dis} 为放电时间，s；t_{ch} 为充电时间，s。

　　液流电池的电压效率与充、放电过程中产生的电池极化密切相关。电压效率越高，表明电池极化越低，电压损失越小，充、放电电压越接近平衡状态的电池电压；反之，充、放电过程中产生的电池极化越大，电压损失越多。影响电压效率的主要因素包括：①由电子转移步骤引起的电化学活化极化，活化极化与电极的催化活性相关；②由克服电子通过电极材料、双极板及其部件的连接界面、不同溶液接触时的液体接界电位及各种离子通过电解液和质子通过离子传导膜的阻力引起的欧姆极化；③由电解液体相向电极表面的液相传质不能满足电极表面电化学反应所需消耗的反应物的量引起的传质阻力，即浓差极化。

　　（3）能量效率，放电能量与充电能量的比值。

$$EE = \frac{W_{dis}}{W_{ch}} \times 100\% = \frac{\int V_{dis}(t)I_{dis}(t)dt}{\int V_{ch}(t)I_{ch}(t)dt} \times 100\%$$

式中，W_{dis} 为放电能量，W·h；W_{ch} 为充电能量，W·h。

　　能量效率是电池在充、放电过程中电能转换效率的评价指标。其值的大小是库仑效率和电压效率的综合效果，即能量效率是库仑效率与电压效率的乘积。在大规模储能应用中，能量效率是衡量储能技术适用性、经济性的关键指标参数。

　　（4）电解液利用率，液流电池放电过程中放出的电能容量与电解液的理论容量的比值。

$$UE = \frac{Q_{(practical)}}{Q_{(theoretical)}} \times 100\%$$

式中，$Q_{(practical)}$ 为液流电池放电过程中放出的电能容量，W·h；$Q_{(theoretical)}$ 为电解液理论容量，W·h。

　　电解液利用率可衡量电解液中实际参与电化学反应的活性物质的量的多少。电解液利用率越高，实际参与电化学反应的活性物质越多，储能容量越高，在液流电池储能系统中所需的电解液的量与电解液理论容量的差越小，即电解液的使用量越少。一方面，由电池内离子传导膜两侧正、负极钒离子互混引起的自放电会降低电解液利用率，导致容量损失。另一方面，电解液利用率与电池极化（活化极化、欧姆极化和浓差极化）密切相关。电池极化大，也会降低电解液利用率，实际参与电化学反应的活性物质减少，储能容量降低。液流电池储能系统中所需的电解液的量与电解液理论容量的差越大，电解液的使用量越多。

1）充、放电性能曲线

通过测试液流电池的充、放电性能曲线可以获取液流电池在充、放电过程中的一些基本特征。图 2.8（a）为由 Nafion 212 离子交换膜组装的液流电池在不同充、放电电流密度下（80 mA/cm²、120 mA/cm²、160 mA/cm²、200 mA/cm²）得到的充、放电性能曲线。由图 2.8（a）可以看出，随着充、放电电流密度的增加，充、放电过程中，充电起始电压升高，放电起始电压降低，在相同的充、放电截止电压条件下，充、放电时间缩短，这主要是由于随着充、放电电流密度的增加，电池内活化极化、欧姆极化和浓差极化均相应增加，导致电池的电压损失增加。高充、放电电流密度下电极表面反应需消耗的反应物的量增加，由液相传质提供给电极表面的反应物不能完全满足电极表面的需要，尤其在充、放电末期，即高SOC 下，这种供不应求现象变得更加严重，电池内将产生很大的浓差极化，因此充电末期电压急剧增加，放电末期电压急剧下降。

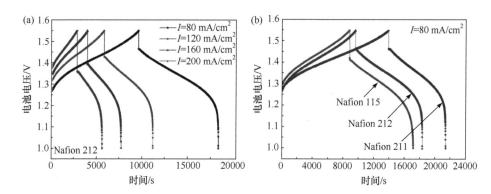

图 2.8　（a）由 Nafion 212 离子交换膜组装的液流电池的充、放电性能曲线；（b）由 Nafion 115、
Nafion 212 和 Nafion 211 离子交换膜组装的液流电池的充、放电性能曲线

图 2.8（b）为不同厚度离子交换膜（Nafion 115、Nafion 212、Nafion211）组装的液流电池的充、放电性能曲线。根据充、放电性能参数的定义，在恒定工作电流密度模式下充、放电，由图 2.8（b）可以通过放电时间与充电时间比值、平均放电电压与平均充电电压比值、放电时间的相对大小分别比较由不同厚度离子传导膜组装成的液流电池的库仑效率、电压效率和电解液利用率的相对高低。

2）液流电池充、放电性能参数

图 2.9 给出了通过实验测试获得的由不同厚度离子传导膜（Nafion 115、Nafion 212和 Nafion 211）组装的液流电池在充、放电电流密度分别为 80 mA/cm²、120 mA/cm²、

160 mA/cm² 和 200 mA/cm² 下的充放电性能参数（CE、VE、EE 和 UE）。

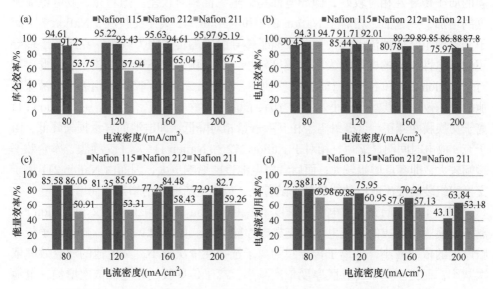

图 2.9　由 Nafion 115、Nafion 212 和 Nafion 211 离子交换膜组装的
液流电池的充、放电性能参数

　　由图 2.9 可以看出，对于同种离子传导膜组装的液流电池，随着充、放电电流密度的增加，库仑效率升高，电压效率降低。随着充、放电电流密度的增加，在相同的充、放电截止电压条件下，液流电池充放电时间缩短，充、放电过程中离子传导膜两侧钒离子渗透量减少，电池内的容量损失降低，使得电池库仑效率升高。也就是说，随着充、放电电流密度的增加，电池极化包括活化极化、欧姆极化和浓差极化相应增加，使得电池电压损失增加，导致电压效率降低。由于充、放电电流密度增加，电池极化增加，充、放电性能曲线上的起始充电电压升高，起始放电电压降低，在相同的充放电截止电压条件下，电解液利用率降低，储能容量随之减少，由图 2.8（a）可以看出，电解液被实际利用的充、放电电压范围变小。

　　由于能量效率受库仑效率和电压效率的综合影响，不同离子传导膜组装的液流电池的能量效率表现出不同的变化规律。对于 Nafion 115 离子交换膜和 Nafion 212 离子交换膜组装成的液流电池，随着充、放电电流密度的增加，一方面，由于液流电池的内阻显著增大，电池的电压损失增加，即电压效率下降；另一方面，离子传导膜两侧正、负极钒离子渗透引起的容量损失相对降低，使电池的库仑效率有所提高，而电池的内阻显著增大对电池性能影响更大，因而电池的电压效率的降低幅度较库仑效率的增加幅度大，使得液流电池能量效率随着充、放电电流密度的增加而降低。而由 Nafion 211 离子交换膜组装的液流电池，电池内离子传导膜的质子传导性相对较好，即导电性高，阻钒性相对较差。随着充、放电电流密度的增加，一方面，相对于 Nafion 212 和 Nafion 115 离子交换膜，Nafion 211 离子交换膜组装的液流电池的质子在离子传导膜中的传递阻力较小，克服离子传导膜的导电性引起的电压损失增加幅度较小，即电压效率下降幅度较小。因此，相对于 Nafion 212 和 Nafion 115 离子交换膜，Nafion 211 离子交换膜组装成的液流电池的电压效率降低幅度较小。另一方面，随着充、放电电流密度的增加，Nafion 211 离子交换膜两侧正、负极钒离子相互渗透量相对降低，即电池的容量损失降低，由于充、放电时间明显缩短，相对于 Nafion 212 和 Nafion 115 离子交换膜，库仑效率增幅较大，即容量增幅较大；而后者对电池性能影响更大，因而由 Nafion 211 离子交换膜组装的液流电池的能量效率随着充、放电电流密度的增加反而增加。

测试了在相同充、放电电流密度下，由 Nafion 115，Nafion 212 和 Nafion 211 离子交换膜组装成的液流电池的充放电性能参数。如图 2.9 所示，随着离子传导膜厚度的依次减小，即离子传导膜的离子选择性依次减小，其电池的库仑效率依次减小；而由于离子传导膜厚度依次减小，离子传导膜的导电性依次增加，电池的电压效率依次增加。对于 Nafion 系列不同厚度离子传导膜 Nafion 115、Nafion 212 和 Nafion 211，一般地，离子传导膜越厚，阻钒性越好，而质子传导性越差（表现为电池内阻越高）；离子传导膜越薄，阻钒性越差，但质子传导性越好。在相同的充、放电电流密度下，离子传导膜的阻钒性越差，由其组装的液流电池内离子传导膜两侧发生正、负极钒离子互串越严重，库仑效率越低，储能容量越低。因此，在相同的充、放电电流密度下，由 Nafion115 离子交换膜组装的液流电池的库仑效率最高，Nafion 212 次之，Nafion 211 最低。在其他条件相同的条件下，离子传导膜的质子传导性越好，由其组装的液流电池需要克服质子通过离子传导膜传递的阻力越小，即产生的电池欧姆极化越小，电压损失越少，电压效率越高。因此，在相同的充、放电电流密度下，由 Nafion 211 离子交换膜组装的液流电池的电压效率最高，Nafion 212 次之，Nafion 115 最低。

电解液利用率与电池极化和离子传导膜两侧正、负极钒离子渗透（互串）状况相关。一般而言，在相同的充、放电电压范围内，电池极化增加，电压效率降低，引起电解液利用率降低；正、负极钒离子渗透（互串）越严重，电解液的利用率也越低，即使用相同量的电解液，其电池的实际储能容量也越少。

根据图 2.9 可知，在相同的充、放电电流密度条件下，由 Nafion 115 和 Nafion 212 离子交换膜组装的液流电池的库仑效率相近，而电压效率相差较大，尤其是在高充、放电电流密度 200 mA/cm² 条件下，两者相差约 11 个百分点，表明这两个不同厚度的离子传导膜的离子选择性基本相同，液流电池内正、负极钒离子渗透（互串）引起的储能容量损失相近，而 Nafion 115 和 Nafion 212 离子传导膜由于膜的厚度相差较大，质子传递的阻力的差异也较大，即导电性相差较大。这种情况下，电解液利用率主要取决于后者，即电压效率。因此，相较于 Nafion115 离子交换膜，由 Nafion 212 离子交换膜组装的液流电池的电解液利用率较高，储能容量较大。

在相同的充、放电电流密度条件下，由 Nafion 212 和 Nafion 211 离子交换膜组装的液流电池的库仑效率相差较大，如 80 mA/cm^2 下，前者的库仑效率较后者高约 38 个百分点，而电压效率相近，表明这两个液流电池内正、负极钒离子渗透（互串）引起的储能容量损失差异显著，电池内阻引起的电压损失差异较小，这种情况下，液流电池的电解液利用率主要取决于前者，即库仑效率。因此，相对于 Nafion 211，由 Nafion 212 离子交换膜组装的液流电池的电解液利用率较高。

由图 2.9 还可以看出，在相同的充、放电电流密度条件下，由 Nafion 115 和 Nafion 211 离子交换膜组装的液流电池在 200 mA/cm^2 下，前者比后者的库仑效率高约 30 个百分点，同时前者比后者电压效率低约 12 个百分点，而 Nafion 115 比 Nafion 211 离子交换膜组装的液流电池的电解液利用率低约 10 个百分点。表明在高工作电流密度运行条件范围内，电池的欧姆极化对电解液利用率的影响程度比钒离子互串更高。

3）储能容量保持性能

液流电池储能容量保持性能是衡量液流电池充、放电循环过程中储能容量稳定性和电池使用寿命的参数。由于电解液的利用率是储能容量和理论容量的比值，可由电解液利用率随充、放电循环次数的衰减情况描述液流电池储能容量的稳定性。图 2.10 给出了由 Nafion 115、Nafion 212 和 Nafion 211 离子交换膜组装的液流电池在充、放电电流密度为 200 mA/cm^2 条件下经多次充、放电循环的容量保持性能。由图 2.10 可知，通过比较由 Nafion 115、Nafion 212 和 Nafion 211 离子交换膜组装的液流电池的初始电解液利用率可以看出，由 Nafion 212 离子交换膜组装的液流电池的电解液利用率最高，Nafion 211 次之，Nafion 115 最低。这表明在相同的充、放电电流密度条件下，由 Nafion 115 和 Nafion 212 离子交换膜组装的液流电池的容量衰减速率较小，Nafion 211 离子交换膜衰减速率略高，在相同实验条件下，由 Nafion 212 离子交换膜组装的液流电池一直保持最高的储能容量，容量稳定性较好；由 Nafion 211 组装的液流电池因其电池的欧姆极化较低，其初始电解液利用率较高，但由于正、负极电解液中的钒离子通过离子传导膜的互串较严重，多个充、放电循环后，其储能容量衰减速度很快，在经历不到 30 个充放电循环之后，其电解液利用率降低至 Nafion 115 离子交换膜之下，容量稳定性很差。

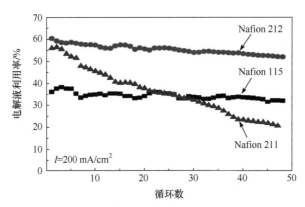

图 2.10　由 Nafion 115、Nafion 212 和 Nafion 211 离子交换膜组装的液流电池的储能容量保持
性能

事实上，在充、放电电流密度不变的情况下，在充、放电循环中，液流电池中由膜的传导性引起的欧姆极化造成的储能容量损失是一定的，而充、放电循环中由离子传导膜两侧钒离子渗透（互串）引起的储能容量损失是逐渐累积的，这种情况下，离子传导膜两侧钒离子渗透（互串）速率决定了电池储能容量衰减速率。液流电池中离子传导膜的阻钒性越好，充、放电过程中离子传导膜两侧的钒离子渗透（互串）速率越慢，在多次充、放电循环过程中容量衰减速率就越慢；反之，衰减速率越快。因此，由 Nafion 211 离子交换膜组装的液流电池的容量衰减速率最快，容量稳定性最差，而由 Nafion 115 和 Nafion 212 离子交换膜组装的液流电池的容量衰减速率较慢，容量稳定性较好。

根据上述三种不同厚度的离子传导膜（Nafion 115、Nafion 212 和 Nafion 211）组装成的液流电池的充、放电性能参数比较可知，由 Nafion 212 离子交换膜组装成的液流电池表现出最好的充放电综合性能，具有最高的能量效率和电解液利用率，同时具有较高的电压效率、库仑效率和较好的储能容量保持性能。

2.4.2　极化曲线测试

1. 极化曲线与电压损失

液流电池和燃料电池在结构上相似，如图 2.11 所示，液流电池的极化电压损失主要包括活化极化损失、欧姆极化损失和传质（浓差）极化损失三个方面。

（1）活化极化损失用 V_{act} 表示，主要是由电子转移步骤引起的电化学活化极化造成的。活化极化损失可认为是电化学活化极化产生的过电位，与电极的催化活性有关。通过优化液流电池电极材料或对电极材料进行活化修饰来提高电极反应的催化活性，可以有效降低液流电池的活化损失。

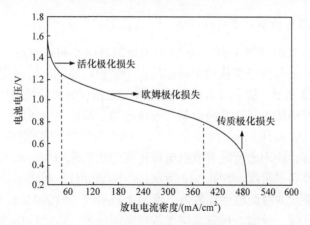

图 2.11　不同电流密度下电压损失的主要因素

（2）欧姆极化损失用 V_{ohm} 表示，主要是由克服电池内的电子电阻和离子电阻造成的。欧姆极化损失与电流的关系符合欧姆定律，可认为是因液流电池内阻产生的过电位。通过降低电极和离子传导膜材料的电阻，改善各部件的连接方式来降低电池内的界面电阻及增加电解液的离子电导性，可以降低液流电池的欧姆极化损失。

（3）传质（浓差）极化损失用 V_{trans} 表示，主要是由电极反应发生时，电极表面反应活性物质与电解液体相中反应活性物质的液相传质引起的。传质（浓差）极化损失本质上是由电解液体相中传递到电极表面的反应物的量不能满足电化学反应需求而引起的极化。传质极化电压损失可认为是因浓差极化产生的过电位。采用增加电解液的流量，提高电解液在电池中的更新速率或者优化设计电解液流场结构（电极结构、电极框等）等技术可以强化液相传质，进而降低传质（浓差）极化损失。

活化极化损失、欧姆极化损失和传质极化损失分别表现为活化极化、欧姆极化和浓差极化。不同充、放电电流密度条件下液流电池电压损失的主要因素可以通过极化曲线分析，如图 2.11 所示。在液流电池中，当电流密度较小时，由于欧姆电压损失很小，而且电极表面发生电化学反应所需消耗的反应活性物质的量较少，反应物供应充分，传质电压损失也很小，因此，在低工作电流密度条件下，液流电池反应速率主要取决于电解液能否在电极表面顺利地得失电子而发生电化学反应，电压损失主要表现为活化极化；随着电流密度的升高，欧姆极化产生的电压损失增大，若液流电池中电解液的更新速率仍能满足电解液体相向电极表面的液相传质，则电压损失主要表现为欧姆极化；如果电流密度进一步升高，电极表面发生电化学反应所需消耗的反应活性物质的量显著增加，电解液体相向电极表面传递的反应活性物质的量不能满足电极表面反应的需求，此时液相传质步骤也成为液流电池电极表面反应的速率控制步骤。因此，在高电流密度充放电过程中，电压损失表现为活化极化、欧姆极化和浓差极化的总和。

2. 极化曲线与功率密度曲线

由 Nafion 115（IR=470.2 mΩ·cm²）、Nafion 212（IR=344.4 mΩ·cm²）、Nafion 211（IR=249.8 mΩ·cm²）离子交换膜组装成的三个液流电池的放电极化曲线和功率密度曲线如图 2.12 所示。基于图 2.12 极化曲线与电压损失的分析可以看出，这三种不同厚度的全氟磺酸离子交换膜组装的液流电池，其放电电压随着放电电流密度的增加而降低，即电压损失增加，这与前述的充放电性能曲线[图 2.8（a）]结果一致。一般而言，功率密度随着放电电流密度的增加先增加，在某一放电电流密度下出现一峰值功率密度，如图 2.12 所示，由 Nafion 115、Nafion 212、Nafion 211离子交换膜组装成的液流电池在放电电流密度较高时（>1000 mA/cm²）均存在一个峰值功率密度值，此时，再继续增加放电电流密度，由于液相传质（浓差）极化显著增大，导致电池电压损失较大，功率密度随之降低。

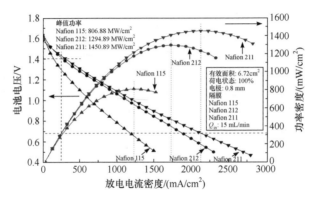

图 2.12　全钒液流电池的放电极化曲线和功率密度曲线

比较由 Nafion 115、Nafion 212、Nafion 211 三种不同厚度的全氟磺酸离子传导膜组装的液流电池的放电极化曲线和功率密度曲线，结合图 2.11 可以看出，液流电池在放电过程中，活化极化损失、欧姆极化损失和传质极化损失三者共存，造成液流电池的电压损失。由图 2.11 中的放电极化曲线可以看出，造成上述液流电池电压损失的主要因素为欧姆极化。与 Nafion 212 和 Nafion 115 相比，Nafion 211离子交换膜的质子传导性最好，由其组装的液流电池中，需要克服质子在离子传导膜中的传递阻力产生的欧姆极化最小，因此，在其他条件相同的情况下，相同放电电流密度下由 Nafion 211 离子交换膜组装的液流电池的电压损失最小，在放电极化曲线上有最高的放电输出电压。由 Nafion 115 离子交换膜组装的液流电池的电压损失最大，放电输出电压最低。随着放电电流密度的增加，由欧姆极化产生的欧姆电压损失逐渐增加，因此，在高放电电流密度条件下，由 Nafion 115 离子交换膜组装的液流电池的电压降低的幅度最大，由 Nafion 211 离子交换膜组装的液流电池的电压降幅最小。随着放电电流密度的增加，三个液流电池的放电输出电压差异愈加显著。

综上所述，在相同实验条件下，由 Nafion 211 离子交换膜组装的液流电池克服质子在离子传导膜中的传递阻力产生的欧姆极化最小，电压损失最少，表现出最高的放电输出电压和最高的峰值功率密度（1450.89 MW/cm^2）。由于电池极化造成电压损失，进而影响电压效率，因此，在相同条件下，由 Nafion 211 离子交换膜组装的液流电池的极化最小，电压损失最少，表现出最高的电压效率，而 Nafion 212 次之，Nafion 115 最低。这与图 2.9（b）中的电压效率结果相一致。

2.4.3 充、放电性能和极化曲线的关系

结合图 2.8 和图 2.9，在充、放电电流密度为 80～200 mA/cm^2，对于 Nafion 211 离子交换膜组装的液流电池，虽然离子传导膜的质子传导性最好，但其对钒离子的选择性较差，阻钒性差，正、负极电解液中的钒离子互串严重，储能容量损失严重，引起液流电池的库仑效率（CE<70%）、能量效率（EE<60%）和电解液利用率（UE<70%）都很低，电池的充、放电综合性能很差。较 Nafion 211，由 Nafion 212 离子交换膜组装的液流电池需要克服质子在离子传导膜中的传递阻力产生的欧姆极化略大，电压损失略多，表现出略低的放电输出电压和峰值功率密度，但是 Nafion 212 离子交换膜的阻钒性好于 Nafion 211 离子交换膜，所以，电池的储能容量损失少，因而其库仑效率、能量效率和电解液利用率都很高，充、放电性能优异，其综合性能远优于由 Nafion 211 离子交换膜组装的液流电池。因此，仅由液流电池的放电极化曲线与功率密度曲线不能反映液流电池的性能。

能量效率是反映液流电池在大规模储能应用中经济性的重要参数。能量效率过低，储能装备的能量损失大，经济效益差，不适于在大规模储能中的应用。目前广泛应用的抽水储能的能量效率一般在 70%～75%，所以，大规模电化学储能装备的系统净能量效率不应小于 70%。因此，目前应用示范的一些液流电池储能系统电堆的能量效率在 80%左右[58-60]。在此条件下，分析一下液流电池在峰值功率密度对应的工作状态下运行是否具有实际应用价值。图 2.13 给出了由 Nafion 115 离子交换膜组装的液流电池的能量效率和储能容量随充、放电电流密度的变化规律。根据图 2.12 可知，由 Nafion 115 离子交换膜组装的液流电池的峰值功率密度为 806.88 mW/cm^2，对应的放电电流密度约为 1200 mA/cm^2。由图 2.13 可以看出，液流电池的能量效率和储能容量随着充、放电电流密度的增加而降低，在电流密度为 80 mA/cm^2 下充、放电时，液流电池的储能容量约为 1.7 W·h，此时的能量效率为 85%；而当将液流电池在充、放电电流密度提高到 280 mA/cm^2 时，电池的储能容量仅为 0.52 W·h、能量效率仅为 65%；再将充、放电电流密度提高到

300 mA/cm² 时，电池的储能容量急剧下降到 0.4 W·h、能量效率仅为 62%。在液流电池充、放电截止电压一定的条件下，若进一步提高电池充、放电电流密度，液流电池的能量效率和储能容量均会大幅度降低。继续提高充、放电电流密度到高于 300 mA/cm² 时，电池极化过大，无法进行正常充、放电过程，储能容量非常小，不能实现储能作用，电池运行失去实际意义。

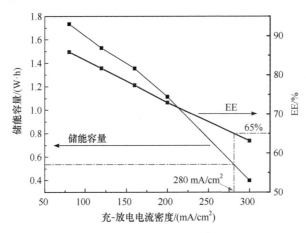

图 2.13　由 Nafion 115 离子交换膜组装的液流电池的能量效率和储能容量随电流密度的变化

　　上述结果表明，在充、放电截止电压一定的条件下，将充、放电电流密度提高至峰值功率密度状态下对应的 1200 mA/cm² 时，此时，液流电池的储能容量和能量效率都非常低，电池将无法进行正常充、放电，失去储能作用。也就是说，与发电装置的燃料电池不同，峰值功率密度对应的运行状态对于储能装置的液流电池而言，无实用意义，不适用于液流电池的大规模储能应用。

　　通过液流电池极化曲线的分析，可以解释液流电池电压损失的主要原因，可以分析不同状态下电池极化的大小，有针对性地提出减小电池极化，降低电压损失，提高电压效率的有效策略。众所周知，燃料电池是一种典型的能量转换装置，是一个发电过程，仅涉及反应物的能量转换效率，不涉及库仑效率、储能容量和容量保持性能等与充、放电过程密切相关的性能参数。燃料电池关注的性能指标主要为电压效率和能量转换效率，极化曲线可以用来科学地评价燃料电池性能。燃料电池为一种发电装置，液流电池为一种能量储存装置。电解液体积及储能介质的浓度决定了液流电池的储能容量，电解液利用率直接影响液流电池的储能容量，而电解液利用率与液流电池的充、放电过程密切相关。对于液流电池而言，库仑效率、能量效率、储能容量、电解液利用率及容量保持性能均与充、放电过程密切相关，它们与电压效率一并为液流电池需重点考察的性能指标。但是极化曲线不能完全反映液流电池的充、放电过程，因此，不适合用来评价液流电池的性能。充、放电性能可以反映液流电池充、放电过程的特性，因此充、放电性能测试方法是评价液流电池性能的科学可靠方法。

以三种不同厚度的离子交换膜[Nafion115（125 μm）、Nafion212（50 μm）和Nafion211（25 μm）]组装成的液流电池为研究对象，通过充、放电性能测试获得了充放电性能曲线和充放电性能参数，通过极化曲线测试获得了放电极化曲线和功率密度曲线，分别对上述不同厚度离子传导膜组装成的液流电池性能进行了全面且深入的分析，比较了两种测试方法对液流电池性能评价的一致性与差异，可以得到如下结论[61]。

（1）燃料电池是一种典型的能量转换装置，燃料和氧化剂由外界供给，从原理上讲，只要外界能持续不断地供应反应物质，燃料电池就可以连续地提供电能，无需充电，只有发电过程，不涉及库仑效率、储能容量和容量保持性能等充放电性能参数；燃料电池关注的性能指标主要为电压效率和能量转换效率，极化曲线可以科学分析电池放电电压或者电压损失情况，因此，极化曲线可以用来科学地评价燃料电池的性能。

（2）液流电池是一种具有充、放电过程的储能装置。库仑效率、能量效率、储能容量、电解液利用率及容量保持性能均与充、放电过程密切相关，它们与电压效率一并为液流电池需重点考察的性能指标。极化曲线不适合用来评价液流电池的性能。充、放电性能测试方法是评价液流电池性能的科学可靠方法。

（3）峰值功率密度对应的电流密度下，液流电池极化过大，无法进行正常充、放电，其能量效率和储能容量都极低，不能实现储能作用，电池运行失去实用意义，即峰值功率密度对应的运行工况在液流电池的大规模储能应用中无实用价值。

2.5　铁/铬液流电池

铁/铬液流电池是最早被提出的液流电池体系，它为液流电池技术的发展奠定了理论和技术基础。图 2.14 给出了铁/铬液流电池结构原理示意图，铁/铬液流电池在正、负极分别采用 Fe^{2+}/Fe^{3+} 和 Cr^{2+}/Cr^{3+} 电对，盐酸作为支持电解质，水作为溶剂。电池正、负极之间用离子交换膜隔开，电池充、放电时由 H^+ 通过离子交换膜在正、负极电解液间的电迁移而形成导电通路。

铁/铬液流电池充、放电时电极上发生如下反应。

正极反应：　　　　　$Fe^{2+} \underset{\text{放电}}{\overset{\text{充电}}{\rightleftharpoons}} Fe^{3+} + e^- \quad E^{\ominus} = 0.77V$

负极反应：　　　　　$Cr^{3+} + e^- \underset{\text{放电}}{\overset{\text{充电}}{\rightleftharpoons}} Cr^{2+} \quad E^{\ominus} = -0.41V$

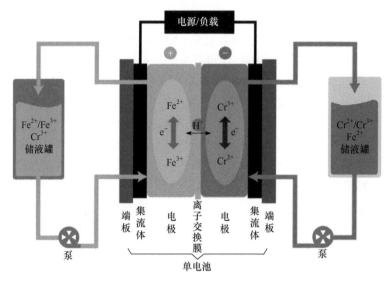

图 2.14　铁/铬液流电池结构原理示意图

电池总反应：　$Fe^{2+}+Cr^{3+} \underset{\text{放电}}{\overset{\text{充电}}{\rightleftharpoons}} Fe^{3+}+Cr^{2+}$　　$E^{\ominus}=1.18V$

铁/铬液流电池正极反应的标准电位为+0.77 V，负极为–0.41 V，所以，铁/铬液流电池的标准开路电压为 1.18 V。

1975 年美国国家航空航天局（NASA）Lewis 研究中心的 L. H. Thaller 首次提出铁/铬液流电池，1979 年 NASA 组织实施铁/铬液流电池发展计划，详细验证铁/铬液流电池技术的可行性和潜在应用价值[1,4-6]。20 世纪 80 年代，美国、日本等相关国家曾对铁/铬液流电池投入了大量的精力和资源，进行了十余年的研发[5,7]，1980 年作为"月光计划"的一部分，日本开始了铁/铬液流电池研发。1985～1990年住友电气工业株式会社研制出 10 kW 级电池模块，完成系统集成和放大[62-68]。但是该体系固有的一些技术瓶颈问题仍然没有得到有效解决，自 80 年代之后，随着全钒液流电池的提出、发展和技术进步，铁/铬液流电池逐渐退出了历史舞台。

铁/铬液流电池的主要技术瓶颈在于以下几个方面。

（1）铬氧化还原可逆性差，限制了电池的能量效率，即使在使用电催化剂，提高电池操作温度的条件下，依然难以获得理想的电池性能。

（2）充电过程中，析氢较严重，不仅降低了电池系统的能量效率，而且存在安全隐患。

（3）电池正、负极活性物质互串，降低了电池的库仑效率、储能容量和使用寿命。

2.6　锌/溴液流电池

2.6.1　锌/溴液流电池的工作原理及特点

　　锌/溴液流电池（ZBB）正、负极采用成本和电化当量均较低的锌和溴为储能活性物质，因此相对于其他液流电池体系，锌/溴液流电池电解液展现出较高的能量密度和较低的材料成本[69-71]。

　　早期的锌/溴液流电池的结构原理如图 2.15 所示，锌/溴液流电池正极采用 Br^-/Br_2 电对，负极采用 Zn^{2+}/Zn 电对。充电时正极 Br^- 发生氧化反应生成 Br_2，Br_2 被络合剂捕获后富集在密度大于水相电解液的油状络合物中，沉降在电解液储罐的底部；负极 Zn^{2+} 发生还原反应，生成的金属锌沉积在负极表面。放电时开启油状络合物循环泵，油水两相混合后进入电池内的 Br_2 发生还原反应生成 Br^-；负极表面的锌发生氧化反应生成 Zn^{2+}。其电极反应如下。

　　正极反应：　　　　$2Br^- \underset{\text{放电}}{\overset{\text{充电}}{\rightleftharpoons}} Br_2 + 2e^-$　　$E^{\ominus} = 1.076\ V$

　　负极反应：　　　　$Zn^{2+} + 2e^- \underset{\text{放电}}{\overset{\text{充电}}{\rightleftharpoons}} Zn$　　$E^{\ominus} = -0.76\ V$

　　电池总反应：$Zn^{2+} + 2Br^- \underset{\text{放电}}{\overset{\text{充电}}{\rightleftharpoons}} Zn + Br_2$　　$E^{\ominus} = 1.836\ V$

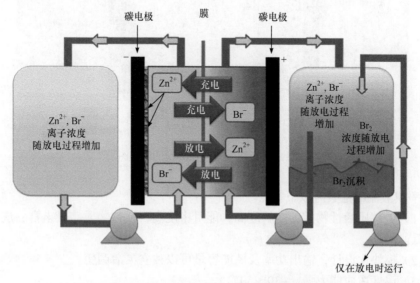

图 2.15　锌/溴液流电池工作原理示意图

锌/溴液流电池正极反应的标准电位为+1.076 V，负极为–0.76 V，故锌/溴液流电池的开路电压约为 1.836 V。

在工程应用中，为了简化锌/溴液流电池的结构，降低系统的制造成本，笔者的研究团队改进了锌/溴液流电池的结构，其原理示意图如图 2.16 所示。由于络合态溴在水中的溶解度较小，密度又大于水，因此，在正极电解液储罐中，络合态溴与水分相且沉于底部。为保证电池运行时，正极电解液活性物质供应充足，在充电过程中，打开 A 阀关闭 B 阀，防止充电生成的络合态溴被吸入正极。同理，在放电过程中，关闭 A 阀打开 B 阀，保证尽可能多的络合态溴被吸入正极。上述方法可以充分保证电解液利用率，简化了系统，取消了正极电解液储罐上用于充电产物循环用的循环泵，减小了不必要的能耗，提高了电池的库仑效率。

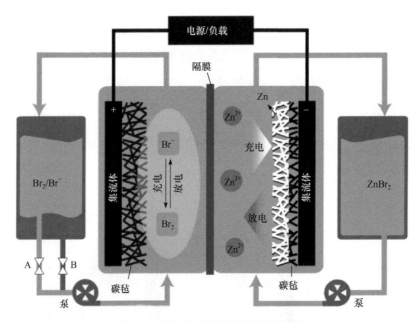

图 2.16　新型锌/溴液流电池的原理图

锌/溴液流电池具有以下特点。

（1）电解质活性物质的溶解度高，能量密度高，活性物质储量丰富，成本相对较低。

（2）模块化设计，输出功率及储能容量可以独立灵活调变。

（3）温度适应能力强（–30～50℃）。

但由于锌/溴液流电池正极电解质活性物质 Br_2 具有很强的腐蚀性及化学氧化性、

很高的挥发性及穿透性，负极电解质活性物质锌在沉积过程中容易形成枝晶，严重限制了锌/溴液流电池的应用。正极电解质活性物质 Br_2 通过离子传导膜互串（渗透）到负极，并与负极活性物质发生化学反应，引起电池的自放电，降低了锌/溴液流电池的能量效率，Br_2 可以穿透塑料材质的电解液储罐和电解液输运管路，造成环境污染。负极电解质活性物质锌离子在充、放电运行时的金属 Zn 沉积溶解过程中，容易形成金属锌枝晶并从电极上脱落，大幅度降低了电池的储能容量和使用寿命。

2.6.2　锌/溴液流电池的研究进展

20 世纪 70 年代中期，美国 Exxon 和 Gould 两家公司分别通过调控锌沉积形貌，控制抑制锌枝晶的形成；通过络合技术，抑制溴单质穿透性和挥发性，初步解决了 Br_2 通过离子传导膜互串（渗透）引起正负极电解液互混污染的两大技术难题，锌/溴液流电池又逐步引起人们的关注，推进了锌/溴液流电池的应用研究和工程开发。美国 Johnson Controls 公司联手 Sandia 国家实验室在电池关键材料、系统设计与集成、电池寿命及衰减机理等方面开展了深入系统的研究。1994 年 Johnson Controls 公司将锌/溴液流电池相关技术及知识产权转让给美国 ZBB 公司。如图 2.17 所示，ZBB 公司历经几代设计优化，开发出商品化 50 kW·h 锌/溴液流电池模块，并通过模块的串、并联，构建了兆瓦时级锌/溴液流电池储能系统。该公司在加州以 4 个 500 kW·h 锌/溴液流电池单元系统模块构建了 2 MW·h 应急储能电站。这是迄今公开报道的最大规模的锌/溴液流电池应用示范项目。瑞典 Powercell 公司研制的 100 kW 锌/溴液流电池模块的设计使用寿命为 20 年。在实验室测试阶段单电池完成 1250 个充-放电循环。澳大利亚 RedFlow 公司是锌/溴液流电池技术的后起之秀，其自主研发出适用于智能电网用户端的 5kW 电池模块

图 2.17　美国 ZBB 公司 500 kW·h（50 kW·h×10）锌/溴液流电池系统

（图 2.18）。2012 年澳大利亚联邦政府采购了 60 套该型号锌/溴液流电池用于"智能电网，智能城市"项目和用户端应用。

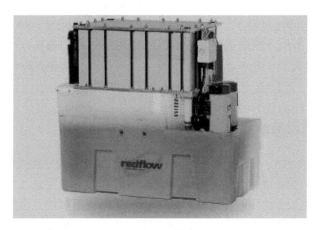

图 2.18　澳大利亚 RedFlow 公司 5 kW/10 kW·h 锌/溴液流电池系统

　　1980 年日本政府在"月光计划"高技术发展计划中，将锌/溴液流电池列为重点发展的储能技术之一。在日本政府的资助下，日本住友电气工业株式会社先后开发出 1 kW、10 kW、60 kW 锌/溴液流电池电堆和系统。1990 年由九州电力、NEDO 及 Meidensha Corporation 合作开发的 1 MW，4 MW·h 锌/溴液流电池开始在日本 Fukuoka 市示范运行，该系统是当时报道的规模最大的锌/溴液流电池系统（图 2.19）。该电池系统由 50 kW 电池模块组成，其主要参数列于表 2.2。

图 2.19　日本 Imajuku 锌/溴液流电池储能电站的电池间

表 2.2　日本 Imajuku 锌/溴液流电池储能电站性能参数

参数	数值
功率/MW	1
容量/（MW·h AC）	4
电极面积/cm²	1600
电流密度/（mA/cm²）	13
电堆/节	30
子模块	25 kW 24 电堆并联
质量/kg	6380
模块	50 kW 2 子模块串联
总质量/t	153

近年来，锌/溴液流电池的研究开发主要集中在三方面。一是提高电池循环寿命：研发高性能、长寿命电极材料，开发高稳定性的电解液。二是抑制活性物质透过隔膜：研究开发高阻溴能力、低离子电阻的电池隔膜；降低溴电解液对电解液储罐和输送管路的穿透性，筛选和设计对溴分子具有高络合能力的化合物，减小溴的环境污染。三是提高电池的功率密度和能量密度，抑制锌枝晶的生成：采用高活性电极材料，设计新型电极结构，通过提高锌/溴液流电池电极表面锌的沉积量，从而提高其能量密度；控制锌的沉积形貌，抑制锌枝晶的生成。从而进一步降低锌/溴液流电池成本，提高其可靠性、耐久性和安全性。

1. 抑制自放电策略研究

由溴透过离子传导膜引发的自放电是限制锌/溴液流电池性能的主要因素之一，研究人员主要通过加入溴单质络合剂生成油相富溴络合产物来解决这一难题。Cathro 等采用溴化 N-甲基乙基吗啉作为溴络合剂，研究了电池系统内温度、Br₂ 单质浓度对络合效果的影响[72, 73]。在此基础上该团队对一系列连有杂环和烷基取代基的溴化季铵盐进行筛选评价，提出单一组分络合剂无法满足实际运行温度范围的要求，按照 1∶1 的摩尔比复配溴化 N-甲基乙基吡咯烷与溴化 N-甲基乙基吗啉可以获得稳定的络合效果。研究人员采用丙酰溴作为正极活性物质，当采用微孔膜作为隔膜时库仑效率仅有 50%，当采用滤纸微孔膜双层结构后库仑效率上升至 90%[74]。Eustace 系统研究了溴化 N-甲基乙基吗啉对电解液物性参数的影响，提出以 Br₂ 在油状络合相与水相中含量的比值作为衡量络合效果的重要标准[75]。Vogel 等提出随着正极电解液中添加剂的阳离子与 Br⁻ 之间相互作用的增强，电化学反应可逆性下降[76]。Kinoshita 等测试了溴络合相在水相中的表面张力，该值小于其他有机/水体系的表面张力，表明在水相电解液中油状络合相更容易分散成稳定的小液滴，有利于两相间的传质[77]，并且吸附在电极表面的油状小液滴能够有效增大还原电流[78]。Bauer 等采用原位拉曼光谱连续监测充-放电过程中单质溴在水相与络合相中的分布规律，在此基础上进行络合剂用量和比例的优化[79, 80]，并进一步提出 N-甲基乙基吗啉阳离子（MEM+）相对于 N-甲基乙基吡咯烷阳离子（MEP+）更容易在电极表面形成特性吸附[81]，因此充电时其反应历程主要以非均相反应为主，相比之下溴化 N-甲基乙基吡咯烷的反应历程主要以均相反应为主[82]。

　　研发高阻溴能力、低离子传导阻力的锌/溴液流电池离子传导膜是抑制自放电的另一条技术路径[83, 84]。Bum 等通过在微孔膜上引入离子交换基团，进而提高微孔膜的阻溴能力[86]。Constable 等[85]通过研究溶剂处理对微孔膜当量厚度的影响，提出微孔膜的当量厚度与阻溴能力直接相关，微孔膜的阻溴能力决定了电池的库仑效率，络合剂在膜内的积累将降低微孔膜的当量厚度。

2. 抑制枝晶的形成和生长

　　抑制锌枝晶的形成是锌/溴液流电池必须解决的另一关键技术难题，研究人员主要通过加入枝晶抑制剂调控锌沉积的形貌来抑制锌枝晶的形成和生长。提出的枝晶抑制剂主要包括有机枝晶抑制剂[87]、无机枝晶抑制剂两大类。Iacovangelo 等提出提高电解液流速，优化适宜的充、放电电流密度都有助于形成较为平整的沉积层，而加入少量有机枝晶抑制剂（含氟表面活性剂、丁内酯）效果尤为明显（图 2.20）[88]。

图 2.20　锌枝晶抑制剂对锌沉积形貌的影响

　　研究人员通过测定流动体系下 Br_2 对 Zn 的腐蚀电位研究负极反应的电化学特性，提出在锌溶出过程中电化学反应与自放电反应平行进行[89]。Lee 等提出当负极极耳位置得当时电池隔膜的存在有利于形成平整的锌沉积层[90]。McBreen 等提出 Zn^{2+} 在 $ZnBr_2$ 溶液中形成配合物的稳定常数低于其在 $ZnCl_2$ 溶液中形成配合物的稳定常数，因此 Zn^{2+} 在 $ZnBr_2$ 溶液中表现出更低的成核过电位和更快的反应速率[91]。

3. 电极材料研究

　　Kinoshita 等通过电化学方法研究电解液流速对传质的影响，提出电极的极限扩散电流与流速的 0.61～0.72 次方成正比[92]。Mastragostino 等采用两种不同规格的玻碳电极研究 Br_2/Br^- 电对的氧化还原机理，提出 Br_2 还原反应与 Br^- 氧化反应均为两步反应，其中第一步反应：进行一个电子转移，同时生成吸附态的中间产物是速率控制步骤[93]。Cathro 等提出堆积密度较低、比表面积较高的炭黑材料具有更高的电化学活性，以高活性炭黑制备的碳塑复合板电极具有较高的电化学活性，单质溴在电极内积累将导致其性能下降[94]。Futamata 等提出 Br_2 与碳材料之间发生化学反应是电极性能衰减的主要原因：充电过程中生成的 Br_2-石墨插层复合物（Br_2-GICs）在放电阶段会部分分解，不断循环往复，电极表面生成 C-Br 层，降低电极的活性，从而影响电池的性能[95]。Ayme-Perrot 提出采用具有大孔结构的碳速冻凝胶作为电池正极，具有开放结构的大孔（图 2.21）作为 Br_2 的微型储罐，该电极材料在充、放电循环过程中表现出较高的稳定性和较高的能量密度[96]。

　　J. van Zee 等采用 RuO_2-TiO_2 复合氧化物构造流经型电极，通过模拟计算可知，反应仅利用了复合氧化物层整个厚度的 5%[97]。Shao 等提出采用碳纳米管作为正极材料，与石墨电极相比其 Br^- 氧化峰负移 100 mV 以上，Br_2 还原电流明显增大（图 2.22），由在 900 mV 恒电位条件下得到的交流阻抗谱可知，碳纳米管电荷转移弧的半径缩短了一个数量级，因此碳纳米管是合适的正极材料[98]。

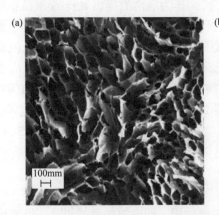

(a)　100mm

(b)

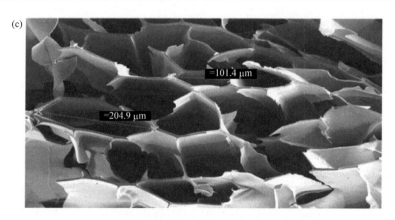

图 2.21　具有大孔结构的碳速冻凝胶的扫描电镜照片

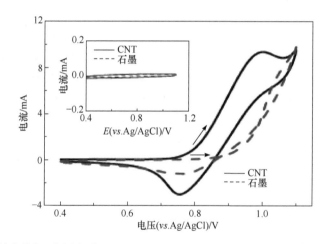

图 2.22　碳纳米管与石墨电极在 1.0 mol/L HCl + 0.5 mol/L NaBr 电解液中的循环伏安曲线

　　Lim 等采用 Nafion 125 型阳离子交换膜作为电池隔膜组装锌/溴液流电池，在 20 mA/cm² 恒流 10 h 充电 10 h 放电条件下，电池能量效率达到 80%。其中膜两侧电压降较高是限制电池性能的关键因素[99]。Darcy 等装配的 45 kW·h 电池系统已经在实验室中稳定运行数千循环[100]。Lee 等提出锌与溴发生的自放电反应受传质控制，当正极侧溴浓度为 10 g/L 时，锌腐蚀电流约为 1 mA/cm²[101]。1991 年 Singh 等采用碳/PVDF 复合板作为双极板组装 2 kW/10 kW·h 锌/溴液流电池电堆，该电堆的能量效率在 65%～70%；为简化系统提出静态锌/溴电池，组装的 25 A·h 单电池完成 400 个充、放电循环，效率在 75% 以上[102]。

4. 高功率密度锌/溴液流电池的研究

　　锌/溴液流电池的性能主要受限于电池内阻，即电池的欧姆极化。目前运行的锌/溴液流电池工作电流密度在 20 mA/cm^2 附近，能量效率在 70%～75%。电池的工作电流密度即功率密度较低是限制锌/溴液流电池推广应用的重大技术难题。相对较低的功率密度一方面延长了充电时间，另一方面增加了电池电堆数量，直接导致电堆材料用量大、成本高。为提高锌/溴液流电池功率密度，笔者的研究团队开展了以下工作[103]。

（1）建立锌/溴液流电池充、放电测试平台与单电池极化分布检测平台；优化电池操作条件，确定电池评价方法。选择电解液浓度，正极碳毡厚度，微孔膜厚度及络合剂用量作为独立设计参数，研究其对电池性能的影响机理和规律，说明限制锌/溴液流电池工作电流密度的主要影响因素。

（2）选择结构具有代表性的碳材料，采用电化学方法评价各种材料对 Br$_2$/Br$^-$ 电对的电化学活性，并进一步结合材料的物理表征探究正极材料的构效关系。

（3）采用优选出的电极材料制备膜电极一体化电极并将其首次应用于锌/溴液流电池。采用循环伏安、交流阻抗等电化学测试手段研究了膜电极一体化电极的电化学性能，通过恒流充-放电测试及极化分布测试验证膜电极一体化电极对电池极化分布和高倍率性能的影响。

为提高正极材料电化学活性，采用循环伏安、极化曲线等电化学测试方法进行碳材料的评价与筛选，通过比较电化学活性与稳定性，选择活性炭作为正极材料。为降低电池内阻，采用活性炭制备膜电极一体化电极并将其用于锌/溴液流电池。由于在紧贴膜的区域构建了高电化学活性的反应层，电池内阻与正极极化均明显降低，因此电池工作电流密度由 20 mA/cm^2 提升至 40 mA/cm^2，电池的功率密度提高了 1 倍。

通过优化正极材料和正极结构设计、正极电对修饰等手段，提高锌/溴液流电池的功率密度，得到的主要结论如下。

（1）锌/溴液流电池内阻较大，欧姆极化大的同时，正极的电化学活性低是限制电池工作电流密度进而影响电池功率密度的影响因素。

（2）锌/溴液流电池隔膜的有效厚度影响电池的库仑效率，隔膜有效厚度与其物理厚度没有直接关系，单质溴及溴络合物在膜内过量的吸附和积累显著降低了电池隔膜的有效厚度。

（3）Br$^-$ 氧化反应与 Br$_2$ 还原反应的控制步骤均为化学吸附反应，因此电极材料的有效利用表面积是决定材料电化学活性的核心因素。尽管活性炭的孔道集中在 2 nm 以下受到传质和浸润性的影响，其利用率相对较低，但是综合比较电化学活性与稳定性，活性炭依然是正极材料的相对最佳选择。介孔结构有助于强化传质、提高表面利用率，但是介孔结构将加速 Br$_2$ 与碳材料反应，降低材料电化学稳定性。

（4）膜电极一体化电极（CCM）能够明显降低电池内阻，基于正极电化学活性的提高与电池内阻的下降，采用锌/溴液流电极的单电池在 40 mA/cm^2 充-放电条件下能量效率在 75%以上。在电池工作电流密度翻了 1 倍的同时电池工作电压没有出现明显下降，因此采用 CCM 电极的单电池功率密度提高近 1 倍。

（5）三维流通型碳毡电极的电化学反应区主要集中在靠近膜的薄层。因此在相同工作电流密度下，增加碳毡厚度对正极电化学活性没有明显影响。但是随着工作电流密度的提升，碳毡反应区域向集流板方向延伸，电极反应有效面积增大，电极活性随之提高。

（6）多卤化物相对于溴单质具有更高的平衡电压和电化当量。张华民研究团队提出以多卤化物替代溴单质组成锌/多卤化物液流电池（ZPB）。该新体系液流电池相对于锌/溴液流电池具有更高的电压效率和工作电压，更为重要的是新体系的功率密度与能量密度均有较为明显的提升。

笔者的研究团队以提高溴基液流电池正极材料的电化学活性和稳定性为目标，围绕高性能溴基液流电池用碳材料展开了系统研究[104]。通过考察电极用碳材料活性与结构的构效关系，探究碳材料对 Br_2/Br^- 活性的影响因素。碳材料的比表面积、孔结构和电子电导率是影响 Br_2/Br^- 氧化还原电对活性的主要因素。比表面越大，活性越高，这主要是由于较高的比表面能为反应提供更多的活性位点。丰富的大孔和介孔有利于电解液浸润和活性物质的传递。良好的电子导电性有效地降低了电极材料的欧姆极化。利用溶剂挥发诱导自组装的方法，并通过调节模板剂与碳源比例，实现对材料有序度、形貌及孔结构的调控，进而制备得到具有 2 nm和 5 nm 两种孔径的高度有序双峰介孔碳材料。随着模板剂的增多，材料的比表面和有序度呈先增高后降低的变化趋势。材料的电化学活性随着比表面和有序度的增大而增高。该双峰有序介孔碳高度有序的 5 nm 的介孔可缩短传质路径，降低扩散阻力，提高传质速率。在 80 mA/cm^2 的工作电流密度下，用该双峰有序介孔碳材料组装的锌/溴液流电池的电压效率和能量效率分别达到了 83%和 80%，经循环充、放电 200 次，仍未出现明显的衰减，展现了双峰高度有序介孔碳材料在锌/溴液流电池中良好的应用前景。并且以水为溶剂，用室温沉淀法可直接制得纳米片状沸石咪唑框架前驱体，纳米片状沸石咪唑框架前驱体可直接作为碳源和模板剂，经碳化和活化后直接制得含有丰富氮、氧官能团的多孔纳米片状碳材料。氮、氧官能团对 Br_2/Br^- 有催化作用，并提高了材料的亲水性，有利于降低电解液和电极材料间的界面阻抗。石墨型氮官能团有助于提高材料的电子电导率。多孔纳米片状碳材料的高比表面为反应提供了更多的活性位点，使其具有较高的活性。其纳米片状结构可缩短电子传输路径，使其具有高电子电导率。其片层上纳米孔、层间蓬松及高孔隙率结构有助于其 3D 离子传输网络的形成，有效地提高了离子电导率。在 80 mA/cm^2 的工作电流密度下，用多孔纳米片状碳材料（PNSC）CCM组装的锌/溴液流电池的电压效率和能量效率分别为 83%和 82%。电池循环充、放电 200 次后，其效率、储能容量均未发生衰减，证明其具有良好的稳定性；用模板法可制备得到大小均一的笼状多孔碳材料，其直径为 290 nm，壳厚为 17 nm。通过调节 CO_2 活化条件可实现对材料孔径的调控。结合密度泛函理论（DFT）计算，调节二氧化碳活化时间，精确控制笼状多孔碳材料的主要孔径介于 Br^- 和 Br_2 络合物之间。相对于实心碳球和空心碳球，具有中空结构和特定孔径的笼状多孔碳材料具有优异的固溴能力，验证了孔径筛分的固溴机理。笼状多孔碳材料的高比表面为反应提供了活性位点，且其特定的孔径也有助于其传质能力的提高，因而其具有优异的电化学性能。笼状多孔碳材料优异的电化学性能有助于提高 Br_2/Br^- 的反应活性，其良好的固溴能力有效地缓解了溴渗透问题，减缓了电池的自放电，从而有效地提高了电池效率。该工作为溴基液流电池正极材料的结构设计提供了新的思路。

5. 电解液

单质溴透过离子传导膜而引发的自放电是限制锌/溴液流电池性能的重要因素之一。为突破这一技术瓶颈，研究人员设计开发了一系列溴络合剂，通过对单质溴的络合和富集，降低了水相电解液中单质溴的浓度，进而抑制了溴透过离子传导膜引发的自放电。目前采用的溴络合剂主要为带有杂环的溴化季铵盐，如溴化 N-甲基乙基吡咯烷及溴化 N-甲基乙基吗啉。虽然加入适量的络合剂在一定程度上能够提高电池的库仑效率，但是一旦过量或长时间积累不但会降低微孔离子传导膜的阻溴能力，而且由于络合物在电极表面的黏附，还可降低正极的电化学活性。因此需要探索其他抑制自放电的技术路径。笔者的研究团队采用对正极电对进行修饰的方法来解决自放电问题。

目前已经提出与锌配对的正极电对主要有：Cl^-/Cl_2（1.36 V，*vs.* RHE）[105]，Br^-/Br_2（1.07 V）[106]，Ce^{3+}/Ce^{4+}（基于不同的电解液体系 1.50～1.94 V，*vs.* RHE）[107]。相比之下 Ce^{3+}/Ce^{4+} 电对具有最高的平衡电位，但是其电化学活性较低，需要采用贵金属作为电催化剂[108,109]，因此不适宜实际应用。Cl^-/Cl_2 电对的平衡电位高于 Br^-/Br_2 电对，因此锌/氯液流电池相对于锌/溴液流电池具有更高的电压，但是锌/氯电池主要受限于正极电对较低的电化学可逆性及活性物质在水相电解液中极低的溶解度[110-113]。尽管 Br^-/Br_2 电对的平衡电位较低，但是其具有更高的电化学活性与可逆性。因此采用多卤化物作为正极的活性物质[113-117]，可实现 Cl^-/Cl_2 电对与 Br^-/Br_2 电对之间的优势互补。相对于锌/溴液流电池，锌/多卤化物液流电池表现出更高的电池电压和能量密度，而且由于 Br_2 透过离子传导膜引发的自放电现象有所缓解，相对于锌/氯液流电池，锌/多卤化物液流电池正极的电化学活性大幅度提高。

图 2.23 给出了电解液组成为 1 mol/L $ZnCl_2$ + 1 mol/L $ZnBr_2$ 的锌/多卤化物液流电池与锌/溴液流电池在 20 mA/cm² 恒流充、放电条件下的电池性能曲线。充电时间为 70 min，放电过程为电压控制，截止电压为 0.5 V。对于锌/多卤化物液流

电池（ZPB），其充电电压在前半段与锌/溴液流电池基本相同，根据电化学研究得出结论，在充电的后半段，锌/多卤化物液流电池的充电电压上升，这主要是由反应产物吸附在高活性位点上导致电极活性降低造成的。锌/多卤化物液流电池的开路电压为 1.85 V，锌/溴液流电池的开路电压为 1.76 V。这表明锌/多卤化物液流电池的正极电对与锌/溴液流电池的正极电对不同，Cl^-/Cl_2 与 Br^-/Br_2 混合电对的平衡电位较 Br_2/Br^- 电对高 90 mV 左右。锌/多卤化物液流电池的库仑效率为 96%，相同测试条件下锌/溴液流电池的库仑效率为 95%，两者基本相同。由于锌/多卤化物液流电池电解液的黏度远远低于锌/溴液流电池，导电性增加。因此锌/多卤化物液流电池的电压效率由锌/溴液流电池的 78%上升至 84%。由于液流电池的能量效率为库仑效率与电压效率的乘积，因此锌/多卤化物液流电池的能量效率达到81%，超过锌/溴液流电池 7 个百分点。

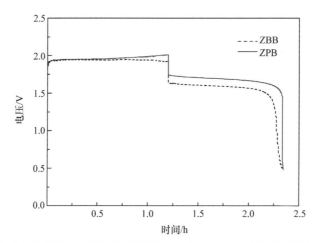

图 2.23　锌/多卤化物液流电池与锌/溴液流电池在 20 mA/cm² 条件下的电池性能曲线

2.7　锌/溴单液流电池

2.7.1　锌/溴单液流电池的工作原理及特点

锌/溴单液流电池在正极发生溴离子与溴单质的氧化还原反应，负极发生金属锌单质的沉积溶解反应。正、负极电解液均以溴化锌作为活性物质，通常还会加入支持电解质和可与溴络合后分相的络合剂。正极采用全密封结构，充电过程中生成的溴密封在正极的腔体内部，且无需正极电解液循环装置。负极电解液采用流动循环方式对电极进行活性物质溴化锌的供给与输运。

锌/溴单液流电池的工作原理如图 2.24 所示，其电极反应如下所示。

正极反应：$Br_2(aq) + 2e^- \longrightarrow 2Br^-(aq)$　　$E^{\ominus} = +1.07\ V$

负极反应：$Zn(s) - 2e^- \longrightarrow Zn^{2+}(aq)$　　$E^{\ominus} = -0.76\ V$

电池总反应：$Br_2(aq) + Zn(s) \longrightarrow 2Br^-(aq) + Zn^{2+}(aq)$　　$E^{\ominus} = +1.83\ V$

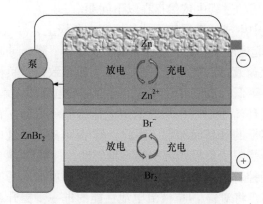

图 2.24　锌/溴单液流电池工作原理

　　锌/溴单液流电池在充电过程中，溶解在电解液中的溴离子在正极处氧化成溴单质，形成多溴化物，并密封储存在正极腔体内。与此同时，失去的电子经过外电路传递至负极，由电解液循环系统不断供给的锌离子在负极表面得到两个电子，被还原为金属锌，沉积在负极表面，完成充电过程。在充电末期，如果充电电压控制不当，正极可能会发生析氧反应，负极可能会发生析氢反应。在放电过程中，负极上的金属锌失去两个电子被氧化为锌离子，并溶解在循环的电解液中，所失去的电子经外电路传递至正极，正极多溴化物得到电子生成溴离子，并再次溶解在电解液中，完成放电过程。锌/溴单液流电池正极反应标准电极电势为+1.07 V，负极反应的标准电极电势为-0.76 V，故锌/溴单液流电池的理论开路电压为 1.83 V。

　　锌/溴单液流电池具有以下特点[118,119]。

　　（1）充电生成的溴被封闭在电池正极腔体里，不需要正极电解液循环系统。与锌/溴双液流电池相比，系统占用的空间更小，结构更简单，成本更低，能耗更小。

　　（2）具有较高的比能量。锌/溴单液流电池电解液的理论比能量达 435 W·h/kg。

　　（3）正负极两侧的电解液组分（除去络合溴）是完全相同的，不存在电解液的交叉污染，电解液可循环使用。

　　（4）可利用流动的电解液进行热管理。

　　（5）锌/溴单液流电池可以频繁地进行 100%的深度放电，且不会对电池性能产生影响。

（6）电解液为水溶液，且主要反应物质为溴化锌，因此系统不会出现着火、爆炸等事故，安全性好。

（7）所使用的电极主要成分均为碳材料，隔膜主要成分为高分子聚合物，不含重金属，可循环利用且对环境友好。

尽管锌/溴单液流电池有诸多明显的优势，也取得了一定的进步，但是锌/溴单液流电池在实际应用的过程中依然存在以下问题。

（1）充电过程中生成的金属锌不均匀沉积在负极上，导致枝晶生长，枝晶可能会刺破隔膜，引起电解液互串，使得电池库仑效率下降，同时会造成电池短路，导致电池性能的快速衰减；此外，锌的异形生长导致锌从负极上脱落，不仅会使电池的库仑效率降低、储能容量降低，还会影响电极中电解液分布的均匀性，甚至造成电解液循环流道堵塞，从而缩短电池的循环寿命。锌的不均匀沉积的不利影响会随面容量的升高而加重。因此，锌/溴单液流电池的储能容量的充、放电循环稳定性会受限于负极锌沉积的不均匀性。针对锌/溴单液流电池的电解液组成，开发可调控锌均匀且致密的电化学沉积添加剂或巧妙地设计功能化负极电极材料与结构，将对锌/溴单液流电池性能的进一步提升意义重大。

（2）锌/溴单液流电池的储能容量会受限于正极腔体除电极外剩余有效空间的容积，即正极腔体储存溴的量将决定储能容量上限。但是增加正极腔体空间将增大锌/溴单液流电池的欧姆极化。在保证良好的循环稳定性条件下，配合负极的面容量设计出最佳的正极有效腔体的容积，将会实现电池系统体积与质量能量密度最优化。

（3）锌/溴单液流电池正极通常采用季铵盐络合剂将充电过程中生成的溴形成与电解液分相的溴络合物，但是仍然有部分溴会扩散到负极，并与锌反应导致自放电。选用高络合能力的络合剂或增加络合剂的浓度，可以减小溴向负极的扩散，但可能会引起溴的电化学活性的降低或增加电解液成本；使用 Nafion 离子交换膜可有效缓解锌/溴单液流电池的自放电问题，但其成本也相对较高。基于目前通常采用的低成本商业化的 Daramic 隔膜，研究开发易于工程放大且低成本的隔膜，尽可能地阻止溴向负极侧扩散，提高锌/溴单液流电池的库仑效率是一个重要的研究开发课题。

（4）由于络合剂的加入，溴的络合物与电解液分相，在表面张力与重力作用下，溴在正极的空间分布不均匀，这种不均匀可能会加重负极锌的沉积溶解不均匀，充、放电循环过程中锌枝晶刺破隔膜与锌脱落对电池的不利影响将更加严重，会使电池的库仑效率与循环寿命大幅度降低。尝试功能化添加剂或是在电极表面上进行修饰方面开展工作，改变分相后溴络合物与电极表面的接触角或克服溴络合物在重力作用下的空间分布不均匀性，将会有效地解决这一问题。

（5）虽然活性物质溴化锌在水中有较好的溶解性（44.7 g/100 mL，20℃），但是，为了保持快速的反应动力学，通常所采用的电解液的溴化锌浓度为 2 mol/L，电解液中还需添加支持电解质与溴的络合剂。单一提升溴化锌浓度，将会影响锌的电极反应动力学，导致锌/溴单液流电池性能的下降。提升电解液浓度将有利于锌/溴单液流电池系统能量密度的进一步提升，研发动力学性能优异、高浓度溴化锌的电解液配方，将会对锌/溴单液流电池的发展产生积极的推动作用。

2.7.2　锌/溴单液流电池的研究进展

笔者的研究团队从锌/溴单液流电池关键材料研究开发入手，提出并开发出了利用有序微介孔碳提高正极催化活性[119,120]、多孔碳纳米笼孔径筛分效应以延缓溴单质渗透[120]、电池容量在线恢复技术等一系列策略，使得锌/溴单液流电池的单电池在充、放电过程中能量效率大于 80%，工作电流密度可达 80 mA/cm²。2017年，有研究团队开发出的国际上首套 5 kW 锌/溴单液流电池系统，在 40 mA/cm²充、放电运行条件系统能量效率达到 78%以上[121]，该电池系统已在陕西华银科技股份有限公司（陕西安康）光储供电系统示范应用（图 2.25）。

图 2.25　（a）第一代 5 kW 锌/溴单液流电池系统；
（b）第二代 5 kW/5 kW·h 锌/溴单液流电池系统

2.8　钒/溴液流电池

2.8.1　钒/溴液流电池的工作原理及特点

五价钒离子在高温时稳定性差，浓度过高时，在 40℃以上容易析出五氧化二钒固体，不仅使得全钒液流电池的能量密度降低，而且析出的五氧化二钒容易堵塞管路。为了探索高能量密度的液流电池体系，2003 年澳大利亚新南威尔士大学的Skyllas-Kazacos 教授提出了钒/溴液流电池（vanadium bromine flow battery，VBFB）

体系[122,123]。钒/溴液流电池的原理示意图如图 2.26 所示[124]，其电极反应方程如下。

正极反应：　　　　$2Br^- + Cl^- \rightleftharpoons ClBr_2^- + 2e^-$　　　　$E^\ominus = 1.04\ V$

负极反应：　　　　$V^{3+} + e^- \rightleftharpoons V^{2+}$　　　　　　　　$E^\ominus = -0.25\ V$

电池总反应：　　　$2V^{3+} + 2Br^- + Cl^- \rightleftharpoons 2V^{2+} + ClBr_2^-$　　$E^\ominus = 1.29\ V$

相比于全钒液流电池，钒/溴液流电池具有以下特点。

（1）正、负极电解液组成不同，会不可避免地发生电解液的交叉污染问题。

（2）可使用钒离子浓度为 3～4 mol/L 的电解液，其电解液的比能量可提高至大约 40 W·h/kg。

（3）钒/溴液流电池的运行温度不会受 V^{4+} 和 V^{5+} 的限制。钒/溴液流电池正负极电解液主要组成为 2 mol/L 的 $V^{3.5+}$、6 mol/L 的 HBr 和 2 mol/L 的 HCl。MEMBr 和 MEPBr 作为络合剂，可降低 Br_2 的蒸气压，同时可有效抑制 Br_2 膜透过离子传导膜在正、负极扩散，减小电池的自放电反应。

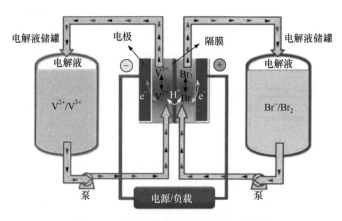

图 2.26　钒/溴液流电池的原理示意图

2.8.2　钒/溴液流电池的研究进展

G. Poon 等研究了络合剂 MEMBr 和 MEPBr 对 V^{3+}/V^{2+} 电对的影响，发现其对 V^{3+}/V^{2+} 电对的转移常数及 V^{3+} 的扩散系数等的影响都较小。因此，可以用作钒/溴液流电池正极络合剂。H. Vafiadis 等研究了多种离子交换膜对钒/溴液流电池的影响，结果发现其研究的大多数离子交换膜都不太适用于钒/溴液流电池。ABT4、ABT5、SZ、Hipore 在钒/溴液流电池体系中的膜阻都较大；SELEMION® HSF、HZ、HSV、ABT1 和 ABT2 在钒/溴液流电池体系下的化学稳定性较差。相对来说，ABT3、Gore M04494 和 Gore L01854 比较适用于这个体系，但是目前其电池性能相对较差。仍需在筛选设计钒/溴液流电池用离子传导膜方面进行深入研究,设计、制备出高性能膜材料,推动钒/溴液流电池的发展。

钒/溴液流电池用 Br_2/Br^- 电对取代全钒液流电池的 VO^{2+}/VO_2^+ 电对,突破了 VO_2^+ 对全钒液流电池运行温度上限的限制,拓宽了电池的运行温度范围;打破了钒溶解度对电池能量密度的限制,提高了电池的能量密度;降低了钒的用量,有效地降低了电池的成本。但是,钒/溴液流电池也面临着由溴电对带来的问题,如溴的腐蚀性很强,对电池各部件材料的化学及电化学稳定性提出了更高的要求。另外,钒/溴液流电池的性能还有待提高。

由于溴的严重腐蚀性和环境污染,Skyllas-Kazacos 教授团队又提出钒/多卤化物液流电池,该电池用多卤离子代替多溴离子。该体系液流电池正极采用 $Br^-/ClBr_2^-$ 电对,取代全钒液流电池的 VO^{2+}/VO_2^+ 电对,负极采用 VCl_2/VCl_3 电对。

钒/多卤化物液流电池正极发生的电化学反应如下。

$$2Br^- + Cl^- \underset{\text{放电}}{\overset{\text{充电}}{\rightleftharpoons}} ClBr_2^- + 2e^-$$

或
$$2Cl^- + Br^- \underset{\text{放电}}{\overset{\text{充电}}{\rightleftharpoons}} BrCl_2^- + 2e^-$$

负极发生的电化学反应如下。

$$VCl_3 + e^- \underset{\text{放电}}{\overset{\text{充电}}{\rightleftharpoons}} VCl_2 + Cl^-$$

电池总反应如下。

$$2Br^- + 2VCl_3 \underset{\text{放电}}{\overset{\text{充电}}{\rightleftharpoons}} Br_2Cl^- + 2VCl_2 + Cl^-$$

$$2VCl_3 + Br^- \underset{\text{放电}}{\overset{\text{充电}}{\rightleftharpoons}} BrCl_2^- + 2VCl_2$$

由于在钒/多卤化物液流电池中含有不同种类的活性物质,电解液存在交叉污染,电池容量衰减增快,能量效率下降。

2.9　锌/镍单液流电池

针对传统锌/镍蓄电池长期以来存在寿命短的问题,1991 年 Bronoel 等[125]提出加大传统锌/镍电池的电解液用量,并同时使电解液流动的方法来抑制锌枝晶的形成,提高了传统锌/镍电池的循环寿命。但这样导致其能量密度降低,不易携带与运输。加之高能量密度、长寿命的锂离子电池的兴起,使得这种富液态锌/镍电池的研究没有持续下去。随着可再生能源在能源消费中所占的比例逐年增加,可再生能源正在由辅助能源向主导能源转变,而可再生能源的普及应用离不开储能

设备，由此开拓了富液态锌/镍电池的应用领域。2007 年中国北京防化研究院
Cheng 等[126]结合传统锌/镍电池与液流电池的优势，明确提出锌/镍单液流电池的
概念（zinc-nickel single flow battery，ZNB），锌/镍单液流电池的研究再次成为热
点。随后中国科学院大连化学物理研究所、美国纽约城市大学和日本名古屋大学
等单位相继开展了此方面的研究开发工作。

　　锌/镍单液流电池存在一些问题，制约了其大规模应用。首先，电池极化较大，
限制了电池运行电流密度，导致电池功率密度较低；其次，锌在负极的非均匀、
非致密沉积和锌在负极的累积，导致电池循环稳定性较差；最后，电池比容量受
限于正极比容量，而常用的烧结镍正极比容量较低，从而导致电池比容量较低。
为解决上述问题，笔者的研究团队在电池结构、负极结构及电解液组成的优化设
计和高比容量镍正极的开发等方面开展了系统的研究开发工作[127]。

2.9.1　锌/镍单液流电池的工作原理及特点

　　锌/镍单液流电池的正极和负极分别采用氢氧化镍电极和惰性金属或石墨电极，
正极活性物质氢氧化镍储存在固体电极内，负极活性物质以锌酸盐形式储存在强碱
性电解液中，通过泵循环到电堆内，在电极上发生氧化还原反应。锌/镍单液流电池
正、负极电解液的组成相同，均采用 ZnO 在碱性水溶液中溶解形成的锌酸盐为电
解液，通过电解液循环系统同时为正、负极提供电解液，正、负极之间无须设置离
子传导膜。以锌离子和镍离子间的电化学反应来实现电能与化学能的相互转换。

　　锌/镍单液流电池的工作原理如图 2.27 所示，电极反应如下。

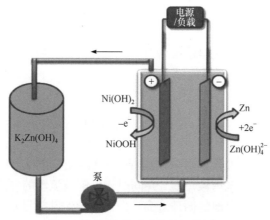

图 2.27　锌/镍单液流电池工作原理

正极反应：$2\mathrm{Ni(OH)}_2 + 2\mathrm{OH} - 2e^- \underset{\text{放电}}{\overset{\text{充电}}{\rightleftharpoons}} 2\mathrm{NiOOH} + 2\mathrm{H_2O}$　$E^{\ominus} = 0.49\ \mathrm{V}$

负极反应：$\mathrm{Zn(OH)_4^{2-} + 2e^- \underset{\text{放电}}{\overset{\text{充电}}{\rightleftharpoons}} Zn + 4OH^-}$ $E^\ominus = -1.215\ \mathrm{V}$

电池总反应：$\mathrm{Zn(OH)_4^{2-} + 2Ni(OH)_2 \underset{\text{放电}}{\overset{\text{充电}}{\rightleftharpoons}} Zn + 2NiOOH + 2H_2O + 2OH^-}$ $E^\ominus = 1.705\ \mathrm{V}$

锌/镍单液流电池在充电过程中，正极中固相活性物质氢氧化镍被氧化为固相羟基氧化镍，同时失去电子和质子，电子经外电路传递至负极表面，质子由固体电极扩散至固液界面，并与氢氧根离子结合生成水；溶液中的锌酸根离子在负极得到两个电子，被还原为金属锌，沉积在负极表面，同时释放四个氢氧根离子，传递至正极表面，维持电荷平衡，完成充电过程。因为在充电末期，正极可能会发生析氧副反应，负极可能会发生析氢副反应，所以，控制适宜的充电截止电压尤为重要。在放电过程中，负极上的金属锌失去两个电子被氧化为锌离子，其同时与四个氢氧根离子络合，以锌酸根离子的形式存在于强碱性溶液中；电子经外电路传递至正极，质子由溶液相传递至正极，正极氧化态的羟基氧化镍同时得到电子和质子被还原为氢氧化镍，完成放电过程。锌/镍单液流电池正极反应的标准电极电势为+0.49 V，负极反应的标准电极电势为–1.215 V，故锌/镍单液流电池的理论开路电压约为 1.705 V。

锌/镍单液流电池具有以下特点：①由于正、负极共用同一种电解液——碱性锌酸盐水溶液，因此不需要像传统液流电池（液-液型液流电池）那样在正、负极之间设置离子传导膜，大大简化了电池结构，简化了系统并降低了成本；②锌/镍单液流电池使用水作为溶剂，控制好充放电截止电压，没有燃烧和爆炸的风险，安全可靠；③锌/镍单液流电池的低温性能良好，可以在–40℃下运行；④锌/镍单液流电池的储能活性物质的原料锌和镍储量丰富，与其他液流电池所用的金属相比，成本低廉，来源丰富，环境友好。

2.9.2 锌/镍单液流电池的研究进展

通过国内外科学家的共同努力，锌/镍单液流电池的综合性能得到了很大的提升，但依然存在以下问题。

（1）锌/镍单液流电池在高运行电流密度下，电池极化较大，副反应严重，导致电池的库仑效率、电压效率和能量效率均较低。因此，锌/镍单液流电池运行电流密度均在 20 mA/cm^2 以下，能量效率在 80%以下，因为电池功率密度较低，材料需要量较大，所以电池成本仍较高。

（2）在充电过程中，锌在负极生成海绵状（低沉积电流密度）或枝晶状（高沉积电流密度）沉积产物，易造成电池短路或堵塞电解液扩散通道和循环管路，从而导致电池失效。单纯改善传质无法获得均匀致密的锌沉积层；改变充、放电方式可以避免锌的非均匀、非紧密沉积，但电池的操作过于烦琐。虽然电解液添加剂可以使锌的沉积层较为均匀致密，但很少有同时考虑到添加剂对锌/镍单液流电池性能影响的研究。

（3）在放电达到截止电压后，负极表面在充电过程中沉积的锌并没有完全反应，部分残留在负极表面。随着充、放电循环次数的增多，锌的累积量越来越多，长时间循环运行后，锌的累积厚度足以超过电极间距，会造成电池短路。目前，只有机械清除和深度放电两种解决办法。机械清除使得电池的使用过程十分复杂，过放电会影响正极的稳定性，二者都没有从根本上解决锌在负极累积的问题。因此，探究锌累积的根本原因，彻底消除锌在负极的累积，对提高锌/镍单液流电池充放电循环稳定性具有重要意义。

（4）锌/镍单液流电池的比容量受限于镍正极，而制备高比容量、高活性氢氧化镍是制备高比容量镍正极的前提与基础。α-Ni(OH)$_2$ 具有比容量高、电化学活性高等优点，能够满足对镍正极较高比容量、良好大电流充放电性能的要求。因此，发展简单、可控、易规模化的制备方法，设计制备兼具高比容量、高活性和高稳定性的α-Ni(OH)$_2$，对提高锌/镍单液流电池的比容量具有实际应用价值。

Cheng 等[126]组装了锌/镍单液流电池单电池，并在 10 mA/cm^2 的电流密度下恒流充、放电测试电池的性能，电池的平均输出电压约为 1.65 V，库仑效率和能量效率分别为 96%和 86%。Ito 等[128]组装了容量为 3.7 A·h 的单电池，将充、放电电流密度提高到 20 mA/cm^2，库仑效率和能量效率分别为 90%和 80%。可见，当运行电流密度提升时，电池的能量效率显著下降，如果进一步提高电池的运行工作电流密度，电池的能量效率则会降到 80%以下。而目前主流的储能技术——抽水储能的效率为 70%～75%，因此，保持单电池的能量效率高于 80%，系统集成后，电池系统的效率就能与抽水储能的效率相媲美，突显了电化学储能的容易建造的特性。而在保持电池能量效率高于 80%的前提下，目前全钒液流电池的工作电流密度已达到 300 mA/cm^2，与其相比，锌/镍单液流电池的工作电流密度（功率密度）偏低，导致电堆需要的材料较多，成本仍然较高，影响了其实用化进程。在保持锌/镍单液流电池电堆能量效率高于 80%的前提条件下，提高电池充放电工作电流密度，即提高其功率密度，对推进锌/镍单液流电池的实际应用非常重要。

针对锌/镍单液流电池存在功率密度低、循环寿命短的问题。笔者的研究团队通过在氢氧化镍正极侧增加流场构筑正极双相离子传输通路，加强了反应离子在固液反应界面的传递，达到降低正极极化的目的。利用三维多孔泡沫镍负极代替二维镍片负极，降低电极实际电流密度，减小负极极化。通过上述技术开发，将电池运行电流密度由 20 mA/cm^2 提高到 80 mA/cm^2，且能量效率高于 80%，大幅度提高了电池功率密度[129,130]。通过电极结构设计优化，使正、负极库仑效率相等，成功解决了锌累积问题，从而大幅提高了电池的循环稳定性。电池在 80 mA/cm^{2}下，经过 3500 个充放电循环，仍保持良好的稳定性[131]。为了适应电池规模放大和市场对技术的要求, 开发出多孔碳基高容量镍正极, 并通过优化正、负极结构来提高电池功率密度。锌/镍单液流电池系统在充电面容量为 80 mA · h/cm² 时的能量效率达到 85%, 并在 500 次循环内无明显衰减。

2.9.3　锌/镍单液流电池的应用示范

在应用示范方面, 美国纽约城市大学 Banerjee 教授等[132]研制出如图 2.28 所示的 25 kW · h 锌/镍单液流电池系统, 该系统由 30 个 833 W · h 单电池模块串联组成, 电池的输出电压在 50 V 左右, 能量效率大约为 80%, 但循环稳定性较差, 输出能量及能量效率波动较大, 且在 900 个充放电循环后电池的输出能量急剧下降 (图 2.29)。

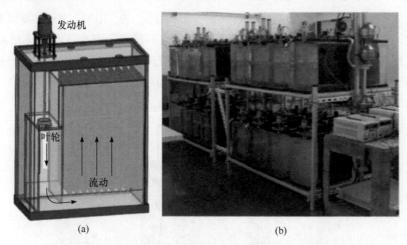

图 2.28　美国纽约城市大学研发的 833 W · h 单电池模块 (a) 及
25 kW · h 锌/镍单液流电池系统 (b)

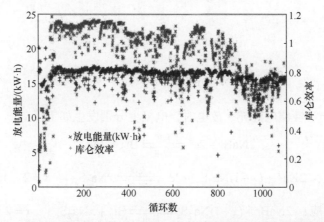

图 2.29　美国纽约城市大学 25 kW · h 锌/镍单液流电池系统的循环稳定性

2.10　多硫化钠/溴液流电池

从理论上讲，多硫化钠/溴液流电池具有较高的能量密度和相对较低的成本，因此多硫化钠/溴液流电池技术的研究开发和工程应用曾引起人们的高度关注。

2.10.1　多硫化钠/溴液流电池的工作原理及特点

多硫化钠/溴液流电池分别以多硫化钠（Na_2S_x）和溴化钠（$NaBr$）的水溶液为电池负、正极电解液及电池电化学反应活性物质，即多硫化钠/溴液流电池的正极活性物质采用 Br^-/Br_2 电对，负极活性物质采用 S_{x-1}^{2-}/S_x^{2+} 电对。Br_2 主要以 Br_3^- 形式存在于正极电解液中，单质硫与硫离子结合成多硫离子存在于负极电解液中，多硫化钠/溴液流电池利用阴离子的氧化还原反应来实现电能与化学能的转换，而非阳离子反应。多硫化钠/溴液流电池工作原理如图 2.30 所示。

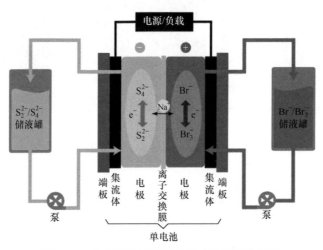

图 2.30　多硫化钠/溴液流电池工作原理示意图

多硫化钠/溴液流电池充、放电时，电极上分别发生如下反应。

正极反应：
$$2NaBr - 2e^- \underset{放电}{\overset{充电}{\rightleftharpoons}} Br_2 + 2Na^+$$

负极反应：
$$2Na^+ + (x-1)Na_2S_x + 2e^- \underset{放电}{\overset{充电}{\rightleftharpoons}} xNa_2S_{x-1} \quad x = 2\sim4$$

电池总反应：
$$2NaBr + (x-1)Na_2S_x \underset{放电}{\overset{充电}{\rightleftharpoons}} Br_2 + xNa_2S_{x-1} \quad x = 2\sim4$$

多硫化钠/溴液流电池正极反应的标准电极电势为+1.076 V，负极为–0.265 V，故锌/溴液流电池的标准开路电压约 1.341 V。由于电解液浓度及充放电状态的不同，多硫化钠/溴液流电池单电池的开路电压一般在 1.54～1.60 V。

2.10.2　多硫化钠/溴液流电池的发展历程

多硫化钠/溴液流电池由美国人 Remick[133]在 1984 年发明，但在随后的数年时间内并没有得到科技界或产业界的关注。20 世纪 90 年代初，英国 Regenesys 技术有限公司（Regenesys Technologies Limited）开始投入大量人力及资金对多硫化钠/溴液流电池进行产品及技术的开发研究工作，并成功开发出功率为 5 kW、20 kW、100 kW 级的三个系列的多硫化钠/溴液流电池电堆（照片见图 2.31，电堆特性见表 2.3）[134-136]，注册商标为 Regenesys™。每个电堆由电极、双极板、阳离子交换膜、绝缘支撑框架等按压滤机方式进行组装。Regenesys 技术有限公司于 1996 年在南威尔士 Aberthaw 电站对 1 MW 级多硫化钠/溴液流电池储能系统进行了测试，结果表明该系统在技术、环保和安全上都达到要求。2000 年 8 月 Regenesys 技术有限公司开始建造第一座商业规模的储能调峰演示电厂，它与一座 680 MW 燃气轮机发电厂配套，该电能存储系统储能容量为 120 MW·h（照片见图 2.32，技术参数见表 2.4），最大输出功率 15 MW，可满足 10000 户家庭一整天的用电需求。另外，2001 年该公司与美国田纳西流域管理局签订合同，为哥伦比亚空军基地建造了一座储能容量为 120 MW·h，最大输出功率 12 MW 的多硫化钠/溴液流电池储能系统，在非常时期为基地提供电能[134-137]。国际上除英国的 Regenesys 技术有限公司成功开发出 PSB 系列储能电池组模块之外，笔者的研究团队自 2000 年起也着手进行多硫化钠/溴液流电池储能系统的技术攻关工作，并于 2002～2004 年分别推出百瓦及千瓦级 PSB 储能电池组[138-140]。

图 2.31　5 kW、20 kW、100 kW Regenesys™ 多硫化钠/溴液流电池电堆照片

表 2.3　Regenesys™ 多硫化钠/溴液流电池电堆特性

电堆系列	电极面积/m²	电堆单电池节数	电堆开路电压/V	额定功率/kW
S	0.11	60	90	5
L	0.21	120	180	20
XL	0.67	200	300	100

图 2.32　15 MW/120 MW·h 多硫化钠/溴液流电池储能电站外观

表 2.4　英国 15 MW/120 MW·h 多硫化钠/溴液流电池储能电站技术参数

存储容量	存储时间	占地面积	储罐容积	净能量效率
120 MW·h	8 h	3000 m²	2800 m³	70%
最大功率	电堆数目	设计寿命	电解液循环量	总造价
15 MW	120×100 kW	15 年	22.7 m³/min	2200 千万美元

Regenesys 技术有限公司为英国 Little Barford 建设的 15 MW/ 120 MW·h 多硫化钠/溴液流电池储能系统和为美国建设的 15 MW/120 MW·h 多硫化钠/溴液流电池储能系统均被停止运行，说明该项技术依然有不成熟之处。从报道的情况分析，其问题主要集中在以下三个方面。

（1）正、负极电解液活性物质互串严重，导致多硫化钠/溴液流电池储能系统容量过快衰减。

（2）多硫化钠/溴液流电池储能系统在充电过程中，副反应、二次反应复杂。如负极析氢反应、硫或硫酸钠晶体析出等，严重影响了多硫化钠/溴液流电池储能系统的循环稳定性，降低了运行寿命。

（3）电解液中溴的腐蚀性及刺激性溴化物污染环境，存在安全隐患。

2.10.3　多硫化钠/溴液流电池的研究进展

1. 离子交换（传导）膜的研究

和其他液流电池一样，多硫化钠/溴液流电池中的离子交换（传导）膜起着分隔电池正、负极活性电解液，防止电池自放电的作用。要求离子交换（传导）膜具有优良的离子选择性、离子传导性和化学稳定性，这样在电池充、放电运行过程中，正、负极储能活性物质互串少、欧姆极化小，使电池有较高的库仑效率和电压效率，从而具有较高的能量效率；另外，多硫化钠/溴液流电池在充电过程中，正极会产生腐蚀性很强的单质溴，故要求所用的离子交换膜具有优良的抗溴腐蚀性能。在燃料电池中得到广泛应用的杜邦公司的全氟磺酸质子交换膜（Nafion 膜）由于具有优良的化学稳定性及良好的离子选择透过性，被应用于多硫化钠/溴液流电池。

笔者的研究团队为了研究开发高可靠性、高稳定性的多硫化钠/溴液流电池，采用不同厚度的 Nafion 离子交换膜组装出多硫化钠/溴液流电池单电池，系统研究了膜厚度对电池充放电性能、负极电解液中的硫及多硫离子通过离子交换膜向正极电解液互串渗透的影响规律；为了提高膜的选择透过性，降低负极电解液中的硫及多硫离子通过离子交换膜向正极电解液互串渗透，提高电池的库仑效率，团队用溴化四丁胺（TBAB）对 Nafion 112 离子交换膜进行了改性处理[141]。

表 2.5 给出了不同厚度 Nafion 离子交换膜（Nafion 117、Nafion 115、Nafion 1135 和 Nafion 112 离子交换膜）多硫化钠/溴液流单电池的充、放电性能。由表 2.5 可知，随着离子交换膜厚度的增加，多硫化钠/溴液流电池单电池的库仑效率值上升。在此条件下，库仑效率上升的原因可归结于随着离子交换膜厚度的增加，其离子选择性也增加，电池负极电解液中的活性硫离子透过膜渗透到正极电解液中的现象得到明显抑制，减弱了电池正、负极电解液通过离子交换膜的自放电现象，因而提高了电池的库仑效率。同时这也表明，在液流电池其他条件固定后，电池的库仑效率与离子交换（传导）膜的离子选择性密切相关，离子交换（传导）膜的离子选择性越好，其库仑效率越高。另外，由表 2.5 可见，电池的电压效率随离子交换膜厚度的增加而下降。这是因为随着离子交换膜厚度的增加，其离子传导电阻也增加，离子在膜中的交换传导速度降低，即膜电阻的上升使电池充、放电过程中的欧姆极化增大，致使充电时的平均电压升高，放电时的平均电压降低，从而导致电池的电压效率下降。这表明在液流电池其他条件固定后，电池的电压效率与离子交换（传导）膜的离子传导性密切相关，离子交换（传导）膜的离子传导性越好，其电压效率越高。液流电池的能量效率为库仑效率与电压效率的乘积，即 EE = CE×VE。所以，要求液流电池用离子交换（传导）膜既要具有优良

的离子选择性，又要具有优良的离子导电性。

表 2.5　不同厚度 Nafion 离子交换膜的膜电阻及组装电池的充放电能量效率

膜的型号	膜面电阻/（$\Omega \cdot cm^2$）	库仑效率/%	电压效率/%	能量效率/%
Nafion 117	2.32	92.3	60.56	55.9
Nafion 115	1.96	91.6	60.58	55.5
Nafion 1135	1.11	79.1	67.8	53.7
Nafion 112	0.75	71.7	72.1	51.8

　　综上所述，对 Nafion 离子交换膜而言，从电池的高能量效率考察，可选用 Nafion 117 及 Nafion 115 离子交换膜组装电池。Nafion 1135 及 Nafion 112 离子交换膜由于较薄，离子选择性较差，正、负极活性物质通过离子交换膜的互串（渗透）量较高，导致正、负极电解液产生严重的交叉污染，引起电池自放电，使电池的库仑效率降低，同时正、负极电解液的交叉污染也会使电池长期运行的稳定性变差，储能容量不可逆降低。但相对于厚度较厚的 Nafion 117 及 Nafion 115 离子交换膜来说，Nafion 1135 离子交换膜组装的电池的能量效率相对较高，而且 Nafion 1135 离子交换膜的成本相对较低，综合性价比较高。

　　为了提高低成本 Nafion 112 离子交换膜的离子选择性，提高多硫化钠/溴液流电池的库仑效率并降低成本，笔者研究团队研究了采用四丁基溴化铵改性的 Nafion 112 离子交换膜组装的单电池性能。

　　用四丁基溴化铵（分子式见图 2.33）中的 NR_4^+ 基团部分取代 Nafion 112 全氟磺酸离子交换膜中磺酸根上的 H^+。由于 NR_4^+ 基团的半径远大于质子（H^+）的半径，故其部分取代磺酸根上的质子（H^+）可以降低用于全氟磺酸膜构成离子交换通道的离子束的半径，提高离子交换膜的致密性，另外，NR_4^+ 基团部分取代磺酸根上的 H^+ 还会改变离子交换膜的离子交换容量，

$$[C_4H_9 - \underset{\underset{C_4H_9}{|}}{\overset{\overset{C_4H_9}{|}}{N}} - C_4H_9]Br$$

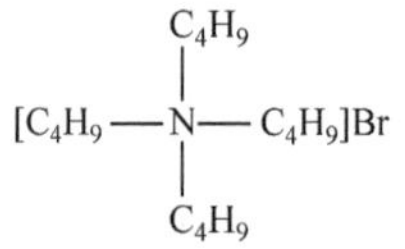

图 2.33　四丁基溴化铵分子结构式

从而导致膜中离子簇的半径及磺酸根固定点水分子数目的变化，从而提高膜的离子选择透过性。

　　由图 2.34 可以了解到使用不同浓度 TBAB 处理的 Nafion 112 离子交换膜（处理时间 0.5 h）组装的单电池的性能。在同样处理时间下，提高处理液中 TBAB 的浓度，有利于电池库仑效率的提高，但电池的电压效率随 TBAB 浓度的上升而下降。这表明采用 TBAB 对 Nafion 112 离子交换膜进行改性，可有效提高 Nafion 112 离子交换膜的离子选择性，减少正、负极电解液中储能活性物质通过离子交换膜互串引起的电池充、放电过程中的自放电，从而提高电池的库仑效率；另外，随着处理液浓度的增加，经 TBAB 改性的 Nafion 112 离子交换膜的离子传导性降低，

从而使电池的电压效率降低。由图 2.20 可知，在 0.5 h 的处理条件下，TBAB 浓度为 1.5%（W/V）时，电池的综合能量效率为 53.2%。

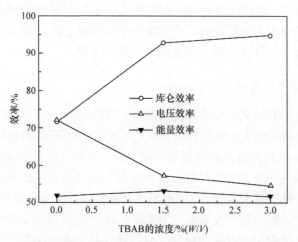

图 2.34 使用经不同浓度 TBAB 处理的 Nafion 112 离子交换膜组装的
多硫化钠/溴液流电池单电池性能
处理时间 0.5h

用经过处理不同时间的 TBAB[浓度为 1.5%（W/V）]改性的 Nafion112 离子交换膜组装的单电池的性能测试结果如图 2.35 所示。由图 2.35 可知，随处理时间的增加，被 NR_4^+ 基团部分交换的 Nafion 112 全氟磺酸离子交换膜中磺酸根上的 H^+ 的量增多，减小了用于全氟磺酸膜构成离子交换通道的离子束的半径电池，使电池的库仑效率升高，自放电减少。

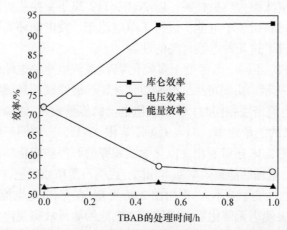

图 2.35 经 1.5%（W/V）TBAB 处理不同时间的 Nafion 112 离子交换膜组装的多硫化钠/溴液流
电池单电池性能

上述研究结果表明，用 TBAB 改性的 Nafion 112 离子交换膜可提高膜的离子选择性，减少正负极电解液中储能活性物质的互串，从而降低电池的自放电，提高电池的库仑效率；但同时随处理时间的延长或 TBAB 浓度的提高，被 NR_4^+ 基团部分交换的 Nafion 112 全氟磺酸离子交换膜中磺酸根上的 H^+ 的量增多，Nafion 112 离子交换膜的离子传导性降低，电池的电压效率下降。

2. 负极电极材料的研究

迄今，采用 Nafion 离子交换膜为多硫化钠/溴液流电池的离子传导膜，且电池的正、负极均采用碳毡为电极材料时，在充、放电电流密度 40 mA/cm² 的条件下，多硫化钠/溴液流电池单电池的能量效率通常低于 60%。如果电池在如此低的功率密度（液流电池的功率密度为放电电流密度与平均放电电压的乘积）和能量效率下运行，即使电解液的成本低，由于电堆的体积大，也会造成电堆的材料成本高，能量效率过低，储能的经济效率差。为提高多硫化钠/溴液流电池的能量效率，降低电池充、放电过程中的电化学极化、欧姆极化和浓差极化损失，提高电堆的功率密度和能量效率势在必行。部分研究者认为过渡金属及其硫化物等对多硫化物的氧化还原反应具有较好的催化活性。在电池负极上负载这类催化剂可以降低负极活性物质电化学反应的活化极化，使电池充电过程的平均电压下降，放电过程的平均电压上升，这样可以提高电池的电压效率，从而提高了电池的能量效率[142-152]。

笔者的研究团队采用控制电位稳态电化学扫描法对铁、钴、镍、铅及石墨材料进行催化活性评价。在电化学评价结果的基础上，用化学沉积法在碳毡表面上沉积了铁、镍、钴和铅催化层，由此分别得到了含催化剂的负极材料，并以这些电极材料及商品泡沫镍为负极材料，以 Nafion117 离子交换膜为隔膜，以无催化层的碳毡为正极材料组装单电池，进行了单电池充、放电循环实验，从单电池的能量效率角度比较了这几种电极材料的性能。

不同负极材料、不同电流密度下多硫化钠/溴液流电池单电池的能量效率的变化规律如图 2.36 所示。由图可见，分别以泡沫镍、镀镍碳毡和镀钴碳毡为电池负极材料，充放电电流密度相同时，镀钴碳毡电极的能量效率>镀镍碳毡电极的能量效率>泡沫镍电极的能量效率，但数值差距有限（<1%），说明三种材料的电极性能基本相似。从图 2.36 还可看出，以化学沉积镍的石墨毡或化学沉积镍的碳毡为电池负极电极时，电池的能量效率基本相同，说明石墨毡或碳毡这两种基体材料的不同对催化电极的性能影响不大。但由图 2.36 可知，在充、放电电流密度 40 mA/cm² 条件下，电池负极使用无催化层的碳毡时，电池的能量效率要比负极使用载有镍或钴催化剂的碳毡或石墨毡时的能量效率低约 20%，这说明碳毡上沉积镍、钴等

过渡金属对多硫化钠的氧化还原反应起到了较好的催化作用。即钴、镍催化剂可有效地降低多硫化钠氧化还原反应的活化极化，提高电池的性能。

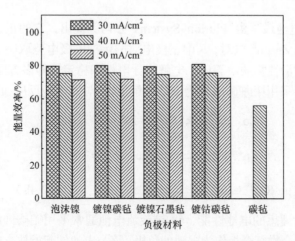

图 2.36 多硫化钠/溴液流电池单电池的能量效率与电池负极材料的关系

3. 正极材料的研究

为了研究正极材料对多硫化钠/溴液流电池性能的影响，开发高性能正极电极材料，笔者的研究团队分别用泡沫镍及碳毡为电池负、正极电极材料、Nafion 117 离子交换膜为电池隔膜组装多硫化钠/溴液流电池单电池，对影响电池效率的因素进行了研究分析。结果发现：影响多硫化钠/溴液流电池单电池电压效率的主要控制因素为电池充、放电过程中的欧姆极化；碳毡及泡沫镍材料对多硫化钠/溴液流电池单电池正、负极电化学反应的催化活性较高。首先在单电池中评价了石墨毡和碳毡电极对多硫化钠/溴液流电池正极氧化还原反应的活性及泡沫镍和碳毡对多硫化钠/溴液流电池负极反应的活性，然后用商品化泡沫镍及碳毡为电池负、正极电极材料、Nafion117 离子交换膜为电池隔膜组装多硫化钠/溴液流电池单电池，对多硫化钠/溴液流电池的充、放电性能进行了进一步的研究与分析，得到如下结果。

（1）在同样条件下，聚丙腈碳毡对多硫化钠/溴液流电池正极 Br_2/Br^-氧化还原电对的反应活性优于石墨毡。

（2）泡沫镍电极对多硫化钠/溴液流电池单电池负极 S/S^{2-}电对的电化学氧化还原反应有较优的活性。

（3）在 40 mA/cm² 电流密度充、放电条件下，以泡沫镍为负极，聚丙腈碳毡为正极所组成的多硫化钠/溴液流电池单电池 48 次循环的能量效率的平均值为 77%，功率密度为 56 mW/cm²。

2.11　锌/铈液流电池

锌/铈液流电池最早由 Plurion Systems 公司等提出，它的正、负极分别采用 Ce^{3+}/Ce^{4+} 电对和 Zn/Zn^{2+} 电对，其中正极电对的标准电极电势取决于电解液体系的选择，综合考虑活性物质溶解度、电解液导电性和稳定性等多方面因素，锌/铈液流储能电池主要采用甲基磺酸作为支持电解质[153]。其电池反应如下。

正极反应：　　$2Ce^{3+} \underset{\text{放电}}{\overset{\text{充电}}{\rightleftharpoons}} 2Ce^{4+} + 2e^- \quad E^\ominus = 1.72\ \text{V}$

负极反应：　　　$Zn^{2+} + 2e^- \underset{\text{放电}}{\overset{\text{充电}}{\rightleftharpoons}} Zn \quad E^\ominus = -0.76\ \text{V}$

电池总反应：$2Ce^{3+} + Zn^{2+} \underset{\text{放电}}{\overset{\text{充电}}{\rightleftharpoons}} 2Ce^{4+} + Zn \quad E^\ominus = 2.48\ \text{V}$

为获得较为理想的电池性能，锌/铈液流电池通常采用铂修饰的钛网（碳毡）作为正极，碳/聚合物复合板作为电池的负极。该类电池的起始放电电压高达 2.4 V，使其具有较高的能量密度和功率密度。目前该液流电池技术依然处在实验室研发阶段，尚有一些技术难题需要解决。

（1）在甲基磺酸体系中，抑制锌枝晶的形成和不均匀分布。

（2）开发高电化学活性的非贵金属正极材料。

（3）抑制析氢、析氧等副反应的发生。

（4）大幅度提高电池系统的循环寿命。

2.12　铅酸单液流电池

传统的铅酸电池无法在循环寿命上满足大规模储能的要求，因此研究者提出单液流铅酸电池[154,155]。与传统的铅酸电池不同，单液流铅酸电池采用溶解于甲基磺酸中的 Pb^{2+} 作为活性物质。Pb^{2+} 与 PbO_2 组成正极反应电对，与 Pb 组成负极反应电对。电池反应如下。

正极反应：$Pb^{2+} + 2H_2O \underset{\text{放电}}{\overset{\text{充电}}{\rightleftharpoons}} PbO_2 + 4H^+ + 2e^- \quad E^\ominus = 1.49\ \text{V}$

负极反应：　　　$Pb^{2+} + 2e^- \underset{\text{放电}}{\overset{\text{充电}}{\rightleftharpoons}} Pb \quad E^\ominus = -0.13\ \text{V}$

电池总反应：$2Pb^{2+} + 2H_2O \underset{\text{放电}}{\overset{\text{充电}}{\rightleftharpoons}} PbO_2 + 4H^+ + Pb \quad E^\ominus = 1.62\ \text{V}$

早在 1946 年就出现了采用高氯酸作为电解液来组装单液流铅酸电池的报道。20 世纪七八十年代，研究者将电解液换成四氟硼酸，并继续开展研究。2004 年，英国 Pletcher 等[99]提出采用甲基磺酸作为溶剂，该电池在 20 mA/cm² 条件下充电，能量效率达 60%。该电池的优势在于不需要电池隔膜，只需要一个电解液储罐，简化了系统，降低了成本。但是，由于其反应历程复杂，对电池的可靠性和寿命均提出挑战：充、放电过程中活性物质会在电极表面发生相变，沉积过程形成的枝晶可能引起电池短路，且此过程中的电位上升将会导致析氢反应，降低电池性能。而且由于采用甲基磺酸作为电解液，大幅度增加了电池的成本。

2.13　锌/铁液流电池

锌/铁液流电池具有储能活性物质锌和铁的资源储存量丰富、价格便宜、安全性高、开路电压高和环境友好等特点，在分布式储能领域具有很好的应用前景。根据电解液的性质，可分为碱性锌/铁液流电池和中性锌/铁液流电池。

2.13.1　碱性锌/铁液流电池

早在 19 世纪 80 年代，碱性锌/铁液流电池便问世[156]。其负极侧是由锌盐或锌的氧化物溶于强碱后生成的 $Zn(OH)_4^{2-}$ 在电极上发生沉积溶解的电化学反应，正极侧是由亚铁氰化物/铁氰化物在电极上发生铁的变价反应。图 2.37 给出了碱性锌/铁液流电池原理示意图。

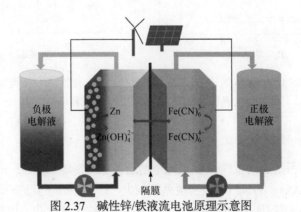

图 2.37　碱性锌/铁液流电池原理示意图

正极反应：　$2Fe(CN)_6^{4-} \longrightarrow 2Fe(CN)_6^{3-} + 2e^-$　$E^{\ominus} = 0.33\ V$

负极反应：　$Zn(OH)_4^{2-} + 2e^- \longrightarrow Zn + 4OH^-$　$E^{\ominus} = -1.41\ V$

电池总反应：$Zn(OH)_4^{2-} + 2Fe(CN)_6^{4-} \longrightarrow Zn + 2Fe(CN)_6^{3-} + 4OH^-$　$E^{\ominus} = 1.74\ V$

　　然而，自 1984 年之后，关于碱性锌/铁液流电池的研究鲜有报道。阻碍该类电池发展的因素主要有 Zn 枝晶问题；电解液迁移问题；活性物质如 ZnO、Na₄Fe（CN）₆的溶解性的瓶颈[157]。近几年，笔者的研究开发团队通过电池结构优化、离子交换（传导）膜的结构设计优化，显著提升了碱性锌/铁液流电池的电池性能，具体研究进展如下。

1. 提高了碱性锌/铁液流电池正极活性物质浓度

　　尽管碱性锌/铁液流电池具有开路电压高、成本低廉、环境友好等优势，但与其他体系液流电池（如全钒液流电池、锌/溴液流电池等）相比，碱性锌/铁液流电池正极活性物质浓度较低，仅为 0.4 mol /L。活性物质浓度过低造成电池能量密度过低，在实际应用中需要更多的占地面积。从同离子效应原理出发，通过电解液组分优化，将正极 $Fe（CN）_6^{4-}$ 活性物质浓度由 0.6 mol/L 提高至 1.0 mol/L，如图 2.38 所示，电池储能容量及能量密度大幅度提高。

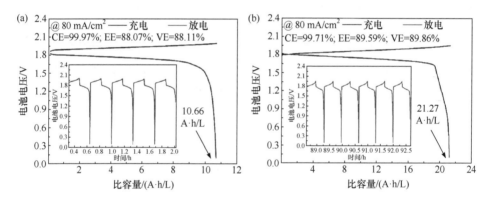

图 2.38　以 1.0 mol/L 的 $Fe（CN）_6^{4-}$ 作为正极活性物质时，碱性锌/铁液流电池在 80 mA/cm² 的工作电流密度条件下的充、放电曲线和电池性能

2. 提高了碱性锌/铁液流电池工作电流密度

　　国内外之前所报道的碱性锌/铁液流电池运行电流密度仅为 35 mA/cm²，与全钒液流电池 300 mA/cm² 的运行电流密度差距较大，严重阻碍了其进一步发展。针对该问题，通过电解液优化、离子传导膜材料种类及结构设计优化、电池结构设计优化的方法，实现了在保持能量效率不低于 80% 的前提条件下，碱性锌/铁液流电池可在 60～160 mA/cm² 的工作电流密度范围内运行。如图 2.39 所示，碱性锌/铁液流电池在 80～160 mA/cm² 的工作电流密度范围内连续稳定运行 500 余个循环性能保持稳定；即使在 160 mA/cm² 的工作电流密度条件下，电池的能量效率保持在 80% 以上。

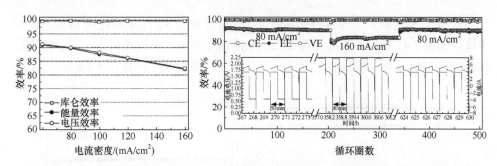

图 2.39　碱性锌/铁液流电池在不同工作电流密度条件下的电池性能及循环性能

3. 有效调控了碱性锌/铁液流电池锌沉积形貌

碱性锌/铁液流电池在充、放电循环过程中伴随着锌枝晶及锌累积的问题，影响了电池的可靠性。因此，解决锌枝晶和锌累积的问题，提高电池的可靠性是碱性锌/铁液流电池实用化的关键。基于对离子传导膜的深刻认识，将荷负电荷的多孔离子传导膜引入碱性锌/铁液流电池中。利用离子传导膜中的负电荷对 Zn(OH)$_4^{2-}$离子的排斥作用，实现碱性锌/铁液流电池在充、电过程中锌的定向沉积[图 2.40(a)和(b)]，避免了锌枝晶对隔膜造成破坏，大幅度提高了电池的循环稳定性。此外，该设计可将碱性锌/铁液流电池的面容量提高至 160 mA·h/cm^2[图 2.40(c)和(d)]，在一定程度上解决了传统的锌基液流电池锌负极面容量受限的问题。研究结果对锌基电池中锌负极的调控具有重要的指导意义。

图 2.40　(a)、(b) 碱性锌/铁液流电池锌沉积形貌的调控；(c)、(d) 碱性锌/铁液流电池在高面容量条件下运行时的电池性能

对碱性锌/铁液流电池进行初步放大，成功开发出 5 kW 级碱性锌/铁液流电池电堆，如图 2.41 所示，该电堆在 80 mA/cm² 的工作电流密度条件下，库仑效率始终保持在 98%以上，能量效率保持在 85%以上，输出功率保持在 5.2 kW 以上。

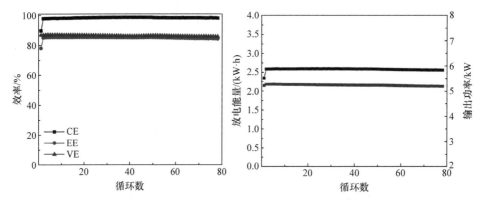

图 2.41　5 kW 级碱性锌/铁液流电池电堆在 80 mA/cm² 的工作电流密度条件下的性能测试

通过对 Nafion 离子交换膜在碱性锌/铁液流电池中的离子传导机理进行研究，为基于离子传导膜角度优化电池性能提供了理论基础[158]。利用离子传导膜实现对碱性锌/铁液流电池锌负极电化学行为的有效调控，引入具有超高机械强度（弹性模量：2.9 GPa）的聚苯并咪唑隔膜，以实现碱性环境下锌酸根离子沿着碳毡电极内部方向均匀致密沉积[159]。将荷负电荷的多孔离子传导膜引入碱性锌/铁液流电池中，利用离子传导膜中负电荷对 $Zn(OH)_4^{2-}$ 离子的排斥作用，实现碱性锌/铁液流电池在充电过程中锌的沉积方向由沿离子传导膜向沿电极侧转变，避免了锌枝晶对隔膜造成的破坏，大幅度提高了电池的循环稳定性，解决了由于锌枝晶及锌累积问题带来的电池稳定性差的问题，扩展了碱性锌/铁液流电池用膜材料的选择范围，对实现碱性锌/铁液流电池在储能领域的实际应用具有非常重要的意义[160]。尽管如此，有关碱性锌、铁液流电池的研究还处于起步阶段，很多关键科学问题需要进行深入细致的研究。

2.13.2　中性锌/铁液流电池

与碱性锌/铁液流电池相比，中性锌/铁液流电池正负极采用中性的电解液，对材料和管路的耐腐蚀性要求低、环境友好；且在中性体系中，正极活性物质浓度可以达到 2 mol/L 以上，在实际应用中具有更高的能量密度。然而，在中性体系下，正极铁离子极易水解，使得电池循环稳定性差。为解决铁离子水解稳定性的问题，通常需要向电解液中加入 pH 缓冲剂，调节溶液 pH<1。电池运行过程中，正极电解液中的氢离子易透过膜材料到达电池负极，与负极电极上沉积的金属锌发生反应，从而导致电池容量的衰减。为解决上述关键技术问题，中国科学院大连化学物理研究所从溶液化学角度出发，采用电解液络合技术，大幅度提高了中性体系下铁离子的水解稳定性[161]。同时针对中性锌/铁液流电池体系的特点，开发出高性能离子传导膜，在电池循环寿命、运行工作电流密度、电解液活性物质浓度等方面取得了重要的研究成果，具体如下。

1. 基于电解液络合技术，开发出低成本、高稳定性的中性锌/铁液流电池电解液

中性锌/铁液流电池中，正极使用 $FeCl_2/FeCl_3$ 作为电池的电化学活性物质，负极使用常见的 $ZnBr_2$ 作为活性物质，并且电池中引入 KCl 作为支持电解质[图 2.42（a）]。但是 $FeCl_2/FeCl_3$ 在中性条件下存在水解的问题，电解质的长期放置或者电池的长期运行过程中，电解质会发生水解产生氢氧化物沉淀。为了解决铁的水解问题，在正极电解质中引入配位剂氨基乙酸，使其与铁离子/亚铁离子配位，从而抑制其水解；另外，氨基乙酸的引入不会对正极电化学活性造成很大的影响。引入配位剂后的正极电解液可以在常温、密封条件下稳定保存超过半年而没有明显的沉淀析出。

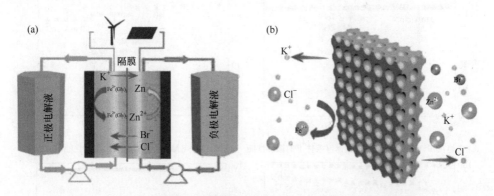

图 2.42　中性锌/铁液流电池工作原理及多孔离子传导膜作用机理示意图

正极反应：$2Fe^{2+}(Gly)_2 \underset{\text{放电}}{\overset{\text{充电}}{\rightleftharpoons}} 2Fe^{3+}(Gly)_2 + 2e^- \quad E^{\ominus} = 0.549 \text{ V}$

负极反应：$\quad Zn^{2+} + 2e^- \underset{\text{放电}}{\overset{\text{充电}}{\rightleftharpoons}} Zn \quad E^{\ominus} = -0.883 \text{ V}$

总反应：$2Fe^{2+}(Gly)_2 + Zn^{2+} \underset{\text{放电}}{\overset{\text{充电}}{\rightleftharpoons}} 2Fe^{3+}(Gly)_2 + Zn \quad E^{\ominus} = 1.432 \text{ V}$

2. 研制出高性能中性锌/铁液流电池用多孔离子传导膜

中性锌/铁液流电池以 KCl 作为支持电解质，离子传导膜需要导通中性离子（如 K$^+$/Cl$^-$），有别于传统的酸碱性液流电池体系。常用的离子交换膜（如 Nafion 212、Nafion 115）不利于中性离子的导通，电池的极化较大，电池的电压效率较低。并且，离子交换基团的引入会引起严重的膜污染，电池的极化因此增大，电池的循环寿命短。针对以上问题，开发出多孔离子传导膜以替换离子交换膜。多孔离子传导膜的多孔结构有利于中性离子的导通，电池的电压效率高。另外多孔离子传导膜孔径的筛分作用可以有效阻隔络合状态下铁离子的交叉污染，提高电池的库仑效率。最重要的是，与离子交换膜不同，多孔离子传导膜的多孔结构可以大大降低膜污染问题，液流电池的循环稳定性高，循环寿命长。

通过引入配位剂抑制电解质的水解、互串及多孔膜提高电池的离子电导率。如图 2.43 所示，中性锌/铁液流电池可以在 40 mA/cm^2 的工作电流密度条件下连续稳定运行超过 100 次循环，效率几乎没有衰减（CE=97.75%，VE=88.65%，EE=86.66%）。即使在 80 mA/cm^2 的工作电流密度条件下，电池的能量效率仍然可以达到 78%，稳定循环超过 100 次。此外，电解质的浓度可高达 2 mol/L，电池的能量密度可达 50 W·h/L；最重要的是锌/铁液流电池的电解液和隔膜的成本极低。

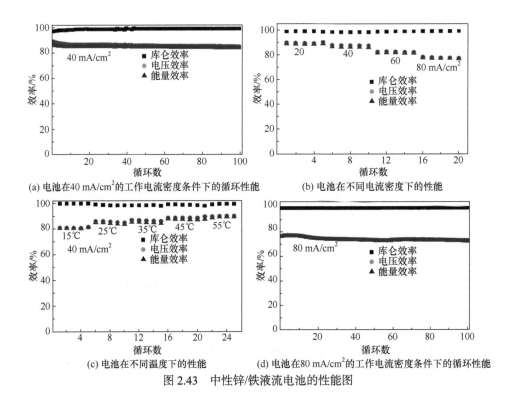

(a) 电池在40 mA/cm^{2}的工作电流密度条件下的循环性能　(b) 电池在不同电流密度下的性能

(c) 电池在不同温度下的性能　(d) 电池在80 mA/cm^{2}的工作电流密度条件下的循环性能

图 2.43　中性锌/铁液流电池的性能图

参 考 文 献

[1]　Thaller L H. Electrically rechargeable redox flow cells: NASA-TM-X-71540[R]. NASA, 1974.

[2]　IEC 62932-1. Flow Battery ENERGY Systems for Stationary Applications-part1: Terminology and general aspects[S].

[3]　GB/T 29840-2013. 《全钒液流电池 术语》[S].

[4]　Giner J, Cahill K. Advanced screening of electrode couple: NASA-CR-159738[R]. NASA, 1980.

[5]　Hagedorn N, Hoberecht M A, Thaller L H. NASA Redox cell stack shunt current, pumping power, and cell performance tradeoffs: NASA TM-83686[R]. NASA, 1982.

[6]　Hagedorn N H. NASA redox storage system development project final report: NASA TM-83677[R]. NASA, 1984.

[7]　Futamata M, Higuchi S, Nakamura O, et al. Performance testing of 10 kWclass advanced batteries for electric energy storage systems in Japan[J]. Journal of Power Sources, 1988, 24（2）: 137-155.

[8]　www.energystorageexchange.org/projects/150.

[9]　Bae C H, Roberts E P L, Dryfe R A W, et al. Chromium redox couples for application to redox flow batteries[J]. Electrochimica Acta, 2002, 48: 279-287.

[10]　Skyllas-Kazacos M. New all-vanadium redox flow cell[J]. Journal of The Electrochemical Society, 1986, 133（5）: 1057-1058.

[11]　Hasegawa K, Kimura A, Yamamura T, et al. Estimation of energy efficiency in neptunium redox flow batteries by the standard rate constants[J]. Journal of Physics and Chemistry of Solids, 2005, 66（2-4）: 593-595.

[12]　Yamamura T, Shiokawa Y, Yamana H, et al. Electrochemical investigation of uranium β-diketonates for all-uranium redox flow battery[J]. Electrochimica Acta, 2002, 48（1）: 43-50.

[13]　Wang W, Luo Q, Li B, et al. Recent progress in redox flow battery research and development[J]. Advanced Functional Materials, 2013, 23（8）: 970-986.

[14]　Zhang L, Lai Q, Zhang J, et al. A high-energy-density redox flow battery based on zinc/polyhalide chemistry[J]. ChemSusChem, 2012, 5（5）: 867-869.

[15]　Hodes G, Manassen J, Cahen D.Electrocatalytic eletrodes for the polysulfide redox system[J]. Journal of the Electrochemical Society, 1980, 127（3）: 544-549.

[16]　Pletcher D, Wills R G A. A novel flow battery-A lead acid battery based on an electrolyte with soluble lead（Ⅱ）[J]. Journal of Power Sources, 2005, 149: 96-102.

[17]　Vafiadis H, Skyllas-Kazacos M. Evaluation of membranes for the novel vanadium bromine redox flow cell[J]. Journal of Membrane Science, 2006, 279（1-2）: 394-402.

[18]　http://www.electricitystorage.org/technologies_technologies.htm.

[19]　Schaber C, Mazza P, Hammerschlag R. Utility-scale storage of renewable energy[J]. The Electricity Journal, 2004, 17（6）: 21-29.

[20]　www.vrbpower,com/publicationsandliterature.html.

[21]　Roznyatovskaya N, Noack J, Mild H, et al.Vanadium electrolyte for all-vanadium redox-flow batteries: the effect of the counter ion[J]. Batteries, 2019, 5（1）: 13.

[22]　www.ceic.unsw.edu.au/centers/vrb/overview.htm.

[23]　Sum E, Rychcik M, Skyllas-kazacos M. Investigation of the V（V）/V（Ⅳ） system for use in the positive half-cell of a redox battery[J]. Journal of Power Sources, 1985, 16（2）: 85-95.

[24]　Sum E, Skyllas-Kazacos M. A study of the V（Ⅱ）/V（Ⅲ） redox couple for redox flow cell applications[J]. Journal

of Power Sources, 1985, 15（2-3）：179-190.

[25] Rychcik M, Skyllas-kazacos M. Evaluation of electrode materials for vanadium redox cell[J]. Journal of Power Sources, 1987, 19（1）：45-54.

[26] Zhong S, Padeste C, Kazacos M, et al. Comparison of the physical, chemical and elcetrochemical properties of rayon- and polyacrylonitrile-base graphite felt electrodes[J]. Journal of Power Sources, 1993, 45: 19-41.

[27] Sun B, Skyllas-Kazacos M. Chemical modification and electrochemical behavior of graphite fiber in acidicvanadium solution[J]. Electrochimica Acta, 1991, 36（7）：513-517.

[28] Sun B T, Skyllas-Kazacos M. Modification of graphite electrode materials for vanadium redox flow battery application- part 1 thermal treatment[J]. Journal of Electrochimica Acta, 1992, 37（7）：1253-1260.

[29] Chieng S C, Kazacos M, Skyllas-Kazacos M. Preparation and evaluation of composite membrane for vanadium redox battery applications[J]. Journal of Power Sources, 1992, 39（1）：11-19.

[30] Sukkar T, Skyllas-Kazacos M. Membrane stability studies for vanadium redox cell applications[J]. Journal of Applied Electrochemistry, 2004, 34（2）：137-145.

[31] Sukkar T, Skyllas-Kazacos M. Modification of membranes using polyelectrolytes to improve water transfer properties in the vanadium redox battery[J]. Journal of Membrane Science, 2003, 222（1-2）：249-264.

[32] Menictas C, Cheng M, Skyllas-Kazacos M. Evaluation of an NH_4VO_3- derived electrolyte for the vanadium redox flow battery[J]. Journal of Power Sources, 1993, 54（1）：43-54.

[33] Skyllas-Kazacos M, Peng C, Cheng M. Evaluation of precipitation inhibitors for supersturated vanadyl electrolytes for the vanadium redox battery[J]. Electrochemical and Solid-State Letters, 1999, 2（3）：121-122.

[34] Kazacos M, Cheng M, Skyllas-Kazacos M. Vanadium redox cell electrolyte optimization studies[J]. Journal of Applied Electrochemistry, 1990, 20（3）：463-467.

[35] Haddadi-Asl V, Kazacos M, Skyllas-Kazacos M. Conductive carbon-polypropylene composite electrodes for vanadium redox battery[J]. Journal of Applied Electrochemistry, 1995, 25: 29-23.

[36] Zhong S, Kazacos M, Burford R. Fabrication and activation studies of conducting plastic composite electrodes for redox cells[J]. Journal of Power Sources, 1991, 36: 29-34.

[37] Skyllas-kazacos M, Rychcik M, Robins R. All vanadium redox battery:US4786567A[P]. 1988.

[38] Yao S G, Zhao Y H, Sun X F, et al. Numerical Studies of cell Stack for Zinc-Nickel Single flow battery. International Journal of Electrochemic Science, 2019, 14: 2160-2174.

[39] Wilcox G D, Mitcheil P J. Electrolyte additives for Zinc-anoded secondary cells. Journal of Power Sources, 1990, 32（1）：31-34.

[40] Wang C, Lai Q, Xu P, et al. Cage-like porous carbon with superhigh activity and Br^{2-} complex-entrapping capability for bromine-based flow batteries[J]. Advanced Materials, 2017, 29（22）：1605815.

[41] Li B, Nie Z, Vijayakumar M, et al. Ambipolar zinc-polyiodide electrolyte for a high-energy density aqueous redox flow battery[J]. Nature Communication, 2015, 6: 6303.

[42] Li Z J, Weng G M, Zou Q L, et al. A high-energy and low-cost polysulfide/iodide redox flow battery[J]. Nano Energy, 2016, 30: 283-292.

[43] Luo J, Hu B, Debruler C, et al. A π-conjugation extended Viologen as a two-electron Storage anolyte for total organic agueous redox flow batteries[J]. Angewandte Chemie International ditin, 2018, 57: 231-235.

[44] Hu B, DeBruler C, Rhodes Z, et al. Long-cycling aqueous organic redox flow battery （AORFB） toward sustainable and safe energy storage[J]. Journal of the American Chemical Society, 2017, 139: 1207-1214.

[45] Huskinson B, Marshak M P, Suh C W, et al. A metal-free organic-inorganic aqueous flow battery[J]. Nature, 2014,

505: 195-198.

[46] Lin K, Chen Q, Gerhardt M R, et al. Alkaline quinone flow battery[J]. Science, 2015, 349: 1529-1532.

[47] Yang Z, Tong L, Tabor D P, et al. Alkaline benzoquinone aqueous flow battery for large-scale storage of electrical energy[J]. Advanced Energy Materials, 2018, 8: 1702056.

[48] Jian L, Bo H, Camden D, et al. A π-conjugation extended viologen as a two-electron storage anolyte for total organic aqueous redox flow batteries[J]. Angewandte Chemie International Edition, 2018, 57（1）: 231-235.

[49] Janoschka T, Martin N, Martin U, et al. An aqueous, polymer-based redox-flow battery using non-corrosive, safe, and low-cost materials[J]. Nature, 2015, 527: 78-81.

[50] Zhang C, Niu Z, Peng Y, et al. Phenothia Zing-based organic. Catholyte for high-capacity and long-life aqueous redox flow atteries[J]. Advanced Materials, 2019, 31: e1901052.

[51] Wei X, Xu W, Huang J, et al. Radical compatibility with nonaqueous electrolytes and its impact on an all-organic redox flow battery[J]. Angewandte Chemie International Edition, 2015, 54（30）: 8684-8687.

[52] 郑琼. 全钒液流电池结构设计与数值模拟及在高性能电堆设计中的应用研究[D]. 大连: 大连理工大学, 2015.

[53] Weber A Z, Newman J. Modeling transport in polymer-electrolyte fuel cells[J]. Chemical Reviews, 2004, 104（10）: 4679-4726.

[54] Kazacos M, Skyllas-Kazacos M. Performance characteristics of carbon plastic electrodes in the all-vanadium redox cell[J]. Journal of The Electrochemical Society, 1989, 136（9）: 2759-2760.

[55] Liu Q, Grim G M, Papandrew A B, et al. High performance vanadium redox flow batteries with optimized electrode configuration and membrane selection[J]. Journal of the Electrochemical Society, 2012, 159（8）: A1246-A1252.

[56] Aaron D, Liu Q, Tang Z, et al. Dramatic performance gains in vanadium redox flow batteries through modified cell architecture[J]. Journal of Power Sources, 2012, 206: 450-453.

[57] Perry M L, Darling R M, Zaffou R. High power density redox flow battery cells[J]. ECS Transactions, 2013, 53（7）: 7-16.

[58] Huang K L, Li X G, Liu S Q, et al. Research progress of vanadium redox flow battery for energy storage in China[J]. Renewable Energy, 2008, 33（2）: 186-192.

[59] Zhao P, Zhang H, Zhou H, et al. Characteristics and performance of 10kW class all-vanadium redox-flow battery stack[J]. Journal of Power Sources, 2006, 162（2）: 1416-1420.

[60] Skyllas-Kazacos M, Kazacos G, Poon G, et al. Recent advances with UNSW vanadium-based redox flow batteries[J]. International Journal of Energy Research, 2010, 34（2）: 182-189.

[61] Zheng Q, Xing F, Li X, et al. Investigation on the performance evaluation method of flow batteries[J]. Journal of Power Sources, 2014, 266: 145-149.

[62] Organization N E D. The Development of Advanced Battery Electric Energy Storage System[R], 1987.

[63] Lopez-Atalaya M, Codina G, Perez J R, et al. Optimization studies on a Fe/Cr redox flow battery[J]. Journal of Power Sources, 1992, 39（2）: 147-154.

[64] Johnson D A, Reid M A. Chemical and electrochemical behavior of the Cr （Ⅲ）/Cr （Ⅱ） half cell in the iron/ chromium redox energy storage system[J]. Journal of the Electrochemical Society, 1985, 132（5）: 1058-1062.

[65] Bartolozzi M. Development of redox flow batteries. A historical bibliography[J]. Journal of Power Sources, 1989, 27（3）: 219-234.

[66] 林兆勤, 江志韫. 日本铁铬氧化还原液流电池的研究进展: Ⅰ 电池研制进展[J]. 电源技术, 1991, （2）: 32-39, 47.

[67] Futamata M, Higuchi S, Nakamura O, et al. Transient response of 10-kW class advanced batteries to abrupt load changes[J]. Journal of Power Sources, 1988, 24（1）: 31-39.

[68] Futamata M, Higuchi S, Nakamura O, et al. Performance testing of 10 kW class advanced batteries for electric energy storage systems in Japan[J]. Journal of Power Sources, 1988, 24（2）: 137-155.

[69] 张华民, 张宇, 刘宗浩, 等. 液流储能电池技术研究进展[J]. 化学进展, 2009, 21（11）: 2333-2340.

[70] Beck F, Ruetschi P. Rechargeable batteries with aqueous electrolytes[J]. Electrochimica Acta, 2000, 45: 2467-2482.

[71] Cathro K J, Cedzynska K, Constable D C. Some properties of zinc/bromine battery electrolytes[J]. Journal of Power Sources, 1985, 16: 53-63.

[72] Suresh S, Ulaganathan M, Aswathy R, et al. Enhancement of bromine reversibility using chemically modified electrodes and their applications in zinc-bromine hybrid redox flow batteries[J]. ChemElectroChem, 2018, 5: 3411-3418.

[73] Cathro K J, Cedzynska K, Constable D C, et al. Selection of quaternary ammonium bromides for use in zinc/bromine cells[J]. Journal of Power Sources, 1986, 18: 349-370.

[74] Cathro K J. Performance of zinc/bromine cells having a propionitrile electrolyte[J]. Journal of Power Sources, 1988, 23: 365-383.

[75] Eustace D J. Bromine complexation in zinc-bromine circulating batteries[J]. Journal of The Electrochemical Society, 1980, 127: 528-532.

[76] Vogel I, Möbius A. On some problems of the zinc-bromine system as an electric energy storage system of higher efficiency-I. Kinetics of the bromine electrode[J]. Electrochimica Acta, 1991, 36: 1403-1408.

[77] Kinoshita K, Leach S C. Sessile drop studies on polybromide/zinc-bromine battery electrolyte[J]. Journal of The Electrochemical Society, 1982, 129: 1747-1749.

[78] Kinoshita K, Leach S C, Ablow C M. Bromine reduction in a two-phase electrolyte[J]. Journal of The Electrochemical Society, 1982, 129: 2397-2403.

[79] Bauer G, Drobits J, Fabjan C, et al. In-situ Raman spectroscopy on zinc-bromine battery system electrolytes[J]. Chemie Ingenieur Technik, 1996, 68: 100-105.

[80] Bauer G, Drobits J, Fabjan C, et al. Raman spectroscopic study of the bromine storing complex phase in a zinc-flow battery[J]. Journal of Electroanalytical Chemistry, 1997, 427（1）: 123-128.

[81] Kautek W, Conradi A, Fabjan C, et al. In situ FTIR spectroscopy of the Zn-Br battery bromine storage complex at glassy carbon electrodes[J]. Electrochimica Acta, 2001, 47: 815-823.

[82] Kautek W, Conradi A, Sahre M, et al. In situ investigations of bromine-storing complex formation in a zinc-flow battery at gold electrodes[J]. Journal of the Electrochemical Society, 1999, 146: 3211-3216.

[83] Ikemoto T, Onizawa T, Ikemototakashi J P, et al. Separator for metal halogen battery: WO2009099088[P]. 2009-08-13.

[84] Arnold C. Durability of polymeric materials used in zinc/bromine flow batteries[R], 1991.

[85] Cathro K J, Constable D C, Hoobin P M. Performance of porous plastic separators in zinc/bromine cells[J]. Journal of Power Sources, 1988, 22: 29-57.

[86] Jin C S, Shin K H, Lee B S, et al. A separator structure and redox flow battery containing the separator membrane: KR1020090046087A[P]. 2009-05-11.

[87] Kalu E E, White R E. Zn/Br$_2$ cell: effects of plated zinc and complexing organic phase[J]. AIChE Journal, 1991, 37（8）: 1164-1174.

[88] Iacovangelo C D, Will F G. Parametric study of zinc deposition on porous carbon in a flowing electrolyte cell[J]. Journal of The Electrochemical Society, 1985, 132: 851-857.

[89] Chiu S L, Selman J R. Determination of electrode kinetics by corrosion potential measurements: zinc corrosion by bromine[J]. Journal of Applied Electrochemistry, 1992, 22: 28-37.

[90] Lee J, Selman J R. Effects of separator and terminal on the current distribution in parallel-plate electrochemicalflow reactors[J]. Journal of The Electrochemical Society, 1982, 129:1670-1678.

[91] McBreen J, Gannon E. Electrodeposition of zinc on glassy carbon from $ZnCl_2$ and $ZnBr_2$ electrolytes[J]. Journal of The Electrochemical Society, 1983, 130: 1667-1670.

[92] Kinoshita K, Leach S C. Mass-transfer study of carbon felt, flow-through electrode[J]. Journal of The Electrochemical Society, 1982, 129: 1993-1997.

[93] Mastragostino M, Gramellini C. Kinetic study of the electrochemical processes of the bromine/bromine aqueous system on vitreous carbon electrodes[J]. Electrochimica Acta, 1985, 30: 373-380.

[94] Cathro K J, Cedzynska K, Constable D C. Preparation and performance of plastic-bonded-carbon bromine electrodes[J]. Journal of Power Sources, 1987, 19: 337-356.

[95] Futamata M, Takeuchi T. Deterioration mechanism of the carbon-plastic electrode of the $Zn-Br_2$ battery[J]. Carbon, 1992, 30: 1047-1053.

[96] Ayme-Perrot D, Walter S, Gabelica Z, et al. Evaluation of carbon cryogels used as cathodes for non-flowing zinc-bromine storage cells[J]. Journal of Power Sources, 2008, 175: 644-650.

[97] Van Zee J, White R E. An analysis of a back fed porous electrode for the Br_2/Br^- redox reaction[J]. Journal of The Electrochemical Society, 1983, 130: 2003-2011.

[98] Shao Y, Engelhard M, Lin Y. Electrochemical investigation of polyhalide ion oxidation-reduction on carbon nanotube electrodes for redox flow batteries[J]. Electrochemistry Communications, 2009, 11: 2064-2067.

[99] Lim H S, Lackner A M, Knechtli R C. Zinc-bromine secondary battery[J]. Journal of The Electrochemical Society, 1977: 124, 1154-1157.

[100] Darcy D, Gibson P. 30th International Telecommunications Energy, Vols 1 and 2, 2008:436-439.

[101] Lee J, Selman J R. Electrode corrosion in a compartmented flow cell by diffusion from the counterelectrode[J]. Journal of The Electrochemical Society, 1983, 130: 1237-1242.

[102] Singh P, Jonshagen B. Zinc bromine battery for energy storage[J]. Journal of Power Sources, 1991, 35: 405-410.

[103] 张立群. 锌/溴液流电池性能影响因素与提升策略研究[D]. 北京: 中国科学院大学, 2012.

[104] 王郴慧. 高性能溴基液流电池用正极材料的结构设计与性能研究[D]. 北京: 中国科学院大学, 2018.

[105] Ponce de León C, Frías-Ferrer A, González-García J, et al. Redox flow cells for energy conversion[J]. Journal of Power Sources, 2006, 160: 716-732.

[106] Skyllas-Kazacos M, Rychcik M, Robins R G, et al. New all-vanadium redox flow cell[J]. Journal of The Electrochemical Society, 1986, 133: 1057-1058.

[107] Zhao P, Zhang H M, Zhou H T, et al. Nickel foam and carbon felt applications for sodium polysulfide/bromine redox flow battery electrodes[J]. Electrochimica Acta, 2005, 51: 1091.

[108] Skyllas-Kazacos M, Kazacos G, Poon G, et al. Recent advances with UNSW vanadium-based redox flow batteries[J]. International Journal of Energy Research, 2010, 34: 182-189.

[109] Butler P C, Eidler P A, Grimes P G, et al. Zinc/Bromine Batteries[M]//Linden D, Reddy T B. Handbook of Batteries. New York: McGraw-Hill, 2001.

[110] Zhou H T, Zhang H M, Zhao P, et al. A comparative study of carbon felt and activated carbon based electrodes for sodium polysulfide/bromine redox flow battery[J]. Electrochimica Acta, 2006, 51: 6304.

[111] Thaller L H. Electrically rechargeable redox flow cells[C]. NASA TM-X-71540, 1974.

[112] Skyllas-Kazacos M. Novel vanadium chloride/polyhalide redox flow battery [J]. Journal of Power Sources, 2003, 124: 299-302.

[113] Kim J T, Jorné J. The kinetics of a chlorine graphite electrode in the zinc-chlorine battery [J]. Journal of The Electrochemical Society, 1977, 124: 1473-1477.

[114] McBreen J, Gannon E. Electrodeposition of zinc on glassy carbon from $ZnCl_2$ and $ZnBr_2$ electrolytes [J]. Journal of The Electrochemical Society, 1983, 130: 1667-1670.

[115] Clarke R L, Dougherty B, Harrison S, et al. Cerium Batteries:US2004/0202925[P]. 2004-09-15.

[116] Wu M, Zhao T, Jiang H, et al. High-performance zinc-bromine flow battery via the improved design of electrolyte and electrode[J]. Journal Power Sources, 2017, 355: 62-68.

[117] Mironov V E, Lastovkina N P, Russ. Novel vanadium chloride/polyhalide redox flow battery[J]. Journal of Physical Chemistry, 1967, 41: 991-995.

[118] http://www.china-nengyuan.com/tech/90645.html.

[119] Wang C H, Li X F, Xi X L, et al. Bimodal highly ordered mesostructure carbon with high activity for Br_2/Br^- redox couple in bromine[J]. Nano Energy, 2016, 21: 217-227.

[120] Wang C H, Lai Q Z, Xu P C, et al. Cage-like porous carbon with superhigh activity and Br_2 complex entrapping capability for bromine-based flow batteries[J]. Advanced Materials, 2017, 29: 1605815.

[121] http://www.dicp.cas.cn/xwzx/kjdt/201711/t20171127_4899165.html.

[122] Poon G, Parasuraman A, Lim T M, et al. Evaluation of n-ethyl-n-methyl-morpholinium bromide and n-ethyl-n-methyl-pyrrolidinium bromide as bromine complexing agents in vanadium bromide redox flow batteries[J]. Electrochimica Acta, 2013, 107: 388-396.

[123] Vafiadis H, Skyllas-Kazacos M. Evaluation of membranes for the novel vanadium bromine redox flow cell[J]. Journal of Membrane Science, 2006, 279: 394-402.

[124] Rui X, Oo M O, Sim D H, et al. Graphene oxide nanosheets/polymer binders as superior electrocatalytic materials for vanadium bromide redox flow batteries[J]. Electrochimica Acta, 2012, 85: 175-181.

[125] Bronoel G, Millot A, Tassin N. Development of Ni Zn cells[J]. Journal of Power Sources,1991, 34: 243-255.

[126] Cheng J, Zhang L, Yang Y S, et al. Preliminary study of single flow zinc-nickel battery[J]. Electrochemistry Communications, 2007, 9: 2639-2642.

[127] 程元徽. 锌镍单液流电池关键材料与性能研究[D]. 北京: 中国科学院大学, 2015.

[128] Ito Y, Nyce M, Plivelich R, et al. Zinc morphology inzinc-nickel flow assisted batteries and impact on performance[J]. Journal of Power Sources, 2011, 196: 2340-2345.

[129] Cheng Y H, Zhang H M, Lai Q Z. Performance gains in single flow zinc-nickel batteries through novel cell configuration[J]. Electrochimica Acta, 2013, 105: 618-621.

[130] Cheng Y H, Zhang H M, Lai Q Z. A high power density single flow zinc nickel battery with three-dimensional porous negative electrode[J]. Journal of Power Sources, 2013, 241: 196-202.

[131] Cheng Y H, Lai Q Z, Li X F, et al. Zinc-nickel single flow batteries with improved cycling stability by eliminating zinc accumulation on the negative electrode[J]. Electrochimica Acta, 2014, 145: 109-115.

[132] Turney D E, Shmukler M, Galloway K, et al. Development and testing of an economic grid-scale flow-assisted zinc/nickel-hydroxide alkaline battery[J]. Journal of Power Sources, 2014, 264: 49-58.

[133] Remick R J, Ang P G P. Electrically rechargeable anionically active reduction-oxidation electrical storage-supply system: US4485154[P]. 1984-11-27.

[134] Price A, Bartley S, Male S, et al. A novel approach to utility-scale energy storage[J]. Power Engineering Journal, 1999, 13: 122-129.

[135] Walsh F C. Electrochemistry in fuel cell development[J]. Chemical Engineer, 2001, 724: 29-31.

[136] Anonymous Innogy to commercialize energy storage on both side of the Atlantic[J]. Fuel Cell Bulletin, 2000, 25:1.

[137] Walsh F C. Electrochemical technology for environmental treatment and clean energy conversion[J]. Pure and Applied Chemistry, 2001, 73（12）: 1819-1837.

[138] 葛善海. 多硫化钠-溴储能电池组[J]. 电源技术, 2004, 28（6）: 373-375.

[139] 周汉涛. 多硫化钠/溴氧化还原液流电池[J]. 可再生能源, 2005, 121（3）: 62-64.

[140] 文越华. 液流储能电池电化学体系的进展[J]. 电池, 2008, 38（4）: 247-249.

[141] 赵平. 多硫化钠/溴及全钒液流储能电池性能研究[D]. 北京: 中国科学院大学, 2006.

[142] Hodes G, Manassen J, Cahen D. Photo-electrochemical energy conversion: electrocatalytic sulphur electrodes[J]. Journal of Applied Electrochemistry, 1977, 7（2）: 181-182.

[143] Hodes G, Manassen J, Cahen D. Electrocatalytic electrodes for the polysulfide redox system[J]. Journal of The Electrochemical Society, 1980, 127: 544-549.

[144] Lessner P M, McLarnon F R, Winnick J, et al. Aqueous polysulphide flow-through electrodes: effects of electrocatalyst and electrolyte composition on performance[J]. Journal of Applied Electrochemistry, 1992, 22: 927-934.

[145] Cranstone W R I, Cooley G E, Male S E, et al. Process for the preparation of reticulated copper or nickel sulfide: WO0016420[P]. 2000-03-23.

[146] Walsh F C.Electrochemical technology of emvironmental treament[J]. Pure and Applied Chemistry, 2001, 73: 1819-1837.

[147] Licht S. Polysulfide battery:US4828942[P]. 1989-05-09.

[148] 葛善海, 衣宝廉, 顾红星, 等. 高效率多硫化钠/溴储能电池的研究[J]. 电池, 2003, 33（1）: 12-14.

[149] 葛善海, 衣宝廉, 张华民. 多硫化钠-溴储能电池高效电极的研究[J]. 电源技术, 2003, 27（5）: 446-450.

[150] Ge S H, Yi B L, Zhang H M. Study of a high power density sodium polysulfide/bromine energy storage cell[J]. Journal of Applied Electrochemistry, 2004, 34: 181-185.

[151] 周汉涛, 赵平, 张华民, 等. 多硫化钠/溴储能电池的阳极电解液制备方法: CN1713436A[P]. 2005-12-28.

[152] 张华民, 赵平, 周汉涛, 等. 一种多孔材料在多硫化钠/溴储能电池电极中的应用: CN101043077A[P]. 2007-09-26.

[153] http://plurionsystems.com/tech_flow_advantages.html.

[154] Hazza A, Pletcher D, Wills R. A novel flow battery: a lead acid battery based on an electrolyte with soluble lead（Ⅱ）Part 1. Preliminary studies[J]. Physical Chemistry Chemical Physics, 2004, 6: 1773-1778.

[155] Pletcher D, Wills R. A novel flow battery: a lead acid battery based on an electrolyte with soluble lead（Ⅱ）Part 2.Flow cell studies[J]. Physical Chemistry Chemical Physics, 2004, 6: 1779-1785.

[156] Adams G B, Hollandsworth R P, Webber B D. Rechargeable alkaline zinc/ferricyanide battery[R]. Palo Alto:CA U.S.A. Lockheed Missiles and Space Co., 1979:1-5.

[157] McBreen J. Rechargable zinc batteries[J]. Journal of Electroanalytical Chemistry, 1984, 168（1-2）: 415-432.

[158] Hu J, Zhang H M, Xu W B, et al. Mechanism and transfer behavior of ions in nafion membranes under alkaline media[J]. Journal of Membrane Science, 2018, 566: 8-14.

[159] Yuan Z Z, Duan Y Q, Liu T, et al. Toward a low-cost alkaline zinc-iron flow battery with a polybenzimidazole custom membrane for stationary energy storage[J]. iScience, 2018, 3: 40-49.

[160] Yuan Z Z, Liu X Q, Xu W B, et al. Negatively charged nanoporous membrane for a dendrite-free alkaline zinc-based flow battery with long cycle life[J]. Nature Communications, 2018, 9: 3731.

[161] Xie C X, Duan Y Q, Xu W B, et al. A low-cost neutral zinc-iron flow battery with high energy density for stationary energy storage[J]. Angewandte Chemie International Edition, 2017, 56（47）: 14953-14957.

第 3 章　液流电池电解液

电解液是液流电池的储能介质，是液流电池的关键材料之一。液流电池系统的储能容量是由电解液储能活性物质的浓度和容量（体积）决定的。液流电池概念自 1974 年被提出以来[1]，科技工作者先后探索和研究开发了多种液流电池体系，这些液流电池的正、负极储能活性物质至少有一种是可流动的溶液状态。根据正、负极电解液的形态，可分为液-液型液流电池、液-固型液流电池、液-气型液流电池。液-液型液流电池是指正、负极活性物质均为可溶于特定溶剂（水或有机溶液）中的溶质。不同种类的液-液型液流电池电堆的结构基本相似，但电解液组成则完全不同。液-液型液流电池在运行过程中，电解液的活性物质只发生离子价态的变化，不发生相变化，电解液的性能直接影响液流电池储能系统的性能。迄今，研究较多的液-液型液流电池体系主要包括铁/铬体系[2-10]、多硫化钠/溴体系[11-26]、全钒液流电池体系[27-43]和钒/多卤化物体系[44-45]。随着液流电池特别是全钒液流电池电堆关键材料和电堆结构技术的发展，电堆的功率密度会大幅度降低，成本会急剧下降，性能会大幅度提高。所以，电解液的性能和成本将显著影响其产业化。以下就几种主要的液-液型液流电池的电解液进行介绍。

3.1　铁/铬液流电池电解液

20 世纪 70 年代初，由于全球能源危机的爆发，人类开始关注风能、太阳能等可再生能源发电技术的技术开发和工程应用。为满足风能、太阳能等可再生能源推广应用中对大规模储能技术的需求，美国国家航空航天局（NASA）的 Lewis 研究中心开始进行电化学储能技术的探索研究。1974 年，该研究中心的 Lawrence H. Thaller 提出了一种基于液流电池的电化学储能装置的概念，并于 1975 年申请了第一个液流电池美国专利[2]。此专利提出以酸性氯化物为电解质，以 Fe^{2+}/Fe^{3+} 和 Cr^{2+}/Cr^{3+} 为正、负极氧化还原电对的可再充电的液流电池。日本住友电气工业株式会社实验室于 1975 年开始研究铁/铬液流电池技术，1978 年，根据电极反应的难易、活性离子的溶解度、稳定性、资源、经济性等因素，选定盐酸水溶液中的 Fe^{2+}/Fe^{3+}-Cr^{3+}/Cr^{2+} 体系进行放大试验，组装了 1 kW 电堆，对铁/铬液流电池进行了详细的研究，随后开发出了 10 kW 级的铁/铬液流电池（Fe/Cr 体系）储能系统[3, 4]。此后的一段时间里，铁/铬液流电池一度成为液流电池研究开发的热点。如图 3.1

所示，铁/铬液流电池正极电对为 Fe^{3+}/Fe^{2+}，$E^{\ominus} = 0.771$ V（$vs.$ NHE）；负极电对为 Cr^{3+}/Cr^{2+}，$E^{\ominus} = -0.441$ V（$vs.$ NHE）；电池标准电动势为 1.212 V（$vs.$ NHE）。

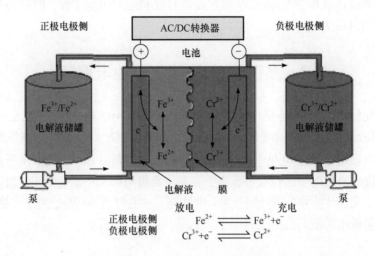

图 3.1　铁/铬液流电池原理图

铁/铬液流电池电极反应如下：

正极反应：$Fe^{2+} - e^- \underset{\text{放电}}{\overset{\text{充电}}{\rightleftharpoons}} Fe^{3+}$　$E^{\ominus} = 0.771$ V（$vs.$ NHE）

负极反应：$Cr^{3+} + e^- \underset{\text{放电}}{\overset{\text{充电}}{\rightleftharpoons}} Cr^{2+}$　$E^{\ominus} = -0.441$ V（$vs.$ NHE）

电池总反应：$Fe^{2+} + Cr^{3+} \underset{\text{放电}}{\overset{\text{充电}}{\rightleftharpoons}} Cr^{2+} + Fe^{3+}$　$E^{\ominus} = 1.212$ V（$vs.$ NHE）

铁/铬液流电池中，Fe^{3+}/Fe^{2+} 半电池具有较好的可逆性和较快的动力学特征。然而，Cr^{3+}/Cr^{2+} 负极反应动力学慢，而且 Cr（Ⅲ）离子在 HCl 水溶液中可形成三种内层配离子[5]：$[Cr(H_2O)_4Cl_2]^+$（绿色）、$[Cr(H_2O)_5Cl]^{2+}$（蓝绿色）、$[Cr(H_2O)_6]^{3+}$（蓝色）。这些配离子相对惰性，严重影响了 Cr^{3+}/Cr^{2+} 的氧化/还原反应速率。同时，由于负极 Cr^{3+}/Cr^{2+} 电对电势较低，极容易发生析氢副反应。因此，Cr^{3+}/Cr^{2+} 半电池电极须使用催化剂来提高铬离子反应速率及析氢过电势，这些都严重制约了铁/铬液流电池的发展。

经过长期研究后发现[5-10]，Cr^{3+}/Cr^{2+} 负极反应动力学慢、析氢副反应严重的两大弱点难以完全克服，而且随着运行时间的增加，正、负极电解液中铁离子和铬离子的微量互串、长年累积，将不可避免地引起正、负极电解液中活性离子交叉污染。另外，由于析氢副反应的发生，长年累积引起的正、负极电解质活性物质的价态失衡，会造成储能容量的衰减等问题，难以找到较好的解决方法，限制了其实际应用。20世纪80年代美国和日本先后研发出1 kW、10 kW、60 kW级电池系统，但90年代后期研发基本停止。近年仅有Energy Vault和Deeya Energy公司等少数单位还从事铁/铬液流电池方面的研究和应用示范工作，但其公开报道的示范应用项目很少。

3.2　多硫化钠/溴液流电池电解液

多硫化钠/溴液流电池是由美国学者Remick和Ang在1984年提出的[46]，多硫化钠/溴液流电池分别以溴化钠（NaBr）和多硫化钠（Na_2S_x）的碱性水溶液为电池正、负极电解液及电化学反应活性物质。Br^-主要以Br_3^-形式存在于正极电解液中，单质硫与硫离子结合成多硫离子存在于负极电解液中。电池正、负极电解液之间用离子交换（传导）膜分隔开来，电池充、放电时由Na^+通过离子交换（传导）膜在正、负极电解液间的电迁移而形成通路，如图3.2所示。

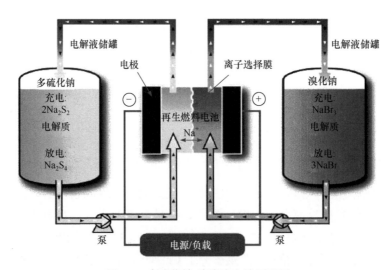

图3.2　多硫化钠/溴液流电池原理图

多硫化钠/溴液流电池电极反应如下。

正极反应：

$$2NaBr - 2e^- \underset{\text{放电}}{\overset{\text{充电}}{\rightleftharpoons}} Br_2 + 2Na^+ \quad E^{\ominus} = 1.087 \text{ V } (vs. \text{ NHE})$$

负极反应：

$$2Na^+ + (x-1)Na_2S_x + 2e^- \underset{\text{放电}}{\overset{\text{充电}}{\rightleftharpoons}} xNa_2S_{x-1} \quad x = 2\sim4 \quad E^{\ominus} = -0.428 \text{ V } (vs. \text{ NHE})$$

电池总反应：

$$2NaBr + (x-1)\,Na_2S_x \underset{\text{放电}}{\overset{\text{充电}}{\rightleftharpoons}} Br_2 + xNa_2S_{x-1} \quad x=2\sim4 \quad E^{\ominus} = 1.515\ V\ (vs.\ NHE)$$

多硫化钠/溴液流电池正极的标准电极电位为 1.087 V，负极的标准电极电位为 -0.428 V，故多硫化钠/溴液流电池的标准电动势为 1.515 V。由于电解液浓度及充、放电状态的不同，单电池的开路电压一般在 1.54～1.60 V。

但最终由于硫沉积及正、负极电解液交叉污染等问题一直没有较好的解决办法，没有见到该储能电站建成并投入运行的报道。目前多硫化钠/溴液流电池储能系统的商业化进程已停止[11-13]。中国科学院大连化学物理研究所张华民研究团队在 2000～2005 年，开展了多硫化钠/溴液流电池的研究，在电解液的制备、电堆设计集成方面取得了多项突破，开发出 5 kW 多硫化钠/溴液流电池系统，但正、负极电解液的互串，电池的储能容量衰减较快，造成电池的充放电循环寿命短，2005 年后其终止了多硫化钠/溴液流电池的研究开发，转向全钒液流电池储能技术的研究开发和产业化攻关。

3.2.1　多硫化钠负极电解液的制备

多硫化钠/溴液流电池采用多硫化钠为负极电解质，其制备方法主要有四种：①直接使单质钠和硫在熔融状态下或有机溶剂中反应[14-15]；②借助中温钠-硫电池的电化学合成方法[16-17]；③硫化钠和单质硫在溶剂中或熔融状态下反应[18-20]；④硫氢化钠和单质硫在有机溶剂中或熔融状态下反应[14-19]。采用熔融法制备多硫化钠时，钠与硫反应非常剧烈，易发生火灾或爆炸。硫氢化钠和硫在有机溶剂中或熔融状态下反应，需使用硫化氢气体作为反应物，气体用量大且不易控制，有很大危险性。多硫化钠包括 Na_2S_2、Na_2S_3、Na_2S_4、Na_2S_5 等多种形式，但不管采用何种方法制备及原料纯度有多高，其溶于水后是不可能以原配比的离子形式存在的，而是根据温度、初始配比按照平衡关系形成多种离子并存的状态，例如，按照 Na：S=1：1 的比例制备 Na_2S_2，溶于水后 S 的主要存在形式不是 S_2^{2-}，而是 S_3^{2-}、S_4^{2-}、S_5^{2-} 等高硫离子[21]。

多硫化钠水溶液中的离子之间存在多种平衡，这些平衡对温度、pH 非常敏感，直接影响多硫化钠/溴液流电池的运行可靠性及运行稳定性，所以必须研究多硫离子溶液的组成及其稳定性是否能满足实际应用需要。对多硫离子溶液平衡的研究多局限于静态即初始状态，没有对多硫化钠/溴液流电池充、放过程的动态变化做专门研究。Lessner 等[22]探讨了不同充、放电状态下电解液中各种离子组成变化及相应的电势变化，但没有考虑溶液中的所有平衡，而且单质硫初始配比及浓度都偏低，并不适合多硫化钠/溴液流电池的应用。中国科学院大连化学物理研究所张华民研究团队采用不同反应物配比，不使用硫化氢气体，直接在低温下配制多硫化钠水溶液，比较了所制备的多硫化钠溶液应用于多硫化钠/溴液流电池时电池的充、放电循环特征；对所制备的多硫化钠溶液初始组成进行了模拟计算，分析了初始组成对多硫化钠/溴液流电池循环性能的影响。基于多硫离子水溶液平衡模型，对不同 SOC 下负极电解液中各种离子的浓度变化进行了计算；比较了采用不同初始反应物配比制备的电解液的稳定性及电解液随电池 SOC 的变化；模拟了充、放电过程中多硫化钠/溴电池两个半电池平衡电位变化，并与测量值进行了比较。

3.2.2　多硫化钠负极电解液对电池循环性能的影响

通过硫化钠或硫氢化钠和单质硫在溶剂中反应配制多硫化钠溶液的操作步骤（图 3.3）为：称取所需量的化学试剂放入烧瓶中，加入适量去离子水，调节溶液温度在 80℃左右，缓慢通入 N_2，待单质硫完全溶解后停止搅拌，溶液冷却后定容备用。配制所需浓度 Na_2S_4 的方法分三种：方法 A，硫化钠与单质硫按 1∶3 摩尔比溶于水中；方法 B，硫氢化钠与单质硫、氢氧化钠按 1∶3∶1 摩尔比溶于水中（$NaHS+3S+NaOH \longrightarrow Na_2S_4+H_2O$）；方法 C，硫化钠与单质硫、氢氧化钠按 1∶3∶1 摩尔比溶于水中。

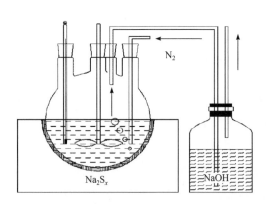

图 3.3　多硫化钠水溶液制备装置示意图[23]

多硫化钠溶液按照 1.0 mol/L Na_2S_4 来配制。采用方法 A 配制的负极电解液，充、放电过程以安时控制的单电池充、放电曲线如图 3.4 所示。由图 3.4 中可见，多硫化钠/溴液流电池循环性能不稳定，充电过程电池电压先是大幅度上升然后才恢复正常，而通常情况下电池电压应是随着充电的进行平稳上升，这说明在充电初期，某种原因造成严重极化，而且随着循环次数的增加呈增大趋势。电池性能下降很快，从第 1 次到第 14 次循环，电池的能量效率由 86.2%下降到 67.6%。

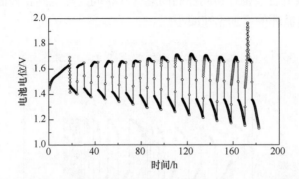

图 3.4　采用方法 A 制备的电解液在以安时控制时的充、放电循环曲线[23]

　　将充、放电的控制方式由安时控制改为电压控制的单电池充、放电循环曲线如图 3.5 所示。与安时控制情况相同，电池储能容量迅速降低，随着充、放电循环的进行，充电过程的电压升高幅度逐渐增大，因此充电时间逐渐缩短。同时发现电池负极内沉积有单质硫，负极电解液中也悬浮有单质硫，显然是由于单质硫的析出造成了极化增大，表现为充电过程电池电压变化异常。因为单质硫是绝缘的，单质硫附着在电极上增大了电极的电阻，降低了导电性，减小了反应面积，而且直接将单质硫还原成硫离子要比将多硫离子还原困难得多，使得充电初期的负极过电位大幅度升高，待硫还原成离子或者溶解后开始恢复正常。另外，负极电解液储罐中溢出硫化氢气体，H^+增加将使平衡向着生成更多硫化氢的方向移动，说明负极电解液的 pH 降低了。通过检测发现，负极电解液的 pH 由初始的 13.0 下降到 8.7，而正极电解液的 pH 由初始的 7 下降为 1.5。

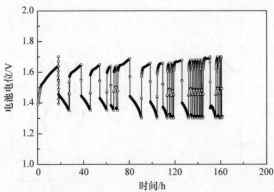

图 3.5　采用方法 A 制备的电解液的充、放电压控制时的循环曲线[23]

应用方法 B 制备的负极电解液的单电池充、放电循环曲线如图 3.6 所示，由图 3.6 可见，该电解液也存在同样的问题，在相同的充电终止控制电压下，充电容量随着充放电循环的增加迅速减小。

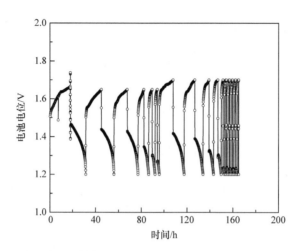

图 3.6　采用方法 B 制备的电解液的充、放电压控制时的循环曲线[23]

采用方法 C 配制的负极电解液，其单电池充放电循环曲线如图 3.7 所示。由图 3.7 可见，此时电池的充、放电电压变化很平稳。电池的充放电循环稳定性得到了很大的提高，从第 6 个充、放电循环到第 15 个循环，充电结束电压从 1.68 V 上升到 1.71 V，电池能量效率从 68.4%下降到 67.9%，10 个充、放电循环内只下降了 0.5 个百分点。在电极上和负极电解液中都没有发现单质硫的生成，负极电解液储罐中也没有硫化氢析出。检测结果表明，负极电解液的 pH 没有发生变化，

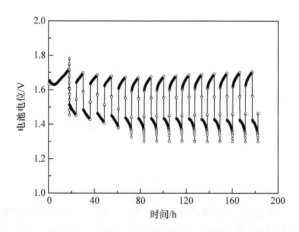

图 3.7　采用方法 C 制备的电解液在充电安时控制、放电电压控制时的循环曲线[23]

这说明负极 pH 稳定性对电池循环性能影响非常大。方法 C 由于加入了过量的 NaOH，负极电解液 pH 较高，因而稳定了电池的充、放电循环性能。

3.2.3　多硫化钠负极电解液的初始组成分析

多硫化钠溶液中的离子平衡包括 H_2S 的一级、二级离解平衡[式（3.1）、式（3.2）]，水解平衡[式（3.3）]，以及多硫离子之间的转换平衡[式（3.4）]，因此含有 Na^+、H^+、H_2S、OH^-、HS^-、S^{2-}、S_2^{2-}、S_3^{2-}、S_4^{2-}、S_5^{2-} 等多种离子或分子，其中 H^+ 或 OH^- 对平衡影响非常大。与这些平衡相应的平衡常数为 K_1、K_2、K_w、K_A、K_B、K_C[式（3.5）～式（3.10）]。

$$H_2S \Longrightarrow H^+ + HS^- \tag{3.1}$$

$$HS^- \Longrightarrow H^+ + S^{2-} \tag{3.2}$$

$$H_2O \Longrightarrow H^+ + OH^- \tag{3.3}$$

$$(n-1)S_{n+1}^{2-} + HS^- + OH^- \Longrightarrow nS_n^{2-} + H_2O \quad n = 2\sim4 \tag{3.4}$$

$$K_1 = [H^+][HS^-]/[H_2S] \tag{3.5}$$

$$K_2 = [H^+][S^{2-}]/[HS^-] \tag{3.6}$$

$$K_w = [H^+][OH^-] \tag{3.7}$$

$$K_A = [S_2^{2-}]^2/[HS^-][OH^-][S_3^{2-}] \tag{3.8}$$

$$K_B = [S_3^{2-}]^3/[HS^-][OH^-][S_4^{2-}]^2 \tag{3.9}$$

$$K_C = [S_4^{2-}]^4/[HS^-][OH^-][S_5^{2-}]^3 \tag{3.10}$$

根据溶液电荷平衡[式（3.11）]及初始单质硫与硫离子守恒[式（3.12）和式（3.13）]，加上方程式（3.5）～式（3.10）便可计算溶液中 H^+、H_2S、OH^-、HS^-、S^{2-}、S_2^{2-}、S_3^{2-}、S_4^{2-}、S_5^{2-} 的浓度分布。

$$[Na^+]_{initial} = [OH^-] + [HS^-] + 2\sum_{n=1}^{5}[S_n^{2-}] - [H^+] \tag{3.11}$$

$$[S]_{initial} = \sum_{n=2}^{5}(n-1)[S_n^{2-}] \tag{3.12}$$

$$[S^{2-}]_{initial} = [H_2S] + [HS^-] + \sum_{n=1}^{5}[S_n^{2-}] \tag{3.13}$$

此外，零价硫还会发生自分解反应[式（3.14）]，其速率与溶液 pH、$[S_5^{2-}]$、

[HS⁻]密切相关[24][式（3.15）]。

$$S_{\text{dissolved}} + OH^- \longrightarrow \tfrac{1}{4}S_2O_3^{2-} + \tfrac{1}{2}HS^- + \tfrac{1}{4}H_2O \tag{3.14}$$

$$-d[S_0]/dt = -f_S\left([S_5^{2-}],[OH^-],[HS^-]\right) = k_f[S_5^{2-}][OH^-]/[HS^-] \tag{3.15}$$

根据表 3.1 中的平衡常数及初始条件，迭代求解式（3.5）～式（3.13），对三种方法配制的电解液初始组成进行了模拟计算，结果如表 3.2 所示。方法 A 和 B 所配制溶液的初始组成相同。由计算结果可看出，方法 C 中由于加入了过量的 NaOH，溶液中的[OH⁻]为 1.013 mol/L，较方法 A 和方法 B 所配制电解液中的[OH⁻] 0.0352 mol/L 高得多。在多硫化钠/溴液流电池运行过程中，正极电解液 pH 下降可归结于三个因素：少部分溴发生水解反应生成 H⁺[式（3.16）]；负极电解液中的含硫阴离子通过离子交换（传导）膜渗透进入正极电解液中，并与溴发生化学反应生成 H⁺[式（3.17）和式（3.18）]；负极 OH⁻通过离子交换（传导）膜直接渗透至正极与 H⁺中和。

表 3.1 多硫离子水溶液的平衡常数

平衡常数	A	B	C	$T/℃$
K_1	−2830.4	−0.02083	8.7289	20～270
K_2	−28646	−0.2657	158.255	20～270
K_w	−3927.1	−0.01223	−2.8334	0～350
K_A			−4.18	20～140
K_B			−1.75	20～140
K_C			5.6	20～140
K_f	−5430		10.7	25～85

其中

$$\lg K = \frac{A}{T} + BT + C \quad (T/K)$$

表 3.2 不同方法制备的多硫化钠水溶液初始组成

物质	方法 A 和 B/（mol/L）	方法 C/（mol/L）
H⁺	$3.167×10^{-13}$	$1.100×10^{-14}$
H₂S	$1.023×10^{-7}$	$1.36×10^{-9}$
OH⁻	0.0352	1.013
HS⁻	0.0351	0.0134
S²⁻	$1.142×10^{-6}$	$1.258×10^{-5}$

续表

物质	方法 A 和 B/（mol/L）	方法 C/（mol/L）
S_2^{2-}	4.511×10^{-5}	2.270×10^{-4}
S_3^{2-}	0.0249	0.0573
S_4^{2-}	0.840	0.881
S_5^{2-}	0.100	0.0481

$$Br_2 + H_2O = Br^- + BrO^- + 2H^+ \tag{3.16}$$

$$HS^- + 4Br_2 + 4H_2O = 8Br^- + SO_4^{2-} + 9H^+ \tag{3.17}$$

$$S_{n+1}^{2-} + (3n+4)Br_2 + (4n+4)H_2O = (6n+8)Br^- + (n+1)SO_4^{2-} + (8n+8)H^+ \tag{3.18}$$

生成的质子会透过离子交换（传导）膜进入负极电解液，使平衡式（3.1）～式（3.3）向左移动。随着充、放电循环的进行，透过的 H^+ 逐渐增多，负极电解液 pH 逐渐下降，溶液组成也随之发生变化，首先是硫化氢会增加。Lessner 等[22]提出了多硫离子溶液最大溶硫数和 pH 之间的关系[式（3.19）]，在 pH 下降到 9.5 以下时，溶硫数将小于 3，而且最大溶硫数此时随 pH 下降迅速减小。若溶液中的单质硫超过最大溶解量，便会从溶液中析出，并沉积于电极表面，造成充电过电位急剧上升。但如果溶液中初始[OH⁻]较高，对 pH 变化的缓冲能力就比较强。由此可知，方法 C 配制的溶液稳定性要好于前两种方法，这也是应用方法 C 配制的电解液的电池循环性能稳定的主要原因。在多硫化钠/溴液流电池的充、放电过程中，希望只有 Na^+ 在离子交换（传导）膜中的传递，但 H^+ 比 Na^+ 离子半径更小，其在离子交换（传导）膜中的渗透是必然发生的。所以对于多硫化钠/溴液流电池来说，循环运行过程中的电解液 pH 变化是不可避免的。因此，对于长时间的循环运行，负极电解液的 pH 是需要定期调节的，但可以肯定的是：在运行初期，适当提高负极电解液中的[OH⁻]，能使多硫化钠/溴液流电池更稳定运行。

$$X_{max} = \frac{\sum_{n=2}^{5}(n-1)[S_n^{2-}]}{[H_2S] + [HS^-] + [S^{2-}] + \sum_{n=2}^{5}[S_n^{2-}]} \approx \frac{6}{\dfrac{6 \times 10^{-6}}{[OH^-]} + 1.75} \tag{3.19}$$

3.2.4　溶液组成与平衡电位随电池荷电状态的变化

初始组成为 1.3 mol/L Na_2S_4 + 1.0 mol/L NaOH 的负极电解液相对于 4.0 mol/L

NaBr 的正极电解液是过剩的，当负极电解液 SOC（即电池 SOC）为 50%时，正极电解液 SOC 为 25.6%。不同电池 SOC 下的负、正极初始组成如下。

$$[Br^-] = [Br^-]_{initial} - \Delta[Br^-] \tag{3.20}$$

$$[Br_2] = [Br_2]_{initial} + 0.5\Delta[Br^-] \tag{3.21}$$

$$[Na^+] = [Na^+]_{initial} + \Delta[Br^-] \tag{3.22}$$

$$[HS^-] = [HS^-]_{initial} + 0.5\Delta[Br^-] \tag{3.23}$$

$$[S] = [S]_{initial} - 0.5\Delta[Br^-] \tag{3.24}$$

根据式（3.20）～式（3.24）及负极电解液中的平衡关系式（3.1）～式（3.4），对电池 0%～50% SOC 区间内负极电解液组成及平衡电势变化进行模拟计算。

阳极电解液平均单质硫数通过下式计算。

$$X_{av.} = \frac{\sum_{n=2}^{5}(n-1)[S_n^{2-}]}{\sum_{n=2}^{5}[S_n^{2-}]} \tag{3.25}$$

Teder[47]在 20 世纪 60 年代提出多硫化钠水溶液的电极平衡表达式如下。

$$S_n^{2-} + nH_2O + 2(n-1)e^- \rightleftharpoons nHS^- + nOH^- \tag{3.26}$$

溶液中的硫主要以 S_4^{2-} 形式存在，文献[48]采用下式表示电极平衡。

$$S_4^{2-} + 4H_2O + 6e^- \rightleftharpoons 4HS^- + 4OH^- \tag{3.27}$$

将不同 SOC 下电解液中的[HS⁻]、[OH⁻]、[S_4^{2-}]代入相关式即可得到不同 SOC 下负极电解液的平衡电位。

$$E_a = E_a^\ominus - \frac{RT}{6F}\ln\left(\frac{([HS^-][OH^-])^4}{[S_4^{2-}]}\right) \tag{3.28}$$

正极离子交换（传导）膜平衡电位则由下式计算。

$$E_c = E_c^\ominus - \frac{RT}{2F}\ln\left(\frac{[Br^-]^2}{[Br_2]}\right) \tag{3.29}$$

随着充电的进行，负极电解液中 HS⁻、OH⁻浓度逐渐增加（图 3.8），HS⁻浓度的增加是因为单质硫还原，OH⁻浓度的增加则是因为溶液平衡移动，可见在充电过程中 pH 是上升的。充电过程溶液中多硫离子的分布也发生了较大变化，S_2^{2-}、S_3^{2-} 等低硫数离子增多（图 3.9），而 S_4^{2-}、S_5^{2-} 等高硫数离子减少（图 3.10），这是因为以多硫离子形式存在的单质硫被还原，所以电解液中多硫离子的平均硫数下降（图 3.11）。充电过程中负极电解液平衡电位随电池 SOC 上升而降低（图 3.11），在充电初期由于[HS⁻]相对变化非常大，因此电位下降很快。

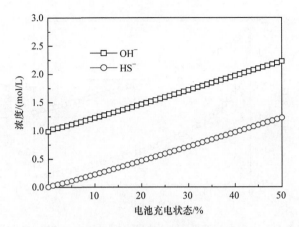

图 3.8　OH^-、HS^-浓度随电池 SOC 变化[23]

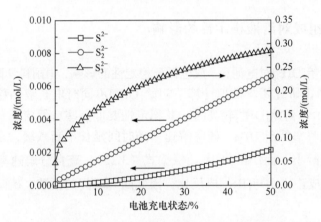

图 3.9　S^{2-}、S_2^{2-}、S_3^{2-}浓度随电池 SOC 变化[23]

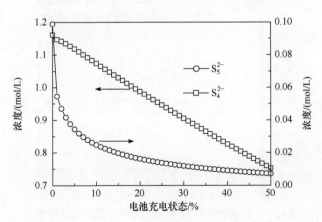

图 3.10　S_4^{2-}、S_5^{2-}浓度随电池 SOC 变化[23]

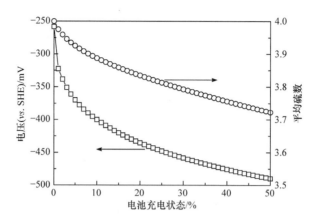

图 3.11　负极电解液平衡电位与平均硫数随电池 SOC 变化[23]

3.2.5　初始组成对溶液稳定性的影响

为研究初始[OH⁻]对电池充、放电循环稳定性的影响，中国科学院大连化学物理研究所张华民研究团队模拟计算了初始[OH⁻]不同时电解液的稳定性，结果如图 3.12 所示。初始[OH⁻]较高时，其稳定性要低一些，但硫降解的速率非常低，2 年内降解率低于 10%。硫降解速率随时间延长不断减缓，在降解过程中 $[S_5^{2-}]$ 和[OH⁻]减小，而[HS⁻]增大。根据式（3.15），硫自分解速率与溶液中的 $[S_5^{2-}]$、[OH⁻]成正比，与[HS⁻]成反比，因此随着时间的推移，硫降解速率是降低的。

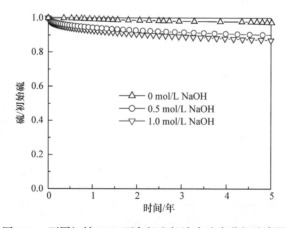

图 3.12　不同初始[OH⁻]下负极电解液中硫自分解速率[23]

在多硫化钠/溴液流电池运行过程中，负极电解液中的几种相关离子浓度不断变化，因此不同 SOC 下电解液的稳定性是不同的。图 3.13 给出了以 1.0 mol/L NaOH + 1.3 mol/L Na$_2$S$_4$ 为初始状态，在 0%～50% SOC 区间内硫降解 10%所需时间分布，可见硫降解速率随 SOC 升高而降低，这是因为在 SOC 上升过程中，[S$_5^{2-}$] 是减小的，而[OH$^-$]和[HS$^-$]是同比增大的，因此降解速率呈减小趋势。

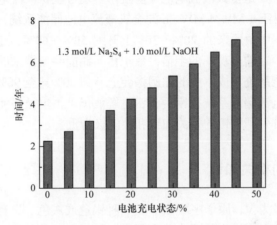

图 3.13 负极电解液中硫自分解 10%的时间随电池 SOC 变化[23]

综上所述，采用不同多硫化钠水溶液配制方法，对不同初始反应物配比下的电解液对多硫化钠/溴液流电池充、放电循环性能的影响进行了实验比较和理论分析，计算了多硫化钠/溴液流电池运行过程负极电解液组成与平衡电位变化，预测了实验常规采用的初始[OH$^-$]下的稳定性，模拟了单次充、放电循环内两个半电池平衡电位的变化，得出如下主要结论[23]。

（1）直接在水溶液中低温下配制的负极电解液的能量效率高、成本低，能满足多硫化钠/溴液流电池的应用及电解液的规模生产要求。

（2）提高负极电解液的初始 OH$^-$的浓度有利于保持负极电解液 pH 恒定性及循环充电电压的稳定性。

（3）在多硫化钠/溴液流电池充电过程中，负极电解液中的高硫数离子减少，低硫数离子增多，溶液平衡电势下降，pH 上升。

（4）实验常采用的 1.3 mol/L Na$_2$S$_4$+1.0 mol/L NaOH 负极电解液具有足够的稳定性，在常温下，2 年内硫自分解率小于 10%。

（5）负极电解液中硫的自分解速率与[S$_5^{2-}$]和[OH$^-$]成正比，与[HS$^-$]成反比，随着电池 SOC 的上升，负极电解液中[S$_5^{2-}$]降低，而[OH$^-$]和[HS$^-$]同比升高，因此运行状态下负极电解液的稳定性高于静止状态。

3.3　全钒液流电池电解液

迄今，人们已经开发了多种液流电池体系，而应用于兆瓦以上级工程化和产业化储能电站的主要是全钒液流电池储能技术。随着全钒液流电池关键材料和电堆技术的发展，对于 1 MW/4 MW·h 的全钒液流电池储能系统，钒电解液的成本在储能系统总成本中由原来的 20%～30%上升到 50%～60%。随着大容量（储能容量为储能装备额定输出功率的十倍～数十倍）储能装备需求的不断增加，钒电解液的成本在储能系统总成本中的比例将会上升到80%甚至90%，经过十多年的使用，全钒液流电池储能系统报废后，钒电解液仍可再生循环使用，残值高，环境友好。所以，首先了解钒的相关知识和性能极为重要。

3.3.1　钒化学的相关知识

钒，化学符号为 V，原子序数 23，是一种银色或灰色、具有一定延展性和韧性的过渡金属。该元素在自然界中分布很广，但很少以单质形式存在，而是存在于大约 60 种矿物和化石燃料中，主要和铁、钛、铀、钼、铅、锌、铝等金属矿和碳质矿、磷矿共生或伴生。石油中也含有钒。我国有丰富的钒资源，其主要存在于钒钛磁铁矿或石煤矿中。

金属钒遇到空气容易与空气中的氧反应，在其表面形成金属钝化层，金属钝化层的形成可以在一定程度上防止该金属被进一步氧化，因此可以在空气中稳定存在。金属钒具有延展性、韧性和较低的脆性，较大多数金属和钢更硬，耐腐蚀性好，对碱、硫酸、盐酸稳定。尽管金属钒在室温下可在表面形成致密的氧化膜钝化层，但其只有在约 660℃的高温下才能够被充分氧化。

钒的最重要的氧化物是 V_2O_5，可通过 NH_4VO_3 加热分解制得。

$$2NH_4VO_3 \longrightarrow V_2O_5 + 2NH_3 + H_2O$$

V_2O_5 是接触法制硫酸的催化剂，可将 SO_2 氧化成 SO_3，且该催化剂可以通过空气中的 O_2 再生。

$$V_2O_5 + SO_2 \longrightarrow 2VO_2 + SO_3$$

$$4VO_2 + O_2 \longrightarrow 2V_2O_5$$

V_2O_5 为 5 价钒化合物存在形式之一。在水溶液中，随着 pH 和钒离子浓度的变化，5 价的钒离子会改变其存在形式，且可以相互转化。例如，当 pH=12～14

时，四面体 VO_4^{3-} 是 5 价钒离子的主要存在形式，其排布结构与 PO_4^{3-} 类似；当 pH<12 时，钒离子浓度小于 10^{-2} mol/L 时，形成 HVO_4^{2-}，而钒离子浓度相对较高时，形成二聚体 $V_2O_7^{4-}$；随着 pH 的进一步降低，在 pH=4~6，钒离子浓度相对较低时，5 价钒离子主要以 $H_2VO_4^-$ 形式存在，而在钒离子浓度相对较高时，形成三聚体和四聚体的多钒酸根；当 pH=2~4 且钒离子浓度相对较高时，5 价钒离子主要以十钒酸盐的形式存在，在十钒酸盐中，每个钒原子中心与六个 O 原子相连，而 H_3VO_4 仅能够以非常低的浓度存在，四面体物质 $H_2VO_4^-$ 的质子化导致八面体 VO_2^+ 离子的优先形成；在 pH<2 的强酸性溶液中，VO_2^+ 是主要的存在形式，但如果 5 价钒离子浓度过高，其会以氧化物 V_2O_5 的形式从溶液中沉淀出来（图 3.14）。

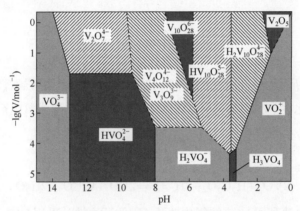

图 3.14　5 价钒离子在不同浓度、不同 pH 下的转化关系

5 价钒离子在水溶液中还能够形成多种过氧配合物，如向含有 5 价钒离子的溶液中加入过量 H_2O_2，如果溶液是弱碱性、中性或弱酸性的，可以得到黄色的 $[VO_2(O_2)_2]^{3-}$，如溶液是强酸性的，可得到红棕色的 $[V(O_2)]^{3+}$，两者之间存在如下平衡。

$$[VO_2(O_2)_2]^{3-} + 6H^+ \rightleftharpoons [V(O_2)]^{3+} + H_2O_2 + 2H_2O$$

除钒单质和 5 价钒离子外，钒还有+2、+3、+4 三种氧化态，即钒离子具有+2、+3、+4、+5 四种价态。在水溶液中，不同电位、不同 pH 条件下、不同价态的钒化合物的转化关系也是复杂的。在水溶液中，电位或 pH 发生改变，钒的存在形式也各不相同。一般来说，溶液的电位越高，钒更易以高价态化合物的形式存在，氧化性越强；溶液的电位越低，钒更易以低价态化合物的形式存在，还原性越强；pH 越低，钒更易以阳离子的形式存在；pH 越高，钒更易以酸根的形式存在。钒化合物的电位-pH 图体现了这种变化的规律（图 3.15）[49]。

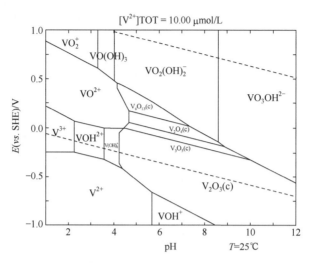

图 3.15 钒化合物的电位-pH 图[49]

从图 3.15 所示的钒化合物的电位-pH 图中可以发现，在强酸性溶液中，VO_2^+ 具有较强的氧化性，V^{2+} 具有较强的还原性。例如，VO_2^+ 作为氧化剂，可以被 Fe^{2+}、草酸、酒石酸、乙醇等还原剂还原为 VO^{2+}。

$$VO_2^+ + Fe^{2+} + 2H^+ \Longrightarrow VO^{2+} + Fe^{3+} + H_2O$$

$$2VO_2^+ + H_2C_2O_4 + 2H^+ \Longrightarrow 2VO^{2+} + 2CO_2 + 2H_2O$$

全钒液流电池利用 VO_2^+ 的氧化性及 V^{2+} 的还原性，采用 VO_2^+/VO^{2+} 作为正极电化学反应电对，采用 V^{3+}/V^{2+} 作为负极电化学反应电对。

需要说明的是，在强酸性水溶液中，钒不是以裸阳离子的形式存在的，而是以水合阳离子的形式存在的。虽然目前学术界对于钒离子络合水分子的数量仍有一定争议，但通过 EXAFS 研究结果表明，认为 V^{2+} 在水溶液中以$[V(H_2O)_6]^{2+}$形式存在，为正八面体结构，是带有 6 个水的水合离子；V^{3+} 在水溶液中以$[V(H_2O)_6]^{3+}$形式存在，也为正八面体结构，也是带有 6 个水的水合离子；VO^{2+} 在水溶液中以$[VO(H_2O)_5]^{2+}$形式存在，为畸变八面体结构，是带有 5 个水的水合离子；VO_2^+ 在水溶液中以$[VO_2(H_2O)_4]^+$形式存在，也为畸变八面体结构，是带有 4 个水的水合离子（图 3.16）[50]。

固态粉状的钒化合物特别是 5 价钒的化合物具有一定毒性，其化合物若被吸入人体易对呼吸系统造成不良影响。美国职业安全与健康管理局（Occupational Safety and Health Administration，OSHA）对工作场所 V_2O_5 粉尘的浓度上限设定为 0.05 mg/m³，美国国家职业安全卫生研究所（The National Institute for Occupational

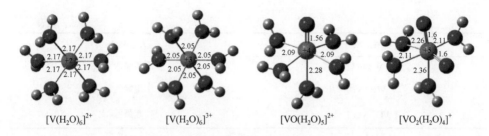

$[V(H_2O)_6]^{2+}$　　　$[V(H_2O)_6]^{3+}$　　　$[VO(H_2O)_5]^{2+}$　　　$[VO_2(H_2O)_4]^+$

图 3.16　不同价态钒离子在酸性水溶液中的存在形态[50]

Safety and Health，NIOSH）认为：35mg/m³ 的含钒粉尘危及人的生命或健康，即可能导致永久性健康问题。在《危险化学品目录（2015 版）》中，将 V_2O_5 列为危险化学品。虽然 V_2O_5 粉尘会对环境或人的健康产生影响，但目前无证据表明钒化合物或水溶液的其他存在形式在非食用的情况下会对人体有伤害。

　　钒电解液是全钒液流电池的储能介质，是其核心材料之一，钒电解液的物理、化学参数，杂质的种类和含量等不仅决定了全钒液流电池系统的储能容量，还直接影响了全钒液流电池电堆的反应活性、稳定性及耐久性。全钒液流电池正、负极电解液是以不同价态的钒离子作为活性物质，通常采用硫酸水溶液作为支持电解质。为提高钒离子的溶解度和稳定性，研究人员也开发了在硫酸中混合一定比例盐酸的混合酸电解液[27]，分别被称为硫酸体系和盐酸体系电解液及混合酸体系电解液。或添加一定比例的磷酸盐等化合物作为电解液的稳定剂。

　　钒离子有 4 种不同的价态，在强酸性水溶液中，这 4 种价态的钒离子只有相邻价态的钒离子可以在同一溶液中共存，即 V^{2+}、V^{3+}可以共存，V^{3+}、VO^{2+}可以共存，VO^{2+}、VO_2^+ 可以共存，非相邻价态的钒离子会发生氧化还原反应而生成中间价态，$V^{2+}+VO^{2+}+2H^+$══$2V^{3+}+H_2O$，$V^{3+}+VO_2^+$══$2VO^{2+}$，因此，同一电解液中至多可以同时存在两种形式的钒离子。

　　在硫酸体系全钒液流电池电解液中，正极钒离子通常以 VO_2^+/VO^{2+}形式存在，负极钒离子通常以 V^{3+}/V^{2+}形式存在，通过电解液的颜色可以较容易地判断出电解液是正极电解液还是负极电解液，以及可以粗略判断电解液中钒离子的价态组成，如表 3.3 所示。

表 3.3　电解液组成及其大致颜色

电解液成分	大致颜色
V^{2+}	紫色
V^{3+}	绿色
VO^{2+}	宝石蓝色
VO_2^+	黄色

续表

电解液成分	大致颜色
V^{3+}/V^{2+}	黑绿色
VO^{2+}/V^{3+}	墨绿色
VO_2^+/VO^{2+}	蓝黑色

如图 3.17 所示，全钒液流电池电解液中，钒离子有 VO_2^+（Ⅴ）、VO^{2+}（Ⅳ）、V^{3+}（Ⅲ）、V^{2+}（Ⅱ）四种价态，正极半电池电解液的活性电对为 VO_2^+/VO^{2+}，负极半电池电解液的活性电对为 V^{3+}/V^{2+}，其电极反应如下。

正极反应：　　$VO^{2+} + H_2O - e^- \underset{\text{放电}}{\overset{\text{充电}}{\rightleftharpoons}} VO_2^+ + 2H^+$　　$E^\ominus = 1.004 \text{ V}$

负极反应：　　$V^{3+} + e^- \underset{\text{放电}}{\overset{\text{充电}}{\rightleftharpoons}} V^{2+}$　　$E^\ominus = -0.255 \text{ V}$

电池总反应：$VO^{2+} + V^{3+} + H_2O \underset{\text{放电}}{\overset{\text{充电}}{\rightleftharpoons}} VO_2^+ + V^{2+} + 2H^+$　　$E^\ominus = 1.259 \text{ V}$

电池充电时，正极电解液中的 VO^{2+} 失去电子形成 VO_2^+，负极电解液中的 V^{3+} 得到电子形成 V^{2+}，电子通过外电路从正极到达负极形成电流，H^+ 则通过离子传导膜从正极传递电荷到负极形成闭合回路。放电过程与之相反。正极反应的标准电极电势为 1.004 V，负极反应的标准电极电势为 –0.255 V，故全钒液流电池的标准开路电压为 1.259 V。但由于运行过程中钒离子浓度、酸浓度及充电状态等因素均会对其电极电势造成一些影响，因此在实际使用中，电池的开路电压一般约为 1.2 V。

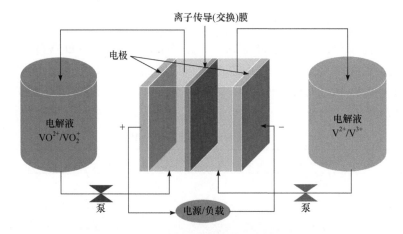

图 3.17　全钒液流电池结构示意图

左侧：正极电解液；右侧：负极电解液

对全钒液流电池电解液的研究目前主要集中在以下几方面。

（1）电解液的制备：电解液的体积和储能活性物质的浓度决定了储能系统的储能容量，而全钒液流电池储能系统又适合大规模储能电站，因此电解液的规模化生产技术是各国十分关注的热点。

（2）电解液中二价钒（V^{2+}）的稳定性：由于负极电解液中的 V^{2+} 在空气中极易氧化，氧化后会造成系统储能正、负极电解液的价态失衡，从而导致储能容量衰减，能否保证负极电解液中 V^{2+} 的稳定性，是全钒液流电池储能系统能否长期稳定运行的重要因素之一。此外，为保证四种价态钒离子在硫酸水溶液中都能溶解且不析出沉淀，硫酸体系全钒液流电池储能系统的电解液中钒离子浓度控制在 1.7 mol/L 以下，这就使得全钒液流电池的能量密度较低。提高电解液中钒离子浓度，并保证其在电池运行过程中的稳定存在，从而提高电池的能量密度，是研究人员一直致力解决的重要问题之一。

（3）正极电解液中 5 价钒离子（VO_2^+）的稳定性：全钒液流电池电解液中只有钒离子一种活性物质，但钒离子是以 5 价（VO_2^+）、4 价（VO^{2+}）、3 价（V^{3+}）和 2 价（V^{2+}）4 种价态存在的。正极电解液中的 5 价钒离子（VO_2^+）的溶解度相对较低，高温稳定性相对较差，温度升高时，容易生成 V_2O_5 沉淀，不仅影响了电池的使用，还很容易毁坏电堆。因此，提高 5 价钒离子（VO_2^+）的高温稳定性也是亟待解决的问题。

（4）电解液的价态失衡（储能容量衰减）的在线或离线恢复技术：全钒液流电池经过长期运行，正、负极电极上发生的微量副反应和正、负极电解液通过离子交换（传导）膜微量互串的长年累积，会引起电解液的价态和正、负极电解液中钒离子质量分配失衡，从而造成系统的储能容量的衰减。所以，电解液储能容量衰减后的恢复技术，也是全钒液流电池储能系统长期商业化应用需要解决的关键技术之一。

1. 全钒液流电池电解液的制备

全钒液流电池电解液的制备方法主要有化学制备法和电解制备法两种。化学制备法[28]是将钒的化合物或氧化物[主要是五氧化二钒（V_2O_5）]与一定浓度的硫酸混合，通过加热或加入还原剂的方法使其还原，制备成含有一定硫酸浓度的硫酸氧钒水溶液。此法的优点是不涉及电化学反应，工艺和设备比较简单，缺点是反应较慢，反应需要很高的硫酸浓度才可以进行。电解法[29]是利用电解槽在阴极加入含有 V_2O_5 或 NH_4VO_3 的硫酸溶液、阳极加入硫酸钠或硫酸溶液，在两极之间通直流电，V_2O_5 或 NH_4VO_3 在阴极表面被还原，根据槽压的不同，生成的产物有四价钒（VO^{2+}）、三价钒（V^{3+}）和二价钒（V^{2+}）溶液，生成的低价钒又加速了

V_2O_5 或 NH_4VO_3 的溶解。电解法的优势是可以根据需要大批量地生产不同价态的电解液。电解法制备电解液技术的文献报道很少，大部分是以专利的形式进行保护。

攀枝花钢铁有限责任公司钢铁研究院公开了一种全钒液流电池电解液的制备方法[30]，其方法是将钒厂的钒液泵入反应罐，用硫酸调节溶液的 pH，通入液态二氧化硫还原后，再用碳酸钠调节 pH，得到 VO_2 沉淀，将其溶于含有硫酸、水和乙醇的溶液中，加入添加剂，置于电解槽中电解，获得 V^{3+} 和 VO^{2+} 各占 50%的电解液。缪强[31]公开了一种用 V_2O_3 和 V_2O_5 制备电解液的方法，其方法是将一定比例的 V_2O_3 和 V_2O_5 放入炉中并以 200～700℃焙烧，得到多钒化合物，再溶于 2:1 的硫酸水溶液中得到硫酸氧钒（$VOSO_4$）溶液。日本关西电力公司公开了一种用单质硫还原制备电解液的方法[32]，先用单质硫将 V_2O_5 还原成 V_2O_3，并溶于硫酸后制得 V^{3+} 溶液，再用制得的 V^{3+} 溶解 V_2O_5 制得硫酸氧钒（$VOSO_4$）溶液。之后又对此方法进行改进[33]，将钒化合物、单质硫和浓硫酸按一定比例混合成膏状混合物，在 150～440℃高温下处理，直接得到混合价态钒化合物，将此化合物溶于硫酸即得到 V^{3+} 和 VO^{2+} 各占 50%的电解液。

攀枝花钢铁有限责任公司钢铁研究院还公开了一种全钒液流电池电解液的电解制备方法[34]，其方法是先将浓硫酸配成 1:1 的稀硫酸，然后分别加入 V_2O_3 和 V_2O_5，反应得到硫酸氧钒（$VOSO_4$）溶液，再加入硫酸钠、乳化剂等添加剂，将此硫酸氧钒溶液置于电解池阴极，将相同离子强度的硫酸钠的硫酸溶液置于阳极进行电解，得到 V^{3+} 和 VO^{2+} 各占 50%的电解液。斯奎勒尔控股有限公司公开发表了一种用多级不对称钒电解槽制备钒电解液的方法[35]，该方法采用多个串级的柱状电解槽，电解槽的中央是析氧阳极，侧壁是阴极，在阴极加入含有 V_2O_5 的硫酸溶液循环流经每个柱状电解槽，每个电解槽后都有排液口，可以直接得到不同价态的全钒液流电池电解液。

目前公开的钒电解液制备方法中，一部分方法可以直接制备 V^{3+} 和 VO^{2+} 各占 50%的电解液，而另一部分化学制备方法是制备硫酸氧钒（$VOSO_4$）溶液，还必须通过电解方法来制得 V^{3+} 和 VO^{2+} 各占 50%的电解液，因此，电解液的制备方法一般是纯电解方法或者是化学法和电解法相结合。

2. 电解液的组成成分及性能指标

能源行业全钒液流电池用电解液技术条件《全钒液流电池用电解液 技术条件》（NB/T 42133—2017）对硫酸体系电解液主要成分给出了如表 3.4 所示的规定。

表 3.4　NB/T 42133—2017 对硫酸体系电解液主成分含量的要求

电解液种类	组分	浓度/（mol/L）
负极电解液	V	≥1.50
	SO_4^{2-}	≥2.30
3.5 价电解液	V	≥1.50
	SO_4^{2-}	≥2.30
正极电解液	V	≥1.50
	SO_4^{2-}	≥2.30

注：3.5 价电解液 V^{3+} : VO^{2+} 比例为 1.0±0.1。

其中钒离子的浓度和 SO_4^{2-} 的浓度可参照能源行业全钒液流电池用电解液测试方法《全钒液流电池用电解液　测试方法》（NB/T 42006—2013）进行测试。

为保证全钒液流电池储能系统能够在长期运行条件下电解液的性能和储能容量不衰减，电解液中的杂质离子含量应限定在一定浓度以下，避免其对电池性能和稳定可靠性产生影响。电解液中的杂质离子及含量主要取决于原材料及生产工艺，能源行业全钒液流电池用电解液测试方法《全钒液流电池用电解液　技术条件》（NB/T 42133—2017）给出了建议的杂质含量，表 3.5 给出了《全钒液流电池用电解液　技术条件》（NB/T 42133—2017）中对硫酸体系电解液杂质元素含量的建议。

表 3.5　NB/T 42133—2017 对硫酸体系电解液杂质元素含量的建议

元素	Al	As	Ca	Co	Cr	Cu	Fe	K	Mg	Mn	Mo	N	Na	Ni	Si
含量不高于/（mg/L）	50	5	30	40	20	5	100	50	30	5	30	20	100	50	20

除电解液的主要组分测试方法外，《全钒液流电池用电解液　测试方法》（NB/T 42006—2013）还提供了全钒液流电池电解液部分物理性能的测试方法，包括电导率、电解液密度、黏度等。

电导率、电解液密度、黏度是液流电池电解液的重要物理性能指标。电解液电导率数值的大小直接影响全钒液流电池中的离子传输速率，直接影响全钒液流电池电堆的内阻。而对电解液密度和黏度的要求主要考虑了全钒液流电池系统整体的综合影响，如从优化液流电池流量的角度来考虑，电解液的黏度越大，在同种操作条件下，全钒液流电池电解液流量也将越低，电解液循环泵的功耗越大。早在 20 世纪 90 年代，澳大利亚新南威尔士大学的 M. Skyllas-Kazacos 研究团队就研究了硫酸体系电解液电导率、电解液密度、黏度随电解液组成、温度的变化规律，并说明了其对全钒液流电池性能的影响，结果如图 3.18、图 3.19 所示。

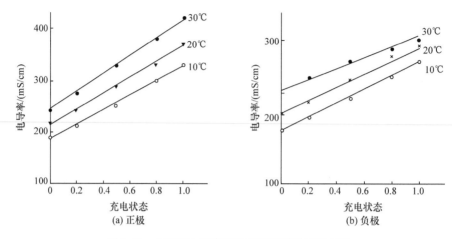

图 3.18　电解液电导率随组成及温度的变化规律

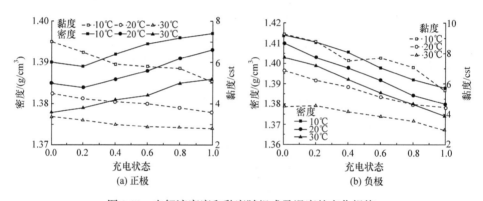

图 3.19　电解液密度和黏度随组成及温度的变化规律

　　正、负极电解液的电导率、密度和黏度都受电解液组成的影响。例如，在硫酸体系的电解液中，如果溶液中的 SO_4^{2-} 浓度一定，钒离子浓度越高，电解液的电导率越低、黏度越大。图 3.18、图 3.19 给出了正、负极电解液的电导率、密度和黏度随电解液组成及温度的变化规律，对于正、负极电解液，SOC 数值越高，溶液的电导率数值越高，黏度数值越低。正、负极电解液的密度随 SOC 的变化表现出不同的规律，对于正极电解液，SOC 越高，溶液的密度数值越大；而对于负极电解液，SOC 越高，溶液的密度数值越小。

　　电解液的温度同样会影响其电导率、黏度及密度。温度升高，溶液中溶质和溶剂分子的热运动速率增加，溶液的流动性增强，因此正、负极电解液的电导率随温度的升高而增加，黏度随温度的升高而降低。在 10～40℃ 范围内，正、负极电解液的密度均随温度的升高而降低。

3. 硫酸体系钒电解液的稳定性

液流电池的比能量是指在一定体积或质量的物质中储存能量的大小，可分为体积比能量和质量比能量。由于在全钒液流电池系统中，与电解液的质量相比，电堆和电池系统的质量所占的比例很小。因此，其储能容量主要由电解液中钒离子的摩尔浓度决定，因此全钒液流电池的比能量主要指电解液的比能量，其计算公式为

$$ED = \frac{E_d}{G}$$

式中，ED 为比能量，$W \cdot h/g$；E_d 为放电瓦时容量，$W \cdot h$；G 为电解液质量，g。

要提高电解液的比能量，需要提高电解液中钒离子的浓度。同大多数溶液一样，全钒液流电池电解液也有一定的浓度限制，过高的浓度会导致电解液中钒离子的析出，堵塞电解液分配或集中流道及电极碳毡，造成电堆的不可逆永久性损伤。全钒液流电池电解液的浓度是由不同价态钒离子在不同温度下的溶解度决定的。另外，提高全钒液流电池电解液的钒离子浓度，有利于减少电解液的物流成本和全钒液流电池储能系统的占地面积。受钒离子在溶液中溶解度的限制，全钒液流电池的比能量只能限制在一定范围内，因此如何提高全钒液流电池的比能量，即提高电解液中钒离子的摩尔浓度，是全钒液流电池的重要研究课题之一。

通常认为，受钒离子溶解度的影响，低温下负极电解液中 3 价钒离子有析出风险，高温下正极电解液中 5 价钒离子有析出风险，文献也对电解液中不同价态钒离子在不同温度下的溶解情况进行了报道[51]。

不同价态的钒离子的溶解度除受温度的影响外，还受电解液组成的影响。从图 3.20 及图 3.21 中可以看出，对于硫酸体系电解液，电解液含有较高浓度的硫酸，将导致 V^{2+}、V^{3+} 及 VO^{2+} 溶解度的下降，但有利于 VO_2^+ 溶解度的提升。虽然增加正极而降低负极硫酸的浓度有利于提高电解液中钒离子的溶解度，但随着电解液的迁移，正、负极的硫酸浓度会发生变化，因此如何提升电解液中钒离子的浓度是一个需要多方面综合考虑的问题。

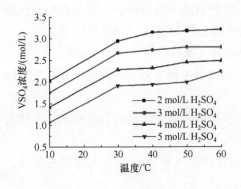

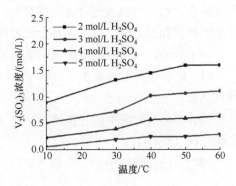

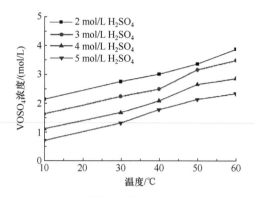

图 3.20　V^{2+}、V^{3+}、VO^{2+} 在不同浓度的 H_2SO_4 及不同温度下的溶解情况[51]

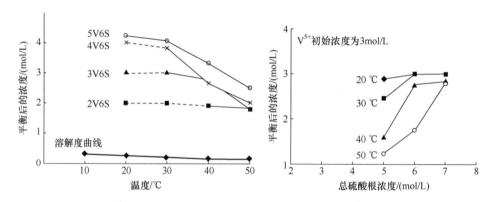

图 3.21　VO_2^+ 在不同浓度 H_2SO_4 及不同温度下的溶解状况[51]

V 和 S 前数字分别表示溶液中钒离子和硫酸根的浓度，单位为 mol/L

　　从钒本身的元素性质出发，钒元素的电子层结构为 $3d^3 4s^2$，易首先失去 4s 轨道的电子形成 V^{2+} 离子，然后再依次失去 3d 轨道的电子形成 V^{3+}、VO^{2+}、VO_2^+ 等诸多价态的离子。形成离子的钒元素存在 3d 空轨道，因此钒离子间极易缔合，使其在高浓度下易于产生沉淀。同时，由于 3d 空轨道的存在，钒离子也极易与其他配体络合，如果可以找到合适的络合剂，抑制钒离子间的缔合，便可以提升钒离子的溶解度和稳定性，对于提升全钒液流电池的能量密度具有重要的意义。

　　综上所述，全钒液流电池电解液的稳定性主要存在以下几方面问题。

　　（1）由于负极电解液中 2 价钒（V^{2+}）的电极电势很低，因此极易被空气中的氧气氧化。

　　（2）正极电解液中的五价钒（VO_2^+）在温度或浓度较高时容易析出，生成五氧化二钒（V_2O_5）。

　　（3）负极电解液中的 2 价钒（V^{2+}）和 3 价钒（V^{3+}）在低温时溶解度较低，

在浓度高或温度低时容易析出。

（4）电池运行过程中，有微量的钒离子会通过离子交换（传导）膜在正、负极之间互串，由于不同价态的钒离子所携带的水合离子数不同，在离子交换（传导）膜中的迁移速率也不同，长期运行会导致正、负极电解液的体积和钒离子的价态及浓度失衡，造成储能容量的衰减。

（5）全钒液流电池储能系统经过长期运行，微量的电极副反应的长年累积，会引起电解液价态失衡，从而造成储能容量的衰减。

针对全钒液流电池电解液稳定性的问题，研究人员开展了大量的研究工作。对于负极电解液 2 价钒（V^{2+}）容易氧化的问题，通常采用的做法是做好密封，防止空气进入负极电解液系统，或者在负极电解液储罐中通入氮气、氩气等惰性气体来保护 2 价钒（V^{2+}）。澳大利亚的 M. Skyllas[36]还曾采用在负极罐中电解液表面覆盖一层 0.5 mm 厚的难溶于电解液的矿物油等液体的方法，以防止 2 价钒（V^{2+}）的氧化。

针对电解液析出的问题，通常是通过在电解液中添加稳定剂的方法来稳定电解液，使其在较高浓度及较高温度下仍然能以可溶性离子状态稳定存在。M. Skyllas-Kazacos[37]在电解液中加入 10^{-6} 级的 Au、Mn、Pt、Ru 等金属盐来稳定 5 价钒离子（VO_2^+），使 5 价钒离子（VO_2^+）浓度可达到 5 mol/L 而不析出，但 Pt 等贵金属的添加，即便是添加量很少，也不仅增加成本，而且催化了析氢、析氧反应，加快了电解液的容量衰减。M. Skyllas 还在电解液中加入环状或链状结构的醇和硫醇等物质，以提高电解液中 5 价钒离子（VO_2^+）的稳定性[29]。许茜等[38]在电解液中分别加入了 2%的甘油和 2%的硫酸钠，提高了电解液的稳定性，通过循环伏安进行扫描，证明添加少量的甘油和硫酸钠对电解液没有产生不良影响。罗冬梅等[39]在含 3 mol/L 钒离子的硫酸溶液中加入碱金属硫酸盐、碱金属草酸盐及甘油等物质，提高电解液的稳定性。虽然加入添加剂后，电解液电导率略有升高，但循环伏安测试结果表明少量添加剂对电解液没有明显影响。梁艳等[40]选择十二烷基硫酸钠、EDTA、柠檬酸、酒石酸、十二烷基苯磺酸钠、尿素、草酸铵、硫酸钠等作为添加剂，并控制添加量在 2%以内，结果表明，绝大多数添加剂可以提高电解液中钒离子的浓度，且对电解液电导率和电化学活性没有明显的影响。

对于全钒液流电池运行过程中的水迁移问题，目前文献报道的工作并不是十分清晰，主要都是在静态条件下测试水的迁移行为，以及电池自放电过程中的水迁移，针对电池实际充、放电运行过程中的水迁移研究甚少。T. Mohammadi 等[41]利用静态装置考查了不同的离子交换膜中在不同 SOC 下放电过程中的水迁移情况，得出阳离子交换膜中水向正极迁移，而阴离子交换膜的水迁移方向和水的渗透压同向的结论；T. Sukkar 和 M. Skyllas-Kazacos[42]对几种商业化阳离子交换膜在自放电过程中的水迁移做了进一步研究，得出在 SOC 较高的情况下，水迁移程度较轻,而在较低的 SOC 时,水迁移比较严重的结论; T. Sukker 和 M. Skyllas-Kazacos[43] 测量了不同材料改性的 Gore 公司生产的离子交换膜的水迁移特性,提出了阳离子交换膜和阴离子交换膜中各种离子的迁移趋势,阳离子交换膜中水和钒的迁移方向一致,而阴离子交换膜中水和钒的迁移方向相反。

4. 硫酸体系电解液中钒离子浓度分析检测方法

电解液中各种价态钒离子浓度的准确分析检测是进行全钒液流电池技术开发、工程应用、实际运行和维护的基础和前提。只有准确分析检测出正、负极电解液中各种价态钒离子浓度,才能掌握全钒液流电池的 SOC 状态、电解液平衡状态等。因此建立准确的钒离子分析检测方法至关重要。笔者的研究团队在钒离子的准确分析检测方法的方面做了大量研究工作,取得了可实际应用的成果。

在全钒液流电池电解液强酸性环境中,钒的 V^{2+}、V^{3+}、VO^{2+} 和 VO_2^+ 四种离子中只有相邻价态的可以共存,非相邻价态的钒离子会发生氧化还原反应而生成中间价态的钒离子,因此,一种电解液中至多可以存在两种形式的钒离子。即在全钒液流电池正极电解液中只有 VO^{2+} 和 VO_2^+,负极电解液中只有 V^{2+} 和 V^{3+}。

1）正极电解液中钒离子的分析

正极电解液中存在的钒离子主要是 VO^{2+} 和 VO_2^+,采用已知浓度的高锰酸钾溶液滴定正极电解液,随着高锰酸钾溶液的加入,电位逐渐升高,当电位从 1000 mV 突跃至 1250 mV 左右时,此时溶液中的 VO^{2+} 完全被氧化成 VO_2^+,如图 3.22（a）所示,根据此时高锰酸钾滴定液消耗的体积,可以计算出样品中的 VO^{2+} 浓度。然后,向待测液中加入适量硫酸亚铁铵,使其电位降低至 400 mV 左右,此时溶液中的 VO_2^+ 完全还原成低价态离子,溶液状态为 V^{3+} 和 VO^{2+}。继续用高锰酸钾溶液滴定,当电位由 450 mV 突跃至 800 mV 左右时,此时溶液中 V^{3+} 完全被氧化成 VO^{2+}。继续滴定,当电位从 1000 mV 突跃至 1250 mV 左右时,此时溶液中的 VO^{2+} 完全被氧化成 VO_2^+,如图 3.22（b）所示,根据此时两个滴定终点高锰酸钾滴定液消耗的体积,可以计算出样品中的总钒浓度。再减去 VO^{2+} 浓度即可得到 VO_2^+ 浓度。

2）负极电解液中钒离子的分析

全钒液流电池负极电解液中存在的钒离子主要是 V^{2+} 和 V^{3+}。如图 3.23 所示,采用已知浓度的高锰酸钾溶液滴定负极电解液,随着高锰酸钾溶液的加入,电位逐渐升高,当电位从100 mV 突跃至 200 mV 左右时,溶液中的 V^{2+} 离子完全被氧化成 V^{3+},根据此时高锰酸钾滴定液消耗的体积,可以计算出样品中的 V^{2+} 浓度。继续滴定,当电位由 400 mV 突跃至 750 mV 左右时,此时溶液中 V^{3+} 完全被氧化成 VO^{2+}。根据此时消耗的高锰酸钾滴定液体积及试样中 V^{2+} 浓度,可以得到样品中的总钒浓度。再减去 V^{2+} 浓度即可得到 V^{3+} 浓度。

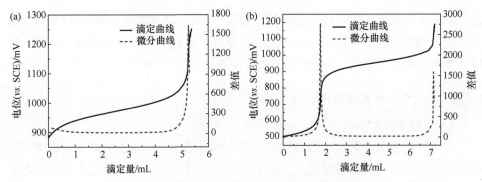

图 3.22　全钒液流电池正极电解液的滴定曲线

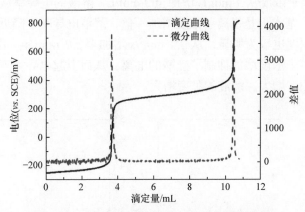

图 3.23　全钒液流电池负极电解液的滴定曲线

而当溶液中只存在 V^{3+} 和 VO^{2+} 时，仍可采用高锰酸钾溶液滴定的方法确定钒离子浓度。如图 3.24 所示。当出现 V^{3+} 到 VO^{2+} 的电位突跃后，根据此时高锰酸钾

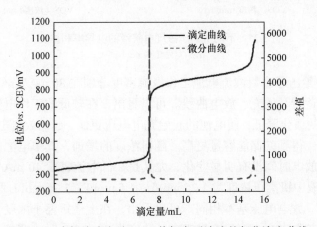

图 3.24　全钒液流电池 3、4 价钒离子溶液的氧化滴定曲线

滴定液消耗的体积，可以计算出样品中的 V^{3+} 浓度。继续滴定，在 1100 mV 左右会出现 VO^{2+} 转变成 VO_2^+ 的电位突跃，根据此时高锰酸钾滴定液消耗的体积，可以计算出总钒离子浓度，再减去 V^{3+} 浓度即可得到 VO^{2+} 浓度。

5. 硫酸型钒电解液组成优化

1）钒离子浓度的优化

全钒液流电池电解液中的活性物质是不同价态的钒离子，钒离子的浓度和硫酸浓度等不仅影响其储能容量，对电解液的稳定性和充、放电性能也有很大的影响。图 3.25 给出了不同浓度 $VOSO_4$ 和 3 mol/L 硫酸组成的电解液的电导率和黏度，可以看出，钒离子浓度从 1 mol/L 增加至 2 mol/L，溶液的电导率从 510 mS/cm 降至 285 mS/cm，基本上是钒离子浓度增加一倍，溶液电导率下降近一半；而溶液的黏度的升高幅度也较为明显，从 2.4 mm²/s 增加至 5.2 mm²/s。引起这种现象的主要原因是钒离子浓度增加抑制了硫酸的电离，从而引起电导率下降，同时由于电解液中离子浓度增大，溶液的黏度增大。

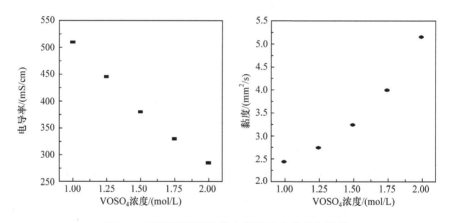

图 3.25　不同钒离子浓度电解液的电导率和黏度
H_2SO_4 浓度=3 mol/L

图 3.26 中给出了全钒液流电池工作电流密度分别在 80 mA/cm² 和 40 mA/cm² 恒流充、放电运行时的充、放电曲线。可以看出，在较低的工作电流密度下充、放电时，电池的极化降低，使电池的起始充电电压更低、起始放电电压更高及充、放电时间更长，得到的储能容量更高。随钒浓度的增加，其单电池的起始充、放电电压及充、放电时间没有明显变化，尤其是在低电流密度 40 mA/cm² 充、放电循环时，电解液中钒离子浓度为 1.25 mol/L、1.5 mol/L、1.75 mol/L 和 2 mol/L 时，电池的起始充、放电电压基本相同。可以看出，在上述钒离子浓度下，电池充、放电容量曲线基本吻合，而只有当钒离子浓度为 1 mol/L 时，容量变化才比较明

显。这说明在一定钒浓度范围内，且在钒离子总量相同的情况下，钒离子浓度对电池储能容量的影响很小，只有在浓度低于 1 mol/L 时才会有较明显的影响，并且充、放电电流密度越低，影响越小。

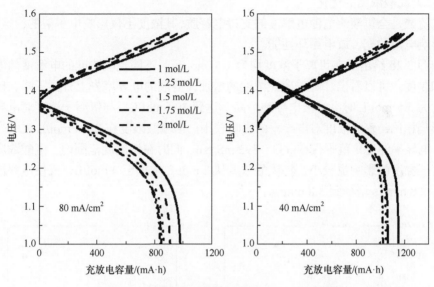

图 3.26　不同钒离子浓度电解液的充、放电曲线

图 3.27 给出了不同钒离子浓度的电解液的全钒液流电池的放电容量及其能量

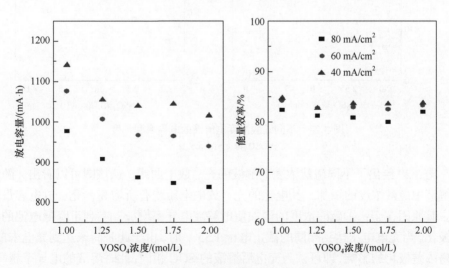

图 3.27　不同钒离子浓度电解液的容量及效率

H_2SO_4浓度=3 mol/L

效率，可以看出，在相同电流密度下，只有当钒离子浓度降至 1 mol/L 时，电池放电容量及性能才会受到较大影响，而其他钒离子浓度下，其受到的影响较小，这与上述结论相吻合。

2）硫酸浓度的优化

硫酸是全钒液流电池电解液的支持电解质，其浓度不仅影响电解液的稳定性，也影响电池的充、放电循环性能。

图 3.28 给出了在钒离子浓度均为 1.5 mol/L 时不同硫酸浓度的电解液的电导率和黏度。可以看出，随着硫酸浓度的增加，溶液的电导率先上升再下降，硫酸浓度为 3.5 mol/L 时电解液电导率最高，达到 392 mol/L，与钒离子浓度对电导率的影响相比，硫酸浓度对电导率的影响较小。当硫酸浓度在 2~4 mol/L 之间变化时，电导率的变化范围仅在 333~392 mS/cm。同时在该浓度范围内，硫酸浓度对电解液黏度的影响也较小，将硫酸浓度从 2 mol/L 增加至 4 mol/L，仅使电解液黏度从 2.8 mm²/s 增加到 3.8 mm²/s。

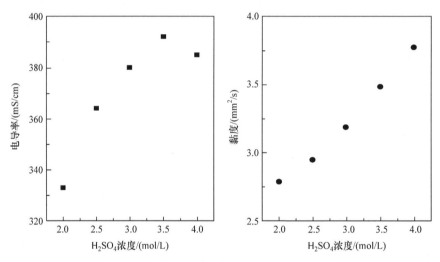

图 3.28　不同硫酸浓度电解液的电导率和黏度
VOSO₄浓度=1.5 mol/L

图 3.29 给出了不同硫酸浓度电解液的充、放电曲线。从该图可以看出，随着电解液中硫酸浓度的增加，其电池的充、放电电压均有所增高，充、放电容量降低。其原因在于：①硫酸浓度的增加使电解液电导率增加，有利于降低电池的欧姆极化。当充电电压达到相同的截止电压 1.55 V 时，由于此时尚未达到充电末期，忽略浓差极化的影响，即可认为充电后溶液的 SOC 相同，此时溶液的电导率越高，相应电池的内阻越小，因此电池的起始放电电压也越高。②硫酸浓度的增加也同时增大了电解液的黏度，造成电解液流量减小，在放电末期会引起浓差极化，从

图 3.29 中也可以看出，硫酸浓度越大，虽然电池起始放电电压越高，但是到放电末期时电压突降越快，放电容量也越小，这与硫酸浓度增加导致黏度增加，引起浓差极化增大的结论相符合。③硫酸浓度增大则放电容量减小，这是因为同样放电至相同的放电截止电压 1 V 时，已充的电量没有完全释放完，即放电后的电解液 SOC 并不相同，硫酸浓度越大的电解液，由于浓差极化影响越大，其放电后的 SOC 越高，这也导致了再充电时的充电起始电压越高，与图 3.29 中的现象相符。

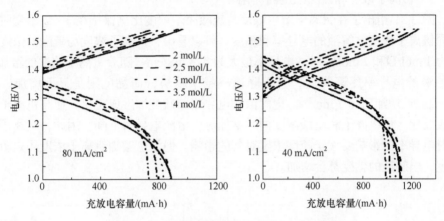

图 3.29　不同硫酸浓度电解液的充、放电曲线

图 3.30 给出了不同硫酸浓度的电解液的放电容量和电池的能量效率，可以看

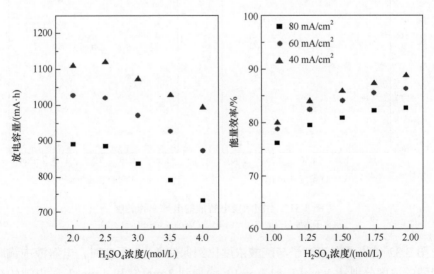

图 3.30　不同硫酸浓度电解液的放电容量及电池的能量效率

VOSO$_4$ 浓度=1.5 mol/L

出，随着硫酸浓度的增加，放电容量逐渐降低，这主要是由于电解液黏度的增加，造成放电末期的浓差极化；而电池的能量效率则逐渐增加，这主要是由于电导率的增加降低了电池的欧姆极化。

综上所述，硫酸浓度增大，电池能量效率增加；但同时电池的储能容量也下降，而且在流量较小或电流密度较大时容量下降更明显。综合考虑储能容量与充、放电能量效率，全钒液流电池电解液中硫酸的浓度控制在 2~3 mol/L 为宜。

3）钒离子浓度和硫酸浓度的优化

图 3.31 给出了在钒离子摩尔浓度与硫酸摩尔浓度比例保持在 1：2 不变时，不同钒离子浓度电解液的电导率和黏度。可以看出，钒离子浓度与硫酸的浓度分别为 1 mol/L 和 2 mol/L 时，电导率最大为 423 mS/cm。随着钒离子浓度的增加，电解液的电导率逐渐降低，且下降速率越来越快，而黏度则是显著增加，从 1.6 mm²/s 增加到 5.7 mm²/s。电解液的电导率与硫酸浓度成正比，而与钒离子浓度成反比，但钒离子和硫酸浓度同时增加时，溶液电导率下降。因此，钒离子浓度对电导率的影响要大于硫酸浓度对其的影响。但无论增加钒离子浓度还是硫酸浓度，电解液的黏度都会增加。

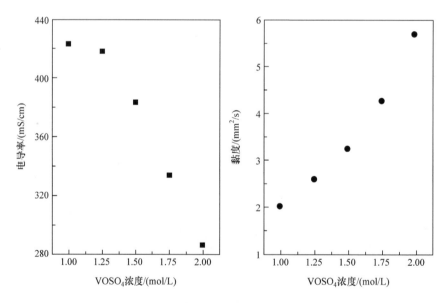

图 3.31 不同浓度电解液的电导率和黏度
钒离子浓度与硫酸浓度比例恒定（VOSO₄：H₂SO₄=1：2）

图 3.32 给出了在钒离子与硫酸浓度比例保持 1：2 不变时，电解液中钒离子与硫酸的浓度分别从 1 mol/L 和 2 mol/L 增加到 2 mol/L 和 4 mol/L 时电池的充、放电曲线。从图中可以看出，当电解液浓度从 1 mol/L V+2mol/L H₂SO₄ 增加至

1.25 mol/L V+2.5mol/L H$_2$SO$_4$ 时，电池的放电起始电压逐渐升高，说明电池内阻逐渐降低，但是从图 3.31 得到前者的电导率大于后者，所以此时电池内阻的降低主要是电化学内阻的降低。当浓度进一步增加至 2 mol/L V+4 mol/L H$_2$SO$_4$ 时，电池放电起始电压变化已经不明显，说明此时电池内阻变化很小。但是增加浓度后，反应末期的极化明显增大，这主要是浓度增加导致了电解液黏度增加、流量减小，因此放电末期浓差极化增大，引起储能容量降低。

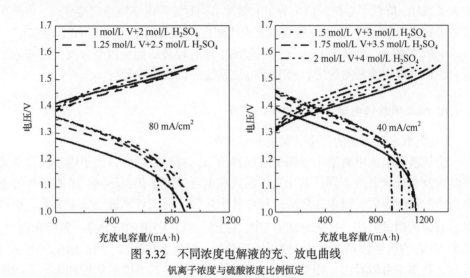

图 3.32　不同浓度电解液的充、放电曲线

钒离子浓度与硫酸浓度比例恒定

图 3.33 给出了不同钒离子浓度电解液中，电池的放电容量及能量效率。随着

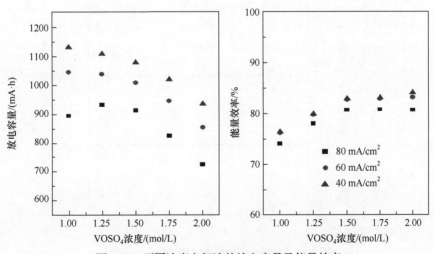

图 3.33　不同浓度电解液的放电容量及能量效率

钒离子浓度与硫酸浓度的比例恒定

钒离子浓度的增加，电池的放电容量基本呈逐渐降低的趋势，主要原因是黏度的增大造成流量减小，增大了反应末期的浓差极化。而浓度增加，电池能量效率是先增大后平稳的趋势，当电解液浓度达到 1.5 mol/L V+3 mol/L H_2SO_4 以上时，能量效率基本达到稳定。

综上所述，电解液浓度增加可提高电池的能量效率，但是当浓度达到 1.5 mol/L V+3mol/L H_2SO_4 时，能量效率趋于稳定。电解液浓度的增加使电解液黏度增大，增大了泵耗，降低了系统的放电容量和效率，同时使得电解液稳定性变差。因此在实际工程应用中，硫酸体系电解液浓度应控制在（1.25 mol/L V+2.5 mol/L H_2SO_4）～（1.5mol/L V+3 mol/L H_2SO_4），这样不仅使电池有较高的能量效率和较大的储能容量，也会使电解液相对稳定，有利于电池系统的长期稳定运行。

6. 硫酸体系钒电解液的主要物性参数

1）电解液钒离子的比重、黏度和电导率

全钒液流电池电解液中钒离子有四种价态，每种价态的钒离子由于其自身离子结构及水合状态的不同，其比重、黏度和电导率等参数也不同，考查各种价态钒离子的物性参数，可以为反应过程中各个阶段的模拟计算提供数据参数。采用电解液分析测试方法，分别测试了 V^{3+}、VO^{2+}、VO_2^+ 溶液的电导率、黏度和密度，因为 V^{2+} 在空气中极易被氧化，难以准确分析，因此很难测试。测试结果如图 3.34 所示。从图中可以看出，随着钒离子化合价的升高，其溶液的密度和电导率均逐渐升高，而黏度则呈下降趋势。

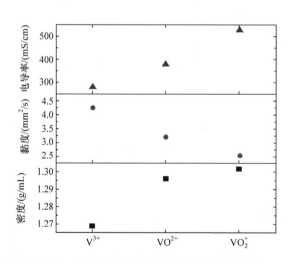

图 3.34　溶液中各种价态钒离子的物性参数

2）各种价态钒离子透过离子交换（传导）膜的扩散系数

全钒液流电池运行过程中，质子及少量钒离子透过离子交换（传导）膜在正、负极电解液之间往复迁移（互串），由于不同价态的钒离子其水合分子数不同，在离子交换（传导）膜中的迁移速率也不同，长期运行会导致正、负极电解液物流失衡，造成储能容量衰减。因此，研究不同价态钒离子在离子交换（传导）膜中的扩散系数，对探索全钒液流电池储能系统的储能容量衰减和自放电机理、制定调控策略具有重要意义。

关于钒离子透过离子交换（传导）膜的渗透系数，研究人员进行了大量的探索和研究[52-54]。但目前的研究工作主要是利用静态装置来研究钒离子在离子交换（传导）膜中的渗透，难以完全模拟全钒液流电池运行环境下电解液流动状态时钒离子的迁移行为。考虑到全钒液流电池通常采用全氟磺酸离子交换膜，中国科学院大连化学物理研究所张华民研究团队采用与单电池形式完全相同的渗透装置（图 3.35）对四种价态钒离子透过 Nafion115 离子交换膜的扩散系数进行了动态研究，得出的数据更有指导意义[55]。测试装置中使用的 Nafion115 离子交换膜的有效面积为 50 cm^2。表 3.6 给出了装置两侧溶液的组成，A 侧分别放置了含 V^{2+}、V^{3+}、VO^{2+} 及 VO_2^+ 的钒溶液，而 B 侧是硫酸溶液。为平衡两侧溶液的渗透压，两侧溶液中硫酸根的浓度均为 4 mol/L。A、B 两侧均采用 400 mL 溶液进行实验，由于溶液量较大，由扩散而造成 A 侧溶液浓度的降低可以忽略。每隔一定时间从 B 侧取出 1 mL 溶液，并利用本小节中的方法测量其钒离子浓度。

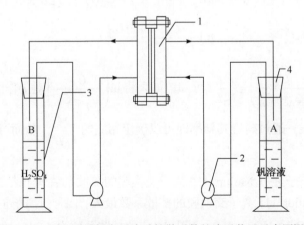

图 3.35　用于测量钒离子渗透扩散系数的渗透装置示意图[55]
1. 单电池；2. 泵；3. 量筒；4. 胶塞

表 3.6　渗透装置两侧溶液组成

钒离子	A 侧	B 侧
V^{2+}	1 mol/L V^{2+}+4 mol/L SO_4^{2-}	4 mol/L H_2SO_4
V^{3+}	1 mol/L V^{3+}+4 mol/L SO_4^{2-}	4 mol/L H_2SO_4
VO^{2+}	1 mol/L VO^{2+}+4 mol/L SO_4^{2-}	4 mol/L H_2SO_4
VO_2^+	1 mol/L VO_2^++4 mol/L SO_4^{2-}	4 mol/L H_2SO_4

电解液中钒离子透过 Nafion 离子交换膜的扩散系数可以用下述公式进行计算[54]。

$$\frac{\mathrm{d}n_B(t)}{\mathrm{d}t} = D\frac{A}{L}[C_A - C_B(t)]$$

式中，D 为钒离子的扩散系数，m^2/s；A 为膜的有效面积，m^2；L 为膜的厚度，m；C_A 为装置 A 侧钒离子浓度，mol/L；C_B 为装置 B 侧钒离子浓度，mol/L；n_B 为装置 B 侧钒离子的量，mol；t 为测试时间，s。

由于扩散的钒离子很少，而两侧的溶液体积较大，因此可以假设 B 侧的体积 V_B 和 C_A 均是常数，此时上述方程可改写成：

$$V_B\frac{\mathrm{d}C_B(t)}{\mathrm{d}t} = D\frac{A}{L}[C_A - C_B(t)]$$

$$\frac{\mathrm{d}C_B(t)}{C_A - C_B(t)} = \frac{DA}{V_BL}\mathrm{d}t \quad -\int_0^{C_B}\frac{\mathrm{d}[C_A - C_B(t)]}{C_A - C_B(t)} = \frac{DA}{V_BL}\int_0^t\mathrm{d}t$$

$$\ln\left(\frac{C_A}{C_A - C_B}\right) = \frac{DA}{V_BL}t$$

从公式 $\ln\left(\dfrac{C_A}{C_A - C_B}\right) = \dfrac{DA}{V_BL}t$ 可知，如果将 $\ln\left(\dfrac{C_A}{C_A - C_B}\right)$ 对 t 作图（图 3.36），可得到一条直线，通过确定其斜率即可以确定相应的 $\dfrac{DA}{V_BL}$，从而可以计算出扩散系数 D。

将四种钒离子透过 Nafion 115 离子交换膜的扩散系数列于表 3.7 中，可以看出，V^{2+} 透过 Nafion 115 离子交换膜的扩散系数最大，四种钒离子扩散系数的大小顺序为 $V^{2+} > VO^{2+} > VO_2^+ > V^{3+}$。其中 VO^{2+} 的扩散系数为 4.095×10^{-6} cm^2/min，与文献[56]中报道的 3.65×10^{-6} cm^2/min 接近。而文献[57]中报道的 V^{3+} 透过 Nafion 115 离子交换膜的扩散系数为 3.66×10^{-6} cm^2/min，比中国科学院大连化学物理研究所张华民研究团队的研究结果（1.933×10^{-6} cm^2/min）稍高。

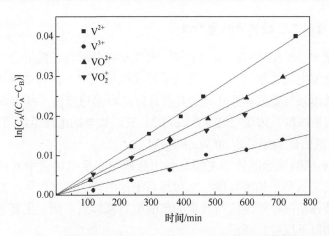

图 3.36　四种钒离子透过 Nafion115 离子交换膜的扩散系数

表 3.7　实验测得的四种钒离子透过 Nafion115 离子交换膜的扩散系数

钒离子	扩散系数/（×10^{-6} cm^2/min）
V^{2+}	5.261
V^{3+}	1.933
VO^{2+}	4.095
VO_2^+	3.538

图 3.37 给出了 VO^{2+}在不同温度下的扩散系数，可以看出，随着温度的升高，VO^{2+}的扩散系数逐渐增大，这主要是由于温度升高，分子运行速度加快，因此透过膜的扩散系数也变大。

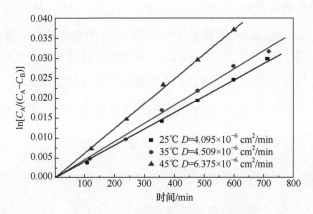

图 3.37　不同温度下的 VO^{2+}扩散系数

7. 硫酸-盐酸混合酸体系钒电解液

美国西北太平洋实验室的 L. Li 等[27]开发了将盐酸与硫酸混合酸作为支持电解质的全钒液流电池电解液。正、负极采用相同的钒离子作为电解质。该盐酸与硫酸的混合酸体系与硫酸体系相比,具有良好的高温稳定性(可在 50℃下稳定存在)和较高的钒浓度(浓度可达 3.0 mol/L),充、放电的电压范围可放宽到 0.9~1.58 V,电解液的比能量可达 30 W·h/kg 以上。

由于盐酸-硫酸混合酸体系主要是利用盐酸与正极电解液中五价钒离子之间的络合作用提高钒离子的溶解度,从而提高电池的能量密度,因此盐酸与硫酸的混合酸电解液体系的电极反应与通常的硫酸电解液体系不同,主要表现在电池正极反应上,如以下反应式所示。

电池正极反应:$VO^{2+} + Cl^- + H_2O - e^- \underset{放电}{\overset{充电}{\rightleftharpoons}} VO_2Cl + 2H^+$

电池负极反应:$V^{3+} + e^- \underset{放电}{\overset{充电}{\rightleftharpoons}} V^{2+}$

电池总反应:$VO^{2+} + V^{3+} + Cl^- + H_2O \underset{放电}{\overset{充电}{\rightleftharpoons}} VO_2Cl + V^{2+} + 2H^+$

此体系中氯离子对钒离子的络合作用,大幅度提高了钒离子的溶解度和稳定性,因此,能够提高全钒液流电池的能量密度和全钒液流电池系统在 50℃附近的较高温度条件下的运行稳定性和可靠性,减少了电解液的体积。但是,由于盐酸的蒸气压较高,因此,盐酸-硫酸混合酸全钒液流电池储能系统在维修及更换过程中,管道和电解液储罐中挥发出来的盐酸酸雾会严重腐蚀设备和污染环境,而且,在正、负极电解液失衡状态下,正极电解液中 Cl^- 极易在过充状态下被氧化而析出 Cl_2,也容易造成设备的严重腐蚀和环境污染,所以对该系统的密封有严格的要求。

8. 钒/多卤化物电解液

2003 年,M. S. Kazacos 等基于 V^{3+}/V^{2+} 在 HBr 中溶解度高的考虑,提出了钒/多卤化物体系,其电解液浓度达 4 mol/L,能量密度可达 50 W·h/kg[44,45]。其正极采用 $Br^-/ClBr_2^-$ 电对,负极采用 VCl_2/VCl_3 电对,电极反应如下。

正极反应: $Br^- + 2Cl^- - 2e^- \underset{放电}{\overset{充电}{\rightleftharpoons}} BrCl_2^-$

负极反应: $VCl_3 + e^- \underset{放电}{\overset{充电}{\rightleftharpoons}} VCl_2 + Cl^-$

电池总反应: $2VCl_3 + Br^- \underset{放电}{\overset{充电}{\rightleftharpoons}} 2VCl_2 + BrCl_2^-$

虽然此体系能够大幅提高电池的能量密度,但是正、负极电解液交叉污染较为严重,电池效率较低。2004 年,M. S. Kazacos 等成立了开发低成本钒/溴液流电池的公司，同时澳大利亚政府也资助了该项研究，但是到目前为止，未见有钒溴电池的工程示范或商业化应用的报道。

3.3.2　电解液对全钒液流电池性能的影响

1. 电解液流量的影响

全钒液流电池运行过程中，电解液在循环泵的驱动下流入电堆内，在电极表面发生氧化还原反应。通常情况下，电解液设计流量均是过量的，这有利于提高电池的性能。但是流量过大则会增加循环泵的自耗功率，降低液流电池储能系统的能量效率。因此需要优化电解液流量，以提高液流电池储能系统的综合性能，特别是充、放电循环的能量转换效率和电解液的利用率。

图 3.38 给出了不同电解液流量条件下，以 80 mA/cm² 和 40 mA/cm² 进行恒电流充、放电的充、放电曲线[58]。从图 3.38 可以看出，随着电解液流量的增大，充电电压降低，放电电压升高，说明电池的极化有所减小，电池的充、放电能量效率和储能容量提高，且工作电流密度越大，这种趋势越明显。但是当电解液流量从 38.9 mL/min 增加至 50.5 mL/min 时，其充、放电曲线基本重合，说明当电解液流量达到一定值时，流量对电池性能影响很小。

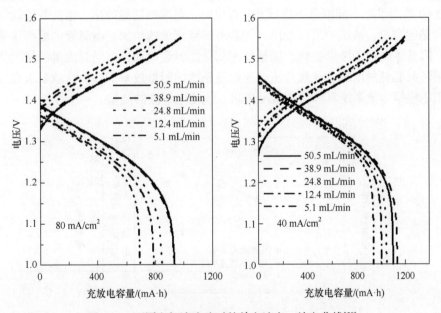

图 3.38　不同电解液流速时的单电池充、放电曲线[58]

图 3.39 给出了在不同电解液流量下，电池的电化学阻抗。可以看出，随着电

解液流量的增加，电池的阻抗逐渐减小。流量为 38.9 mL/min 和 50.5 mL/min 时的阻抗谱基本重合。

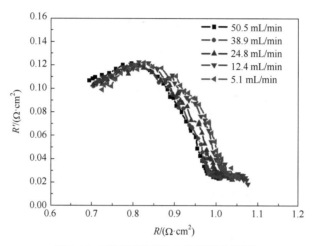

图 3.39　不同流速下的电化学阻抗谱[58]

对 1kW 电堆在 75 mA/cm² 电流密度下不同流量的性能进行了测试，电解液的流量分别控制在 0.2 m³/h、0.3 m³/h、0.4 m³/h、0.51 m³/h、0.61 m³/h、0.71 m³/h。图 3.40 给出了在不同流量下进行充、放电时，电堆的能量效率、电池系统能量效率和储能容量。从图中可以看出，随着电解液流量的增加，电解液的更新速率加快，降低了电池的浓差极化，能量效率和储能容量增加，但同时流量的增大伴随着循环泵能耗的增加，导致液流电池储能系统的能量效率下降。这就要求在实际应用中根据电池系统具体使用情况要求，优化电解液的流量。

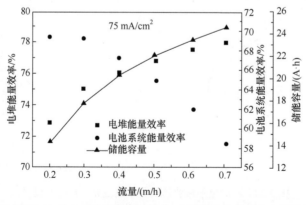

图 3.40　不同流量下进行充、放电时的电堆能量效率、电池系统能量效率和储能容量之间的关系[58]
1 kW 电堆，75 mA/cm²

　　流量优化设计的总体思路是：在不同工作电流密度，以及不同的充、放电功率条件下，采用不同的电解液流量，以提高整个充、放电运行周期内液流电池储能系统的能量效率。

　　图 3.41 为在不同充、放电阶段调节电解液流量的电池充、放电性能曲线[58]，从图中可以看出，流量提高后，电池的充、放电电压会有明显变化，充电电压下降而放电电压提高，使得充、放储能电容量增大。而不论在何电位时，将低流量调至同一高流量后，充、放电曲线基本重合，说明充、放电储能容量基本未发生改变。

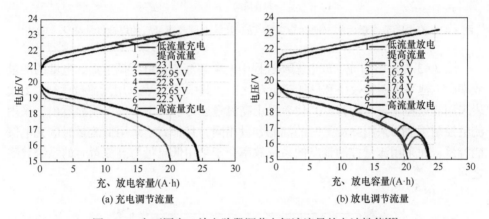

图 3.41　在不同充、放电阶段调节电解液流量的电池性能[58]

　　图 3.42 为采用流量调节策略后的电池性能变化趋势，从图 3.42 中可以明显看出，电池系统采用流量控制策略较采用单一低流量运行时，电堆储能容量和能量效率有明显提升；较采用单一高流量运行时，电池系统能量效率有明显提升（操作模式对应的数字意义参见图 3.41）。

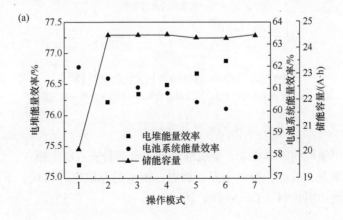

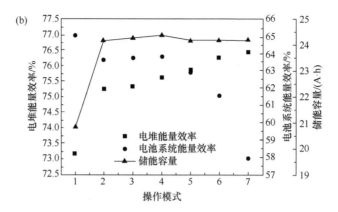

图 3.42 充电调节流量后的电池性能变化（a）及放电调节流量后的电池性能变化（b）[58]

图 3.43 为对整个充、放电循环过程中的电解液流量进行调节后，电堆的能量效率、电池系统能量效率和储能容量对比图，其中 1 代表采用低流量运行，2 代表采用流量控制策略运行，3 代表采用高流量运行。从图中可以明显看出，采用流量控制策略与采用高流量时的储能容量相同，且都高于采用低流量时的充电储能容量；而采用流量控制策略的系统效率介于采用低流量与高流量时的系统效率之间。

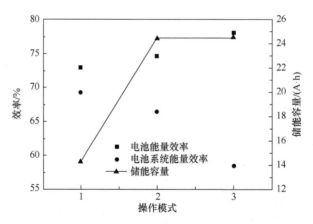

图 3.43 不同电解液流量模式的性能比较[58]

1 为单一低流量运行，2 为采用流量控制策略运行，3 为单一高流量运行

2. 电池充、放电条件对液流电池性能的影响

针对应用领域的不同要求，全钒液流电池有多种充、放电模式，如恒电流充、放电，恒功率充、放电，恒电压充、放电，恒电阻充放电等模式。不同模式下的充、放电曲线如图 3.44（a）～（d）所示。

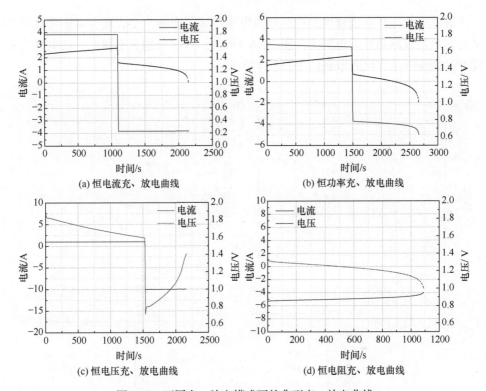

(a) 恒电流充、放电曲线　　　　　　(b) 恒功率充、放电曲线

(c) 恒电压充、放电曲线　　　　　　(d) 恒电阻充、放电曲线

图 3.44　不同充、放电模式下的典型充、放电曲线

全钒液流电池的性能与充、放电条件紧密相联，尤其与工作电流密度密切相关。图 3.45 为全钒液流电池在不同电流密度下以恒流模式的充、放电曲线，由图中可以看出，在相同的充、放电截止电压下，充、放电电流密度越高，充电起始电压越高，放电起始电压则越低，充、放电时间也越短。

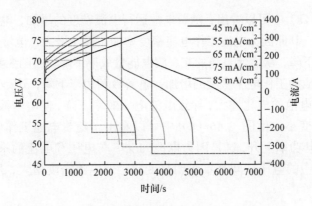

图 3.45　不同工作电流密度下的电池充、放电曲线

　　液流电池运行电流密度对全钒液流电池性能的影响主要表现在对能量效率、储能容量及放电功率的影响上，图 3.46（a）～（c）分别为不同充、放电电流密度下的能量效率、电解液利用率及放电功率。

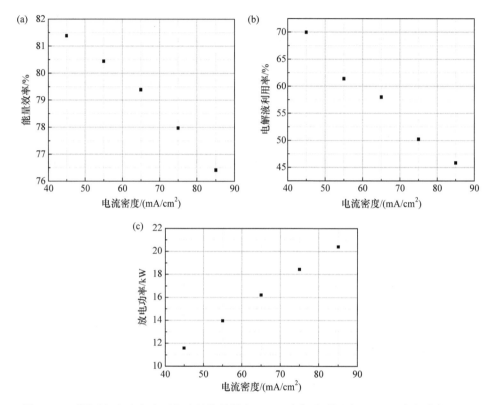

图 3.46　不同运行电流密度下电池的能量效率（a）、电解液利用率（b）和放电功率（c）

　　由图 3.46（a）中可以看出，随着电池运行电流密度的增加，电池的充、放电能量效率下降，其原因为电池工作电流密度增加，极化增大，电堆的内阻增加，导致电压效率下降，从而使电池的充、放电能量效率下降。由图 3.46（b）中可以看出，随着电池的工作电流密度的增加，电解液利用率下降，这是由于运行电流密度增加引起电池的极化增大，导致电池电压效率下降，使电解液利用率下降，导致储能容量变小。由图 3.46（c）中可以看出，随着电池工作电流密度的增加，电池的放电功率上升，这是因为电池的功率与电压和电流的乘积密切相关，充、放电过程中的电压区间基本无明显变化，但电流密度增大，所以放电功率增大。

3. 电解液温度对液流电池性能的影响

全钒液流电池电堆运行温度（即电解液温度）对电池性能的影响主要表现在对电解液的黏度的影响。图 3.47 为电解液的黏度与流量随温度的变化曲线，可以看出电解液的黏度随其温度的升高而降低，而流量随温度的升高而升高。电解液黏度的降低会使其流动阻力降低，电解液流量增加。

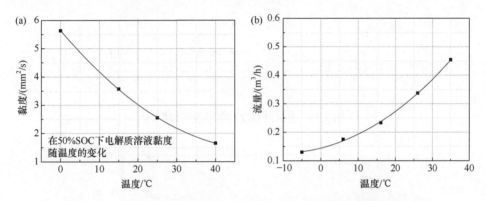

图 3.47　（a）电解液黏度随温度的变化；（b）电解液流量随温度的变化

以下以 1 kW/2 kW·h 全钒液流电池系统为例，介绍改变运行温度对其充、放电能量效率、储能容量及放电功率的影响。

由图 3.48 中可以看出，液流电池的库仑效率随温度的升高而缓慢降低，且温度越高，变化趋势越明显，其主要原因是温度升高，离子热运动加快，正、负极电解液通过离子交换（传导）膜的频率和热运动加速，互串的钒离子的量增加。电池的电压效率随温度的升高而升高，且温度越低，变化趋势越明显。其主要原因为随着运行温度的升高，由于黏度减小，电解液流量增加，电极电机反应界面上电解液更新速率加快，减小了电池内的浓差极化，离子传导速度加快，使电压效率有明显提升；随着温度的进一步升高，虽然流量进一步提升，但是电解液在电堆内的更新速率已足够，故电压效率虽有部分提升但提升不明显。液流电池能量效率为电流效率和电压效率的乘积，如图 3.48 所示，在实验温度范围内，库仑效率变化不明显而电压效率随温度的变化较为显著，故能量效率随温度的变化趋势基本与电压效率随温度的变化趋势相同。

不同温度下电池的储能容量变化如图 3.49 所示，电池的储能容量随温度的降低而降低，且温度越低，电解液的储能容量随温度降低的趋势越明显。35℃时的储能容量为 40℃时的储能容量的 95%以上，而 5℃时的储能容量仅为 40℃时的储能容量的 20%左右。

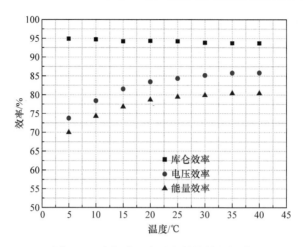

图 3.48　电解液温度对电堆性能的影响

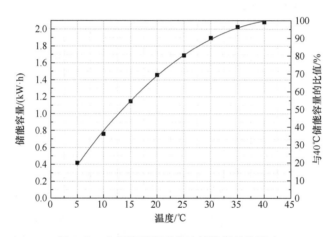

图 3.49　电解液温度对电池储能容量的影响

　　液流电池从设计上必须能够保证负载的正常稳定运行，因此必须保证电池放电时达到一定的功率，不同温度下电堆的放电功率实验结果如图 3.50 所示，可以看出，电堆的放电功率随温度的降低而降低，且温度越低，功率降低的趋势越明显，但总体来说，在 20～40℃内，放电功率随温度的变化不十分显著，而在温度小于 20℃时，放电功率随温度的变化较为明显。

3.3.3　正、负极电解液中水和钒离子的迁移规律

　　全钒液流电池的储能介质是溶解在正、负极电解液中不同价态的钒离子，活

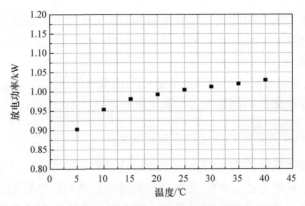

图 3.50　液流电池的放电功率随温度的变化

性物质在离子交换（传导）膜两侧的电极上发生氧化还原反应，得到与失去的电子通过外电路传递，实现了电能的存储和释放过程，而参与反应的质子透过离子交换（传导）膜在正、负极之间传递，形成导电闭合回路。因此，离子交换（传导）膜不仅发挥分隔正、负极电解液中钒离子的作用，还发挥传导电荷的作用。一般来说，在全钒液流电池运行条件下，不可避免地会出现正、负极电解质在离子交换（传导）膜中的微量互串和电迁移，由于不同价态的钒离子所带的水合离子数不同，在膜中的扩散速率也不同，长年累积不可避免地会造成正、负极电解液的浓度和价态失衡。

　　全钒液流电池储能系统电解液失衡主要包括正、负电解液的体积失衡和电解液中钒离子的浓度与价态失衡。正、负极电解液失衡的主要原因有以下几点。

　　（1）全钒液流电池电堆使用的离子交换膜一般采用全氟磺酸膜，如 Nafion 离子交换膜。全氟磺酸膜中的亲水的磺酸根离子簇在水溶液中会吸水溶胀，使孔径增大，这样除质子（H^+）传导外，由于正、负极电解液中的钒离子的水合离子也会通过全氟磺酸离子交换膜到达另一侧，不同价态的钒离子所带的水合离子数不同，在离子交换（传导）膜中的扩散速率也不同，长期运行累积会引起正、负极电解液中钒离子浓度的失衡。四种不同价态的钒离子之间，只有相邻两种价态的钒离子在一起时才能稳定存在，其他任何两种价态的钒离子在一起，都会发生氧化还原反应，生成中间价态的钒离子。所以不同价态的钒离子迁移到另一侧后，就会发生氧化还原反应，引起价态失衡。

　　（2）电解液中钒离子是以水合离子状态存在的，由于不同价态的钒离子携带的水分子数量不同，在离子交换膜中的扩散速率也不相同。因此，每一次充、放电循环都会产生正、负极电解液中钒离子微量的互串，长此累积会造成正、负极电解液体积和浓度的失衡。

　　（3）全钒液流电池储能系统长时间运行后，在电场的作用下，会引起正、负极电解液的浓度失衡，因此正、负极电解液的水分子会在渗透压的作用下透过离子交换膜进行迁移，由低浓度一侧扩散到高浓度一侧，会进一步引起正、负极电解液体积的失衡。

（4）正、负极两侧泵压的不同也会造成两侧电解液中水分子及钒离子的迁移，实际运行中应尽量保持两侧泵压（即泵流量）相同。

1. 液流电池储能系统的荷电状态与开路电压

液流电池储能系统的 SOC 为电池实际（剩余）可放出的瓦时容量和实际可放出的最大瓦时容量的比值。SOC 表示全钒液流电池储能系统的实际荷电状态，是全钒液流电池充、放电状态的重要参数。对于同一全钒液流电池储能系统，SOC 越高，表示液流电池储能系统处于储存越多电能的状态，即可以放出的电能较多；SOC 越低，表示电池处于储存电能越低的状态，可以放出的电能较少。假设液流电池储能系统运行过程中正、负极电解液不发生迁移，理论 SOC_{theory} 可以通过测量正、负极中电解液的钒离子价态及浓度来计算，计算公式如下所示。但在液流电池储能系统运行中，由于受电解液迁移、极化等因素影响，实际 SOC 都小于理论 SOC_{theory}。

$$SOC_{theory} = \frac{[VO_2^+]}{[VO_2^+] + [VO^{2+}]} = \frac{[V^{2+}]}{[V^{2+}] + [V^{3+}]}$$

由于采用测量钒离子浓度的方法计算 SOC_{theory} 不具有即时性，且分析钒离子浓度需要专用的电位滴定设备，因此，研究实时观测全钒液流电池储能系统的 SOC_{theory} 的方法对于液流电池的运行管理具有十分重要的应用意义。

开路电压（OCV）是全钒液流电池储能系统在没有外部电流通过时的电压，即没有进行充、放电运行时的电压，它反映了正、负极电解液之间的电势差，与正、负极电解液中钒离子浓度及价态密切相关[42]，其计算公式如下式所示。

$$OCV = E_{cell} = E_{cell}^{\ominus} + \frac{RT}{nF} \ln \frac{[VO_2^+][V^{2+}][H^+]^2}{[VO^{2+}][V^{3+}]}$$

根据上述的 SOC_{theory} 的计算公式可知，在正极电解液中：$[VO_2^+] \propto SOC_{theory}$；$[VO^{2+}] \propto 1 - SOC_{theory}$，在负极电解液中：$[V^{2+}] \propto SOC_{theory}$；$[V^{3+}] \propto 1 - SOC_{theory}$，因此由 SOC_{theory} 计算公式和 OCV 的计算公式可得

$$OCV = E_{cell} = E_{cell}^{\ominus} + \frac{RT}{nF} \ln[H^+]^2 + \frac{RT}{nF} \ln \frac{[SOC_{theory}]^2}{[1 - SOC_{theory}]^2}$$

由上述和 OCV 的计算公式可知，在一定的温度条件下，全钒液流电池的 OCV

与 SOC_{theory} 密切相关。因此，通过测量正、负极电解液中的钒离子浓度和价态，确定当前电解液的 SOC，并记录当前的开路电压，即可得到 SOC_{theory}-OCV 标准曲线。

图 3.51 显示的是当环境温度为 25℃时，OCV 与 SOC_{theory} 的关系曲线。从图 3.51 可以看出，当 SOC 在 10%~90%范围内变化时，OCV 与 SOC_{theory} 基本上呈线性关系，仅当 SOC_{theory} 较高或较低时，OCV 才会出现突跃。在全钒液流电池储能系统实际运行管理过程中，利用图 3.51 中的 SOC_{theory}-OCV 曲线，通过读取开路电压 OCV 值，即可以估算出当前电解液的 SOC。但若要得到实际的 SOC 值，需要对电池系统进行现场测试，确定实际 SOC-OCV 工作曲线，利用该工作曲线，通过读取 OCV 值，能够比较准确地判断此时液流电池储能系统的实际 SOC。

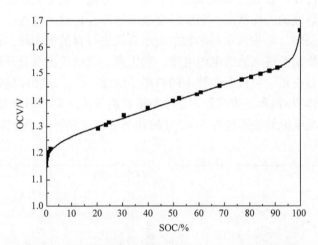

图 3.51　全钒液流电池的 SOC_{theory} 与 OCV 的对应关系[59]

2. 自放电过程中的水迁移与钒离子迁移特性

采用千瓦级全钒液流电池系统进行自放电过程中的水迁移与钒离子迁移特性相关研究，实验用全钒液流电池系统的具体参数见表 3.8。

表 3.8　千瓦级电堆系统材料及规格

材料	规格
单电池节数	15
电极面积	875 cm^2
膜材料	Nafion 115

续表

材料	规格
电极厚度	6.5 mm
双极板厚度	2.0 mm
正极电解液	1.5 mol/L VOSO$_4$+3 mol/L H$_2$SO$_4$
负极电解液	0.75 mol/L V$_2$（SO$_4$）$_3$+2.25 mol/L H$_2$SO$_4$
初始正极、负极电解液体积	23 L
操作温度	常温

1）SOC=0 时自放电过程中的水迁移与钒迁移特性

在全钒液流电池储能系统运行过程中，电解液循环流经正、负极，钒离子透过离子交换（传导）膜的互串难以避免。为了更好地了解全钒液流电池储能系统运行过程中电解液的失衡状况，需要研究液流电池在自放电过程中水和钒离子的迁移规律。采用表 3.8 中所示的参数的电池系统进行自放电实验，正、负极电解液在循环泵的驱动下进入液流电池电堆，利用充、放电仪记录其开路电压，每隔一定时间取样分析正、负极电解液中的钒离子浓度，并记录相应的正、负极电解液体积，根据体积×钒离子浓度计算正、负极钒离子的总量。图 3.52～图 3.55 给出了该全钒液流电池储能系统在 SOC=0 的状况下，水和钒离子迁移的实验结果。

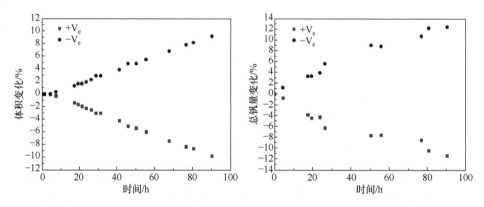

图 3.52　SOC 为 0 时，电池自放电过程中正、负极电解液体积及总钒量的变化[55]

图 3.52 给出了全钒液流电池储能系统在 SOC=0 的状态时，自放电过程中正、负极电解液体积和总钒量的变化。从图 3.52 可以看出，从自放电开始，负极电解液的体积和负极总钒量逐渐增加，而正极电解液的体积和正极总钒量逐渐减少，而且水迁移和钒离子迁移的趋势是基本相同的，均是从正极向负极迁移。

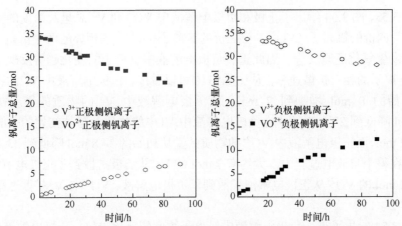

图 3.53　SOC 为 0 的状态下，电池自放电过程中 V^{3+} 和 VO^{2+} 总量的变化趋势[55]

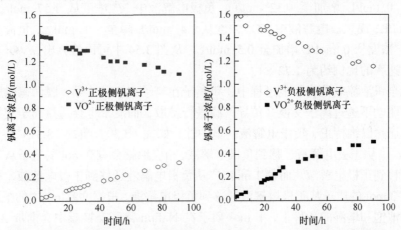

图 3.54　SOC 为 0 的状态下，电池自放电过程中 V^{3+} 和 VO^{2+} 浓度的变化趋势[55]

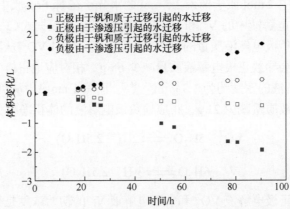

图 3.55　SOC 为 0 的状态下，全钒液流电池自放电过程中由渗透压和钒离子迁移
引起的水迁移的比例[59]

　　图 3.53、图 3.54 给出了正极和负极电解液中 VO^{2+} 和 V^{3+} 总量及浓度的变化趋势。由于四价的钒离子（VO^{2+}）与三价的钒离子（V^{3+}）是相邻的两个价态，混合并不会发生氧化还原反应，因此正、负极电解液中钒离子的变化趋势反映了 V^{3+} 和 VO^{2+} 离子的相对扩散速率。从图 3.53 中可以看出，正极电解液中 V^{3+} 的物质的量从初始的 0 mol 增加到 7 mol，而负极电解液中 V^{3+} 的物质的量从初始的 35.2 mol 降低到 28 mol。此外，负极电解液中 VO^{2+} 的物质的量从初始的 0 mol 增加到 12 mol，而正极电解液中 VO^{2+} 的物质的量从初始的 34.8 mol 降低到 23.2 mol。这说明在整个自放电过程中，大约有 7 mol 的 V^{3+} 从负极扩散到了正极电解液中，而有 12 mol 的 VO^{2+} 从正极电解液扩散到了负极电解液，VO^{2+} 与 V^3 扩散速率的比例为 1.72∶1。

　　图 3.54 给出了正、负极电解液中钒离子浓度的变化趋势，正极电解液中 V^{3+} 浓度从 0 mol/L 增加至 0.32 mol/L，负极电解液中 V^{3+} 浓度从 1.57 mol/L 降至 1.14 mol/L；而正极电解液中 VO^{2+} 浓度从 1.41 mol/L 降至 1.08 mol/L，负极电解液中 VO^{2+} 浓度从 0 mol/L 增加至 0.5 mol/L。从图 3.54 中可以推算出，VO^{2+} 与 V^{3+} 的扩散速率的比例约为 1.72∶1。

　　在全钒液流电池自放电过程中，钒离子在离子交换（传导）膜两侧电解液浓度差的驱动下透过离子交换（传导）膜进行扩散，而质子也会透过离子交换（传导）膜迁移以维持正、负极电解液的电中性，如式（3.30）和式（3.31）所示。每 1 mol VO^{2+} 从正极电解液迁移到负极电解液，相应地就会有 2 mol 的质子从负极电解液迁移到正极电解液。而每 1 mol V^{3+} 从负极电解液迁移到正极电解液，相应地就会有 3 mol 的质子从正极电解液迁移到负极电解液。根据文献[60]中的报道，在燃料电池饱和增湿的条件下，1 mol 质子在 Nafion 离子交换膜中会携带 2.5 mol 水分子，在全钒液流电池中 Nafion 离子交换膜处于液态环境中，因此，可以认为在全钒液流电池中 1 mol 质子携带 2.5 mol 的水分子在 Nafion 膜中迁移。如图 3.55 所示，由正、负极电解液中的 V^{3+} 和 VO^{2+} 浓度的变化，并根据式（3.30）和式（3.31），可以计算出正、负极电解液质量的变化。例如，每 1 mol VO^{2+} 从正极电解液迁移到负极电解液，会导致正极电解液质量减少 65 g，相对应地正极电解液体积减少约 50mL（钒电解液的密度约为 1.3 g/mL）[61]。而每 1 mol V^{3+} 从负极迁移到正极，会导致负极电解液质量减少 21 g，相应地负极电解液的体积净减少约 16 mL。

$$正极：\qquad\qquad VO^{2+} \cdot 5H_2O \rightleftharpoons 2(H^+ \cdot 2.5H_2O) \qquad\qquad (3.30)$$

$$负极：\qquad\qquad V^{3+} \cdot 6H_2O \rightleftharpoons 3(H^+ \cdot 2.5H_2O) \qquad\qquad (3.31)$$

　　在实验中，正极电解液 VO^{2+} 和负极电解液 V^{3+} 的初始浓度是相同的。随着自放电时间的增加，由于 VO^{2+} 和 V^{3+} 的扩散系数不同，因此正、负极电解液中钒离子浓度逐渐失衡，这也导致水分子在两侧渗透压的作用下透过 Nafion 离子交换膜由钒离子浓度较低的一侧迁移至钒离子浓度较高的一侧。如果正极向负极迁移的钒离子较多，那么将导致负极钒离子浓度高于正极钒离子浓度，水分子就在渗透压的作用下从正极迁移至负极，反之亦然。由此可见，水分子在渗透压作用下的迁移是为了能使正、负极电解液中的水含量达到平衡，即钒离子浓度达到平衡，因此水迁移方向与钒离子的净迁移方向一致。而在初始 SOC=0 的自放电过程中，既没有电化学反应，又没有其他化学反应的发生，因此，造成水迁移的主要原因是钒离子和质子携带结合水的迁移及水分子在渗透压下的迁移。根据实际测量出来的水迁移量及根据两侧钒离子总量变化计算出来的正、负极体积的变化量，可以估算出这两种因素引起水迁移的比例。如图 3.55 所示，在两种引起水迁移的因素中，水分子在渗透压下的迁移大约占 75%。

2）初始 SOC=65%时，自放电过程中的水迁移与钒离子迁移

采用 60 mA/cm² 的充电电流密度将电池充电至 23.25 V，其相应的开路电压为 21.7 V，根据图 3.51 得到此时对应的 SOC 为 65%，然后进行自放电。图 3.56 给出了正、负极电解液体积及总钒量随时间的变化特性。从图 3.56 中可以看出，在自放电开始的前 7 h 内，正极电解液的体积逐渐增加，而负极电解液的体积逐渐减少。而在 7 h 之后，负极电解液体积开始逐渐增加，正极电解液体积逐渐减少。总钒量的变化与电解液体积的变化趋势相似，说明在自放电开始的 7 h 内，水与钒离子的净迁移方向是从负极向正极，而 7 h 之后，其净迁移方向是从正极向负极。

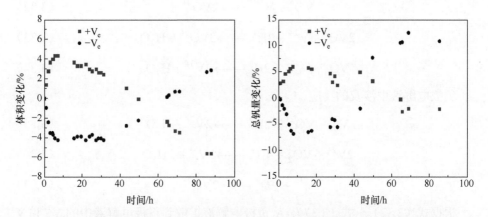

图 3.56　SOC 为 65%时，电池自放电过程中正、负极电解液体积及总钒量的变化[55]

图 3.57 中给出了正极和负极电解液中各价态钒离子浓度的变化，从图 3.57 中可以看出，当充电至 23.25 V 后，正极中 VO_2^+ 浓度和负极中 V^{2+} 浓度约为 0.9 mol/L，

而正极中 VO^{2+} 浓度和负极中 V^{3+} 浓度约为 0.5 mol/L，此时相应的 SOC 约为 65%。随着自放电时间的增加，正极中 VO_2^+ 浓度和负极中 V^{2+} 浓度逐渐降低，同时，正极中 VO^{2+} 浓度和负极中 V^{3+} 浓度逐渐升高。由于在此自放电过程中，涉及四种不同价态的钒离子，而只有相邻价态的钒离子可以在溶液中共存，因此透过离子交换膜扩散到另一侧的钒离子必定会与非相邻价态的钒离子发生反应，涉及的反应如式（3.32）和式（3.33）所示。

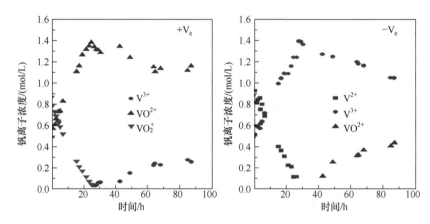

图 3.57　SOC 为 65% 时，电池自放电过程中正极和负极中钒离子浓度变化特性[55]

正极电解液中涉及的反应：

$$VO_2^+ + V^{3+} \longrightarrow 2VO^{2+} \tag{3.32}$$

$$2VO_2^+ + V^{2+} + 2H^+ \longrightarrow 3VO^{2+} + H_2O \tag{3.33}$$

$$VO^{2+} + V^{2+} + 2H^+ \longrightarrow 2V^{3+} + H_2O \tag{3.34}$$

负极电解液中涉及的反应：

$$V^{2+} + VO^{2+} + 2H^+ \longrightarrow 2V^{3+} + H_2O \tag{3.35}$$

$$2V^{2+} + VO_2^+ + 4H^+ \longrightarrow 3V^{3+} + 2H_2O \tag{3.36}$$

$$V^{3+} + VO_2^+ \longrightarrow 2VO^{2+} \tag{3.37}$$

根据式（3.32）～式（3.37），从负极电解液扩散到正极电解液中的 V^{2+} 和 V^{3+} 均会和正极电解液中的 VO_2^+ 反应生成 VO^{2+}，这就造成了正极电解液中 VO_2^+ 浓度的降低和 VO^{2+} 浓度的升高，而只有在正极电解液中 VO_2^+ 完全消失后，才有可能发生反应（3.34）。与之相似，根据反应（3.32）～反应（3.37），从正极电解液扩散到负极电解液中的 VO_2^+ 和 VO^{2+} 均会和负极电解液中的 V^{2+} 发生反应生成 V^{3+}，这就造成了负极电解液中 V^{2+} 浓度的降低和 V^{3+} 浓度的升高，而只有在负极电解液中 V^{2+} 完全消失后，才有可能发生反应（3.37）。根据图 3.58 所示，当自放电过程进行到 25 h 左右时，正极电解液中 VO_2^+ 含量降为 0；当自放电进行到 30 h 后，负极电解液中 V^{2+} 完全消失。在此之后，正、负极均变成只有 V^{3+} 和 VO^{2+} 共存，此时不再发生化学反应，V^{3+} 和 VO^{2+} 的浓度变化是由不同价态钒离子的相互扩散造成的。

　　图 3.58 给出了整个自放电过程中电池开路电压的变化，从图中可以看出，每当电解液中有一种钒离子消失时，电池的开路电压会有一次陡降。图 3.58 中 25 h 处的陡降对应着正极中 VO_2^+ 的消失，而 30 h 处的陡降对应着负极中 V^{2+} 的消失。

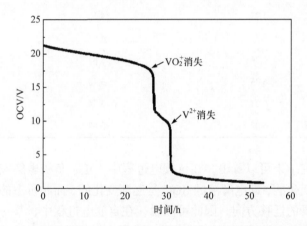

图 3.58　SOC 为 65% 时，电池自放电过程中 OCV 与自放电时间关系[55]

　　根据方程 $\ln\left(\dfrac{C_A}{C_A - C_B}\right) = \dfrac{DA}{V_B L} t$ 可知，钒离子透过离子交换（传导）膜的扩散速率主要由膜两侧的钒离子浓度差及相应的扩散系数决定。图 3.57 中给出了正、负极电解液中各价态钒离子的浓度，再利用表 3.7 中四种价态钒离子扩散系数，可以计算出在某一时刻钒离子的迁移速率。表 3.9 给出了正极 VO^{2+} 和 VO_2^+ 向负极扩散的总速率及负极 V^{2+} 和 V^{3+} 向正极扩散的总速率，以及总的净扩散速率。在自放电的初期，负极 V^{2+} 和 V^{3+} 向正极扩散的总速率大于正极 VO^{2+} 和 VO_2^+ 向负极扩散的总速率，因此造成正极电解液中钒离子浓度增加。随着自放电时间的增长，正极钒离子向负极扩散的总速率逐渐增大，而负极钒离子向正极扩散的总速率逐渐降低。在 7.2 h 以后，正极 VO^{2+} 和 VO_2^+ 向负极扩散的总速率开始大于负极 V^{2+} 和 V^{3+} 向正极扩散的总速率，因此负极中的钒离子开始逐渐增加，总的扩散方向开始逆转。这也与图 3.56 中所示的实验结果一致。

表 3.9　Nafion 115 离子交换膜钒离子的净迁移速率

时间/h	正极 VO²⁺和 VO₂⁺向负极扩散的速率 ×10⁻³/（mol/min）	负极 V²⁺和 V³⁺向正极扩散的速率 ×10⁻³/（mol/min）	净扩散速率 ×10⁻³/（mol/min）
0	5.35	5.84	−0.494
2.1	5.31	5.73	−0.42
3	5.40	5.81	−0.411
4.2	5.52	5.87	−0.349
5.5	5.34	5.65	−0.312
7.2	5.48	5.21	0.272
15.6	5.72	4.18	0.154
17.3	5.75	4.07	0.168
19.3	6.04	3.87	0.217
21.7	6.06	3.40	0.266
23.6	6.03	3.46	0.257
25	6.07	3.09	0.298

　　从上述研究结果可以看出，在自放电过程中，正、负极电解液中各价态钒离子浓度是不断变化的，即电解液的 SOC 是逐渐变化的，而各价态的钒离子浓度直接决定了钒离子的迁移方向，因此可以说，在自放电过程中，某一时刻钒离子的净迁移方向是由此时溶液的 SOC 决定的。因此，在全钒液流电池储能系统实际应用过程中，通过调控 SOC 的运行区间，可以有效调控钒离子的迁移，抑制钒离子相互扩散而造成的电解液失衡。

　　综上所述，在自放电过程中由于不发生电化学反应，因此钒离子在浓度差的作用下透过离子交换（传导）膜扩散，而质子由于平衡电荷的需要也会透过离子交换膜进行迁移。图 3.59 显示了在自放电过程中各种离子及水分子的迁移趋势，其箭头的长短显示出迁移速率的快慢。可以看出，钒离子在浓度差的作用下携带不等量的水分子进行扩散，而质子也携带水分子往复迁移以平衡电荷，形成闭合导电回路。同时，由于钒离子迁移会造成离子交换膜两侧的电解液浓度不同，因此，水分子会在渗透压的作用下进行迁移。

　　3）充、放电过程中的水和钒离子迁移特性

　　由于正、负极电解液浓度的不同，钒离子透过离子交换膜的迁移不仅仅发生在自放电过程中，在电池充、放电循环过程中，也会发生水和钒离子的迁移，导

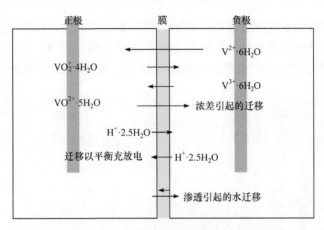

图 3.59　自放电过程中水和钒离子的迁移特性[55]

致全钒液流电池长期运行过程中的电解液失衡及储能容量衰减。与自放电过程中的水和钒迁移不同的是，在充、放电循环过程中一直发生氧化还原反应，钒离子的价态也在不断变化，而且过程更为复杂。

采用表 3.8 中参数，在电流密度为 60 mA/cm² 下进行恒流充、放电实验，充电上限 23.25 V，放电下限 15 V，正、负极电解液在循环泵的驱动下进入电池模块，利用充、放电仪记录其开路电压，每隔一定时间取样分析正、负极电解液中的钒离子浓度，并记录相应的正、负极电解液体积，根据体积×钒离子浓度计算正、负极钒离子的总量。

a）充、放电过程中的钒离子的迁移

图 3.60 中给出了全钒液流电池在 60 mA/cm² 恒流充、放电模式下连续运行 300 个充、放电循环后，电解液中钒离子总量的变化情况。图中："+V$_e$"表示正极电解液中总钒量，"–V$_e$"表示负极电解液中总钒量。从图中可以看出，随着充、放电循环次数的增加，正极电解液中总钒量逐渐增加，负极电解液中的总钒量逐渐减少。在此运行模式下，正极的 VO$_2^+$ 和 VO^{2+} 始终向负极迁移，负极中的 V^{3+} 和 V^{2+} 始终向正极迁移，而钒离子的净迁移方向是从负极向正极。

b）充、放电过程中的水迁移

图 3.61（a）给出了在上述运行模式下，连续 300 个充、放电循环运行的正、负极电解液体积的变化结果。在长期充、放电循环过程中，正极电解液体积逐渐增加，负极电解液体积逐渐减少。图 3.61（b）给出了在连续 8 次充、放电循环过程中，正、负极电解液体积的变化。从图中可以看出，在充电过程中，正极电解液体积减少，而负极电解液体积增加；放电过程中，正极电解液体积增加，而负极电解液体积减少。因此可以推断出，在充电过程中，水的迁移方向是从正极向负极，而放电过程中，水的迁移方向是从负极向正极。此外，由于充电过程中迁

移到负极的水量小于放电过程中迁移到正极的水量，因此，在长期充、放电循环过程中，水的净迁移方向是从负极向正极。从图 3.61（a）和（b）中的数据可以得到，在本实验条件下，每个充、放电循环从负极向正极的净迁移量为 24~25mL。

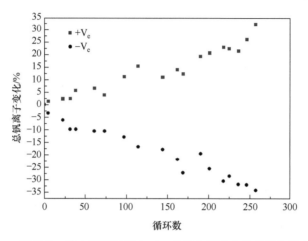

图 3.60　长期充、放电循环过程中正、负极电解液中的总钒离子变化[55]

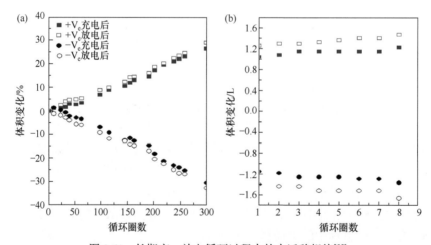

图 3.61　长期充、放电循环过程中的水迁移规律[55]

从图 3.60、图 3.61 中可以看出，在充、放电循环过程中，水的迁移趋势与钒离子的迁移趋势是相同的，均是由负极向正极迁移，因此可以推断出，正、负极电解液钒离子浓度基本保持稳定。而图 3.62 给出的 300 个充、放电循环过程中正、负极电解液中总钒浓度的变化规律也证明了这一点。从图 3.62 中可以看出，除前几个充、放电循环浓度有变化外，此后的钒离子浓度基本上保持稳定。

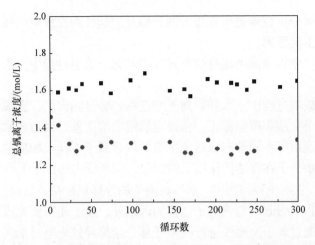

图 3.62　长期充、放电循环过程中正、负极电解液中总钒离子浓度变化趋势[59]

　　综上所述，全钒液流电池运行过程中的水迁移规律与自放电过程中水迁移的规律类似，主要包括不同价态钒离子所携带的水分子扩散迁移、质子所携带的水分子为平衡电荷的迁移，以及水分子在渗透压作用下的迁移。与自放电不同的是，在充、放电循环过程中，质子会携带水分子透过离子交换膜往复迁移以形成闭合的导电回路。

　　图 3.63 中给出了全钒液流电池充、放电循环过程中引起水迁移的因素。从图中可以看出，在单个的循环内，电极反应形成闭合导电回路而引起的质子往复迁移是引起充电时水向负极迁移、放电时水向正极迁移的主要原因。而在电池长期运行过程中，钒离子透过离子交换膜的不等量迁移和质子由于平衡电荷需要进行

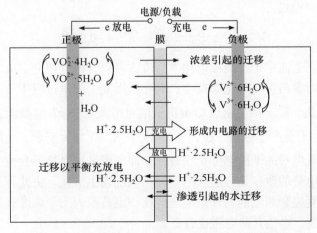

图 3.63　充、放电循环过程中水和钒离子的迁移特性

的迁移，以及水分子在渗透压作用下的迁移是引起长期充放电循环后水从负极净迁移向正极的主要原因。

综上所述，全钒液流电池自放电过程中与充、放电过程中，水和钒离子具有以下迁移规律。

（1）在自放电过程中，水和钒离子的迁移趋势是同向的，造成钒离子迁移的主要原因是离子交换膜两侧即正、负极电解液的浓度差，而造成水迁移的主要原因有两个：一是由于不同价态钒离子携带的水合离子不同及相应的质子平衡电荷的迁移；二是水分子在渗透压作用下的迁移，两者所占的比重大约为1∶3。

（2）在充、放电循环过程中，水与钒离子的迁移规律与自放电过程中的类同。除了自放电过程中引起水与钒离子迁移的因素外，质子还需要完成充、放电的闭合导电回路而通过离子交换膜进行往复迁移，这是导致充电时水向负极迁移，放电时水向正极迁移的主要原因；长期充、放电过程中产生的正、负极溶液失衡主要是由不同价态钒离子所携带的水和离子数不同及不同价态钒离子在离子传导膜中的扩散速率的不同，以及为平衡电荷引起的相应的水合质子的迁移，还有水分子在渗透压作用下的迁移。

3.3.4　电解液中质子浓度对全钒液流电池储能容量的影响

1. 质子浓度对全钒液流电池储能容量的调控机理

全钒液流电池正极反应方程式：

$$VO^{2+} + H_2O - e^- \underset{\text{放电}}{\overset{\text{充电}}{\rightleftharpoons}} VO_2^+ + 2H^+ \qquad E^\ominus = 1.00 \text{ V}$$

负极反应方程式：

$$V^{3+} + e^- \underset{\text{放电}}{\overset{\text{充电}}{\rightleftharpoons}} V^{2+} \qquad E^\ominus = -0.26 \text{ V}$$

由全钒液流电池中正、负极电化学反应式可以看出：在充、放电过程中，质子作为活性物质参与正极电化学反应，而在负极充、放电过程中质子并未参与电化学反应。因此，质子浓度将会影响正极电对平衡电势 $\varphi_\text{平}^+$ 的高低，而对负极电对平衡电势 $\varphi_\text{平}^-$ 不会产生影响。如式（3.38）和式（3.39）所示，电解液中质子浓度升高，则正极电对的平衡电势相应升高，而负极平衡电势不会发生改变。正、负极电对平衡电势的改变又会造成电池开路电压发生变化。由此可见，电解液中质子的浓度将直接影响电池的开路电压。在一定范围内质子浓度升高，正极电对的平衡电势升高，电池开路电压也升高。

$$\varphi_{\overline{平}}^{+} = E^{\ominus} - \frac{RT}{nF}\lg\frac{\alpha(\mathrm{VO^{2+}})}{\alpha(\mathrm{VO_2^+}) \cdot \alpha^2(\mathrm{H^+})}$$

$$= 1.00 + 0.118\lg\alpha(\mathrm{H^+}) - 0.059[\lg\alpha(\mathrm{VO^{2+}}) - \lg\alpha(\mathrm{VO_2^+})] \qquad (3.38)$$

$$\varphi_{\overline{平}}^{-} = E'^{\ominus} - \frac{RT}{nF}\lg\frac{\alpha(\mathrm{V^{2+}})}{\alpha(\mathrm{V^{3+}})}$$

$$= -0.26 - 0.059[\lg\alpha(\mathrm{V^{2+}}) - \lg\alpha(\mathrm{V^{3+}})] \qquad (3.39)$$

$$\mathrm{OCV} = \varphi_{\overline{平}}^{+} - \varphi_{\overline{平}}^{-} \qquad (3.40)$$

全钒液流电池在恒电流模式下进行充、放电循环过程中，为了避免电压过高对电极的腐蚀及电解液的析氧反应，在每个充、放电循环中应设置充、放电截止电压作为限定条件（如充电截止电压为 1.55 V，放电截止电压为 1.0 V）。当电池电压达到充电截止电压的过程中，电池的充电区间 ΔE 的大小由两个因素决定：①电池的开路电压，②充电曲线的斜率。电池充电曲线的斜率直接反映了充电过程中电池极化的大小。基于上述理论分析，电解液中较高的质子浓度将增加电池的开路电压，减小电池的充电区间，会导致电池的充电容量减小。接下来利用电化学方法，考查研究电解液中质子浓度对正、负极电对的平衡电势和电池极化的影响。

2. 质子浓度对全钒液流电池正、负极电对平衡电势的影响

通过电解和化学反应的钒电解液制备方法，制备得到含不同质子浓度的正极和负极电解液。溶液中的质子浓度分别为 4 mol/L、5 mol/L、6 mol/L 和 8 mol/L，正、负极电解液分别命名为 P_1、P_2、P_3 和 P_4 及 N_1、N_2、N_3 和 N_4，如图 3.64 所示。采用电化学准稳态技术在一定的过电势范围内分别测试了正、负极电解液的 Tafel 极化曲线，如图 3.65 所示。

$$\eta_a = \varphi - \varphi_{\overline{平}} = -\frac{2.3RT}{\beta nF}\lg i_a^0 + \frac{2.3RT}{\beta nF}\lg i_a \qquad (3.41)$$

$$\eta_c = \varphi_{\overline{平}} - \varphi = -\frac{2.3RT}{\beta nF}\lg i_c^0 + \frac{2.3RT}{\beta nF}\lg i_c$$

过电势 η 的数值表示电极电势 φ 和平衡电势 $\varphi_{\overline{平}}$ 之间的差别，其中 η_a、η_c 分别为负极反应过电势和正极反应过电势，i_a、i_c 分别为负极反应和正极反应单向反应速率相当的电流密度，与外电路中可以用测量仪表测出的电流 I 不可混为一谈。i_a 与相应的 i_c 于同一个电极上同时出现。电极电势 φ 与 $\lg i_a$ 及 $\lg i_c$ 之间均存在线性关系。通过 Tafel 曲线计算得到正极和负极电对的平衡电势，如表 3.10 所示，

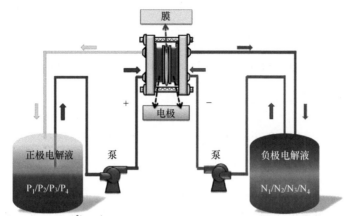

正极: 1.7 mol/L VO²⁺/VO₂⁺+H₂SO₄(2 mol/L、2.5 mol/L、3 mol/L和4 mol/L)命名为P₁、P₂、P₃、P₄
负极: 1.7 mol/L V²⁺/V³⁺+H₂SO₄(2 mol/L、2.5 mol/L、3 mol/L和4 mol/L)命名为N₁、N₂、N₃、N₄

图 3.64　全钒液流电池所用电解液含有不同质子浓度，正、负极电解液
分别命名为 P₁～P₄，N₁～N₄

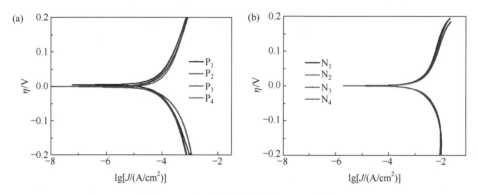

图 3.65　正、负极电解液的 Tafel 曲线

当电解液中质子浓度由 4 mol/L 逐渐增加至 8 mol/L 时,正极电对的平衡电势增加,而负极电对的平衡电势变化不明显，导致正、负极之间的电势差增加，电池的开路电压增加。从平衡电势的研究结果可知，质子浓度的增加不利于提高电池充电容量。

表 3.10　正、负极电对的平衡电势与质子浓度的关系

H⁺浓度/（mol/L）	正极平衡电势/V	负极平衡电势/V	开路电压/V
4	0.931	−0.254	1.185
5	0.946	−0.249	1.195
6	0.951	−0.249	1.200
8	0.983	−0.254	1.237

3. 质子浓度对全钒液流电池极化的影响

电化学交流阻抗技术是用交变电信号对电极进行干扰极化处理，以此来研究电化学反应过程和界面阻抗的一种暂态技术，通过对测得的数据进行迭代拟合求出各部分阻抗值。图 3.66 给出了电解液在充电状态 SOC 为 50%时，电池在开路状态下所测得的阻抗复平面图及其拟合曲线。由于电池在开路条件下进行测试，扰动电流振幅很小，活性物质传递对体系的影响较小。电池的欧姆阻抗主要来自电解液、集流板、电极和离子交换膜。实验采用同一个单电池，仅更换电解液储液罐中不同电解液样品进行电化学阻抗谱（EIS）测试，因此 EIS 结果的差异可认为是由电解液的不同而引起的。

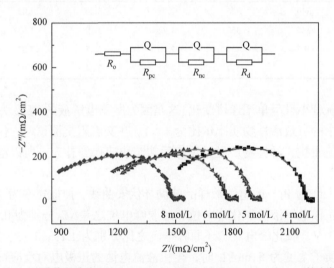

图 3.66　不同质子浓度（4 mol/L、5 mol/L、6 mol/L、8 mol/L）的电解液
在 50%SOC 开路状态下的交流阻抗曲线

采用图 3.66 中的等效电路拟合得到各部分阻抗值，如表 3.11 所示。其中 R_o、R_{pc}、R_{nc}、R_d 和 R 分别为欧姆阻抗、正极电化学阻抗、负极电化学阻抗、扩散阻抗和总阻抗。随着质子浓度的增加，欧姆阻抗逐渐降低，正、负极电化学阻抗未发生明显变化，而扩散阻抗逐渐增加，总阻抗逐渐降低。欧姆阻抗约占总阻抗的50%，呈现单调递减的变化趋势，这是因为随着电解液中质子浓度升高，离子总含量增加，溶液电导率升高，离子传导过程中阻力减弱，同时，溶液黏度和密度未发生明显改变（表 3.12）。正、负极电化学阻抗未发生明显变化，说明质子浓度的变化对正、负极电化学反应未产生明显影响。

表 3.11　拟合后的各部分阻抗值

c (H$^+$) / (mol/L)	R_o/ (mΩ · cm^2)	R_{pc}/ (mΩ · cm^2)	R_{nc}/ (mΩ · cm^2)	R_d/ (mΩ · cm^2)	R/ (mΩ · cm^2)
4	1341	270	543	24	2178
5	1037	261	574	41	1913
6	986	272	520	48	1826
8	703	260	533	51	1547

表 3.12　正、负极电解液的电导率、黏度和密度

c (H$^+$) / (mol/L)	正极电导率/ (mS/cm)	负极电导率/ (mS/cm)	正极黏度 ×10^{-3}/ (Pa · s)	负极黏度 ×10^{-3}/ (Pa · s)	正极密度/ (g/mL)	负极密度/ (g/mL)
4	340	325	2.05	3.20	1.02	1.13
5	365	357	1.92	3.19	1.03	1.15
6	387	401	2.10	3.35	1.02	1.17
8	398	437	2.21	3.24	1.04	1.15

扩散阻抗较小且呈单调递增变化。这是因为所测电解液的 SOC 为 50%，即正、负极电解液中的有效活性物质摩尔比为 1 : 1。在交流阻抗测试时，仪器会给出微小的电流数值干扰，活性物质经过反应后能够快速得到补充，所以溶液的扩散阻抗较小。

图 3.67（a）为 P$_1$～P$_4$ 电解液样品的循环伏安曲线，扫描速率为 10 mV/s。P$_1$、P$_2$、P$_3$ 和 P$_4$ 正极电解液的氧化峰电位和还原峰电位之差 ΔE_p 分别为 0.24 V、0.2 V、0.23 V、0.23 V，氧化峰电流和还原峰电流之比分别为 1.19、1.15、1.20、1.19；相对而言，质子浓度为 5 mol/L 时，全钒液流电池的正极电对反应可逆性较好，但总体看，电解液中质子浓度的变化对电极表面的钒离子的反应活性影响不大。

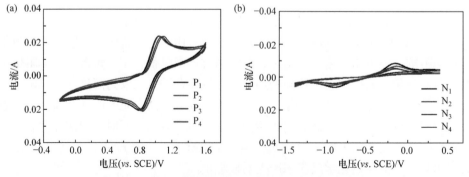

图 3.67　含有不同质子浓度的电解液的循环伏安曲线
扫描速率为 10 mV/s

从图 3.67（b）所示的电解液样品的循环伏安曲线中可以看出，负极电解液中的氧化还原峰电位之差 ΔE_p 分别为 0.752V、0.79V、0.773V、0.682V，峰电流之比分别为 1.42、1.40、1.40、1.37。从以上数据可以看出，全钒液流电池负极电极反应的可逆性较差，质子浓度对电极表面上钒离子的反应活性的影响较小。

当正、负极电对分别处于平衡电势时，单个电极上的 $i_a = i_c$，其数值即为交换电流密度 i^0，由 Tafel 曲线（图 3.65）可以计算出正、负极电对的交换电流密度，i^0 的大小反映了平衡电势下电极正、逆反应速率的大小。由表 3.13 可知，正极反应交换电流密度明显大于负极反应，同样证明在全钒液流电池中，正极反应速率大于负极反应速率。而且，随着电解液中质子浓度的升高，正、负极电对的交换电流密度未表现出显著变化。结合循环伏安曲线、EIS 数据分析和交换电流密度的计算结果可知：电解液中质子浓度的改变对电化学活性影响较小。

表 3.13　正、负极氧化还原电对的交换电流密度

H⁺浓度/（mol/L）	正极交换电流密度 ×10³/（A/cm）	负极交换电流密度 ×10³/（A/cm）
4	17.32	0.45
5	17.31	0.48
6	17.32	0.46
8	17.46	0.47

图 3.68 和图 3.69 分别考查了含有不同质子浓度的正、负极电解液在不同扫描速率 v 条件下的 CV 测试，扫描速率分别是 10 mV/s、25 mV/s、50 mV/s、75 mV/s 和 100 mV/s。随着 CV 扫速逐渐增大，正极电解液和负极电解液的氧化峰电流和还原峰电流均增大，峰电位差也逐渐增大，表明全钒液流电池正极和负极的电化学反应均为准可逆过程。

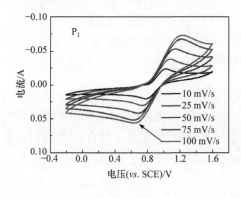
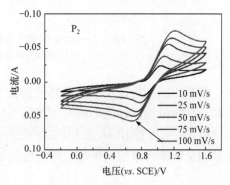

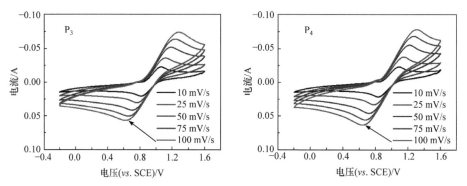

图 3.68　P₁～P₄ 电解液样品在不同扫速下的循环伏安曲线

扫速范围为 10～100 mV/s

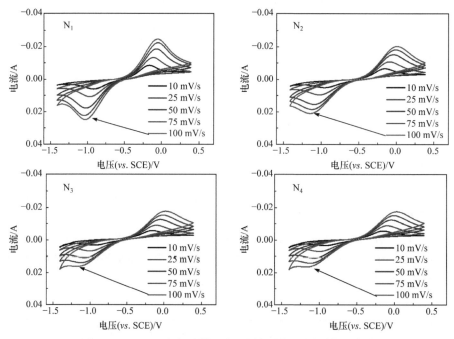

图 3.69　N₁～N₄ 电解液样品在不同扫速下的循环伏安曲线

扫速范围为 10～100 mV/s

　　根据不同扫描速率下的循环伏安曲线，分别得到正、负极电解液中氧化峰电流和还原峰电流。峰值电流与扫速的二分之一次方作图得到图 3.70，对曲线经过线性拟合后可以看出峰电流和扫速的二分之一次方呈线性关系，符合式（3.42），由此说明全钒液流电池正极与负极的电化学反应过程均受离子扩散控制。

$$I_{\mathrm{p}} = 2.69 \times 10^5 n^{3/2} D_0^{1/2} v^{1/2} c_0^0 (\mathrm{A/cm^{-2}}) \tag{3.42}$$

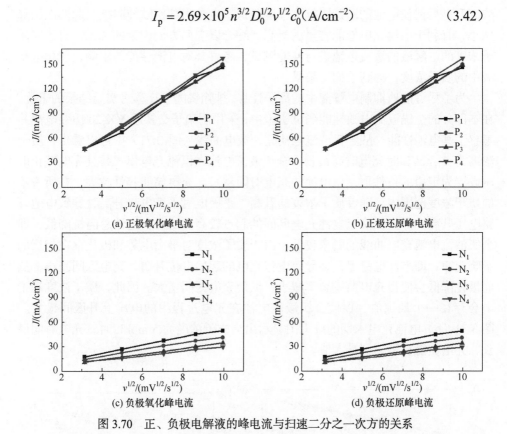

图 3.70   正、负极电解液的峰电流与扫速二分之一次方的关系

在反应物的本体浓度 c_0 和氧化还原反应及电子转移数 n 是定值的前提下，氧化还原峰值电流和扫速平方根的斜率大小反映了活性物质扩散系数 D_0 的大小。正极电解液 $P_1 \sim P_4$ 中的氧化峰电流与还原峰电流均随扫速的增加而增加，斜率变化不明显，而负极电解液中直线的斜率随质子浓度的升高而下降，证明在负极电对的氧化还原过程中质子影响了 V^{2+} 和 V^{3+} 的扩散速率，从而增大了电池的扩散阻抗。随着质子浓度的增加，扩散系数单调递减，导致电池的扩散阻抗单调递增，与 EIS 的阻抗拟合结果相吻合。

4. 提升全钒液流电池比容量和比能量的策略

质子浓度对正、负极平衡电势和电池极化的影响：一方面，随着质子浓度的升高，正极平衡电势升高，负极平衡电势基本不受影响，电池开路电压升高。在恒电流充、放电并且设定一定的充、放电截止电压前提条件下，电池开路电压的升高致使电池充电区间 ΔE 减小，导致电池充电储能容量减小。另一方面，质子浓度升高后促使电池的欧姆阻抗大幅度降低，电池内部由欧姆阻抗引起的电压降减小，有利于电池充电储能容量的提高。综合以上两方面因素的考虑，对不同质子浓度的电解液的液流电池进行性能测试，考察其对电池性能的影响，优化电解液中的质子浓度，得到了如下结果。

　　为了尽可能地抑制电解液中的离子迁移，排除钒离子迁移对实验结果的干扰，在本部分的全钒液流电池性能测试实验中，采用阴离子交换膜 VX-20 组装电池并考察了其电池性能。从全钒液流电池充、放电曲线（图 3.71）中可以看出，质子浓度为 5 mol/L 时充电时间最长，全钒液流电池在恒流充电模式并且充电截止电压设置为定值的条件下，单电池的充电时间越长，充电储能容量越大。在所考察的质子浓度范围内，随着质子浓度的升高，正极电对平衡电势升高，导致电池开路电压升高，即全钒液流电池充电区间的起点较高。此外，电池总阻抗降低，即全钒液流电池充电曲线的斜率较低。由于质子浓度对平衡电势和极化存在相反的影响规律，即平衡电势上升会导致电池充电的起始电位升高，充电区间减小；然而极化降低会使得充电曲线斜率减小，促使充电区间增大。因此，质子浓度理论上会存在一个最优值，促使全钒液流电池在充电过程中的电压上升区间最大。图 3.71（b）电池充电末期的放大图显示出当质子浓度为 5 mol/L 时，充电时间最长，充电储能容量达到最大值。

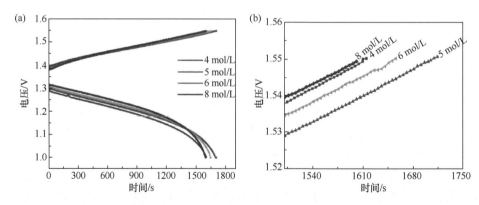

图 3.71　不同质子浓度下（4 mol/L、5 mol/L、6 mol/L、8 mol/L）
（a）全钒液流电池充、放电曲线；（b）充电曲线末期放大图

　　如图 3.72 所示，不同质子浓度电解液的电池性能显示出，随着质子浓度上升，电池总阻抗值降低，促使电池电压效率提高，能量效率也随之升高，由 80.8%提高至 83.5%。当质子浓度为 5 mol/L 时，全钒液流电池充电时间最长，充电储能容量达到最大值。图 3.73 显示出电池的最佳体积比容量为 14.8 A·h/L，最佳体积比能量为 22.5 W·h/L。

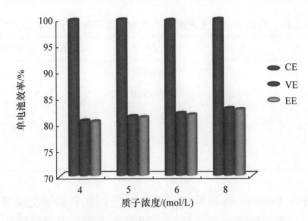

图 3.72　全钒液流电池单电池效率与质子浓度的关系

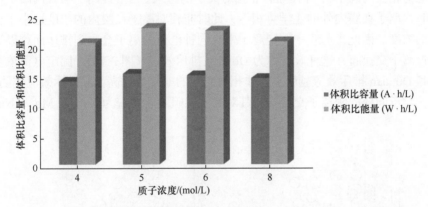

图 3.73　全钒液流电池单电池的体积比容量和体积比能量与质子浓度的关系

3.3.5　电解液离子在离子交换膜中的传输机理

在全钒液流电池中，离子交换膜的主要功能是阻隔不同价态的钒离子，传导质子、硫酸根等其他离子。离子交换膜的离子选择透过性体现出不同价态钒离子与其他离子透过离子交换膜的相对速度。在全钒液流电池中，由于质子为最主要的载流子，且与不同价态钒离子的半径差别较大，常作为选择透过的对象。钒离子与质子的差异如下：①水合钒离子比水合质子在尺寸上更大，可以通过多孔离子传导膜从离子尺寸上实现筛分传导；②全钒液流电池中的四种水合钒离子价态分别为 +2、+3、+4、+5 价，比质子（+1 价）所带的电荷多，可以从电荷上进行筛分。这两种筛分原理分别称为孔径筛分效应和 Donnan 排斥效应。表 3.14 给出了各离子的扩散系数。其中 V^{2+} 透过 Nafion 离子交换膜的扩散系数最大，四种钒离子扩散系数的顺序为 $V^{2+} > VO^{2+} > VO_2^+ > V^{3+}$。

表 3.14　全钒液流电池电解液中四种钒离子与质子的状态[50,55]

钒离子	质子数	离子状态	电荷数	扩散系数×10⁶/（cm²/min）
V（Ⅱ）	6	$[V(H_2O)_6]^{2+}$	2+	5.261
V（Ⅲ）	6	$[V(H_2O)_6]^{3+}$	3+	1.933
V（Ⅳ）	5	$[VO(H_2O)_5]^{2+}$	2+	4.095
V（Ⅴ）	3	$[VO_2(H_2O)_3]^{+}$	+	3.538
H^+	1	H_3O^+	+	98.211

　　离子交换膜的 Donnan 排斥效应原理如下[62]：如果离子交换膜与电解液直接接触，会发生相对离子的离子交换传输（相对离子也称可交换离子，是指与固定离子电荷相反的离子），并伴随着非相对离子的渗入。当溶液离子与膜内离子达到平衡时，离子在膜内外的化学势相等，此时非相对离子在膜内的浓度远小于相对离子的浓度。因此，与膜中固定离子带有同种电荷的离子会受到排斥而难以进入并通过离子交换膜，这种效应称为 Donnan 排斥效应（图 3.74）。固定电荷浓度越高，其 Donnan 排斥效应越明显；非相对离子的电荷数越高，其排斥效应越明显，例如，对于同样的阴离子交换膜，其对离子的阻隔能力应为：Al^{3+}> Mg^{2+}> Na^+。

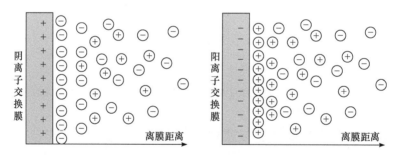

图 3.74　离子交换膜内的 Donnan 排斥效应

　　在全钒液流电池实际应用中，Donaan 排斥效应适用于阴离子交换膜，如德国 Fumatech 公司生产的 VX-20 膜、三甲胺接枝的聚砜膜等。该类阴离子交换膜内部荷正电的氨基基团可以有效阻挡同样荷正电的钒离子通过。然而，目前普遍用于全钒液流电池的全氟磺酸膜，如 Nafion 阳离子交换膜则不能利用 Donnan 排斥效应阻隔钒离子，而孔径筛分效应是其离子选择透过性的主要机理。孔径筛分的机理是在较大的孔（离子簇）内，离子通过自由扩散或 Grotthuss 跳跃的方式透过隔膜，当孔半径较小时，离子与孔壁之间产生传输的阻力增大。由于钒离子的三维尺寸远大于质子，在孔内的传输阻力较大，难以通过孔道[62]。为了深入研究电解液在不同离子交换膜中的传输规律，笔者的研究团队分别选取阴离子交换膜 VX-20 和阳离子交换膜 Nafion115 为全钒液流电池用离子交换膜，考察在不同离子传输机理的离子交换膜中，电解液中离子的传输行为。

3.3.6　离子传输过程中的物料守恒及电荷守恒

物料守恒及电荷守恒公式是研究离子传输行为的基础，电解液中的离子透过离子交换膜进行传输的过程中，始终遵循物料守恒公式，如下所示。

$$C_{VT}^0(P) \times V^0(P) + C_{VT}^0(N) \times V^0(N)$$
$$= C_{VT}^t(P) \times V^t(P) + C_{VT}^t(N) \times V^t(N)$$

式中，$C_{VT}^0(P)$、$C_{VT}^0(N)$、$V^0(P)$、$V^0(N)$ 分别为正、负极侧电解液中总钒离子的初始浓度和正、负极侧电解液的初始体积；$C_{VT}^t(P)$、$C_{VT}^t(N)$、$V^t(P)$、$V^t(N)$ 分别为时间为 t 时的正、负极侧电解液中总钒离子浓度和正、负极电解液体积。

正、负极侧电解液的总浓度分别为相应侧不同价态的钒离子浓度之和，且电解液中不同价态的钒离子保持电荷守恒。

$$C_{VT}^t(P) = C_{V^{IV}}^t(P) + C_{V^V}^t(P)$$

$$C_{VT}^t(N) = C_{V^{II}}^t(N) + C_{V^{III}}^t(N)$$

$$4C_{VT}^0(P) \times V_{VT}^0(P) + 3C_{VT}^0(N) \times V^0(N)$$
$$= [4C_{V^{IV}}^t(P) + 5C_{V^V}^t(P)] \times V^t(P) + [2C_{V^{II}}^t(N) + 3C_{V^{III}}^t(N)] \times V^t(N)$$

式中，$C_{V^{II}}^t(N)$、$C_{V^{III}}^t(N)$、$C_{V^{IV}}^t(P)$、$C_{V^V}^t(N)$ 分别为电解液中 V^{2+}、V^{3+}、VO^{2+}、VO_2^+ 的浓度。

在正极侧，VO^{2+} 与 VO_2^+ 会和从负极迁移过来的 V^{2+}、V^{3+} 发生如下的反应。

$$V^{2+} + 2VO_2^+ + 2H^+ \longrightarrow 3VO^{2+} + H_2O$$

$$V^{2+} + VO^{2+} + 2H^+ \longrightarrow 2V^{3+} + H_2O$$

$$V^{3+} + VO_2^+ \longrightarrow 2VO^{2+}$$

在负极侧，V^{2+}、V^{3+} 会被从正极迁移过来的 VO^{2+} 与 VO_2^+ 所氧化，发生如下反应。

$$VO^{2+} + V^{2+} + 2H^+ \longrightarrow 2V^{3+} + H_2O$$

$$VO_2^+ + 2V^{2+} + 4H^+ \longrightarrow 3V^{3+} + 2H_2O$$

$$VO_2^+ + V^{3+} \longrightarrow 2VO^{2+}$$

在全钒液流电池充、放电循环运行过程中，正、负极侧不同价态钒离子的迁移互串将引起钒离子浓度发生变化，必然会导致电化学活性物质的物料失衡，从而影响电池在充放电过程中的储能容量，降低电池的容量稳定性。以下分别考察阴、阳离子交换膜所组装的全钒液流电池运行过程中，电解液离子的迁移规律，分析离子含量变化对电池储能容量稳定性的影响，以制定相应的储能容量恢复策略。

3.3.7 全钒液流电池效率及储能容量稳定性

分别采用 Nafion115 阳离子交换膜和 VX-20 阴离子交换膜组装全钒液流电池单电池，并考察电池效率及电池储能容量衰减情况（图 3.75），基于两种离子交换膜离子选择性的差异，其组装的单电池的库仑效率（CE）不同。80 mA/cm² 的工作电流密度下，电池持续运行 150 个充、放电循环后，CE 的平均值分别为 92.80% 和 99.99%。阴离子交换膜对钒离子具有 Donnan 排斥作用，因此钒离子的互串较少，由于正、负极钒离子互串等副反应引起的库仑效率下降约为 0.01%。电池的析氢、析氧副反应与充、放电截止电压和电池的过电位密切相关，因此当设定程序相同时，不同离子交换膜所组装的全钒液流电池发生析氢、析氧副反应的程度接近，其导致的库仑效率损失均为 0.01%。由此可知，对于 Nafion115 离子交换膜而言，因钒离子迁移导致的库仑效率损失约为 2.19%。

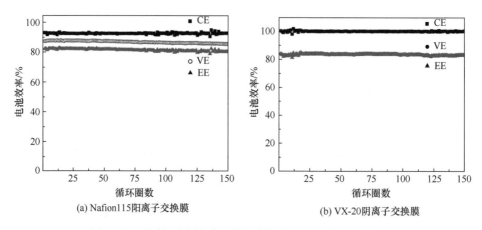

(a) Nafion115阳离子交换膜 （b) VX-20阴离子交换膜

图 3.75 不同离子交换膜组装的全钒液流电池单电池的性能

如图 3.76 所示，对比全钒液流电池的容量稳定性可知：由于 Nafion115 阳离子交换膜离子选择性较差，其组装的全钒液流电池的容量衰减较为明显，容量损失主要是由电解液内电化学活性物质即不同价态钒离子的不完全可逆迁移所致。而 VX-20 阴离子交换膜具有优良的离子选择性，其容量的微量衰减主要是由微量的析氢、析氧副反应所致。但是阴离子交换膜的面电阻较大，电导率较差，使电压效率较低，造成电解液的利用率较低。因此在全钒液流电池的循环初期，电池的储能容量比 Nafion115 阳离子交换膜组装的电池低，而容量稳定性明显优于 Nafion 115 阳离子交换膜组装的电池。

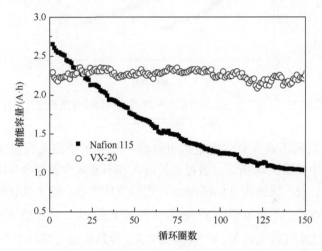

图 3.76　Nafion115 阳离子交换膜和 VX-20 阴离子交换膜所组装的全钒液流电池
储能容量的稳定性

3.3.8　储能容量的提升及恢复策略

　　Nafion115 阳离子交换膜离子选择性较低，以及正、负极电解液中不同价态钒离子的互串，导致负极电解液中 V^{2+} 不断累积，储能容量降低。可采用高选择性、高导电性的离子交换膜来提高全钒液流电池电解液的利用率（即储能容量）和稳定性。对运行的全钒液流电池可通过向负极电解液中通入经严格计算的适量氧气，氧化累积过剩的 V^{2+} 可缓解容量衰减，提高电池储能容量的稳定性。同时向正极电解液中通入等流速的氩气，以平衡正、负极两侧的渗透压。为了便于工程放大，此部分研究中所采用的气体为氧气和氩气的混合气体（氧气 21%、氩气 79%）。
　　利用质量流量计调控混合气的流速，考察了通入和不通入氧气的全钒液流电池单电池在连续充、放电循环过程中电池的储能容量。混合气的流速为 0.5 mL/min，结果如图 3.77 所示，从图 3.77 可知，在适量的氧气通入负极电解液时，全钒液流电池储能容量稳定性明显提高。对比通入和不通入氧气两个单电池储能容量的变化值可知，其分别经过 158 个和 300 个充、放电循环后容量衰减至 1.0 A·h。

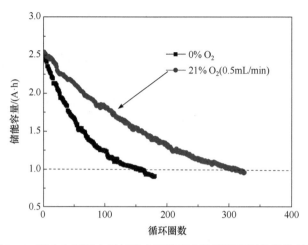

图 3.77 通入和不通入氧气的全钒液流电池储能容量稳定性对比

混合气流速为 0.5 mL/min

对通入氧气和不通入氧气电池的电解液中钒离子价态及含量变化进行了分析,其变化规律如图 3.78 所示。通过比较通入和不通入含氧混合气电池钒离子价态的变化可知,通入流速为 0.5 mL/min 的混合气的电池,价态变化较大的钒离子分别是 V^{2+} 和 VO_2^+。不断累积的 V^{2+} 被氧气氧化生成 V^{3+},其反应方程式如下式所示。但是因为过量的氧气通入,V^{2+} 持续被氧化,导致负极电解液中 V^{2+} 少于 VO_2^+,二者浓度不匹配。因此,需要控制混合气的流速,以免在消除过剩 V^{2+} 的同时氧化过量的 V^{2+},造成 VO_2^+ 累积。

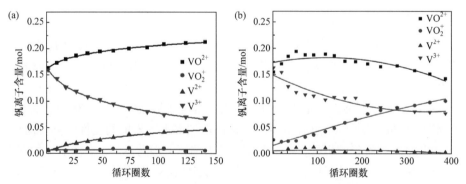

图 3.78 全钒液流电池中通入和不通入含氧混合气时不同价态钒离子含量的变化

混合气流速为 0.5 mL/min

$$4V^{2+} + O_2 + 4H^+ \longrightarrow 4V^{3+} + 2H_2O$$

调控含氧混合气流速,考察全钒液流电池容量衰减状况(含氧混合气流速范围为 0.05～0.5 mL/min）。结果如图 3.79 所示，随着含氧混合气流速的增加，电池容量稳定性先升高后降低，流速为 0.1 mL/min 时，全钒液流电池容量稳定性最优。对其电解液进行分析，考察不同价态钒离子的含量变化规律，结果如图 3.80 所示。V^{2+} 含量减少的同时 VO_2^+ 逐渐增加，但其变化幅度明显小于流速为 0.5 mL/min 时 VO_2^+ 含量的变化幅度。

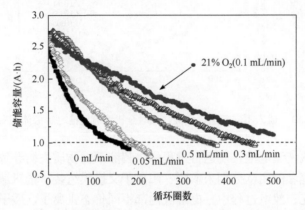

图 3.79　通入不同流速的含氧混合气时全钒液流电池储能容量变化
流速范围 0.05～0.5 mL/min

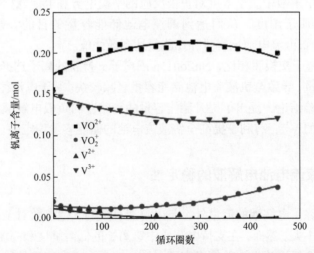

图 3.80　含氧混合气流速为 0.1 mL/min 时电解液中不同价态钒离子的含量变化

　　考察不同混合气流速时全钒液流电池电解液体积的变化，从图 3.81 的结果对比可知，不同含氧混合气流速下水迁移的方向均是从负极向正极。这是因为正、负极电解液中均通入等流速的气体，电解液两侧渗透压不变，因此水迁移方向和迁移速率不会发生明显改变。

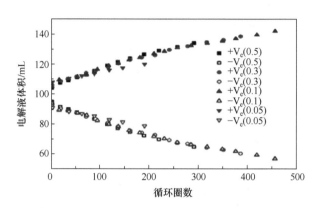

图 3.81　通入不同流速含氧混合气时全钒液流电池电解液体积变化

　　为解决全钒液流电池长期运行过程中电解液活性物质失衡导致电池储能容量衰减的问题，笔者的团队分别采取阴、阳离子交换膜组装了全钒液流电池单电池并考察了在其充、放电过程中，电解液内部不同价态钒离子、质子、硫酸根离子和水迁移规律，揭示了电池储能容量衰减规律，提出了提升电池储能容量及缓解储能容量衰减策略，得到以下结论。

　　（1）利用电解液中质子浓度对正极反应的平衡电势和电池欧姆极化的影响，调节电解液中质子浓度，从而达到调控电池储能容量的目的。当质子浓度为 5 mol/L 时，全钒液流电池比容量和比能量达到最优值。

　　（2）与阴离子交换膜相比，Nafion115 阳离子交换膜的离子选择性较低，钒离子迁移较为严重，导致全钒液流电池储能容量衰减较快。基于电池循环过程中 V^{2+} 不断累积的实验结论，提出了提升储能容量的策略：向负极电解液中通入适量氧气以消耗累积的 V^{2+}，有利于提高全钒液流电池的储能容量稳定性。

3.3.9　全钒液流电池电解液的稳定性

　　实际上，除了电解液的流量外，与电解液有关的其他参数对全钒液流电池功率密度的影响不大。然而，在支持电解质中钒离子的低溶解度和高温下 V_2O_5 的析出严重限制了全钒液流电池的能量密度[63-67]。这是由于电解液的体积和钒离子浓度决定了全钒液流电池的储能容量[63]。全钒液流电池电解液采用不同价态的钒离子作为活性物质，硫酸水溶液作为支持电解质。通常，在硫酸支持电解质中，V（Ⅱ）、V（Ⅲ）、V（Ⅳ）离子的溶解度随温度的升高或硫酸浓度的降低而增加，V（Ⅴ）离子的溶解度则呈相反的趋势。因此，钒离子溶解度低的原因主要是 V

（Ⅱ）、V（Ⅲ）、V（Ⅳ）离子在低温下易析出及 V（Ⅴ）离子在高温下易析出成 V_2O_5[65,68,69]。由于钒离子在硫酸支持电解质中的溶解度较差，目前全钒液流电池的能量密度限制在 30～40 W·h/L，而其热稳定性较差又导致全钒液流电池的工作温度范围较窄，通常在 0～40℃温度区间内[69-71]。为了提高电池的储能容量，进一步降低全钒液流电池系统成本，扩大其工作温度范围，对电解液进行了优化。当硫酸水溶液作为支持电解质时，钒离子的溶解度在很大程度上依赖于硫酸溶液的浓度。因此，在硫酸电解液中存在钒离子与硫酸浓度的平衡[68,69]。所以，通过优化硫酸浓度提高钒离子的溶解度和热稳定性的效果较差。目前，有效的改性方法是添加适当的添加剂作为钒离子的稳定剂，也可使用硫酸和盐酸的混酸溶液作为支持电解质[69,71-76]。

1. 钒电解液的稳定化技术

以硫酸作为支持电解质时，电解液中钒离子浓度主要受控于 5 价钒离子的稳定性。由于正极电解液中 5 价钒离子 V（Ⅴ）在温度升高时会以 V_2O_5 的形式析出，因此通常将电解液稳定剂即沉淀抑制剂添加到正极电解液中以改善正极电解液中 5 价钒离子 V（Ⅴ）的稳定性。一般来说，可以用有机物作为沉淀抑制剂，它能络合或吸附 V（Ⅴ）离子，抑制 V_2O_5 的成核和结晶，减少粒子之间的吸引力来降低粒子集聚[51,68,75,77]。含有—OH、—SH 或—NH_2 基团的环状或链状结构的化合物可有效地增加钒离子的溶解度，抑制 V（Ⅴ）的沉淀，从而提高电解液的电化学性能[68,76,78-81]。对这种现象有两种解释。一是添加剂起着络合剂的作用。这些"络合剂"不仅能吸附在原子核的表面与 V（Ⅴ）离子配位，延缓 V_2O_5 晶体的生长，还能吸附在电极表面，提高电极的电化学可逆性。这类添加剂通常包括 L-谷氨酸、葡萄糖、甘油、正丙醇、甲基磺酸（MSA）和氨基甲基磺酸（AMSA）[66,79,81]。二是添加剂起着分散剂的作用，基于库仑排斥和空间位阻的共同作用，能促进水合 5 价钒离子 V（Ⅴ）的分散性。这类分散剂通常包括肌醇、植酸、山梨醇、三羟甲基氨基甲烷（Tris）、甲基橙（MO）和 Triton X-100（OP）[67,79,80,82]。此外，基于第二种解释，一些聚合物可延缓 V_2O_5 的析出，如木质素磺酸钠（SL）、十二烷基硫酸钠（SDS）和聚乙烯醇（PVA）[82]。不过，在电解液中使用添加剂时必须优化添加剂的用量，过量的添加剂会破坏 5 价钒离子 V（Ⅴ）的水合层，影响离子传输，增加电池的欧姆极化和降低储能容量。值得注意的是，在强氧化性和强酸性的溶液中，有机添加剂的化学稳定性较差，通常会导致其不能在全钒液流电池电解液中长期稳定存在[76]。有机添加剂的缓慢氧化也有可能还原一部分 5 价钒离子，防止由于 5 价钒离子浓度过高而析出沉淀。

另一种策略是引入无机类添加剂，如磷酸盐、硫酸盐、氯化物、氨基和金属离子等[69,75,74,83,84]。添加金属离子能提高电解液的电化学催化活性，类似于在电极上引入电催化剂，改善了氧化还原电对的电化学可逆性和动力学[69,76,83,85]。但是，将金属离子添加到正极电解液中以提高全钒液流电池电解液的浓度和热稳定性还是比较少见的。另外，添加 NH_4^+、PO_4^{3-}、HPO_4^{2-} 和 H_2PO_4 可以与 V（V）离子形成配位或离子对，吸附在其成核部位，阻止 V_2O_5 的结晶，从而提高电解液的电化学活性[74,75]。无机添加剂在提高电解液稳定性方面比较有效。如图 3.82 所示，Roznyatovskaya 等利用磷酸作添加剂，通过抑制 V（V）离子的沉淀来提高正极电解液的热稳定性。此外，V（IV）/V（V）氧化还原电对的反应动力学未受磷酸盐添加剂的影响。组成为 4 mol/L V（V）和 6 mol/L 硫酸根的电解液在 40℃下的稳定时间为 1000 h[84][图 3.82（b）和（c）]。M. Skyllas-Kazacos 认为，高温下含添加剂 KS11 的电解液（组成为 3.5 mol/L V（V）和 5.7 mol/L 硫酸根）具有较高的能量密度。

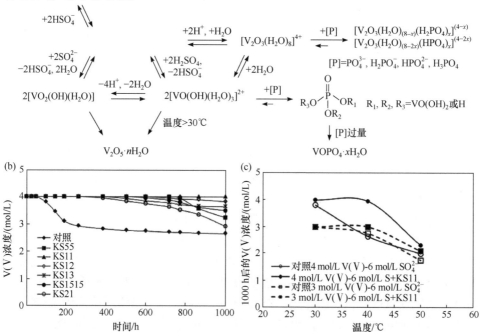

图 3.82　（a）硫酸型电解液中 V（V）析出形成的可能途径[84]；（b）不同比例的 KS 对 40℃下 V（V）溶液沉淀的影响；（c）1000 h 后，不同温度对 KS11 的性能的影响[86]

将添加剂引入负极电解液可阻止 V（II）和 V（III）离子的析出，以提高低温下电解液的稳定性；这类添加剂包括聚丙烯酸（PA）、甘油、磷酸铵盐、硫酸铵、Flucon-100、五聚磷酸钠和金属离子[65,72,87]。它们的作用机制类似于正极电解液中的添加剂。

2. 采用硫酸-盐酸混合酸作为支持电解质

采用硫酸-盐酸混合酸作为支持电解质是提高钒离子的溶解度、扩大全钒液流电池工作温度范围的另一种有效方法[66,84,88]。此外，混酸还可以提高电解液的电导率和电化学活性。事实上，使用混酸的想法类似于在电解液中引入添加剂。Cl−、PO_4^{3-}、HPO_4^{2-}、$H_2PO_4^-$ 等离子可提高全钒液流电池电解液的浓度和热稳定性。结合上述的作用机理和相关的研究，盐酸、磷酸、MSA 等作为添加剂应用于硫酸支持电解质中，特别是盐酸[68,73,89]。Yang 等在全钒液流电池中使用了硫酸和盐酸的混合酸支持电解质，可以溶解 2.5 mol 的钒离子[73]。使用含硫酸和盐酸的混合酸电解液可大幅提高全钒液流电池的能量密度，并且可以使其在较宽的温度范围内（−5～50℃）保持稳定（图 3.83）。

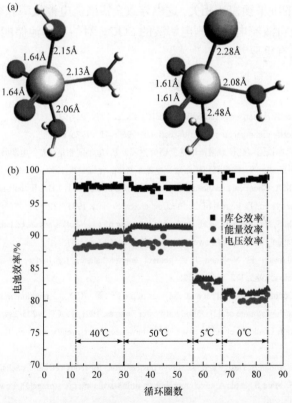

图 3.83　（a）硫酸和硫酸与盐酸混合酸溶液中 V^{5+} 的结构，粉色、绿色、红色和白色球分别代表钒、氯、氧和质子；（b）钒离子浓度为 2.5 mol/L 的电解液在 40℃、50℃、5℃ 和 0℃ 混酸条件下的电池性能

　　其主要原因有两个方面，一是高温下形成了稳定的钒-氯配合物，二是盐酸的加入降低了 SO_4^{2-} 浓度。然而，由于盐酸的高挥发性和高腐蚀性，在充、放电过程中会释放出氯气。由于这些缺点，使用硫氯混合酸电解液的全钒液流电池在实际应用中面临着一些有待解决的问题和挑战。不过，在提高钒离子溶解度方面，其他混合酸体系无法与硫酸和盐酸混合酸体系相比。事实上，阻止氯气的泄漏和解决盐酸蒸气腐蚀问题是成功实现混合酸体系全钒液流电池储能系统商业化应用的关键。目前，从安全性、可靠性、稳定性和经济性上看，硫酸仍然是最常用的支持电解质。

　　添加沉淀抑制剂和利用混合酸支持电解质的思路与作用机理相似。除了这两种方法外，还可以通过控制电池的 SOC 来防止钒离子沉淀的生成。这是因为电解液密度和黏度的变化可以看作是 SOC（或钒离子的氧化态）的函数。所以，SOC 的变化在一定程度上影响着全钒液流电池电解液的稳定性[51,90]。为了避免 V_2O_5 的沉淀，必须降低电解液的 SOC，这也将导致能量密度的降低[68]。当然，SOC 也与正、负极电解液的不平衡密切相关，这也导致全钒液流电池效率和容量的降低[91,92]。实时监测分析全钒液流电池两侧电解液的 SOC，对估算电池储能容量衰减，实现高的系统效率具有重要意义。

参 考 文 献

[1] Thaller L H. Electrically rechargeable redox flow cells[C]. IECE. 1974: 924-928.

[2] Thaller L H. Electrically rechargeable redox flow cell: US3996064[P]. 1976-12-07.

[3] 林兆勤, 江志韫. 日本铁铬氧化还原液流电池的研究进展: Ⅰ. 电池研制进展[J]. 电源技术, 1991, （2）: 32-39.

[4] 衣宝廉, 梁炳春, 张恩浚, 等. 铁铬氧化还原液流电池系统[J]. 化工学报, 1992, 43（3）: 330-336.

[5] Johnson D A, Reid M A. Chemical and electrochemical behavior of the Cr（Ⅲ）/Cr（Ⅱ）half-cell in the iron-chromium redox energy storage system[J]. Journal of the Electrochemical Society, 1985, 132（5）: 1058.

[6] Futamata M, Higuchi S, Nakamura O, et al. Performance testing of 10 kW-class advanced batteries for electric energy storage systems in Japan[J]. Journal of Power Sources, 1988, 24（2）: 137-155.

[7] Bernardi D, Pawlikowski E, Newman J. A general energy balance for battery systems[J]. Journal of the Electrochemical Society, 1985, 132（1）: 5-12.

[8] Lopez-Atalaya M, Codina G, Perez J R, et al. Behaviour of the Cr（Ⅲ）/Cr（Ⅱ）reaction on gold-graphite electrodes. Application to redox flow storage cell[J]. Journal of Power Sources, 1991, 35（3）: 225-234.

[9] Shimada M, Tsuzuki Y, Lizuka Y, et al. Investigation of the aqueous Fe/Cr redox flow cell[J]. Chemistry and Industry, 1988, 3: 80-82.

[10] Stalnaker D K, Lieberman A. Design and assembly considerations for redox cells and stacks[J]. 1981.

[11] Price A, Bartley S, Male S, et al. A novel approach to utility-scale energy storage[J]. Power Engineering Journal, 1999, 13（3）: 122-129.

[12] Clark D G, Joseph S H, Oates H S. Electrochemical cell: U.S. Patent 6,524,452[P]. 2003-02-25.

[13] Morrissey P J, Mitchell P J, Szanto D A, et al. Process for operating a regenerative fuel cell: U.S. Patent 7, 358,

001[P]. 2008-04-05.

[14] Cleaver B, Davies A J, Hames M D. Properties of fused polysulphides—I. The electrical conductivity of fused sodium and potassium polysulphides[J]. Electrochimica Acta, 1973, 18（10）: 719-726.

[15] Brown A P, Battles J E. The direct synthesis of sodiun polysulfides from sodium and sulfur[J]. Synthesis and Reactivity in Inorganic and Metal-Organic Chemistry, 1984, 14（7）: 945-951.

[16] Robinson G, Brennan M P J, Jones I W. Sodium-sulphur cells: US4052535[P]. 1977-10-04.

[17] Wicker A, Desplanches G, Saisse H. Behaviour of chromium-coated steels in sodium polysulphide environments[J]. Thin Solid Films, 1981, 83（4）: 437-447.

[18] Gupta N K, Tischer R P. Thermodynamic and physical properties of molten sodium polysulfides from open‐circuit voltage measurements[J]. Journal of The Electrochemical Society, 1972, 119（8）: 1033.

[19] Bauer R, Haar W, Kleinschmager H, et al. Some studies on sodium/sulfur cells[J]. Journal of Power Sources, 1976, 1（2）: 109-126.

[20] Dubin R R. Sodium-sulfur battery: US4124740[P]. 1978-11-07.

[21] Licht S, Hodes G, Manassen J. Numerical analysis of aqueous polysulfide solutions and its application to cadmium chalcogenide/polysulfide photoelectrochemical solar cells[J]. Inorganic Chemistry, 1986, 25（15）: 2486-2489.

[22] Lessner P M, McLarnon F R, Cairns E J. Kinetics and transport processes in aqueous polysulfide electrode reactions: LBL-22399 [R]. Lawrence Berkeley National Laboratory, 1986.

[23] 周汉涛. 多硫化钠/溴液流电池的研究[D]. 北京: 中国科学院大学,2006.

[24] Licht S, Davis J. Disproportionation of aqueous sulfur and sulfide: kinetics of polysulfide decomposition[J]. The Journal of Physical Chemistry B, 1997, 101（14）: 2540-2545.

[25] Fisher J R, Barnes H L. Ion-product constant of water to 350. deg[J]. The Journal of Physical Chemistry, 1972, 76（1）: 90-99.

[26] Giggenbach W. Optical spectra and equilibrium distribution of polysulfide ions in aqueous solution at 20. deg[J]. Inorganic Chemistry, 1972, 11（6）: 1201-1207.

[27] Li L, Kim S, Wang W, et al. A stable vanadium redox-flow battery with high energy density for large-scale energy storage[J]. Advanced Energy Materials, 2011, 1（3）: 394-400.

[28] Nakajima M, Akahoshi T, Sawahata M, et al. Method for producing high purity vanadium electrolytic solution: US5587132[P]. 1996-12-24.

[29] Kazacos M S, Kazacos M. Stabilized electrolyte solutions, methods of preparation thereof and redox cells and batteries containing stabilized electrolyte solutions: US6143443[P]. 2000-11-07.

[30] 李林德, 张波, 黄可龙, 等. 全钒离子液流电池电解液的电解制备方法: CN1598063[P]. 2005-03-23.

[31] 缪强. 钒氧化还原液流电池用电解液的制备方法: CN1828991A[P]. 2006-09-06.

[32] Takeshi S, Nobuyuki T, Takahiro K, et al. Manufacture of vanadium electrolyte: JP1997180745A[P]. 1997-01-11.

[33] Yukiro T, Keisho K, Nobuyuki T, et al. Manufacturing Method of electrolysis liquid for vanadium redox-flow battery: JP2002175830[P]. 2002-06-21.

[34] 李林德, 张波, 黄可龙, 等. 全钒离子液流电池电解液的电解制备方法: CN100438190C[P]. 2008-11-26.

[35] Broman B M. Vanadium electrolyte preparation using asymmetric vanadium reduction cells and use of an asymmetric vanadium reduction cell for rebalancing the state of charge of the electrolytes of an operating vanadium redox battery: WO2002015317A1[P]. 2002-02-21.

[36] Kazacos M, Cheng M, Skyllas-Kazacos M. Vanadium redox cell electrolyte optimization studies[J]. Journal of Applied Electrochemistry, 1990, 20（3）: 463-467.

[37] Skyllas-Kazacos M. All-vanadium redox battery and additives: WO1989005526A1[P]. 1989-06-15.

[38] 许茜, 赖春艳, 尹远洪, 等. 提高钒电池电解液的稳定性[J]. 电源技术, 2002, 26（1）: 29-31.

[39] 罗冬梅, 许茜, 隋智通. 添加剂对钒电池电解液性质的影响[J]. 电源技术, 2004, 28（2）: 94-96.

[40] 梁艳, 何平, 于婷婷, 等. 添加剂对全钒液流电池电解液的影响[J]. 西南科技大学学报, 2008, 23（2）: 11-14.

[41] Mohammadi T, Chieng S C, Kazacos M S. Water transport study across commercial ion exchange membranes in the vanadium redox flow battery[J]. Journal of Membrane Science, 1997, 133（2）: 151-159.

[42] Sukkar T, Skyllas-Kazacos M. Water transfer behaviour across cation exchange membranes in the vanadium redox battery[J]. Journal of Membrane Science, 2003, 222（1-2）: 235-247.

[43] Sukkar T, Skyllas-Kazacos M. Modification of membranes using polyelectrolytes to improve water transfer properties in the vanadium redox battery[J]. Journal of Membrane Science, 2003, 222（1-2）: 249-264.

[44] Skyllas-Kazacos M. Novel vanadium chloride/polyhalide redox flow battery[J]. Journal of Power Sources, 2003, 124（1）: 299-302.

[45] Skyllas-Kazacos M, Kazacos G, Poon G, et al. Recent advances with UNSW vanadium-based redox flow batteries[J]. International Journal of Energy Research, 2010, 34（2）: 182-189.

[46] Remick R J, Ang P G P. Electrically rechargeable anionically active reduction-oxidation electrical storage-supply system: US4485154[P]. 1984-11-27.

[47] Teder A. Redox potential of polysulfide solutions and carbohydrate stabilization[J]. Svensk papperstidning, Nordisk cellulosa, 1968, 71（5）: 149.

[48] Lessner P M, McLarnon F R, Winnick J, et al. The dependence of aqueous sulfur-polysulfide redox potential on electrolyte composition and temperature[J]. Journal of The Electrochemical Society, 1993, 140（7）: 1847.

[49] Sadoc A, Messaoudi S, Furet E, et al. Structure and stability of VO^{2+} in aqueous solution: a Car– parrinello and static ab initio study[J]. Inorganic Chemistry, 2007, 46（12）: 4835-4843.

[50] Gupta S, Wai N, Lim T M, et al. Force-field parameters for vanadium ions （+2,+3,+4,+5） to investigate their interactions within the vanadium redox flow battery electrolyte solution[J]. Journal of Molecular Liquids, 2016, 215: 596-602.

[51] Skyllas-Kazacos M, Cao L Y, Kazacos M, et al. Vanadium electrolyte studies for the vanadium redox battery—a review[J]. ChemSusChem, 2016, 9（13）: 1521-1543.

[52] Wiedemann E, Heintz A, Lichtenthaler R N. Transport properties of vanadium ions in cation exchange membranes: Determination of diffusion coefficients using a dialysis cell[J]. Journal of Membrane Science, 1998, 141（2）: 215-221.

[53] Mohammadi T, Skyllas-Kazacos M. Preparation of sulfonated composite membrane for vanadium redox flow battery applications[J]. Journal of Membrane Science, 1995, 107（1-2）: 35-45.

[54] Qiu J, Li M, Ni J, et al. Preparation of ETFE-based anion exchange membrane to reduce permeability of vanadium ions in vanadium redox battery[J]. Journal of Membrane Science, 2007, 297（1-2）: 174-180.

[55] Sun C, Chen J, Zhang H, et al. Investigations on transfer of water and vanadium ions across Nafion membrane in an operating vanadium redox flow battery[J]. Journal of Power Sources, 2010, 195（3）: 890-897.

[56] Zhong S, Padeste C, Kazacos M, et al. Comparison of the physical, chemical and electrochemical properties of rayon-and polyacrylonitrile-based graphite felt electrodes[J]. Journal of Power Sources, 1993, 45（1）: 29-41.

[57] Aymé-Perrot D, Walter S, Gabelica Z, et al. Evaluation of carbon cryogels used as cathodes for non-flowing zinc-bromine storage cells[J]. Journal of Power Sources, 2008, 175（1）: 644-650.

[58] Ma X, Zhang H, Sun C, et al. An optimal strategy of electrolyte flow rate for vanadium redox flow battery[J].

Journal of Power Sources, 2012, 203: 153-158.

[59] 孙晨曦. 全钒液流储能电池电解质溶液特性的研究[D]. 北京: 中国科学院大学, 2010.

[60] Zawodzinski Jr T A, Derouin C, Radzinski S, et al. Water uptake by and transport through Nafion® 117 membranes[J]. Journal of the Electrochemical Society, 1993, 140（4）: 1041.

[61] Sukkar T, Skyllas-Kazacos M. Water transfer behaviour across cation exchange membranes in the vanadium redox battery[J]. Journal of Membrane Science, 2003, 222:235-247.

[62] Mulder M. Basic Principles of Membrane Technology[M]. Berlin:Springer Science & Business Media, 2012.

[63] Ding C, Zhang H, Li X, et al. Vanadium flow battery for energy storage: prospects and challenges[J]. The Journal of Physical Chemistry Letters, 2013, 4（8）: 1281-1294.

[64] Parasuraman A, Lim T M, Menictas C, et al. Review of material research and development for vanadium redox flow battery applications[J]. Electrochimica Acta, 2013, 101: 27-40.

[65] Zhang J, Li L, Nie Z, et al. Effects of additives on the stability of electrolytes for all-vanadium redox flow batteries[J]. Journal of Applied Electrochemistry, 2011, 41（10）:1215-1221.

[66] He Z, Liu J, Han H, et al. Effects of organic additives containing NH$_2$ and SO$_3$H on electrochemical properties of vanadium redox flow battery[J]. Electrochimica Acta, 2013, 106: 556-562.

[67] Peng S, Wang N, Gao C, et al. Stability of positive electrolyte containing trishydroxymethyl aminomethane additive for vanadium redox flow battery[J]. International Journal of Electrochemical Science, 2012, 7（5）: 4388-4396.

[68] Rahman F, Skyllas-Kazacos M. Vanadium redox battery: Positive half-cell electrolyte studies[J]. Journal of Power Sources, 2009, 189（2）: 1212-1219.

[69] Choi C, Kim S, Kim R, Choi Y, et al. A review of vanadium electrolytes for vanadium redox flow batteries[J]. Renewable and Sustainable Energy Reviews, 2017, 69: 263-274.

[70] Cunha Á, Brito F, Martins J, et al. Assessment of the use of vanadium redox flow batteries for energy storage and fast charging of electric vehicles in gas stations[J]. Energy, 2016, 115: 1478-1494.

[71] Kim S, Vijayakumar M, Wang W, et al. Chloride supporting electrolytes for all-vanadium redox flow batteries[J]. Physical Chemistry Chemical Physics, 2011, 13（40）: 18186-18193.

[72] Mousa A, Skyllas-Kazacos M. Effect of additives on the low-temperature stability of vanadium redox flow battery negative half-cell electrolyte[J]. ChemElectroChem, 2015, 2（11）: 1742-1751.

[73] Yang Y, Zhang Y, Tang L, et al.Improved energy density and temperature range of vanadium redox flow battery by controlling the state of charge of positive electrolyte[J]. Journal of Power Sources, 2020, 450: 227675.

[74] Roe S, Menictas C, Skyllas-Kazacos M. A high energy density vanadium redox flow battery with 3 M vanadium electrolyte[J]. Journal of The Electrochemical Society, 2016, 163（1）: A5023-A5028.

[75] Kausar N, Mousa A, Skyllas-Kazacos M. The effect of additives on the high-temperature stability of the vanadium redox flow battery positive electrolytes[J]. ChemElectroChem, 2016, 3（2）: 276-282.

[76] Ding C, Ni X, Li X, et al. Effects of phosphate additives on the stability of positive electrolytes for vanadium flow batteries[J]. Electrochimica Acta, 2015, 164: 307-314.

[77] Lourenssen K, Williams J, Ahmadpour F, et al. Vanadium redox flow batteries: A comprehensive review[J]. Journal of Energy Storage, 2019, 25:100844.

[78] Lu W, Li X, Zhang H. The next generation vanadium flow batteries with high power density-a perspective[J]. Physical Chemistry Chemical Physics, 2018, 20（1）: 23-35.

[79] Li S, Huang K, Liu S, et al. Effect of organic additives on positive electrolyte for vanadium redox battery[J]. Electrochimica Acta, 2011, 56（16）: 5483-5487.

[80] Wu X, Liu S, Wang N, et al. Influence of organic additives on electrochemical properties of the positive electrolyte for all-vanadium redox flow battery[J]. Electrochimica Acta, 2012, 78: 475-482.

[81] Liang X, Peng S, Lei Y, et al. Effect of l-glutamic acid on the positive electrolyte for all-vanadium redox flow battery[J]. Electrochimica Acta, 2013, 95: 80-86.

[82] Wang G, Chen J, Wang X, Tian J, et al. Influence of several additives on stability and electrochemical behavior of V（Ⅴ）electrolyte for vanadium redox flow battery[J]. Journal of Electroanalytical Chemistry, 2013, 709: 31-38.

[83] He Z, Chen L, He Y, et al. Effect of In^{3+} ions on the electrochemical performance of the positive electrolyte for vanadium redox flow batteries[J]. Ionics, 2013, 19（12）: 1915-1920.

[84] Roznyatovskaya N V, Roznyatovsky V A, Höhne C C, et al. The role of phosphate additive in stabilization of sulphuric-acid-based vanadium（Ⅴ）electrolyte for all-vanadium redox-flow batteries[J]. Journal of Power Sources, 2017, 363: 234-243.

[85] Huang F, Zhao Q, Luo C, et al. Influence of Cr^{3+} concentration on the electrochemical behavior of the anolyte for vanadium redox flow batteries[J]. Chinese Science Bulletin, 2012, 57（32）: 4237-4243.

[86] Rahman F, Skyllas-Kazacos M. Evaluation of additive formulations to inhibit precipitation of positive electrolyte in vanadium battery[J]. Journal of Power Sources, 2017, 340: 139-149.

[87] Shen J, Liu S, He Z, et al. Influence of antimony ions in negative electrolyte on the electrochemical performance of vanadium redox flow batteries[J]. Electrochimica Acta, 2015, 151: 297-305.

[88] Xu Q, Zhao T S, Leung P K. Numerical investigations of flow field designs for vanadium redox flow batteries[J]. Applied Energy, 2013, 105: 47-56.

[89] Peng S, Wang N F, Wu X J, et al. Vanadiuim species in CH$_3$SO$_3$H and H$_2$SO$_4$ mixed acid as the supporting electrolyte for vanadium redox flow battery[J]. International Journal of Electrochemical Science, 2012, 7（1）: 643-649.

[90] Xu Q, Zhao T S, Zhang C. Effects of SOC-dependent electrolyte viscosity on performance of vanadium redox flow batteries[J]. Applied Energy, 2014, 130: 139-147.

[91] Ngamsai K, Arpornwichanop A. Measuring the state of charge of the electrolyte solution in a vanadium redox flow battery using a four-pole cell device[J]. Journal of Power Sources, 2015, 298: 150-157.

[92] Ngamsai K, Arpornwichanop A. Analysis and measurement of the electrolyte imbalance in a vanadium redox flow battery[J]. Journal of Power Sources, 2015, 282: 534-543.

第 4 章　液流电池电极与双极板

4.1　液流电池电极

4.1.1　电极的功能与作用

电极材料是液流电池的关键材料之一。与锂离子电池、铅酸电池、镍氢电池等其他化学电池的电极的形貌和功能不同，在液流电池中，储能活性物质以电解液的形式储存在电堆外部的储罐中，电极中不含储能活性物质，因而其自身并不参与电化学反应，只为正、负极储能活性物质的氧化还原反应提供反应场所。电解液中的活性物质在电极-电解液界面接受或给出电子来完成电化学反应，实现电能与化学能之间的转变，进而完成能量的存储或释放。载流子在电极表面进行离子形式和电子形式的过渡，从而使电池形成一个完整的闭合导电回路[1]。

4.1.2　电极的特点与分类

电极作为液流电池的关键部件之一，其材料性能的好坏直接影响着电化学反应速率、电池内阻及电解液分布的均匀性与扩散状态，进而影响着电池的三大极化，即活化极化、欧姆极化及浓差极化，最终影响液流电池的功率密度和能量转换效率。电极材料的化学稳定性也直接影响液流电池的使用寿命。另外，在液流电池中，达到规模化产业应用的是传统的双液流电池中的全钒液流电池，本书中所述的液流电池电极材料主要是指全钒液流电池电极材料。对于沉积型液流电池的材料，根据液流电池种类的不同，对材料的要求有所不同。

根据全钒液流电池技术的特征，要求全钒液流电池电极材料具有如下性能。

（1）电极材料对于全钒液流电池正、负极不同价态钒离子氧化还原电对应具有良好的反应活性和反应可逆性，使电化学反应电荷转移电阻较小，在高工作电流密度下也不产生大的活化极化。

（2）电极材料应具有稳定的三维网络结构，孔隙率适中、分布均匀，为电解液的流动提供合适的通道，以实现活性物质的有效传输和均匀分布。电极表面与电解液接触角较小，具有较强的亲和性，以降低活性物质的扩散阻力和提高电解液与电极材料的接触面积。

（3）电极材料应具有较高的电导率，且与双极板的接触电阻（界面电阻）较小，以降低电池的欧姆内阻和高电流密度运行条件下的欧姆极化。

（4）电极材料应具有很好的机械强度和柔韧性，在液流电池电堆组装的压紧力作用下不出现结构上的破坏。

（5）电极材料应具有良好的耐腐蚀性和化学稳定性。全钒液流电池的电解液为 2～3 mol 的硫酸或者盐酸与硫酸混合酸的水溶液，要求电极材料必须耐酸腐蚀。另外，正极电解液活性物质五价钒离子（VO_2^+）具有极强的氧化性，因此还要求正极材料在强氧化性的环境中稳定；而负极活性物质二价钒离子（V^{2+}）具有极强的还原性，因此还要求负极材料在强还原性的环境中稳定。

（6）电极材料必须在电池充、放电电位窗口内稳定，析氢、析氧过电位高，副反应少。全钒液流电池的充、放电电压范围一般在 1.0～1.6 V，要求电极材料在此充、放电电压区间内稳定。

（7）电极材料价格低，资源广泛，使用寿命长，环境友好。

应用于全钒液流电池的电极材料，按材料类型划分可分为金属类电极材料和碳素类电极材料。

金属类电极材料是研究得比较早的一类电极，包括 Au、Sn、Ti、Pt、Pt/Ti 及 IrO_2/Ti 等[2-4]，此类电极的显著特点是电导率高、机械性能好。经循环伏安扫描研究发现：Au、Sn 和 Ti 电极电化学可逆性均较差，Sn 和 Ti 电极循环扫描时，易在表面形成钝化膜，阻碍活性物质与金属活性表面的接触，造成电极性能衰减。B. Sun 和 Davis 都认为 VO^{2+}/VO_2^+ 半电池反应在铂电极上是电化学不可逆的。Davis 研究了铂电极在硫酸溶液中 VO^{2+}/VO_2^+ 电对的动力学参数，认为铂电极在硫酸溶液中表面会形成氧化物膜，因而降低了 VO^{2+}/VO_2^+ 体系的交换速率常数 K_0 值。将铂黑镀在钛板上制备的钛基铂（Pt/Ti）电极，对于全钒液流电池正、负极氧化还原电对 VO^{2+}/VO_2^+ 和 V^{2+}/V^{3+} 均表现出了良好的电化学可逆性，而且在循环扫描过程当中能够避免在钛电极表面上生成使反应难以进行的钝化膜。此外，尺寸稳定化电极（dimensionally stable anode, DSA）钛基氧化铱更是表现出了较高的电化学可逆性，而且在反复多次的扫描中，氧化铱膜机械性能依然稳定，未出现脱落现象。但遗憾的是，这两种电极的制造成本非常高，限制了其在全钒液流电池中的实际应用。

碳素类电极材料主要包括玻碳材料、碳毡、石墨毡（GF）、碳布等，是一类具有良好稳定性和低成本的电极材料。但玻碳作为全钒液流电池的电极时，具有电化学不可逆性。石墨板或碳布作电极时，经过多次循环后，正极表面会发生刻蚀现象。而且，这类电极的比表面积较小，导致电化学反应活性较低，电池在高工作电流密度下运行时，活化极化很大，使其功率密度较低。

　　碳毡或石墨毡均由碳纤维组成，石墨毡是将碳毡在 2000℃以上的高温下热处理制成的。它们具有良好的机械强度，真实表面积远远大于几何表面积，可以提供较大的电化学反应面积，从而大幅度提高碳素类电极的催化活性。而且，碳毡或石墨毡的孔隙率可达 90%以上，纤维孔道彼此联通，使电解液能够顺利流过，各向异性的三维结构还可以促进流体湍动，便于活性物质的传递。再加上碳素类材料良好的耐酸腐蚀性、化学稳定性和导电性，目前全钒液流电池电极的首选材料是碳毡或石墨毡。

　　碳毡或石墨毡按其纤维原料来源可分为黏胶基、聚丙烯腈基和沥青基。研究发现[5]，聚丙烯腈基碳毡不但导电性好，而且由于其表面活性官能团较多，钒离子在其表面的电化学活性非常高。这是因为聚丙烯腈基碳毡纤维的石墨微晶小，处于碳纤维表面边缘和棱角的不饱和碳原子数目多，表面活性较高，比较适合用作全钒液流电池的电极材料。

4.1.3　液流电池电极材料的发展现状

　　在高工作电流密度下，如果将碳毡或石墨毡直接用于全钒液流电池，其电化学活性、可逆性满足不了应用的要求，会导致较高的活化极化。因此需要对其进行改性处理以改善其亲水性和电化学活性，获得电催化活性高、电化学可逆性好、能抑制副反应，以及多次充、放电循环后性质稳定的碳毡电极。目前，碳毡或石墨毡的改性方法主要包括表面官能团化处理、提高活性面积和担载电催化剂等。

　　在各种官能团中，含氧官能团和含氮官能团已被证实能够改善碳毡或石墨毡的亲水性，提高其对电解液的吸附能力，且能够作为反应活性位，提高电极材料的电催化活性，加快电极反应速率。含氧官能团的引入主要是采用化学或电化学的方法对碳毡或石墨毡进行氧化处理，使碳纤维表面的碳原子部分被氧化，以增加纤维表面的含氧官能团如羰基、羧基、酚羟基等的浓度，改善碳纤维的亲水性，并对正、负极氧化还原反应起到催化作用。1992 年，澳大利亚新南威尔士大学 B. Sun 和 M. Skallas-Kazacos[6]在空气条件下将碳毡在 400℃下热处理 30 h，利用空气中的氧气对碳纤维表面进行氧化，使碳纤维表面—OH 和—COOH 等含氧官能团含量增加，改变了电解液活性物质与电极界面的相容性，明显降低了电极反应极化电阻（活化极化）。以空气氧化处理的碳毡为电极组装的全钒液流电池在电流密度 25 mA/cm^2 下进行充、放电性能测试，电池的能量效率由 78%升至 88%。同年，他们发现，将碳毡用浓酸处理也能显著提高电极的性能。研究表明，单独用硫酸处理的碳毡比用硝酸或硝酸和硫酸的混合液处理的碳毡电极的电阻低，在煮沸的 98%浓 H_2SO_4 中处理 5 h 的碳毡电化学性能最优，将其用作全钒液流电池电极材料，25 mA/cm² 下电池的能量效率达到 91%[7]。

2007 年，Li 等[8]采用电化学方法对碳毡进行了氧化处理。将碳毡作阳极，Ti 板作阴极，浸入到 1 mol/L 的硫酸溶液中，电压控制在 5～15 V，通过调整时间来控制氧化的程度。处理前后碳毡的比表面积由 0.33 m²/g 升至 0.49 m²/g，碳纤维表面的 O/C 原子比分别为 0.085 和 0.15，增加的 O 主要以—COOH 官能团的形式存在。经循环伏安法研究发现，处理后的碳毡显著提高了全钒液流电池正极电对 VO^{2+}/VO_2^+ 的电化学活性及可逆性。在 30 mA/cm² 下，电池的库仑效率和电压效率分别为 94%和 85%。电化学氧化的特点是氧化过程条件温和，对碳纤维的氧化程度可控。2013 年，清华大学的 Zhang 等[9]同样采用电化学氧化的方法对石墨毡进行了电化学氧化处理，单电池性能得到明显提升。此外，采用臭氧、等离子体和强氧化剂等对碳毡进行活化处理也能使其得到不同程度的氧化，进而提高其电池性能[10]。

尽管含氧官能团能够提高碳材料表面的亲水性及提供反应活性位，但过度氧化会导致碳毡或石墨毡电极材料的导电性能、耐久性及机械强度降低，增大电池的欧姆内阻，降低电池性能。Di Blasi 等[11]通过研究几种石墨基电极表面的含氧官能团含量对其电化学性能的影响，发现 4%～5%氧含量的电极材料表现出良好的电化学性能和合适的电导率，更高的氧含量会导致欧姆电阻和电荷转移电阻的增加，从而降低其电化学性能。

除了含氧官能团外，含氮官能团也被证实对钒离子氧化还原反应具有电催化作用。Shao 等[12]用间三苯酚和 $EO_{106}PO_{70}EO_{106}$ 通过软模板的方法合成了介孔碳材料，后经 850℃、NH_3 条件下处理 2 h 得到氮掺杂的介孔碳材料。循环伏安扫描发现，未经掺杂的介孔碳对于 VO^{2+}/VO_2^+ 氧化还原电对的电化学活性及可逆性低于石墨电极，氮掺杂使介孔碳的电化学性能得到明显改善，如图 4.1 所示，含氮官

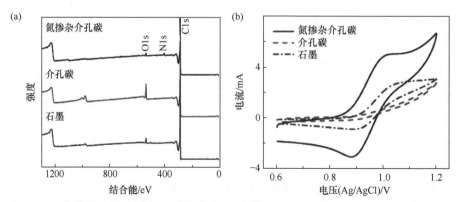

图 4.1　(a)石墨、介孔碳和氮掺杂介孔碳 XPS 谱图；(b)在 1.0 mol/L VOSO₄+3.0 mol/L H₂SO₄ 中的循环伏安曲线，扫描速率 50 mV/s[12]

能团是 VO^{2+}/VO_2^+ 氧化还原反应的高催化活性位点。之后，其他研究者们先后将含氮官能团引入石墨毡、碳纸或碳布中，改性的电极材料均表现出更高的亲水性和电化学性能[13-16]。

近年来，为了进一步提高电极材料的电催化活性，研究者们进行了将含氧、氮官能团都引入碳电极材料表面的实验。研究表明，含氧官能团有利于 N 原子在碳网络中的嵌入，与石墨毡相比，同样的氮化处理能够在氧化石墨毡表面检测到更高的氮含量，尤其是吡啶氮。如图 4.2（a）所示，氧、氮共掺杂的石墨毡（GFO+N）较氧掺杂的石墨毡（GFO）和氮掺杂的石墨毡（GFN）表现出更高的电催化活性。将其用作电极，在 150 mA/cm² 的工作电流密度下电压效率可达到 77.0%[17]。

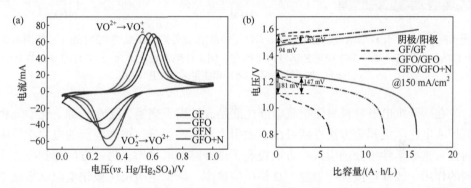

图 4.2　（a）GF、GFO、GFN 和 GFO+N 电极在 0.1 mol/L VOSO₄ + 3.0 mol/L H₂SO₄ 电解液中的循环伏安图（扫速：5 mV/s，*vs.* Hg/Hg₂SO₄）；（b）使用不同表面处理的石墨毡作为电极的 VFB 在 150 mA/cm² 时的充放电曲线[17]

对于传统的碳纤维电极材料，如碳毡或石墨毡，由于碳纤维的直径通常为 10～20 μm，且纤维表面光滑致密，因此它们的比表面积相当低，仅为 0.1～1m²/g。而提高电极材料的比表面积，尤其是电化学有效比表面积，是一种提高电极电化学催化活性、降低电化学极化的有效方法。一些研究团队尝试用物理活化或化学活化的方法来活化碳纤维基电极材料，在碳纤维表面造孔，增大其比表面积。Liu 等[18]通过 CO₂ 活化在碳纸的碳纤维表面生成了大量百纳米级的孔，碳纸电极的比表面积增大了几十倍，表面含氧官能团的数量也大大增加，从而表现出优异的电催化活性。与未活化碳纸相比，1300℃活化的碳纸电极的电荷转移电阻从 970 mΩ·cm² 降到了 120 mΩ·cm²，由此，单电池的能量效率提高了 13%，在 140 mA/cm² 的工作电流密度下能量效率可达到 80% 左右，如图 4.3 所示。此外，水蒸气活化和碱活化也可获得类似的效果[19, 20]。

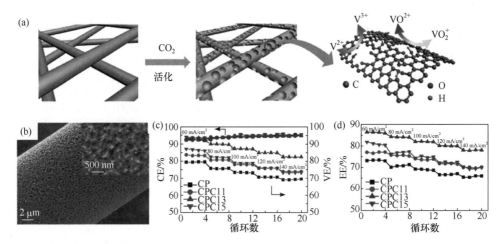

图 4.3 （a）活化碳纸电极制备示意图；（b）1300℃活化处理的碳纸的 SEM 照片；使用未处理和活化处理的碳纸作为电极的全钒液流电池在不同工作电流密度下充、放电时的库仑效率 CE（c）、电压效率 VE（c）和能量效率 EE（d）

在碳纤维电极材料表面担载电催化剂是通过离子交换、浸渍-还原、化学气相沉积或电化学沉积等方法在碳纤维表面引入高活性组分，增强电极的电化学反应活性。这些活性组分的引入一方面提高了碳纤维的电导率，另一方面起到电催化剂的作用，改变电极反应途径，加快反应速率，降低电极反应极化电阻。根据电催化剂的种类可以将其分为碳基电催化剂和金属基电催化剂。

碳基电催化剂多为具有高比表面积的碳纳米材料，如碳纳米颗粒、碳纳米管、碳纳米纤维、石墨烯、氧化石墨烯等。这些碳纳米材料表现出高的电催化活性，尤其是官能团化的碳纳米材料。Han 等[21]将氧化石墨烯纳米片（GONP）用作 VO^{2+}/VO_2^+ 和 V^{2+}/V^{3+} 氧化还原反应的电极材料。他们首先将 GONP 在 $KMnO_4$ 和 $NaNO_3$ 的浓硫酸溶液中处理（图 4.4），以增加材料表面或边缘处含氧官能团如—OH、—COOH 和 C—O—C 的浓度，后经洗涤、除杂后将其在不同温度下进行真空干燥。其中，50℃真空干燥处理的 GONP-50 对 VO^{2+}/VO_2^+ 和 V^{2+}/V^{3+}氧化还原电对表现出较好的电化学行为，研究发现，由该温度干燥处理的氧化石墨烯纳米片的表面含氧官能团的数量最多，表面的 O/C 比达到了 50%。Li 等[22]考察了未处理的多壁碳纳米管、羟基化多壁碳纳米管和羧基化多壁碳纳米管对于全钒液流电池的正极氧化还原电对 VO^{2+}/VO_2^+ 的电化学活性（图 4.5）。通过 XPS 测得这三种电极材料的—OH 和—COOH 的含量分别为 5.9%、10.3%、6.4%和 6.3%、4.5%、9.6%。通过循环伏安曲线对比发现：羟基化多壁碳纳米管动力学可逆性最佳，对于 VO^{2+}/VO_2^- 电对的氧化峰与还原峰的峰电位差仅为 111.8mV，但峰电流值较小。

羧基化多壁碳纳米管电化学活性最高，峰电流值大约为羟基化多壁碳纳米管的 3 倍。将羧基化多壁碳纳米管通过溶液浸渍的方法修饰在碳毡纤维表面，并以这种碳毡为正极材料组装电池，20 mA/cm² 下电池的能量效率为 88.9%。

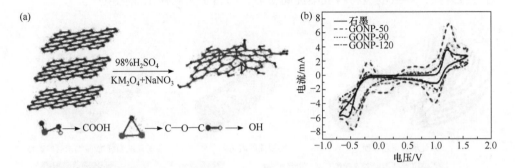

图 4.4　GONP 制备过程（a）及 GONP 在不同温度下进行真空干燥的循环伏安曲线（b）[21]

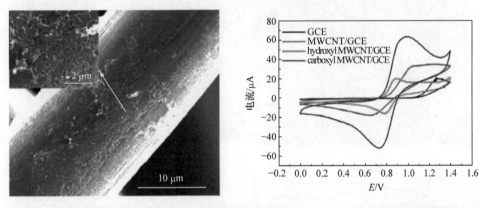

图 4.5　羟基化多壁碳纳米管修饰碳毡的形貌及玻碳电极（GCE）、多壁碳纳米管/玻碳电极（MWCNT/GCE）、羟基化多壁碳纳米管/玻碳电极（hydroxyl MWCNT/GCE）和羧基化多壁纳米管/玻碳电极（carboxyl MWCNT/GCE）在 0.1 mol/L VOSO₄+2 mol/L H₂SO₄ 溶液中的循环伏安图，扫描速率 10mV/s[22]

　　如何将这些碳基电催化剂担载在碳毡或石墨毡电极材料上，早期研究者们多用浸渍涂覆的方法，即将碳毡或石墨毡浸渍在分散有碳纳米管或石墨烯等碳纳米材料的溶液中，之后将吸附了碳纳米材料的碳毡或石墨毡取出干燥。这种方法的缺点就是碳基电催化剂是在范德华力的作用下吸附在碳纤维表面的，结合力不强，在电解液的流动冲刷下容易脱落，导致电池循环稳定性较差。于是，有的研究者就通过化学气相沉积（CVD）的方法在碳纤维表面原位生长碳纳米材料。如图 4.6 所示，Park 等[23]首先将碳毡通过浸渍的方法担载 Ni 催化剂，然后使用 CVD 方法在碳毡上生长出纳米碳纤维/纳米碳管（CNF/CNT）复合电催化剂。700℃时制备的复合电极表现出最高的电催化活性，使用该电极的全钒液流电池在 100 mA/cm² 的工作电流密度下的能量效率较未处理碳毡提高了25%左右。不过，这种方法制备过程复杂，导致电极材料成本提高明显，不适于大规模工业化生产。

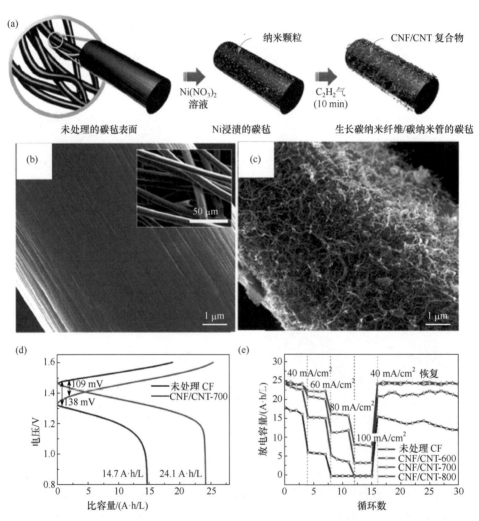

图 4.6 （a）碳毡表面生长 CNF/CNT 的制备过程示意图；（b）未处理碳毡和（c）生长 CNF/CNT 碳毡的 SEM 照片；（d）未处理碳毡和生长 CNF/CNT 碳毡分别作为电极的全钒液流电池在 40 mA/cm²时的充放电曲线；（e）未处理碳毡和生长 CNF/CNT 碳毡分别作为电极的全钒液流电池在不同工作电流密度时的放电容量[23]

除了碳基电催化剂外，研究者们也开发出大量的金属基催化剂。早在 1991

年，Sun 和 Skyllas-Kazacos[4]采用在溶液中离子交换的方法对碳毡电极进行金属离子修饰，并研究了修饰电极的电化学行为。将碳毡电极分别浸入含有 Pt^{4+}、Pd^{2+}、Au^{4+}、Mn^{2+}、Te^{4+}、In^{3+} 和 Ir^{3+} 等金属离子的溶液中进行浸渍或离子注入。研究发现 Pt^{4+}、Pd^{2+}、Au^{4+} 修饰电极析氢速率较高；Mn^{2+}、Te^{4+}、In^{3+} 修饰电极循环伏安行为相似，电化学活性及可逆性较未修饰的电极均有较大幅度的提高，而 Ir^{3+} 修饰电极展示了最好的电化学行为。2007 年，王文红等将碳毡放入氯铱酸溶液中浸渍，后经高温热处理制备了 Ir 修饰的碳毡电极（图 4.7）。以此 Ir 修饰电极为正极、浓硫酸和空气氧化热处理后的碳毡为负极组成的全钒液流电池，在电流密度 20 mA/cm^2 下充、放电时，电池的电压效率达 87.5%，相比用未修饰的碳毡组成的电池提高了大约 7%[24]。

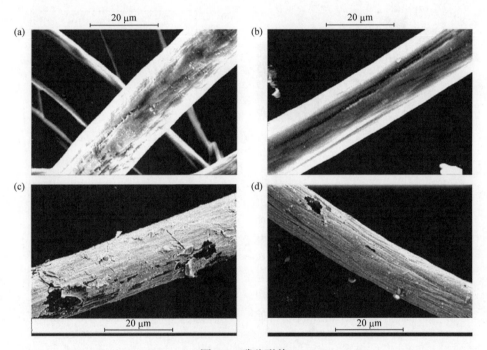

图 4.7 碳毡形貌
（a）未处理碳毡；（b）热处理碳毡；（c）Ir 修饰碳毡；（d）50 次充、放电循环后的 Ir 修饰碳毡[24]

在各种金属基电催化剂中，金属 Bi 最受关注，因为其不仅表现出较高的电催化活性，还具有较高的析氢过电位，能够抑制析氢反应，且无毒。2013 年，Li 等[25]通过在电解液中添加 Bi 离子，发现在全钒液流电池充电时，负极的石墨毡表面生成了 Bi 纳米颗粒，大大提高了负极石墨毡对于二、三价钒离子的氧化还原反应的催化活性。循环伏安研究发现，修饰前后碳毡电极对于 V^{2+}/V^{3+} 电对的氧化还原峰的电位差由 0.31 V 降低至 0.22 V，可逆性明显得到改善。电解液中 Bi³⁺浓度为 0.01 mol/L 时，电池在 150 mA/cm² 时的电压效率值达到 80.4%，相比未修饰石墨毡性能提高了大约 12%。考虑到通过在电解液中添加 Bi 离子的方法无法在正极石墨毡表面生成 Bi 纳米颗粒，无法判断 Bi 金属单质对正极钒离子氧化还原反应是否具有电催化作用，Yang 等[26]通过高温氢气还原的方法在碳毡表面生成 Bi 纳米颗粒，然后综合考察其对 VO^{2+}/VO_2^+ 和 V^{2+}/V^{3+} 氧化还原反应的催化活性。研究发现，Bi 单质仅对 V^{2+}/V^{3+} 氧化还原反应具有电催化作用，对 VO^{2+}/VO_2^+ 并没有电催化作用，且 Bi 单质在正极电解液中也无法稳定存在，在到达 VO^{2+}/VO_2^+ 反应电位前，其会被氧化成 Bi 离子（图 4.8）。

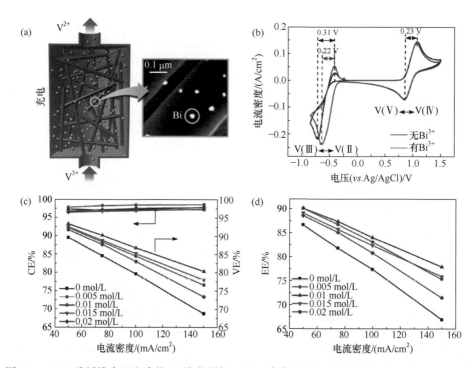

图 4.8　（a）碳纤维表面生成的 Bi 纳米颗粒；（b）玻碳电极在含有和不含有 0.01 mol/L BiCl₃ 的 2 mol/L VOSO₄ + 5 mol/L HCl 溶液中的循环伏安曲线（扫速 50 mV/s）；使用含有不同 Bi³⁺ 浓度电解液的全钒液流电池的单电池性能：（c）CE 和 VE，（d）EE[25]

　　除了金属单质外，很多过渡金属氧化物也被发现对于钒离子氧化还原反应具有较好的电催化活性[27-36]，例如，PbO₂、MoO₂ 和 CeO₂ 能够催化正极 VO^{2+}/VO_2^+ 氧化还原反应，TiO₂ 能够加速负极 V^{2+}/V^{3+} 氧化还原反应，而 WO₃、ZrO₂、Mn₃O₄ 和 Nb₂O₅ 对正、负极反应均有催化作用。但与碳基催化剂类似，金属基催化剂也面临着在流体冲刷条件下机械稳定性差、容易脱落的问题。因此，如何加强电催化剂与碳纤维载体之间的结合力是未来研究的重点。如何降低其成本，真正提高性价比也是巨大的挑战。

在全钒液流储能电池电极材料的早期研究中，很少有碳纸电极材料的研究报道，近年来，碳纸电极的研究逐渐成为该领域的热点。碳纸具有优良的导电性，与碳毡相比，其厚度很薄，可以大大减小全钒液流储能电池正、负极两极间距，从而减小电池欧姆内阻，同时减小电池的质量和体积。Aaron 等[37]采用碳纸作为全钒液流储能电池正、负极电极材料，将电解液流道雕刻在集流板上组装电池，研究了电池的极化曲线和功率密度随电流密度的变化情况，如图 4.9 所示。结果表明，在 60% SOC 下，电池的峰功率密度可达 557 mW/cm² （液流电池与质子交换膜燃料电池不同，在峰值功率条件下是无法正常充、放电的），是传统报道值的 5 倍左右。电池的面电阻仅为 0.5 $\Omega \cdot cm^2$。面电阻的降低有利于提高电池的极限放电电流密度，其组装的电池的极限放电电流密度达到 920 mA/cm²。性能的提高应归因于薄的碳纸电极使电池各部件更加紧凑并良好接触，显著减小了电极电子到达极板和溶液载流子到达膜界面的传输距离，因而使电池内阻大大降低。

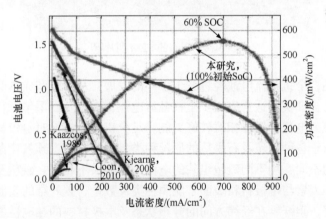

图 4.9　碳纸电极电池放电极化曲线和功率密度曲线[37]

尽管碳纸可以减小电极间距而降低电池内阻，但同时也使电极的有效活性面积降低。要维持较快的电荷转移动力学速率，避免产生较大的电极反应极化过电位，需要碳纸电极具有较高的电化学反应活性。然而，未经处理的原碳纸对于全钒液流储能电池氧化还原电对的反应活性及动力学可逆性较差，需要对其进行表面修饰与改性，上述应用于碳毡或石墨毡的改性方法对于碳纸也同样适用。然而，碳纸较低的机械强度及脆性制约了其在全钒液流储能电池实际工程中的应用，于是，强度和柔韧性更好的碳布受到了关注。如图 4.10 所示，碳布是由长纤维丝束编织而成的，碳纤维丝束之间的孔径可达到 100 μm 左右，纤维之间的间距在几微米左右，这种分级孔结构十分有利于活性物质的传递，从而降低了浓差极化。Zhou 等[38]使用 KOH 活化的碳布作为电极，使全钒液流储能电池在 400 mA/cm² 的工作电流密度下能量效率达到了 80.1%。不过，该电池的电极面积仅有 4 cm²，将电极面积放大至满足大功率电堆要求时的电池性能仍需进一步考察。

图 4.10　碳布的 SEM 照片[38]

　　综上所述，全钒液流电池经过二十多年的发展，从性能和成本两方面考虑，金属类电极已被证实不适合应用于全钒液流电池；碳毡及石墨毡，特别是碳毡的价格相对低廉，电化学性能相对较好，能满足全钒液流电池对电极材料的实际使用要求。但由于各种碳毡及石墨毡的原丝种类、编织方法、预氧化条件、碳化或石墨化条件的不同，用不同碳毡组装的电池的性能大不相同。碳毡及石墨毡对电池性能的影响因素与电极材料表面官能团种类及数量、碳纤维的表面形貌、电极材料的孔隙率、碳纤维在经纬方向的分布状态及电极材料的导电性等因素相关。目前，全钒液流电池的主要发展方向为高功率密度，为实现这个目的，电极材料的厚度正在向薄发展，具有更小厚度的碳纤维材料正受到越来越多的关注。

4.2　液流电池双极板

4.2.1　双极板的功能与作用

　　全钒液流电池电堆的结构与质子交换膜燃料电池相似，是由数节甚至数十节单电池按照压滤机的方式组装而成的。单电池中间是一张离子交换（传导）膜，膜的两侧分别有一张电极，然后分别有一张双极板。双极板在电堆中实现单电池之间的联结，隔离相邻单电池间的正、负极电解液，同时收集双极板两侧电极反应所产生的电流。此外，电堆中的电极要求一定的形变量，双极板需对其提供刚性支撑。

4.2.2　双极板的特点与分类

要实现上述功能，全钒液流电池的双极板材料必须具备以下性能。

（1）具有优良的导电性能，联结单电池的欧姆电阻小且便于集流，同时为提高液流电池的电压效率，减小电池的欧姆内阻，还要求双极板与电极之间有较小的接触（界面）电阻。

（2）具有良好的机械强度和韧性，既能很好地支撑电极材料，又不至于在密封电池的压紧力作用下发生脆裂或破碎。

（3）具有良好的致密性，不发生电解液的渗透和漏液及相邻单电池之间的正、负极电解液相互渗透。

（4）具有良好的化学稳定性及耐酸性和耐腐蚀性。在全钒液流电池中，双极板一侧与强氧化性的正极五价钒离子（VO_2^+）溶液直接接触，另一侧与强还原性的负极二价钒（V^{2+}）溶液直接接触。同时，支持电解液的硫酸水溶液具有较强的酸性，而且液流电池通常在高电位条件下运行，因此，要求双极板材料应在其工作温度范围和电位范围内具有很好的耐强氧化还原性、耐酸腐蚀性及耐电化学腐蚀性。

可用于全钒液流电池的双极板材料主要有金属材料、石墨材料和碳塑复合材料。

非贵金属材料在全钒体系的强酸强氧化性环境下易被腐蚀或形成导电性差的钝化膜，铂、金、钛等贵金属虽然抗腐蚀性较好，但价格高昂。人们通过电镀、化学沉积等方法对不锈钢材进行表面处理，以期增强其耐腐蚀性，提高其作为双极板的使用寿命，但效果甚微，其仍然无法在全钒液流储能电池的运行环境中长期稳定工作。因此金属材料目前并不适合用作全钒液流电池的双极板材料。

石墨材料在全钒液流电池运行条件下具有优良的导电性、优良的抗酸腐蚀性和抗化学及电化学稳定性。无孔硬石墨板材料致密，能有效阻止电解液的渗透。这些特性使硬石墨板可以用作全钒液流电池双极板板材。无孔石墨板一般由碳粉或石墨粉与树脂制成，在制备过程中石墨化温度通常高于 2500℃，为了避免石墨板收缩或弯曲变形，石墨化过程需要按照严格的升温程序进行，加工周期较长。

而且，为了制得无孔硬石墨板，需要经过多道浸渍工序以封堵石墨板中的孔隙，因此复杂的制备过程使得无孔石墨板价格昂贵。而且无孔石墨板是脆性材料，其抗冲击强度和韧性均较弱，容易在电堆装配过程中发生断裂，厚度还无法做到很薄，造成双极板厚度较大，增加了液流电池电堆的体积和质量。另外，由于无孔石墨双极板很脆，电堆的压紧力受到限制，容易造成电堆的电解液渗漏。这些都限制了无孔石墨板在全钒液流电池特别是大功率全钒液流电池中的应用。

柔性石墨双极板材料是由天然鳞片石墨经插层、水洗、干燥和高温膨胀后压制而成的一种石墨材料。柔性石墨板具有良好的导电性和耐腐蚀性，与无孔石墨板相比，其质量轻，价格相对便宜一些，并且由于是柔性材料，在电堆装配过程中不容易发生脆裂。但柔性石墨是由蓬松多孔的膨胀石墨压制而成的，所以致密性欠佳，容易造成双极板两侧电解液的互渗。而且，长期在全钒液流电池运行环境下，柔性石墨双极板材料会发生溶胀，因此，柔性石墨双极板必须经过改性才能够作为双极板材料应用于全钒液流电池中。

碳塑复合双极板材料是由聚合物和导电填料混合后经模压、注塑等方法制作成型的，其机械性能主要由聚合物提供，通过在聚合物中加入碳纤维、玻璃纤维、聚酯纤维、棉纤维等短纤维以提高复合材料的机械强度，其导电性能则由导电填料形成的导电网络提供，可以用来作为导电填料的材料有碳纤维、石墨粉和炭黑，聚合物通常为聚乙烯、聚丙烯、聚氯乙烯等。碳塑复合双极板比金属双极板的耐腐蚀性好，与无孔石墨双极板相比，碳塑复合双极板的韧性又有大幅度提高，且制备工艺简单，成本较低，因此在目前的全钒液流电池中应用最为广泛。但碳塑双极板的电阻率比金属双极板和无孔石墨双极板的电阻率高 1～2 个数量级，因此提高碳塑复合材料的导电性能是目前研究开发的热点。

4.2.3　双极板的发展现状

为了提高碳塑复合板的电导率，对导电填料的种类和配比进行了详细的研究[39,40]。研究表明，在相同的加入量条件下，炭黑作为导电填料的复合板，其导电性能远远高于石墨粉和碳纤维作导电填料的复合板。原因可能是：炭黑的颗粒粒径极小（纳米级），相同的含量下有更多的颗粒存在，其在树脂中的接触概率更大，更容易交叉连成导电网络。然而，虽然炭黑具有较好的导电性，但由于粒径小（纳米级），其在相同质量分数下所占的体积较大，影响了聚合物基体的流动性，导致复合材料的加工成型性差；而碳纤维为纤维状的填充物，容易在基体中形成网络，既能增加双极板的导电性，又能增加双极板的强度。因此将不同种类的导电填料配合使用能提高复合材料的综合性能。

Haddadiasl 等[41]使用炭黑和石墨纤维作为导电填料，与橡胶和聚丙烯密炼共混后热压制成碳塑复合双极板，并与以高密度聚乙烯（HDPE）作基体的碳塑复合双极板进行了比较。结果表明，高密度聚乙烯双极板的机械性能比聚丙烯双极板的机械性能好，但聚丙烯双极板的电导率要比聚乙烯双极板的电导率高，体电阻率能够达到 0.21 Ω·cm，使电池在电流密度 20 mA/cm² 下电压效率达到 91%。张爱民[42]采用高速搅拌混合的方式制备了高密度聚乙烯/超高分子量聚乙烯/石墨/碳纤维（HDPE/UHMW PE/GP/CF）复合材料，分析了复合材料的导电性能及微观相态结构。结果表明，高密度聚乙烯和超高分子量聚乙烯发生相分离，超高分子量聚乙烯占据非导电相，使得导电相高密度聚乙烯中的导电填料的浓度相对升高，从而有效提高了复合材料的导电性能；高密度聚乙烯与超高分子量聚乙烯的质量比为 1/3 时，复合材料的导电性能最佳；导电填料质量分数为 65% 时，复合材料的体电阻率达到 0.1 Ω·cm。许茜等[43]研究了在碳塑复合板中复合铜网或不锈钢网的方法。他们将一定配比的聚乙烯与导电炭黑填料混匀后，与铜网或不锈钢网热压成型，附有铜网的导电塑料板体电阻率为 0.062 Ω·cm，但这种添加金属网的复合双极板，如果电解液渗入并与金属网接触，会使金属网溶解污染电解液，将严重影响全钒液流电池的性能和寿命。因此，其在全钒液流电池中应用的长期稳定性和可靠性有待解决。

通常，为提高碳塑复合双极板材料的导电性，往往需要添加多种导电填料，这就导致碳塑复合双极板的力学性能下降严重，尤其是韧性和抗冲击强度，难以满足电堆特别是大功率电堆的组装要求。碳布材料具有较好的力学性能，作为骨架可弥补基体树脂中加入大量导电填料而带来的复合材料机械性能差的缺点。侯绍宇等[44]以聚乙烯为基体，炭黑、石墨为导电填料，采用碳布为增强骨架，研究制备了全钒液流电池用三明治型的低电阻率、高导电性复合双极板。结果表明，由于碳布的增强作用，所制备的三明治型双极板冲击强度提高了 1 倍多，拉伸强度提高近 2 倍，同时双极板的耐弯曲疲劳性能明显增强，实验 1000 次后未见明显的断裂迹象，而未经碳布增强的双极板样品实验 260 次即发生断裂。然而，碳布的高成本是这一类型复合双极板产业化应用的一大障碍。

注塑、挤出和模压成型工艺是目前制造碳塑复合双极板的常用加工方法。由注塑成型工艺发展出来的传递模塑工艺和反应注塑工艺也被用来加工碳塑复合材料双极板。注塑成型工艺是较模压成型工艺更加常用的方法，但是由于受到物料流动性能的影响，不能制备聚合物含量较低的碳塑复合双极板，由此而导致双极板导电性能相对较差。挤出成型工艺尽管也受到物料流动性能的影响，聚合物的浓度也不能太低（但可低于注塑法），因此其导电填料的含量可以高于注塑成型工艺的，制备的碳塑复合双极板电导率介于由注塑和模压成型工艺制备的复合双极板电导率之间，但其生产效率远远高于模压工艺。因此挤出成型工艺是目前全钒液流电池双极板的主流生产工艺。表 4.1 总结和比较了上述几种方法的优缺点。

表 4.1 复合材料双极板加工方法总结和比较

方法	优点	缺点
模压法	制品电导率高,接触电阻低,设备简单,投资少	生产效率低
注塑法	自动化生产,效率高,表面光洁度高,精度高	受物料流动性影响,树脂含量不能太低,导电性能较差,接触电阻高
挤出法	自动化生产,效率高,表面光洁度高,精度高	受物料流动性影响,树脂含量不能太低,介于模压法和注塑法之间,导电性能较好,接触电阻较低

碳塑复合双极板材料的高导电性和高韧性是一对矛盾,在保持碳塑复合双极板高机械强度和高韧性的同时,制备具有较高导电性能和较大面积的双极板一直是碳塑复合双极板开发的难点。中国科学院大连化学物理研究所张华民研究团队创新性地提出了在碳塑复合双极板内构建"有机增韧网络"和"碳素导电网络"的概念,通过对原料种类选择、配比、混合方式与复合材料导电性、阻液性及机械强度等性能的关联规律的系统研究,在小试材料性能优化研究基础上开展了中试和工程化放大研究。为了在保持高强度的同时,高效率制备具有良好的机械性能及韧性、较高导电性能和较大面积的碳塑复合双极板,他们采用了挤出压延成型工艺,应用该工艺制备出厚度和宽度可调的碳塑复合双极板,复合双极板厚度均匀、表面光洁度高,其宽度达到 600 mm,厚度为 1 mm,双极板的体电导率达到 15 S/cm 以上,抗弯强度达到 40 MPa 以上,且具有良好的阻液性,目前已形成年产 50000 m² 的生产能力。

德国 SGL 公司基于柔性石墨板,通过混入含氟聚合物封闭柔性石墨板中的孔隙,制备出了电导率高达 500 S/cm 的双极板,这种双极板在全钒液流电池中的长期循环稳定性和可靠性仍有待长期应用验证。

全钒液流电池电堆的性能主要包括库仑效率、电压效率、能量效率和电解液利用率等。库仑效率与电堆用离子交换(传导)膜的离子选择性密切相关,电压效率与电堆的欧姆极化密切相关,能量效率为库仑效率和电压效率的乘积,电解液的利用率与电堆的电压效率密切相关,均受到电堆极化的影响。组装电堆时,通常将正、负极电极放置在双极板的两侧,电极与双极板直接接触,相互之间会存在一定的接触电阻,其大小与电极和双极板的材料类型及二者间的接触状态密切相关,电极与双极板之间的接触电阻即界面电阻在液流电池内阻中占有相当大的比重,接触电阻的大小直接影响着液流电池电堆的电压效率。

为了减小接触电阻,进一步提高液流电池的电压效率和能量转换效率,研究人员尝试了将电极-双极板进行一体化,并取得了一定的效果。2002 年,Hagg 和

Skyllas-Kazacos[45]为了降低电极与双极板之间的接触电阻，不使用传统的接触式电极双极板，直接将碳毡压入低密度聚乙烯（LDPE）或高密度聚乙烯基片制成了一体化的电极-双极板。聚乙烯基片中没有添加其他的导电填料，它的导电性是通过压入基片内部的碳毡纤维所形成的导电逾渗网络来实现的，这种一体化的电极-双极板具有电极与双极板的双重功能，同时消除了接触电阻，降低了电池的内阻。在电流密度 40 mA/cm^2 条件下，进行电池的充放电性能测试，其能量效率高达 90% 以上。2008 年，中国科学院大连化学物理研究所张华民研究团队[46]以碳毡作为电极、柔性石墨板作为双极板，通过导电黏结材料将二者黏结起来制备成一体化的电极-双极板。测试不同压力下的面电阻，如图 4.11 所示，发现黏性导电层的引入降低了电极-双极板间的接触电阻，提高了导电性。然而，由于导电黏结材料也是由导电填料和有机聚合物混合而成的，并不能保证多孔电极与双极板的每个接触点都可以构成导电通路，从而无法最大限度地降低接触电阻，因此对于电压效率和能量效率的提高程度有限。之后，研究团队[47]又实验了在碳塑复合板表面涂覆一层高导电涂层，可将电极-双极板间的接触电阻从 100 mΩ·cm^2 降到 38 mΩ·cm^2，降低 60% 以上。使用该种双极板的全钒液流电池在电流密度为 100 mA/cm^2 时，能量效率能够达到 80%。

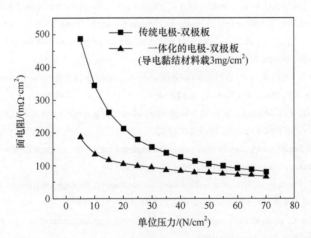

图 4.11　传统电极-双极板与一体化的电极-双极板在不同压力下的面电阻比较[46]

综上所述，对于全钒液流电池的双极板材料而言，金属类材料和石墨类材料已被证实不适合大规模应用；碳塑复合双极板生产工艺简单，成本低廉，同时具有较好的机械强度和韧性，已在全钒液流电池中得到广泛应用。今后的研究重点应当放在保持双极板材料较高机械性能的前提下，进一步提高双极板材料的导电性。柔性石墨双极板具有良好的韧性和优异的导电性能，如能解决其阻液性和可靠性，将会对高功率密度全钒液流电池的开发具有重要意义，也是今后应该重点关注的研究领域。

参 考 文 献

[1] Bard A J, Faulkner L R. Electrochemical Methods Fundamentals and Applications[M]. 2nd Edition. New Jersey: John Wiley & Sons, 2001: 1-8.

[2] Rychcik M, Skyllas-Kazacos M. Evaluation of electrode materials for vanadium redox cell[J]. Journal of Power Sources, 1987, 19（1）: 45-54.

[3] Rychcik M, Skyllas-Kazacos M. Characteristics of a new all-vanadium redox flow battery[J]. Journal of Power Sources, 1988, 22（1）: 59-67.

[4] Sun B T, Skyllas-Kazacos M. Chemical modification and electrochemical-behavior of graphite fiber in acidic vanadium solution[J]. Electrochimica Acta, 1991, 36（3-4）: 513-517.

[5] Zhong S, Padeste C, Skyllas-Kazacos M, et al. Comparison of the physical, chemical and electrochemical properties of rayon-based and polyacrylonitrile-based graphite felt electrodes[J]. Journal of Power Sources, 1993, 45（1）: 29-41.

[6] Sun B, Skyllas-Kazacos M. Modification of graphite electrode materials for vanadium redox flow battery application- I. thermal-treatment[J]. Electrochimica Acta, 1992, 37（7）: 1253-1260.

[7] Sun B, Skyllas-Kazacos M. Chemical modification of graphite electrode materials for vanadium redox flow battery application- II. acid treatments[J]. Electrochimica Acta, 1992, 37（13）: 2459-2465.

[8] Li X G, Huang K L, Liu S Q, et al. Characteristics of graphite felt electrode electrochemically oxidized for vanadium redox battery application[J]. Transactions of Nonferrous Metals Society of China, 2007, 17（1）: 195-199.

[9] Zhang W G, Xi J Y, Li Z H, et al. Electrochemical activation of graphite felt electrode for VO^{2+}/VO_2^+ redox couple application[J]. Electrochimica Acta, 2013, 89:429-435.

[10] Kim K J, Kim Y J, Kim J H, et al. The effects of surface modification on carbon felt electrodes for use in vanadium redox flow batteries[J]. Materials Chemistry and Physics, 2011, 131（1-2）: 547-553.

[11] Di Blasi A, Di Blasi O, Briguglio N, et al. Investigation of several graphite-based electrodes for vanadium redox flow cell[J]. Journal of Power Sources, 2013, 227:15-23.

[12] Shao Y, Wang X, Engelhard M, et al. Nitrogen-doped mesoporous carbon for energy storage in vanadium redox flow batteries[J]. Journal of Power Sources, 2010, 195（13）: 4375-4379.

[13] Wu T, Huang K, Liu S, et al. Hydrothermal ammoniated treatment of PAN-graphite felt for vanadium redox flow battery[J]. Journal of Solid State Electrochemistry, 2012, 16（2）: 579-585.

[14] He Z, Su A, Gao C, et al. Carbon paper modified by hydrothermal ammoniated treatment for vanadium redox battery[J]. Ionics, 2013, 19（7）: 1021-1026.

[15] Lee H, Kim H. Development of nitrogen-doped carbons using the hydrothermal method as electrode materials for vanadium redox flow batteries[J]. Journal of Applied Electrochemistry, 2013, 43（5）: 553-557.

[16] He Z, Chen Z, Meng W, et al. Modified carbon cloth as positive electrode with high electrochemical performance for vanadium redox flow batteries[J]. Journal of Energy Chemistry, 2016, 25（4）: 720-7255.

[17] Lee H J, Kil D, Kim H. Synthesis of activated graphite felt using consecutive post-treatments for vanadium redox flow batteries[J]. Journal of the Electrochemical Society, 2016, 163（13）: A2586-A2591.

[18] Liu T, Li X, Xu C, et al. Activated carbon fiber paper based electrodes with high electrocatalytic activity for vanadium flow batteries with improved power density[J]. ACS Applied Materials & Interfaces, 2017, 9（5）:

4626-4633.

[19] Kabtamu D M, Chen J Y, Chang Y C, et al. Water-activated graphite felt as a high-performance electrode for vanadium redox flow batteries[J]. Journal of Power Sources, 2017, 341: 270-279.

[20] Zhang Z, Xi J, Zhou H, et al. KOH etched graphite felt with improved wettability and activity for vanadium flow batteries[J]. Electrochimica Acta, 2016, 218:15-23.

[21] Han P, Wang H, Liu Z, et al. Graphene oxide nanoplatelets as excellent electrochemical active materials for VO^{2+}/VO^{2+} and V^{2+}/V^{3+} redox couples for a vanadium redox flow battery[J]. Carbon, 2011, 49（2）: 693-700.

[22] Li W, Liu J, Yan C. Multi-walled carbon nanotubes used as an electrode reaction catalyst for VO^{2+}/VO_2^+ for a vanadium redox flow battery[J]. Carbon, 2011, 49（11）: 3463-3470.

[23] Park M, Jung Y J, Kim J, et al. Synergistic effect of carbon nanofiber/nanotube composite catalyst on carbon felt electrode for high-performance all-vanadium redox flow battery[J]. Nano Letters, 2013, 13（10）: 4833-4839.

[24] Wang W H, Wang X D. Investigation of Ir-modified carbon felt as the positive electrode of an all-vanadium redox flow battery[J]. Electrochimica Acta, 2007, 52（24）: 6755-6762.

[25] Li B, Gu M, Nie Z, et al. Bismuth nanoparticle decorating graphite felt as a high-performance electrode for an all-vanadium redox flow battery[J]. Nano Letters, 2013, 13（3）: 1330-1335.

[26] Yang X, Liu T, Xu C, et al. The catalytic effect of bismuth for VO^{2+}/VO_2^+ and V^{3+}/V^{2+} redox couples in vanadium flow batteries[J]. Journal of Energy Chemistry, 2017, 26（1）: 1-7.

[27] Wu X, Xu H, Lu L, et al. PbO_2-modified graphite felt as the positive electrode for an all-vanadium redox flow battery[J]. Journal of Power Sources, 2014, 250:274-278.

[28] Hien Thi Thu P, Jo C, Lee J, et al. MoO_2 nanocrystals interconnected on mesocellular carbon foam as a powerful catalyst for vanadium redox flow battery[J]. RSC Advances, 2016, 6（21）: 17574-17582.

[29] Zhou H, Xi J, Li Z, et al. CeO_2 decorated graphite felt as a high-performance electrode for vanadium redox flow batteries[J]. RSC Advances, 2014, 4（106）: 61912-61918.

[30] Vazquez-Galvan J, Flox C, Favtega C, et al. Hydrogen-treated rutile TiO_2 shell in graphite-core structure as a negative electrode for high-performance vanadium redox flow batteries[J]. ChemSusChem, 2017, 10（9）: 2089-2098.

[31] Yao C, Zhang H, Liu T, et al. Carbon paper coated with supported tungsten trioxide as novel electrode for all-vanadium flow battery[J]. Journal of Power Sources, 2012, 218:455-461.

[32] Shen Y, Xu H, Xu P, et al. Electrochemical catalytic activity of tungsten trioxide-modified graphite felt toward VO^{2+}/VO_2^+ redox reaction[J]. Electrochimica Acta, 2014, 132:37-41.

[33] Zhou H P, Shen Y, Xi J Y, et al. ZrO_2-nanoparticle-modified graphite felt: bifunctional effects on vanadium flow batteries[J]. ACS Applied Materials & Interfaces, 2016, 8（24）: 15369-15378.

[34] Kim K J, Park M S, Kim J H, et al. Novel catalytic effects of Mn_3O_4 for all vanadium redox flow batteries[J]. Chemical Communications, 2012, 48（44）: 5455-5457.

[35] He Z, Dai L, Liu S, et al. Mn_3O_4 anchored on carbon nanotubes as an electrode reaction catalyst of V（Ⅳ）/V（Ⅴ） couple for vanadium redox flow batteries[J]. Electrochimica Acta, 2015, 176: 1434-1440.

[36] Li B, Gu M, Nie Z, et al. Nanorod niobium oxide as powerful catalysts for an all vanadium redox flow battery[J]. Nano Letters, 2014, 14（1）: 158-165.

[37] Aaron D S, Liu Q, Tang Z, et al. Dramatic performance gains in vanadium redox flow batteries through modified cell architecture[J]. Journal of Power Sources, 2012, 206: 450-453.

[38] Zhou X L, Zhao T S, Zeng Y K, et al. A highly permeable and enhanced surface area carbon-cloth electrode for

vanadium redox flow batteries[J]. Journal of Power Sources, 2016, 329: 247-254.

[39] Zhong S, Kazacos M, Burford R P, et al. Fabrication and activation studies of conducting plastic composite electrodes for redox cells[J]. Journal of Power Sources, 1991, 36（1）: 29-43.

[40] Kazacos M, Skyllas-Kazacos M. Performance-characteristics of carbon plastic electrodes in the all-vanadium redox cell[J]. Journal of the Electrochemical Society, 1989, 136（9）: 2759-2760.

[41] Haddadiasl V, Kazacos M, Skyllas-Kazacos M. Conductive carbon polypropylene composite electrodes for vanadium redox battery[J]. Journal of Applied Electrochemistry, 1995, 25（1）: 29-33.

[42] 林昌武, 付小亮, 周涛, 等. 钒电池集流板用导电塑料的研制[J]. 塑料工业, 2009, 37（1）: 71-74.

[43] 许茜, 冯士超, 乔永莲, 等. 导电塑料作为钒电池集流板的研究[J]. 电源技术, 2007, 31（5）: 406-408.

[44] 侯绍宇, 刘西文, 陈晖, 等. 碳布增强型导电塑料双极板的制备与性能[J]. 电源技术, 2011, 35（8）: 926-928.

[45] Hagg C M, Skyllas-Kazacos M. Novel bipolar electrodes for battery applications[J]. Journal of Applied Electrochemistry, 2002, 32（10）: 1063-1069.

[46] Qian P, Zhang H, Chen J, et al. A novel electrode-bipolar plate assembly for vanadium redox flow battery applications[J]. Journal of Power Sources, 2008, 175（1）: 613-620.

[47] 张华民, 刘涛, 姚川. 一种液流储能电池用双极板及其制备方法: CN201210313316.7[P]. 2016-01-27.

第 5 章 液流电池用离子交换（传导）膜

5.1 离子交换（传导）膜的作用和性能要求

离子交换（传导）膜是全钒液流电池的另一核心部件，在液流电池中，离子交换（传导）膜起着阻隔正、负极活性物质，避免交叉互混，同时导通离子形成电池内部导电回路的作用。在全钒液流电池中，离子交换（传导）膜是在强氧化性的五价钒离子（VO_2^+）、强酸性和高电位、大电流的苛刻环境中运行，因此，全钒液流电池用离子交换（传导）膜材料应具有如下特性[1]。

（1）具有优良的离子传导性。硫酸体系的全钒液流电池以四种价态的钒离子的硫酸水溶液为电解液，正极活性电对为 VO^{2+}/VO_2^+，负极活性电对为 V^{3+}/V^{2+}，导电离子主要为质子（H^+）。为降低电池的内阻和欧姆极化，提高电池的电压效率，要求离子交换（传导）膜具有优良的离子传导性。

（2）具有高的离子选择性。在全钒液流电池中，正、负极电解液活性物质的互串会导致电池的自放电，降低电池的库仑效率。同时，在电解液中，不同价态的钒离子由于所带电荷及所带水和质子数的不同，在离子交换（传导）膜中的扩散速率不同。如果离子交换（传导）膜的离子选择性不高，会引起正、负极电解液中的钒离子浓度和电解液失衡，造成液流电池储能容量衰减。理想的全钒液流电池用离子交换（传导）膜材料既应具有优良的离子导电性，又要具有优良的离子选择性，避免正、负极电解液中钒离子的互串引起储能容量衰减和自放电。

（3）具有优良的机械和化学稳定性，以保证电池的长期稳定运行。由于全钒液流电池的离子交换（传导）膜处于酸性和强氧化性介质中，并在高电压下运行，为保证储能系统的寿命和稳定运行，要求离子交换（传导）膜材料具有优异的机械、化学和电化学稳定性，以保证其使用寿命。

（4）具有低的成本，以利于大规模商业化应用推广。为了发挥储能电站的经济性，要求离子交换（传导）膜的价格便宜，以利于大规模产业化普及应用。

5.2 全钒液流电池用离子交换（传导）膜的分类及特点

研究人员就高性能的离子交换（传导）膜材料做了大量的研究工作，研究开发出多种离子交换（传导）膜材料。按照膜的形态可以分为两大类：一类为具有离子交换基团的致密的离子交换膜，一类为根据质子（氢离子：H^+）与钒离子半径的不同，基于离子筛分机理的多孔离子筛分传导膜（离子传导膜）。

按照传统的离子交换传导机理，荷电离子是通过离子交换传导机理通过离子交换膜的，按照在膜内交换传导的离子荷电状态可分为阳离子交换膜和阴离子交换膜[2]。

（1）阳离子交换膜：组成该类膜的分子链上含有磺酸、磷酸、羧酸等荷负电离子交换基团，允许阳离子（如质子、钠离子等）通过，而阴离子难以通过。

（2）阴离子交换膜：组成该类膜的分子链上含有季铵、季鏻、叔胺等荷正电离子交换基团，允许阴离子（如氯离子、硫酸根等）及质子通过，而阳离子难以通过。

多孔离子传导膜材料中通常不含离子交换基团，基于孔径筛分传导机理实现离子选择性筛分透过，实现离子选择性传导。水合质子、氯离子等体积较小的离子可以通过离子传导膜，而尺寸较大的水合钒离子则难以透过。

5.3 全钒液流电池用离子交换（传导）膜材料

质子交换膜燃料电池已经研究了近 180 年，全钒液流电池也已经研究了 30 余年时间，人们在质子交换膜燃料电池和全钒液流电池用离子交换（传导）膜领域开展了大量的研究工作。全钒液流电池用离子交换膜主要可分为含氟离子交换膜和非氟离子交换膜。在含氟离子交换膜中，按照膜材料树脂氟化程度的不同，可以大体分为全氟磺酸离子交换膜、部分氟化离子交换膜和非氟离子交换膜三类。

5.3.1 全氟磺酸离子交换膜

全氟磺酸离子交换膜是指采用全氟磺酸树脂制成的离子交换膜。一般来讲，在高分子材料中，碳—氟键的键能远远高于碳—氢键的键能（C—F：485 kJ/mol；C—H：86 kJ/mol），树脂材料的氟化程度越高，其耐受化学氧化和电化学氧化的能力越强。全氟高分子材料（树脂）是指材料中的 C—H 键全部被 C—F 键取代，所以表现出优异的化学特别是电化学稳定性。

全氟磺酸离子交换膜由美国杜邦（DuPont）公司于 20 世纪 60 年代初研制成功，并在 20 世纪 80 年代以后，最早应用于氯碱工业，后来又应用于质子交换膜燃料电池，近年逐渐应用于液流电池。全氟磺酸树脂是通过磺酰氯基团的单体与四氟乙烯、六氟丙烯二元、三元共聚合成的[3]。该树脂通过挤出成膜或流延成膜水解后，用 H⁺交换 Na⁺，即可获得质子型全氟磺酸离子交换膜。全氟磺酸树脂的分子结构式如图 5.1 所示[4]。

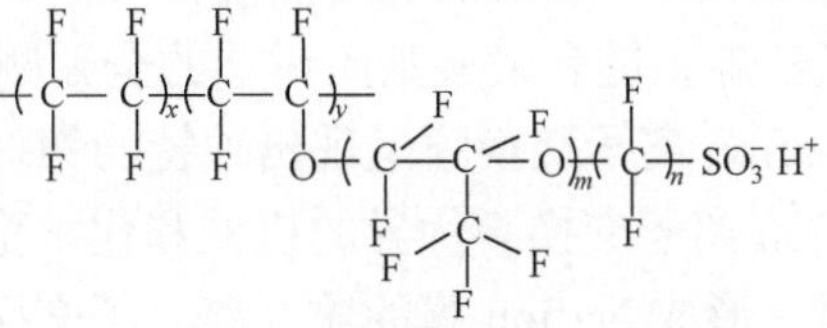

$$\begin{array}{c} F \quad F \quad F \quad F \\ {+}C{-}C{+}_x C{-}C{+}_y \\ F \quad F \quad | \quad F \\ O{+}C{-}C{+}_m O{+}C{-}C{+}_n SO_3^- H^+ \\ | \quad | \quad F \quad F \\ F \quad C{-}F \\ | \\ F{-}C{-}F \\ | \\ F \end{array}$$

图 5.1　全氟磺酸树脂的分子结构

全氟磺酸离子交换膜中的磺酸基团固定在全氟主链上，具有很强的阳离子选择透过性，高电负性氟原子的强吸电子作用增加了全氟聚乙烯磺酸的酸性，使磺酸基团可在水中完全解离。由于 C—F 键的键能比 C—H 键的键能高，富电子氟原子紧密地包裹在碳主链周围，保护碳骨架免受电化学反应中自由基中间体的氧化。因此，全氟磺酸离子交换膜具有很好的热稳定性和化学稳定性。全氟磺酸离子交换膜的微观结构可用 Cluster-Network 模型来解释（图 5.2）[5]。磺化离子簇分布在氟碳晶格中，通过大约 1 nm 的狭窄通道连接这些离子簇，从而形成质子迁移通道。由于全氟磺酸离子交换膜的氟碳骨架灵活性高，可以保证磺酸基团的均匀分布，从而在膜内形成连续的离子传输网络，即形成有利于质子（或离子）交换传导的离子簇，因此全氟磺酸离子交换膜具有很高的离子传导性。然而，磺化离子簇的高亲水性导致该类膜容易吸水溶胀，使膜内构成更大的离子传输网络通道，因而用该类膜组装的电池存在离子选择性不足、电池容量衰减快等问题[1, 4]。

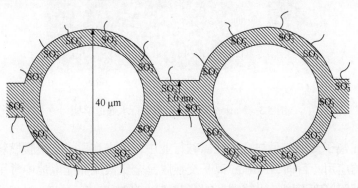

图 5.2　全氟磺酸离子交换膜的 Cluster-Network 模型

工业化生产的全氟磺酸质子（离子）交换膜除了美国杜邦公司生产的 Nafion 系列全氟磺酸质子（离子）交换膜外，还有日本旭化成生产的 Flemin 和旭硝子株式会社公司生产的 Aciplex 系列全氟磺酸质子（离子）交换膜、比利时 Solvay 公司生产的 Aquivion®膜、美国陶氏公司生产的 Dow 膜及中国东岳集团有限公司生产的全氟磺酸质子（离子）交换膜[6]。其中，最具代表性的是美国杜邦公司生产的、商品名为 Nafion 系列全氟磺酸阳离子交换膜，简称 Nafion 离子交换膜。该膜是由全氟磺酸树脂通过熔融挤出或溶液浇铸法制备的。如图 5.1 所示，Nafion 树脂的分子结构由聚四氟乙烯主链和磺酸基团封端的全氟侧链组成。Nafion 分子的这一独特结构，使得 Nafion 离子交换膜呈现出独特的物理化学特性。一方面，憎水的全氟骨架赋予 Nafion 离子交换膜优异的机械和化学稳定性；另一方面，亲水性的磺酸侧链相互聚集，形成 Nafion 膜的质（离）子交换传输通道。

目前被普遍认可的 Nafion 离子交换膜的模型是平行水通道模型[7][parallel water-channel（inverted-micelle cylinder）model]，如图 5.3 所示，在该模型中，离子交换基团相互聚集，形成棒状的离子簇，这种结构类似于反胶束，离子簇外部是疏水的全氟骨架，内部是亲水的磺酸基团，这些亲水区域形成水通道（白色点），水通道分布在 Nafion 的微晶区（黑色矩形）和非晶区（黑色区域）中，通道的直径在 1.8～3.5 nm，平均直径为 2.4 nm，通道的长度达到几十纳米。

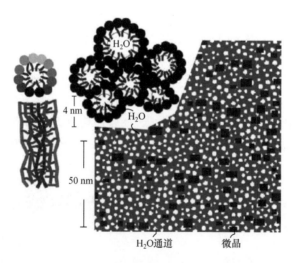

图 5.3　Nafion 离子交换膜平行水通道模型

Nafion 离子交换膜最初应用在氯碱行业中，后来在质子交换膜燃料电池中得到了广泛的应用。目前，Nafion 离子交换膜是全钒液流储能电池中常用的离子交换膜，根据膜厚度不同，比较常见的有 Nafion 112、Nafion 115、Nafion 117 离子交换膜等规格，厚度分别约为 50 μm、125 μm 和 175 μm。这些离子交换膜的离子交换当量（IEC）为 0.91 mmol/g，膜的厚度不同，其组装成的电池的性能也有很大差别。例如，在 80 mA/cm^2 的充、放电条件下，Nafion 115 离子交换膜组装的全钒液流电池单电池的库仑效率和能量效率分别可以达到 94% 和 84%；而相同条件下 Nafion 112 离子交换膜组装的全钒液流电池单电池的库仑效率和能量效率仅为 91% 和 80%。这是因为 Nafion 115 比 Nafion 112 离子交换膜厚 1 倍以上，其阻隔钒离子互混的能力更强。但是其膜厚度增加，电池的内阻增大，即欧姆极化增大，传导性下降，而且 Nafion 115 离子交换膜的价格要比 Nafion 112 离子交换膜的价格高得多。因此，综合考虑质（离）子交换膜的传导性和阻钒性及膜材料成本等因素，全钒液流电池一般采用厚度为 125 μm 的 Nafion 115 离子交换膜。邱研究组[8]研究了前处理对 Nafion 115 离子交换膜性能的影响，研究发现，在 3wt% 过氧化氢溶液中煮沸 1 h，再在 1 mol/L H$_2$SO$_4$ 溶液中煮沸 1 h 的 Nafion 115 离子交换膜的面电阻下降，组装的电池可以在 320 mA/cm^2 的高电流密度下运行。但是由于该膜选择性不佳，组装的电池在低电流密度时库仑效率较低，相比之下，使用去离子水浸泡过的 Nafion 115 离子交换膜更适合于实际应用。

　　图 5.4 和表 5.1 分别给出了大连融科储能技术发展有限公司利用 Nafion 115 离子交换膜设计组装的 22 kW 级电堆的照片和主要性能参数。电堆的设计额定工作电流密度为 80 mA/cm^2，电堆在此工作电流密度下连续放电的输出功率为 22 kW。此时电堆的库仑效率为 95.8%、电压效率为 83.1%、能量效率为 79.6%。经过 10000 次充、放电循环的加速寿命实验，电堆的能量效率没有明显变化，说明该电堆所使用的 Nafion 115 离子交换膜及电极双极板材料等都具有很高的可靠性和耐久性。

图 5.4　大连融科储能技术发展有限公司第一代 22 kW 级全钒液流电池电堆

表 5.1　大连融科储能技术发展有限公司 22 kW 第一代液流电池电堆特性参数

参数	数值
额定放电功率（80 mA/cm² 运行时）	22 kW
平均电压	62.5 V
输出电流	320.0 A
额定工作电流密度	80 mA/cm²
库仑效率	95.8%
电压效率	83.1%
能量效率（22 kW 连续放电时）	79.6 %
测试最大放电功率	60 kW

　　此外,最新的研究显示[9],比 Nafion 115 离子交换膜便宜的聚四氟乙烯（PTFE）多孔膜增强的 NafionXL 离子交换膜在全钒液流电池中具有更好的机械性能、更高的选择性、更低的面电阻及优良的稳定性, NafionXL 离子交换膜具有 Nafion-PTFE-Nafion 离子交换膜的三明治结构, 中间的 PTFE 作为膜支撑层, 提高了膜的机械性能。膜的整体厚度只有约 30 μm, 甚至比 Nafion 212 离子交换膜还薄, 但是其机械性能和阻钒性能均优于 Nafion 115 和 Nafion 212 离子交换膜, 用 NafionXL 离子交换膜组装的全钒液流电池单电池在 120 mA/cm² 电流密度下运行时, 能量效率达到 81%。

　　Nafion115 离子交换膜在全钒液流电池中表现出优良的离子传导性和化学稳定性, 但其离子选择性较差且价格昂贵（每平方米约为 700 美元）, 严重限制了其在全钒液流电池中的商业化应用。其他的全氟离子交换膜也同样因为离子选择性差和价格昂贵而难以大规模商业化应用。因此, 研究者们一直在研究开发新的高离子选择性、高耐久性、低成本的离子传导膜。研究内容主要包括两个方面：一是在全氟磺酸离子交换膜的改性方面开展了大量的研究, 二是研究开发低成本的非氟离子交换膜。

　　针对 Nafion 离子交换膜所做的改性主要是提高膜的离子选择透过性, 可通过缩小离子通道半径和涂覆阻钒层来实现。改性的方法包括有机无机复合（如二氧化硅填充 Nafion 离子交换膜）、有机有机共混[如 Nafion/聚偏氟乙烯（Nafion/PVDF）共混成膜]、表面引入一层荷正电的阻钒层等。

1. 无机纳米粒子掺杂的 Nafion 离子交换膜

　　无机纳米粒子是一类非常有效的有机树脂、塑料、橡胶的改性材料, 常用于增强塑料、橡胶等高分子材料机械性能, 并可以带来各种特殊的物理、化学特性。

在高分子膜材料内填充无机纳米粒子可以增加膜的机械性能、改善膜的亲水性等。在直接甲醇燃料电池的研究中，研究者们常将二氧化硅等无机粒子掺入 Nafion 离子交换膜的亲水离子簇内，以降低甲醇的渗透。而在全钒液流电池中，对 Nafion 离子交换膜进行无机粒子填充的目的是调控水和离子簇的半径，降低钒离子在 Nafion 离子交换膜中的渗透速度，以提高电池的库仑效率，并降低电解液储能容量的衰减速率。

最常见的无机填充物是二氧化硅粒子，因为其价格低廉、种类丰富、在酸中稳定且掺杂方式灵活，既可以在成膜之前添加，又可以在成膜之后添加。由于后添加可以保留商业化 Nafion 离子交换膜的机械性能，并且掺入的粒子大小均匀，因此研究较多。后添加方法如下，先将预处理后的 H-型 Nafion 离子交换膜在去离子水/甲醇溶液中充分溶胀，然后浸入正硅酸乙酯和甲醇的混合溶液中进行反应（图 5.5）。在此过程中，正硅酸乙酯渗入 Nafion 离子交换膜中，并在磺酸基团的催化作用下发生水解，生成二氧化硅溶胶。一定时间后，将 Nafion 离子交换膜取出烘干就得到了二氧化硅掺杂的 Nafion 离子交换膜。清华大学的邱新平研究组对 Nafion/SiO_2 复合离子交换膜在全钒液流电池中的应用进行了研究，发现二氧化硅的掺入大大提高了 Nafion 离子交换膜的阻钒性能，自放电时间延长了两倍。他们又对有机硅掺杂的 Nafion 离子交换膜进行了研究，发现膜的阻钒性能有了更大的提高。他们还对有机硅进行磺化[10]，对 Nafion117 离子交换膜进行改性，发现在阻钒性能提高的同时，膜的离子传导性也有所提升。Yang 等[11]则在 Nafion 离子交换膜中引入氨基氧化硅，以提高阻钒性能。如果将正硅酸乙酯换成钛酸四丁酯、正丁基氧锆或其混合物，同理可以得到氧化钛、氧化锆或混合粒子掺杂的 Nafion 离子交换膜[12, 13]。还可以将 Nafion 离子交换膜在硝酸氧锆和磷酸中依次浸渍，就可以得到磷酸锆掺杂的 Nafion 离子交换膜。也有人研究了掺杂法，例如，把氧化锆纳米棒[14]与 Nafion 铸膜液混合，加热干燥成膜。除了无机离子外，还有人在 Nafion 离子交换膜中掺杂氧化石墨烯[15]、表面活性剂[16]等，也提高了膜的阻钒性能。

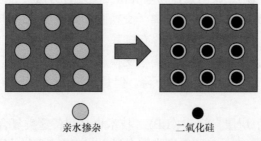

亲水掺杂　　　　　　　二氧化硅

图 5.5　无机纳米粒子掺杂的 Nafion 离子交换膜示意图

这些无机纳米粒子掺杂膜的离子选择性比未掺杂的 Nafion 离子交换膜有很大

提高。一般认为，无机离子的掺入，部分占据了 Nafion 离子交换膜的离子传输通道，使通道直径变小，从而阻碍了钒离子的传输，而质子由于体积小且可以通过离子交换传导机理传导而受阻碍较小。然而，质子和钒离子通过 Nafion 离子交换膜的方式、无机粒子阻挡钒粒子渗透的机理仍有待深入研究。而且，由于全氟磺酸膜的价格昂贵，增加改型工序会使其价格进一步增加，难以在实际中应用。

2. 有机高分子/Nafion 复合离子交换膜

用有机高分子对 Nafion 树脂进行改性的方法主要有两种，一种是以 Nafion 树脂为基底，在其表面复合一层阻钒层以降低钒离子的渗透（图 5.6）；另一种是直接将 Nafion 树脂与有机高分子共混，制成致密的复合离子交换膜。

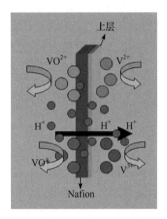

图 5.6　有机高分子/Nafion 复合离子
交换膜作用机理示意图

用第一种方法制备的复合离子交换膜机械性能主要由 Nafion 离子交换膜提供，表面的阻钒层只需几十纳米到几十微米厚即可。该阻钒层通常带有正电荷或具有较为致密的多孔结构，通过"唐南"（Donnan）排斥或孔径筛分效应来降低钒离子的渗透（互串）。Luo 等首先用界面聚合的方法在 Nafion 离子交换膜表面聚合了一层聚乙烯亚胺（PEI）[17]，制备方法如图 5.7 所示。由于 PEI 的叔胺带有正电荷，可以对钒离子起到一定的排斥作用。然而，这层 PEI 的电阻较大，造成复合离子交换膜的离子传导性下降，即电阻上升。用此复合膜组装的全钒液流电池，由于膜离子选择性升高，电池

的库仑效率大幅度提高，自放电速度大幅度降低。但由于膜的传导性下降，电池的电压效率有所下降。除 PEI 之外，研究人员还将聚吡咯复合在 Nafion 离子交换膜表面，并对直接吸附、氧化聚合和电沉积三类复合方法进行了对比。研究发现，用电沉积法所得 Nafion/聚吡咯复合离子交换膜的阻钒性能最佳，膜的水迁移现象也得到了有效抑制[18]。同理，其他含有氨基、吡啶或其他荷正电的高分子都可以用作阻钒层。研究人员还在 Nafion 离子交换膜表面辐射接枝了一层阳离子层[19]，随着接枝度的升高，钒离子渗透率下降，但是其传导性也下降，所以并不是接枝度越高越好。

除界面聚合外，层层自组装（LBL）技术也是制备这类复合膜的常用方法[20]。如图 5.8 所示，将 Nafion 离子交换膜依次浸入荷正电的聚二烯丙基二甲基氯化铵（PDDA）溶液及荷负电的聚苯乙烯磺酸钠溶液中，在膜的表面组装了一层带有正、负电荷的高分子膜。重复此过程，就可以得到多层复合膜。此方法简单，复合膜

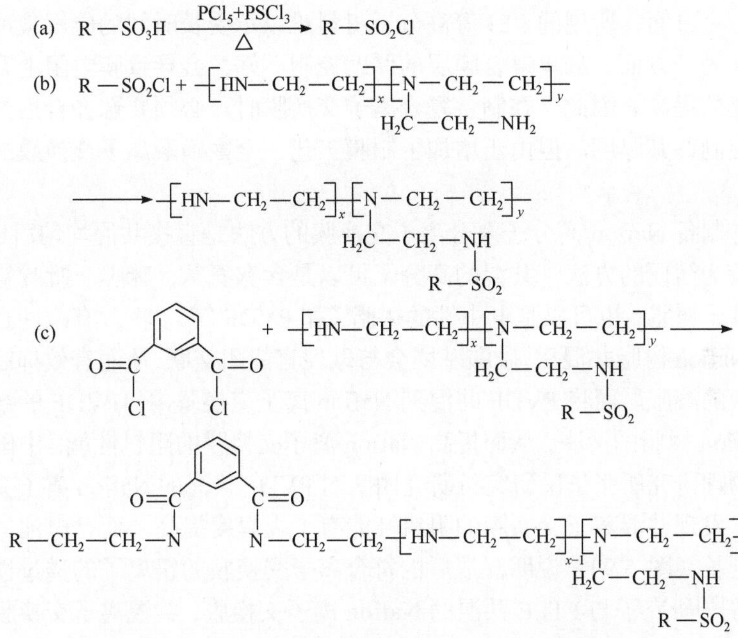

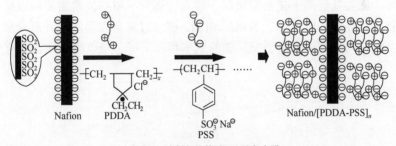

图 5.7　Nafion/PEI 复合离子交换膜制备示意图

采用LBL法制备的基于PEC的复合膜

图 5.8　层层自组装复合离子交换膜结构示意图[20]

的层数易控，因而在纳滤、全蒸发、直接甲醇燃料电池等领域有广阔应用前景。清华大学的邱新平等将此方法应用到全钒液流电池中，制备了层层自主组装的 Nafion 复合离子交换膜，膜的阻钒性能有了大幅度提高。除了使用高分子进行层层自组装外，研究人员还使用无机物进行自组装，如用荷负电的磷钨酸和荷正电的壳聚糖在 Nafion 离子交换膜表面层层自组装[21]；或者使用荷负电的片状 α-ZrP 和荷正电的 PDDA，随着组装层数的增加，膜的阻钒性能提升[22]，电池的库仑效率增加。

　　尽管此类复合离子交换膜的性能比 Nafion 离子交换膜有所提高，但是也存在一定局限。一方面，所用的 PEI 等高分子材料难以承受长时间的电解液冲刷和电化学氧化；另一方面，如果复合膜层的厚度控制不好，会导致膜电阻上升，不利于电池性能的提高。因此，在制备复合离子交换膜时，必须要选择合适的高分子材料，并控制好其厚度。但由于增加了制膜工艺，全氟磺酸离子交换膜的成本进一步升高。

　　第二种制备 Nafion/高分子复合离子交换膜的方法是直接共混均匀后成膜，这也是一种较为简便的方法。共混的高分子可以是含有氨基、咪唑、吡啶等碱性官能团的高分子树脂，也可以是电中性的树脂（如 PVDF 等）。将含有碱性官能团的高分子与 Nafion 树脂共混后，磺酸基团会与碱性官能团交联，从而有效抑制 Nafion 离子交换膜的溶胀。而将 PVDF 共混到 Nafion 离子交换膜内，PVDF 的结晶性也会抑制 Nafion 树脂的溶胀，从而提高 Nafion 离子交换膜的阻钒性能。中国科学院大连化学物理研究所张华民研究员研究团队对 PVDF 共混的 Nafion 离子交换膜进行了研究，发现共混离子交换膜的阻钒性能有了大幅度提高，而且电池的自放电时间显著延长（图 5.9），说明互混后的符合离子交换膜的钒离子的透过性显著降低。Teng 等[23]研究了与 PTFE 共混的 Nafion 离子交换膜，共混离子交换膜的阻钒性能同样得到了大幅度提高。他们进一步在共混离子交换膜中引入无机纳米离子，并且降低膜厚度，所制备膜在提高阻钒性能的同时保持了较好的离子传导性[24]。然而，对于此类复合离子交换膜来说，掺入的高分子树脂的量需要加以控制，因为该树脂的传导性一般远低于 Nafion 树脂，掺入过多会大幅度提升复合离子交换膜的面电阻。而且，这类离子交换膜的成本难以下降，难以商业化普及应用。

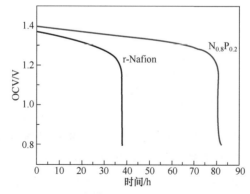

图 5.9　Nafion/PVDF 复合离子交换膜液流电池的自放电曲线

5.3.2　部分氟化离子交换膜

　　部分氟化的离子交换膜具有较低的成本，同时具有良好的化学稳定性能，从而可应用在全钒液流电池中[25-31]。部分氟化的离子交换膜通常以碳氟聚合物为主体，如乙烯-四氟乙烯共聚物（ETFE）和 PVDF，具有良好的化学稳定性。通常采用接枝离子交换基团的方法制备部分氟化的离子交换膜或具有多孔结构的多孔离子传导膜[32]。辐射接枝法是调控部分氟化离子交换（传导）膜性质的最常用方法。通过电子束、γ 射线辐射引发聚合物主链上产生自由基接枝亲水性的离子交换基团。通过辐射接枝的方法可以在 ETFE 聚合物上接枝不同种类的离子交换基团，如 γ 射线辐射接枝甲基丙烯酸二甲胺乙酯（DMAEMA）制备阴离子交换膜或通过两步法先接枝苯乙烯（PS）磺化，再辐射接枝 DMAEMA，制备出两性离子交换膜（ETFE-*g*-PSSA-*co*-PMAn）（图 5.10）[33, 34]。通过辐射接枝的方法可以实现 ETFE 膜良好的离子传导性能，并通过控制接枝度保证良好的离子选择性能，优于相同条件下的 Nafion 117 离子交换膜。

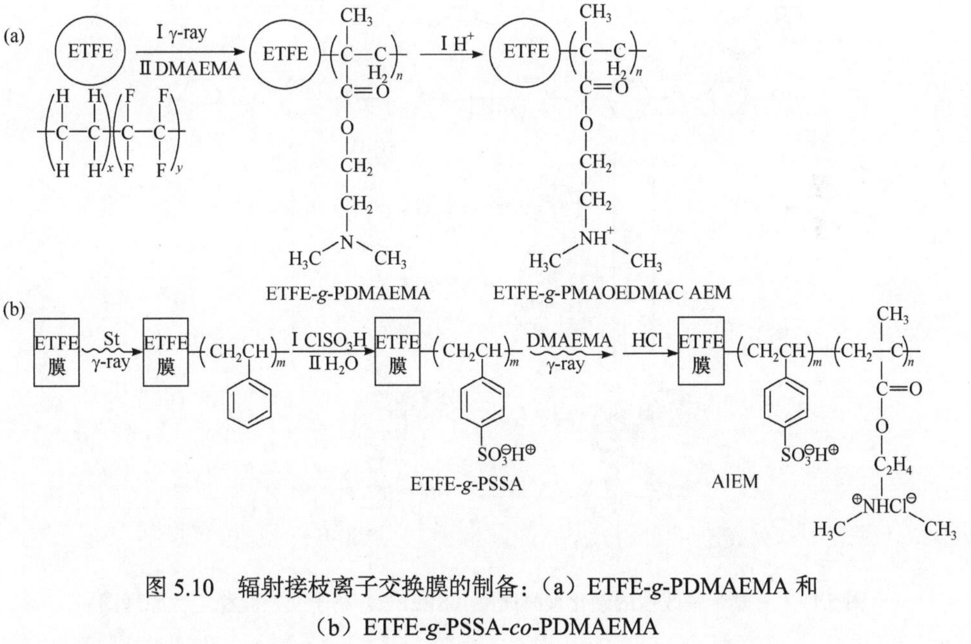

图 5.10　辐射接枝离子交换膜的制备：（a）ETFE-*g*-PDMAEMA 和
（b）ETFE-*g*-PSSA-*co*-PDMAEMA

　　另一种方法是通过醇钾溶液（氢氧化钾的乙醇溶液）处理的方法，将亲水性离子交换基团引入部分氟化聚合物的主链中。Qiu 等使用 0.07 mol/L 的 KOH 的乙醇溶液在 80℃条件下处理 PVDF 膜，再使用过氧化苯甲酰（DBO）引发苯乙烯和 PVDF 膜的交联聚合[35]。组装的电池表现出良好的选择性和优异的容量衰减性能。膜的接枝度对部分氟化的离子交换膜的离子传导性有很大的影响，在接枝度较低的情况下，膜的离子传导性能较低，在单电池测试过程中，电压效率较低；而当膜具有较高的接枝度时，离子交换膜将具有较高的溶胀性，其机械和化学稳定性较差。而且在制备部分氟化的离子交换膜的过程中，射线辐射或醇碱溶液也将对聚合物主链造成一定的破坏，导致部分氟化离子交换膜的化学稳定性降低。这将严重地制约部分氟离子传导膜在全钒液流电池中的应用。

　　基于非氟离子交换膜化学稳定性方面的研究，可以通过引入含氟基团改变主链电子云分布的方法，改善膜的化学稳定性（即制备出部分氟化的离子交换膜）。如 Yuan 等在非氟离子交换膜的基础上，通过在主链上引入三氟甲苯基团，利用引入部分强吸电子性的氟离子保护主链上的醚，提高非氟离子交换膜的化学稳定性能[36]。同时疏水性的—CF₃基团抑制了膜的溶胀，在全钒液流电池中表现出良好的选择性，该部分氟化的离子交换膜组装的全钒液流电池可稳定运行 1050 次循环以上（图 5.11）。

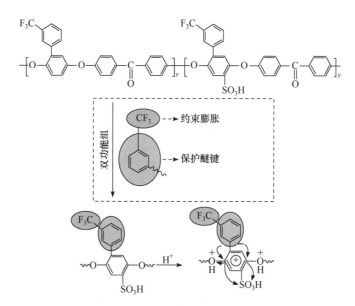

图 5.11　三氟苯基改性的磺化聚醚醚酮（SPEEK）离子交换膜稳定性原理图

5.3.3　非氟离子交换膜

　　非氟离子交换膜具有离子选择性高、机械稳定性好及成本低廉等特点，较早应用于燃料电池体系中。自 19 世纪末以来，研究者们先后开发出聚芳醚砜、聚芳醚酮、聚酰亚胺、聚苯并咪唑等不同体系的芳香族类离子交换膜，并在燃料电池领域中开展了试验应用[37-41]。通过改变分子构型、嵌段单元、磺化度、交联度等参数，可制得物理化学性能可控的离子交换膜材料。借鉴于燃料电池离子交换膜的应用，自 20 世纪 80 年代以来，研究者们相继探索开发出应用于全钒液流电池的非氟离子交换膜，并取得了一定进展[2]。

　　阳离子交换膜中带有负电荷离子交换基团，形成了强烈的负电场，只允许氢离子（质子）等阳离子通过，而阴离子难以通过。按照带负电荷的离子交换基团酸性的强弱，可分为强酸性（如磺酸型）、中强酸性（如磷酸型）、弱酸性（如羧酸型、苯酚型）离子交换膜。磺酸型阳离子交换膜因具有强酸性的离子交换基团，在强酸中可以充分解离，离子传导能力较为优异。弱酸性阳离子交换膜属于弱电解质，解离度小，而且易受 pH 的影响，在碱性介质中使用效果较好。因此，在全钒液流电池中，研究较多的离子交换基酸型离子交换膜是磺酸基型离子交换膜。该类膜的制备方法主要有"先磺化"和"后磺化"两种。"后磺化"是指以高分子树脂为基材，选择合适的磺化试剂（如浓硫酸、发烟硫酸、三氧化硫、氯磺酸等）与高分子树脂材料发生磺化反应，在高分子的主链上引入磺酸基团，使其具有质子传导的能力。磺化反应可以通过化学引发剂引发，也可以通过高能辐射引发。该方法操作较为简单、可选择的高分子种类多，因而较早得到研究。

　　澳大利亚 M. Skyllas-Kazacos 研究团队于 20 世纪 80 年代首先研究了商品化的磺化聚乙烯、磺化聚苯乙烯、羧甲基纤维素钠、Amberlite CG400 等非氟离子交换膜在全钒液流电池中的应用[42, 43]。随后，日本横滨国立大学的 Hwang 等在多孔聚烯烃薄膜上覆盖厚度约为 20 μm 的聚乙烯薄层，在磺酰氯气体中进行氯磺化反应，然后在氢氧化钠溶液中水解，得到含磺酸基团的非氟离子交换膜，并对其进行全钒液流电池性能测试[44]。进入 2000 年以后，中国科学院大连化学物理研究所、大连理工大学、北京大学、中山大学等研究单位分别设计合成了一系列结构不同的聚芳香族主链结构的磺化（图 5.12）和季碱化（图 5.13）的非氟离子交换膜，并对其进行了全钒液流电池性能研究。Chen 等利用二氟二苯酮、磺化二氟二苯酮和酚酞在高温碱性条件下亲核缩聚反应制备得到含酚酞基团的磺化聚芳醚酮[45, 46]。与 Nafion 117 离子交换膜相比，所制备的膜具有优异的阻钒性能，用其组装的全钒液流电池单电池显示出较高的库仑效率和能量效率，具有较好的应用前景。Mai 等采用"后磺化"的方法制备了一系列不同磺化度的磺化聚芳醚酮[47]。实验结果表明，该膜的钒离子渗透率较 Nafion 115 离子交换膜低一个数量级，用该膜组装的全钒液流电池单电池在 60 mA/cm² 的电流密度条件下，库仑效率和能量效率均高于用 Nafion 115 离子交换膜所组装的全钒液流电池单电池的库仑效率和能量效率。Arnold 等采用二氯乙烷为溶剂，三氧化硫为磺化试剂，对聚砜进行磺化反应制备得到磺化聚砜。将所制备的磺化聚砜试用于全钒液流电池，用其组装的全钒液流电池单电池的电池效率与用 Nafion 离子交换膜组装的全钒液流电池单电池的能量效率相当。

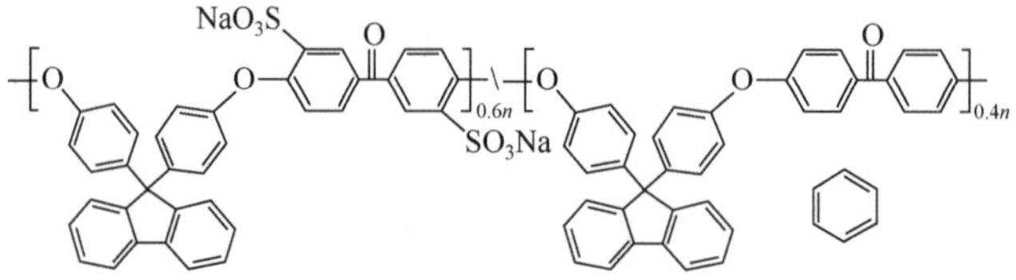

磺化聚(芴基醚酮)

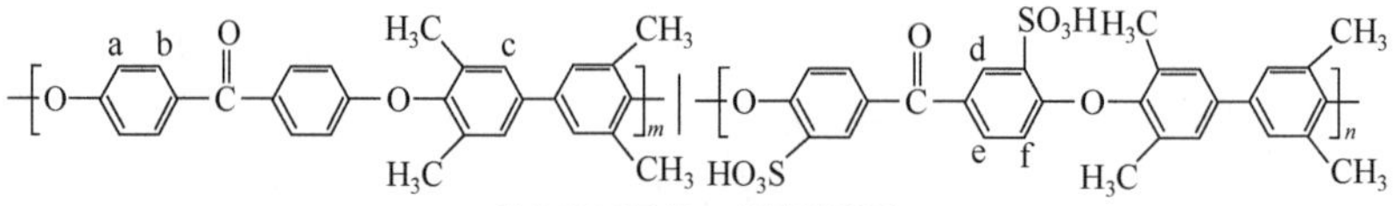

磺化聚四甲基二苯基醚醚酮

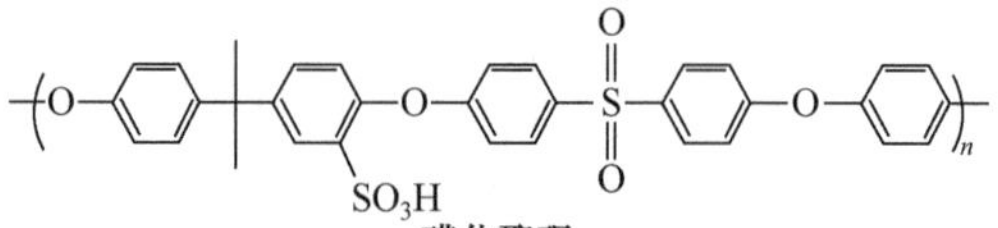

磺化聚砜

图 5.12　几种不同主链结构的磺化芳香族聚合物的结构

QBPPEK

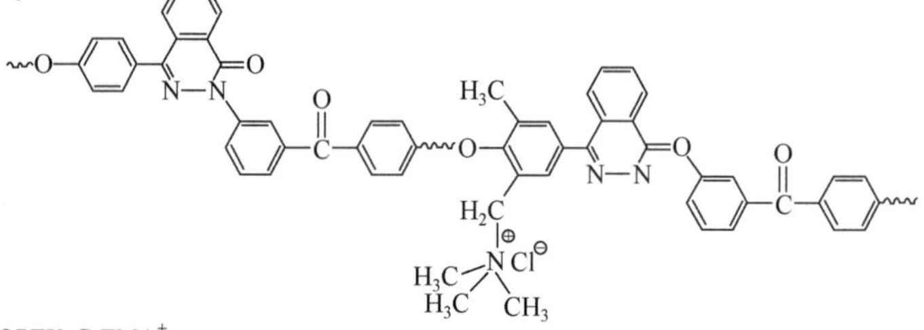

QPEK-C-TMA⁺

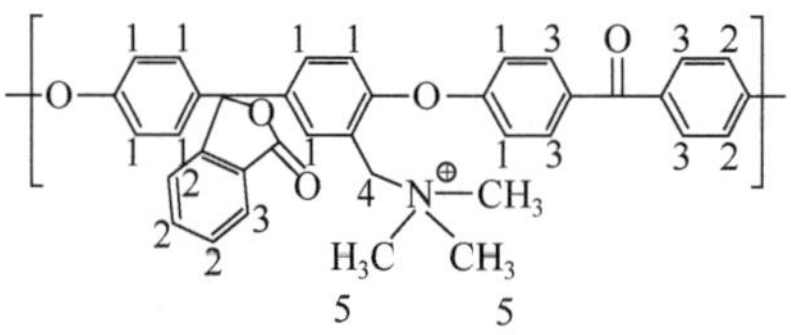

CMPSE

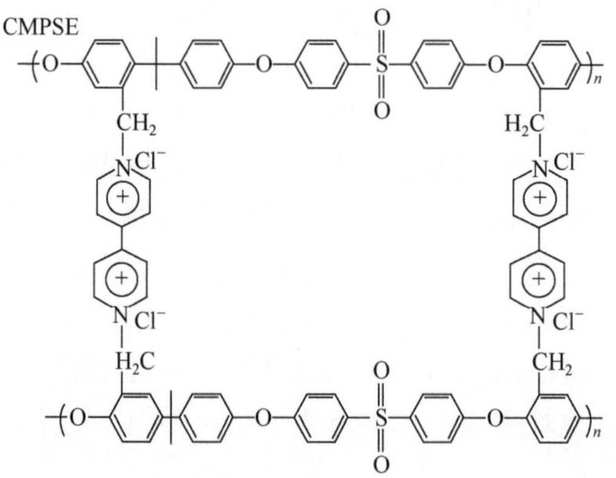

图 5.13　几种不同主链结构的季铵化芳香族聚合物的结构

　　非氟阴离子交换膜中具有碱性的离子交换基团，固定离子带正电荷，构成强烈的正电场，只选择性透过阴离子，而阳离子难以通过。按照碱性基团的强弱，即其解离度的大小，可分为强碱性（如季胺型）、中等碱性（如叔胺型）和弱碱性（如仲胺和伯胺型）离子交换膜。因强碱性膜是强聚电解质，解离速度快，解离数值高，所以使用范围广。弱碱性膜属于弱电解质，解离度小，使用上受 pH 的范围影响，在酸性介质中使用较好。在全钒液流电池体系中，研究比较多的是季铵型离子交换膜，即对高分子树脂材料进行季铵化改性。改性路线一般为先对高分子树脂进行氯甲基化（或溴甲基化），再用季胺化试剂进行处理。传统的氯甲基化反应需要用到甲基氯甲醚等毒性较大的试剂，后改用毒性较小的正丁基醚等长链醚烃，也可以直接用 N-溴代丁二酰亚胺溴化的方法对含苯甲基的树脂进行溴化。季胺化试剂也是多种多样，包括三甲胺、三乙胺、吡啶、咪唑、胍等含氮碱性基团。

　　非氟阴离子交换膜由于带有正电荷固定基团，对带正电荷的钒离子具有静电排斥作用，可以降低钒离子渗透率，因而受到研究者的广泛关注。Zhang 等通过溴甲基化反应在聚二氮杂萘醚酮链段上引入功能化溴甲基基团，获得一系列不同离子交换容量的季铵化聚二氮杂萘醚酮（QBPPEK）（图 5.13）[48]。研究结果表明，与 Nafion 117 离子交换膜相比较，所制备的 QBPPEK 膜具有更好的阻钒性能，用其组装的全钒液流电池单电池在 40 mA/cm² 的电流密度条件下能量效率为 88%，优于同样条件下用 Nafion 117 离子交换膜组装的全钒液流电池单电池的能量效率，且电池在 60 mA/cm² 的电流密度条件下能够较稳定运行 100 多个循环。Ramani 等通过氯甲基化反应在含酚酞侧基聚醚酮（PEK-C）引入功能化氯甲基基团，并进一步通过季铵化反应制备得到阴离子交换膜（QPEK-C-TMA⁺）（图 5.13）[49]。该膜在 30℃下的钒离子渗透系数为（8.2±0.2）×10⁻⁹ cm/s，用其组装的全钒液流电池单电池在 30 mA/cm² 的电流密度条件下库仑效率和能量效率分别为 98%和 80%。此外，1-D 和 2-D 核磁证实了所制备的阴离子交换膜具有优异的稳定性。Xu 等通过在非氟阴离子交换膜内部构建交联网络，用其组装的全钒液流电池单电池在 140 mA/cm² 的电流密度条件下连续稳定运行 1600 多个充、放电循环，大幅度提高了非氟阴离子交换膜在液流电池运行环境下的选择性和稳定性，为高性能非氟阴离子交换膜的研发提供了一条新思路[50]。

　　由于离子交换基团无规则分布于刚性芳香族主链中，其亲疏水相分布连续性差，微相分离结构不明显，离子簇半径较小，因此具有高的离子选择性。因而无论是非氟高分子树脂的磺化阳离子交换膜还是季铵化阴离子交换膜，用其组装的全钒液流电池单电池均表现出优于 Nafion 离子交换膜所组装的全钒液流电池单电池的库仑效率和相近的能量效率，但其化学稳定性和耐久性并不能满足液流电池长时间运行的需要，尽管经过数十年的研发，但至今仍未能实现应用。

　　如上所述，非氟离子交换膜具有选择性高、成本低的优势，但其稳定性较差，限制了其进一步应用。而全钒液流电池中的离子交换膜处于强氧化性、强酸性及高电位的苛刻环境中，对膜的稳定性要求高。此外，非氟离子交换膜在液流电池环境下的降解机理比较复杂，研究不够深入，这给非氟离子交换膜的研究开发带来了极大的挑战。目前评价离子交换膜在全钒液流电池环境下氧化稳定性的主要方法包括以下几个方面[1]。

　　（1）VO_2^+ 离线氧化法：将离子交换膜置于一定浓度的 VO_2^+/H_2SO_4 溶液中，溶液中的离子交换膜被氧化，而 VO_2^+ 被还原为 VO^{2+}。通过检测溶液中被还原的 VO^{2+}浓度来评价离子交换膜氧化稳定性，溶液中 VO^{2+}浓度可以通过紫外分光光度计或元素分析等手段测得；也可通过检测离子交换膜氧化前后的质量差值或机械强度等来评价离子交换膜氧化稳定性的好坏。为了加速离子交换膜的氧化，可以采用升高实验温度、溶液中 VO_2^+ 的浓度或酸浓度等方法。

　　（2）Fenton 试剂氧化法：将离子交换膜置于一定浓度的 Fenton 试剂（H_2O_2 与 Fe^{2+}组成的混合溶液）中，溶液中 OH· 或 OOH· 等自由基使得离子交换膜发生氧化而降解，通过检测氧化前后膜的质量差值来评价离子交换膜的氧化稳定性。

　　（3）全钒液流电池性能在线测试法：将所制备的离子交换膜组装成全钒液流电池单电池，考察离子交换膜在全钒液流电池运行环境下的电池性能和充、放电循环稳定性。

　　澳大利亚新南威尔士大学的 M. Skyllas-Kazacos 研究团队在全钒液流电池运行环境下的离子交换膜氧化稳定性方面做了大量研究工作。他们比较了一系列商品化的离子交换膜[Daramic、Sulfonated Composite Daramic、Nafion 112、New Selemion（type 2）、Selemion CMV、二乙烯基苯（DVB）交联的 Daramic 等膜]在全钒液流电池环境下的稳定性，通过比较氧化前后膜的质量变化及被还原的五价钒的浓度来评价膜的氧化稳定性[51]。研究结果表明，Selemion CMV 离子交换膜在全钒液流电池环境下的氧化稳定性最差，而 Nafion 112 和 New Selemion（type 2）离子交换膜表现出优异的化学稳定性；同时，与 Sulfonated Composite Daramic 离子交换膜相比，DVB 交联的 Daramic 离子交换膜的氧化稳定性有较好的改善。随后，该研究团队研究了一系列离子交换膜在不同浓度（0.1 mol/L 和 1.0 mol/L）五价钒溶液下的稳定性，通过比较氧化前后膜的电阻、IEC、水迁移等性质来评价膜的氧化稳定性[52]。研究结果表明，Nafion112 离子交换膜在低浓度（0.1 mol/L）的五价钒溶液中氧化速度快于在高浓度的五价钒溶液中的氧化速度，这主要是因为 Nafion 112 离子交换膜在低浓度的五价钒溶液中溶胀更严重，从而导致 VO_2^+ 离子更容易进入膜内，使膜发生氧化降解。该研究团队虽然对比了一系列离子传导膜在全钒液流电池环境下氧化稳定性的相对强弱，但是对于具体的氧化产物和降解机理并未进行深入的研究。

　　Kim 等通过全钒液流电池在线和离线测试方法系统地研究了磺化聚砜膜（S-Radel）的氧化稳定性[53]。作者将 S-Radel 膜分别浸于高浓度（1.7 mol/L）的不同价态的钒离子溶液中（5 mol/L SO_4^{2-}），40℃浸泡一定时间后观察膜表面形貌变化。通过 SEM 照片（图 5.14）发现 V^{5+} 对 S-Radel 膜具有明显的破坏作用[图 5.14（d）]，而 V^{2+}、V^{3+}、V^{4+} 离子对 S-Radel 膜无明显破坏作用[图 5.14（a）～（c）]。在此基础上，将 S-Radel 膜浸于 0.1 mol/L V^{5+} + 5 mol/L SO_4^{2-} 溶液中，并置于不同温度下处理（22℃、40℃），用紫外分光光度计定期检测溶液中被还原的 V^{4+} 离子浓度。研究发现，温度越高，溶液中被还原的 V^{4+} 离子浓度越高（图 5.15），表明高温会加速膜的氧化降解。此外，作者通过对全钒液流电池在线测试后 S-Radel 离子交换膜的形貌、氧化产物的结构进行分析，认为 S-Radel 离子交换膜在电池测试环境下的氧化降解过程与在离线测试中氧化降解过程不同，对氧化后的 S-Radel 离子交换膜进行 Raman 表征发现，部分离子交换基团（磺酸基团）发生降解而从主链脱落。

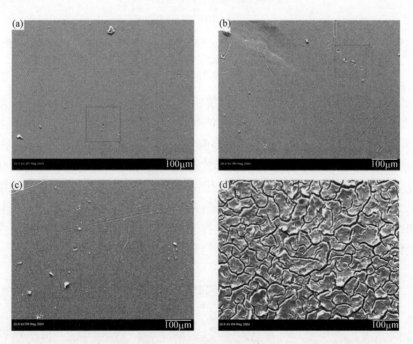

图 5.14　S-Radel 膜在 40℃，1.7 mol/L V^{n+} + 5 mol/L SO_4^{2-} 水溶液中处理
一定时间后的表面 SEM 照片
（a）100 h，V^{2+}；（b）100 h，V^{3+}；（c）40 d，V^{4+}（d）80 h，V^{5+}

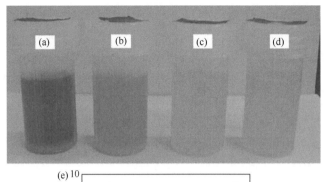

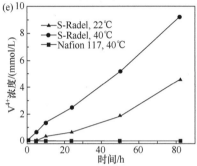

图 5.15　S-Radel 膜在 0.1 mol/L V^{5+} + 5.0 mol/L H$_2$SO$_4$ 溶液中浸泡 170 h 后溶液的颜色变化
（a）40℃；（b）室温（约 22℃）；（c）Nafion 117 离子交换膜，40℃；（d）空白溶液；
（e）溶液中 V^{4+}浓度随时间的变化关系

　　为了阐明 S-Radel 离子交换膜的降解机理，Chen 和 Hickner 对 S-Radel 离子交换膜离线测试后（图 5.16）的氧化降解产物进行了详细的光谱分析（FTIR、NMR、XPS 等），并首次提出 S-Radel 离子交换膜在全钒液流电池环境下的降解机理[54]：钒（五价）氧活性物质首先以自由基形式活化主链苯环，然后进一步将活化的苯环氧化为醌，而离子交换容量未发生变化（磺酸基团未发生氧化降解），该结论与该团队之前提出的离子交换基团发生降解从主链脱落这一结论相矛盾，而且作者未将离线和在线测试后 S-Radel 离子交换膜的氧化产物进行对比，忽略了在线环境下的浓度梯度、电场环境等因素对膜稳定性的影响。

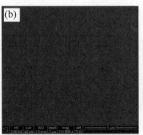
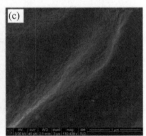

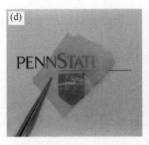 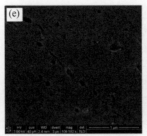 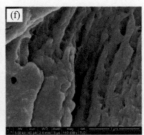

S-Radel膜在离线环境下的降解机理(步骤1为自由基过程；步骤2为氧化还原过程)

图 5.16　S-Radel 离子交换膜在 1.7 mol/L V^{5+} + 3.3 mol/L H_2SO_4 溶液中（40℃）浸泡 72 h 前后的
形貌照片及 S-Radel 离子交换膜的降解机理

（a）S-Radel 膜的可视化照片；（b）表面 SEM 照片；（c）截面 SEM 照片；（d）降解后 S-Radel 膜的可视化照片；
（e）降解后表面 SEM 照片；（f）降解后截面 SEM 照片

　　Cy Fujimoto 等通过离线方法将三种不同离子交换容量（IEC）的磺化二烯醛聚（苯撑）（SDAPP）离子交换膜（IEC：1.4 meq/g、1.6 meq/g、2.0 meq/g）置于 0.1 mol/L V^{5+} 和 5 mol/L H_2SO_4 水溶液中（40℃）来研究 IEC 对膜氧化稳定性的影响[54]。从图 5.17 中可以看出，随着氧化时间的延长，装有 Nafion 离子交换膜的五价钒溶液颜色未发生明显变化，而装有 SDAPP 离子交换膜的五价钒溶液颜色逐渐由黄变绿，且随着 IEC 的增加，溶液颜色变化逐渐明显。IEC 为 2.0 meq/g 的 SDAPP 膜在浸泡时间为 376 h 时发生破裂，而 IEC 为 1.4 meq/g 的 SDAPP 膜在浸泡时间为 1527 h 时发生破裂，表明 SDAPP 离子交换膜的氧化稳定性随着 IEC 的增加而降低。进一步通过全钒液流电池性能测试发现，IEC 越高，电池的循环稳定性越差。作者通过离线和在线的方法证实了离子交换容量影响离子交换膜的氧化稳定性，但对于 SDAPP 膜的氧化产物并未做详细的研究，降解机理也有待进一步阐释。

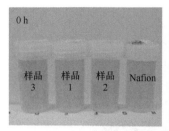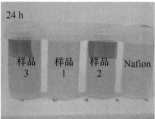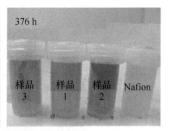

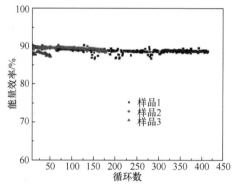

图 5.17　SDAPP 离子交换膜氧化稳定性的研究

从文献报道可以看出，人们对非氟离子交换膜在全钒液流电池环境下的氧化稳定性的研究较少，详细的降解机理研究也少有文献报道，这主要是因为非氟离子交换膜在全钒液流电池运行条件下（在线测试）稳定性差，"离线测试"方法能否真实反映"在线测试"过程中在线测试膜的降解机理还有待进一步研究。另外，"在线测试"由于复杂的电池环境给离子交换膜氧化稳定性的研究带来困难，"在线"和"离线"测试结果之间的关系也需要进一步明确。这些问题在一定程度上制约了液流电池用在线测试膜材料的进一步设计与开发。因此，阐明非氟离子交换膜在液流电池环境的降解机理对液流电池用在线测试膜材料的进一步设计与开发至关重要。

为了阐明非氟离子交换膜的降解机理，中国科学院大连化学物理研究所张华民研究团队选取不同磺化度（DS）的磺化聚醚醚酮（SPEEK）为模型化合物，首先通过离线测试，将不同 DS 的 SPEEK 膜浸于 40℃，0.15 mol/L V^{5+} + 3 mol/L

H$_2$SO$_4$ 溶液中，考察了离子交换基团对膜氧化稳定性的影响。为了进一步加速非氟离子交换膜的降解，将 V^{5+}浓度提高至 1.5 mol/L。对氧化后 SPEEK 膜的降解产物的结构进行光谱分析，阐明了 SPEEK 膜在离线环境下的降解机理（图 5.18）。根据文献报道[54]，非氟离子交换膜（S-Radel）在中性的 VOCl$_3$ 溶液中并不会发生氧化降解，VOCl$_3$ 具有与 VO$_2^+$ 类似的结构，表明单一的 VO$_2^+$ 离子并不具有氧化性，即酸性介质能明显增强五价钒的氧化性。由于五价钒氧物种中心的钒离子电荷密度很高，对附近的氧原子的极化作用很强，因此钒离子周围的氧原子的电子云密度发生改变，使得钒离子附近的氧原子呈电负性。而在酸性介质中，H$^+$近乎是一裸露的质子，具有很高的正电荷密度，对电子具有极强的吸引作用。H$^+$对氧原子的极化作用与五价钒离子对氧原子的极化作用相反，即反极化作用[55]。这种反极化作用使得质子附近的氧原子呈正电性，而五价钒离子附近的氧原子呈负电性，从而削弱了钒氧物种中钒原子和氧原子之间的共价键，导致 VO$_2^+$ 离子被还原成 VO^{2+}离子。在强酸性介质中，SPEEK 主链中的醚氧基团极易质子化而成为吸电子基团（质子化的醚键也可以看成离子交换基团），同时，离子交换基团（磺酸基团）也属于强吸电子基团。在二者共同的作用下，主链电子云密度发生改变，使得主链苯环上的碳成为亲电中心，该亲电中心极易受钒氧物种亲核试剂（与五价钒结合的氧原子上的孤对电子）的进攻而发生降解。同时将在线测试后膜的降解产物与离线测试后膜的降解产物进行了比对，发现二者的降解产物一致，表明离线测试所得到的降解机理能较真实地反映膜在电池运行环境下的降解机理。

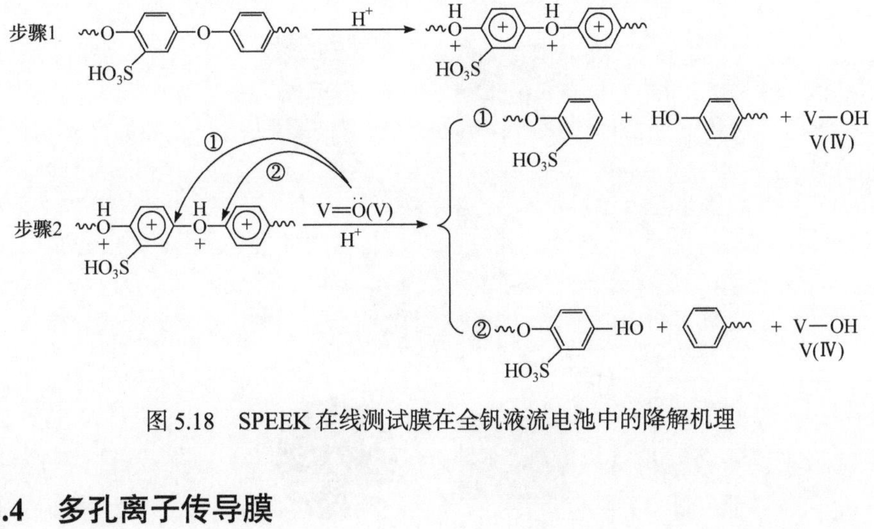

图 5.18　SPEEK 在线测试膜在全钒液流电池中的降解机理

5.3.4　多孔离子传导膜

为了解决全氟磺酸离子交换膜价格昂贵和非氟离子交换膜稳定性差的问题，

推进全钒液流电池储能技术的产业化应用，张华民研究团队在多年质子交换膜燃料电池和全钒液流电池离子交换膜材料研究开发经验积累的基础上发现，在非氟有机高分子材料中引入离子交换基团，是导致非氟离子交换膜材料降解的根本原因。按照传统的离子交换机理，离子交换膜材料必须含离子交换基团，否则无法实现离子交换传导。但离子交换基团的导入会造成非氟离子交换膜容易降解，稳定性降低。研究团队突破了离子交换传导机理的束缚，原创性地提出了不含离子交换基团的"离子筛分传导机理"的概念[56]，成功地合成出一系列具有不同孔结构特点的非氟多孔离子传导膜，利用孔径筛分效应，实现了对钒离子和质子的高选择性筛分传导（图 5.19）。Zhang 等用相转化法制备了具有优良离子选择透过性的多孔聚丙烯腈（PAN）离子传导膜，并在全钒液流电池中进行应用研究[56-58]。该膜由一层致密皮层和大孔支撑层构成。其中，致密皮层的孔结构对钒离子和氢离子（质子）进行选择性筛分传导，如图 5.19 所示。用该离子传导膜组装的全钒液流电池单电池在 80 mA/cm² 下进行恒流充、放电，其库仑效率可以达到 95% 以上，与价格昂贵的 Nafion 115 离子交换膜性能相近，但是价格约为 Nafion 115 离子交换膜的五分之一。聚丙烯腈离子传导膜在全钒液流电池中的成功应用证实了多孔离子传导膜在全钒液流电池中的可行性。基于离子筛分传导机理而原创性地提出的多孔离子传导膜这种全新的概念突破了传统离子交换膜机理的束缚，摆脱了对离子交换基团的依赖，从根本上解决了离子交换基团的引入导致的多孔离子传导膜稳定性差、易降解的问题，扩展了膜材料的选择范围，为全钒液流电池用膜材料的实用化和产业化开创了一条全新的思路。

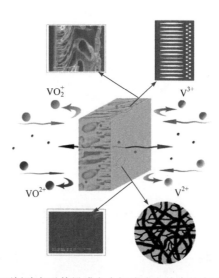

图 5.19　聚丙烯腈离子传导膜在全钒液流电池中的应用原理示意图

相分离法（又称相转化法）是目前最常用的多孔离子传导膜的制备方法，在利用相分离法制备多孔离子传导膜的过程中，多种因素都会影响膜的最终形貌，如铸膜液的组成、溶剂类型、添加剂种类和含量、凝固方法、铸膜厚度和温度等[57]。一般而言，铸膜液中的聚合物浓度越高或者溶剂浓度越低，所制备的多孔离子传导膜的孔径越小，膜材料越致密，反之其孔径越大，膜材料孔隙率越大；铸膜液中添加剂的尺寸越小，所制备的多孔离子传导膜的孔径越小，孔径分布越密集[56, 59, 60]；凝固方法主要影响浸没过程中溶剂与非溶剂的交换速度，快速的溶剂-非溶剂交换容易制备指状孔结构的多孔离子传导膜，缓慢的溶剂-非溶剂交换则容易制备海绵状结构的多孔离子传导膜[61, 62]。因此，调节相分离过程中的制备参数是调控多孔离子传导膜形貌的常用方法之一，其基本原理即在于改变溶剂和非溶剂的交换速度[57]。中国科学院大连化学物理研究所的 Wei 等通过调节铸膜液中聚偏氟乙烯的浓度和铸膜过程的铸膜厚度，制备了不对称的疏水多孔聚偏氟乙烯膜[63]。Li 等通过向聚醚砜（PES）铸膜液中添加水溶性的聚乙烯吡咯烷酮（PVP）作为造孔剂，制备了不同形貌和性能的聚醚砜多孔离子传导膜[64]。Xu 等则通过向聚醚砜铸膜液中添加非水溶性的亲水性磺化聚醚醚酮来调控膜的孔结构[65]。铸膜液中磺化聚醚醚酮含量的增加提高了铸膜液的黏度，更容易在浸没过程中发生延迟相分离，从而更容易形成海绵状孔结构[图 5.20（a）]。此外，膜中亲水性的磺化聚醚醚酮也保证了膜的质子传导性。用该多孔聚醚砜/磺化聚醚醚酮共混多孔离子传导膜组装的全钒液流电池单电池在 80 mA/cm² 下进行恒流充、放电，其能量效率可以达到 78.4%[图 5.20（b）]。

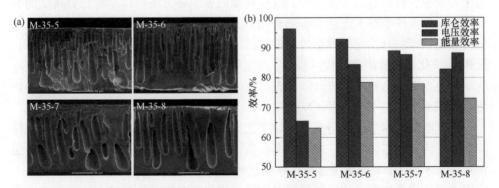

图 5.20　铸膜液中磺化聚醚醚酮含量的提高对多孔聚醚砜/磺化聚醚醚酮多孔离子传导膜
形貌（a）和性能（b）的影响

中国科学院大连化学物理研究所的 Cao 等通过调节浸没相转化过程中凝固浴的组成来优化多孔聚偏氟乙烯多孔离子传导膜的性能（图 5.21）[66]。该凝固浴由乙醇和水组成，二者比例的不同及多孔离子传导膜在凝固浴中浸没时间的变化，影响着成膜过程中的动力学和热力学性质。凝固浴中乙醇的添加使得溶剂和非溶剂的交换变慢，发生延迟相分离，更容易形成海绵状孔结构。当凝固浴中水和乙醇的体积比为 7∶3 时，用该多孔聚偏氟乙烯多孔离子传导膜组装的全钒液流电池单电池在 80 mA/cm² 下进行恒流充、放电，其能量效率可以达到 80.1%。

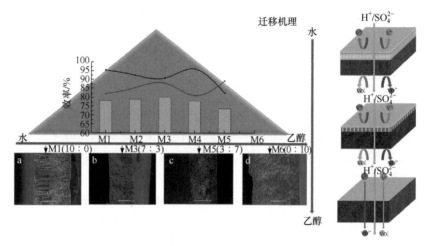

图 5.21　聚偏氟乙烯膜的横截面形貌及其在全钒液流电池中的形貌和膜的离子传输机理
M1～M6：凝固浴中乙醇的含量逐渐增加

　　除了调节相分离过程中的制备参数外，开发新型的膜制备方法也是优化多孔离子传导膜性能的有效方法之一。这些新型的膜制备方法可以参考相分离法的基本原理。中国科学院大连化学物理研究所的 Zhang 等以溶剂蒸发诱导相分离的原理为理论依据，开发出一种新型的模板法，制备出具有可控离子迁移通路的多孔聚醚砜/磺化聚醚醚酮离子传导膜[67]。其组装制备的多孔离子传导膜的全钒液流电池单电池在 80 mA/cm² 下进行恒流充、放电，其库仑效率超过 97%，远高于商业化的 Nafion 115 离子交换膜（N115）。

　　液流电池的库仑效率与离子传导膜选择性密切相关，而电压效率与离子传导膜的离子传导性密切相关。所以，多孔离子传导膜的离子选择性和离子传导性通常是相互矛盾的，高的离子选择性往往意味着低的离子传导性，反之亦然[63, 65-67]。为了在保持优良的离子选择性的同时，进一步提高其离子传导性，从而提高电池的电压效率，研究者们做了很多尝试。例如，将亲水性无机基纳米颗粒引入多孔离子传导膜中，通过减小膜的孔径和降低膜的孔隙率来提高其离子选择性。同时，无机纳米颗粒表面上的荷电基团可以促进质子的传输[57, 58, 68, 69]。迄今，二氧化硅（SiO₂）和分子筛是最常用的无机纳米颗粒。中国科学院大连化学物理研究所的 Zhang 等[3]和美国太平洋西北国家实验室的 Wang 等[13]都将二氧化硅引入多孔基体中以制备多孔共混膜，所不同的是二者所采用的多孔基体材料不同。Zhang等将二氧化硅原位组装到多孔聚丙烯腈基体上，使得所制备的多孔共混膜具有更小的孔径和更加致密的皮层，基于孔径筛分效应提高了膜的钒/氢选择性[58]。此外，在全钒液流电池运行环境中，磺酸基团可以被吸附到二氧化硅颗粒表面上，从而促进质子的传输。Wang 等则利用柔性好和机械强度高的多孔聚四氟乙烯膜作为基体[13]，其组装制备的多孔聚四氟乙烯/二氧化硅（PTFE/SiO₂）共混膜的混酸全钒液流电池系统具有高的能量效率，优良的倍率性能、耐热性和循环稳定性，以及高的容量保持率（图 5.22）。然而，Zhang 等和 Wang 等都是采用共混的方式将二氧化硅纳米颗粒引入到多孔基体中，利用共混的方法很难实现对多孔离子传导膜孔径的精确调控。

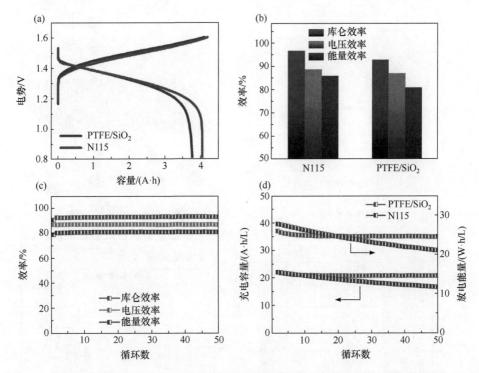

图 5.22　多孔聚四氟乙烯/二氧化硅共混离子传导膜在混酸全钒液流电池中的电化学性能（电解液：2.5 mol/L VOSO₄-5 mol/L HCl）：（a）充电-放电电压图；（b）效率；（c）循环过程中的效率；（d）循环过程中的放电容量和充电容量[Nafion 115（N 115）离子交换膜为参比]

为了验证"离子筛分传导机理"，Yuan 等采用喷涂的方法将分子筛 ZSM-35复合到聚醚砜/磺化聚醚醚酮多孔基膜上，在多孔基体表面形成了一层均匀的分子筛 ZSM-35 膜[图 5.23（a）][69]。ZSM-35 的孔径（约 0.5 nm）恰好处于钒离子直径（>0.6 nm）和质子直径（<0.24 nm）之间。分别用聚醚砜/磺化聚醚醚酮多孔基体膜和喷涂了分子筛 ZSM-35 复合到聚醚砜/磺化聚醚醚酮的多孔基体膜组装全钒液流电池单电池，并评价了其电池性能，同时与 Nafion 115 离子交换膜组装的电池的性能进行了比较。结果表明，聚醚砜/磺化聚醚醚酮多孔基膜由于孔径较大而且不均匀，导致正、负极电解液互串，电池在 80 mA/cm² 下进行恒流充、放电，其库仑效率只有 50%，但是电池的表观电压效率高达 93%。而由于 ZSM-35 的荷负电基团可以加快质子的传输，提高了质子传导性。用基膜表面复合有 ZSM-35 的多孔离子传导膜组装的电池在 80 mA/cm² 下进行恒流充、放电，其库仑效率可以达到 98.6%，电压效率达到 92.7%，能量效率达到 91.4%，均远高于 Nafion 115 离

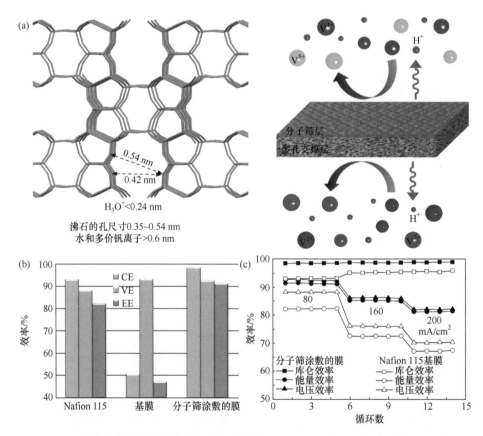

图 5.23　（a）多孔离子传导膜复合分子筛层的设计原理；（b）采用基膜、Nafion 115 离子交换膜和分子筛涂覆的多孔离子传导膜组装的全钒液流电池在 80 mA/cm² 电流密度下的性能；（c）采用 Nafion 115 和分子筛涂覆的多孔离子传导膜组装的全钒液流电池在 80～200 mA/cm² 电流密度范围内的电池性能

子交换膜的电池性能[图 5.23（b）]。上述结果表明，复合 ZSM-35 在多孔基膜上可以有效解决多孔离子传导膜选择性和传导性之间的矛盾。同时验证了"离子筛分传导机理"的正确性。此外，组装 ZSM-35 涂覆的多孔离子传导膜的全钒液流电池单电池在 200 mA/cm² 下进行恒流充、放电，其库仑效率可以达到 99% 以上，能量效率达到 81% 以上[图 5.23（c）]。

　　利用共混法向多孔基膜中引入无机纳米颗粒的方法往往无法完全平衡多孔离子传导膜选择性和传导性之间的矛盾，所制备的离子传导膜的传导性通常较低。而利用复合法时，往往遇到复合层易脱落的问题。两种方法都无法在平衡多孔离子传导膜选择性和传导性矛盾的同时提高膜的稳定性。因此向多孔离子传导膜引入荷电基团又成为另一个研究热点。向多孔离子传导膜中引入荷负电基团是常用的提高其离子传导性的方法。虽然荷负电基团也会同时传输钒离子，但孔径的减小可以保证对钒离子和质子的选择性分离。目前全钒液流电池用多孔离子传导膜中最常用的荷负电基团是磺酸基团[70, 71]。大连化学物理研究所的张华民等将一层超薄的离子选择层（Nafion 层）引入多孔基体上，利用选择层中荷负电的磺酸基团及皮层中相对开放的孔结构保证膜的高传导性[71]。而多孔基体上的超薄顶层和多孔基体本身可调节的孔结构则为膜提供高选择性。

　　全钒液流电池电解液中的氢离子（质子）和钒离子带正电荷，引入荷正电基团可以利用其与钒离子的"唐南"排斥效应来提高离子传导膜的选择性。为了提高离子传导膜的传导性，荷正电基团多为可以在酸性条件下的质子化的氨基基团，因此有利于同时实现离子传导膜的高传导性和选择性[72, 73]。吡啶（Py）、聚乙烯吡咯烷酮、咪唑和聚吡咯（PPY）等含氮化合物都是常用的修饰材料[72-75]。

　　Zhang 等设计了一种具有对称海绵状孔结构的荷正电多孔离子传导膜（图 5.24）[72]。此设计具有以下特点。

　　（1）海绵状孔结构多孔离子传导膜的孔多数是不贯通的。

　　（2）当海绵状孔结构离子传导膜被浸到全钒液流电池电解液中时，每一个孔内都充满电解液。

　　（3）海绵状孔结构多孔离子传导膜的所有孔壁都带有荷正电基团。

　　通过接枝吡啶使得所有孔壁均带有荷正电基团，此荷正电基团也可以与全钒液流电池电解液中的硫酸结合，通过酸碱相互作用促进质子的传输。此外，在"唐南"排斥效应作用下，质子与多价钒离子被荷正电的超薄孔壁所分离。对称的海绵状多孔结构中不贯通的孔也有利于提高膜的离子选择性，很好地平衡多孔离子传导膜选择性和传导性的矛盾。采用该离子传导膜组装的全钒液流电池单电池在 80 mA/cm² 下进行恒流充、放电，其能量效率可以达到 85%，远高于商业化 Nafion 115 离子交换膜组装的全钒液流电池单电池的能量效率。

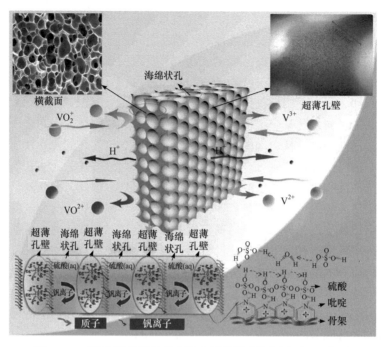

图 5.24　对称海绵状结构的多孔离子传导膜的作用原理示意图

离子交换基团的引入会影响非氟离子交换膜的化学稳定性，使得该类离子交换膜组装的全钒液流电池的长期运行稳定性很差[70-72]。为了规避荷电基团的引入所导致的非氟离子交换膜化学稳定性差的问题，研究人员利用荷电基团的酸碱相互作用在膜内构筑交联网络[73, 76-78]。中国科学院大连化学物理研究所的 Zhao 等通过利用荷正电咪唑基团和荷负电氯甲基化聚砜（CMPSF）非氟离子交换膜基体之间的反应，在海绵状多孔离子传导膜孔壁上构建了内部交联网络[图 5.25（a）][73]。此设计的目的是利用内部交联网络来使多孔离子传导膜实现优异的选择性和稳定性。此设计实际上结合了阴离子交换膜和多孔离子传导膜的优点，"阴离子交换膜"中荷正电咪唑基团的"唐南"排斥效应和多孔离子传导膜的孔径筛分效应保证了膜的高选择性，孔壁上的交联网络也增强了多孔离子传导膜的选择性和稳定性。膜的质子传导性则由"阴离子交换膜"的"Grotthuss"机理和多孔离子传导膜可调控的孔结构保证。组装该多孔离子传导膜的全钒液流电池单电池在 80 mA/cm² 下进行恒流充、放电循环，其库仑效率可以高达 99%，能量效率为 86%。单电池在 120 mA/cm² 的高电流密度下连续稳定运行 6000 多个充、放电循环，性能没有明显衰减，显示出优异的稳定性[图 5.25（b）]。

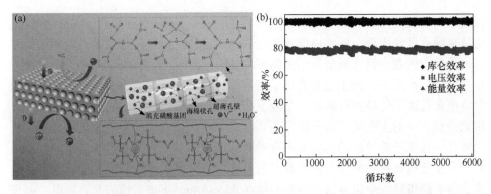

图 5.25　（a）具有内部交联网络的荷电海绵状多孔离子传导膜的作用原理示意图；（b）制备的
多孔离子传导膜组装的单电池在 120 mA/cm² 电流密度下的充、放电循环性能

  Zhao 等采用柔性链段的 1,4-丁二胺作为交联剂，在孔壁构筑荷正电的内交联网络。此结构由柔性的 1,4-丁二胺与刚性聚砜易构建，具有较明显的亲/疏水相分离结构，有利于离子的传导，提高了多孔离子传导膜的离子传导性。同时，荷正电交联网络保持了多孔离子传导膜的选择性与稳定性。最终制备的多孔离子传导膜在全钒液流电池中表现出优良的电化学性能，用该多孔离子传导膜组装的全钒液流电池单电池在 80 mA/cm² 下进行恒流充、放电，其库仑效率超过 99%，能量效率超过 87%。但是构筑内部交联网络带来高选择性和稳定性的同时，多孔离子传导膜的传导性也会受到一定的影响。为了更好地平衡选择性和传导性，大连化学物理研究所的 Qiao 等通过调控 pH 的方法，在多孔离子传导膜内原位构筑酸碱交联网络[77]。首先通过在铸膜液中添加亲水性的磺化聚醚醚酮对多孔聚苯并咪唑（PBI）膜的形貌进行初步调控，然后通过聚苯并咪唑和磺化聚醚醚酮之间的原位酸碱相互作用在孔壁上构筑内部交联网络。该交联网络通过调控 pH 实现，在酸性条件下聚苯并咪唑和磺化聚醚醚酮发生原位交联反应，大大提高了多孔离子传导膜的选择性和稳定性。亲水性的磺酸基团和氨基基团则提高了多孔离子传导膜的离子传导性。用该多孔聚苯并咪唑膜组装的全钒液流电池单电池在 80 mA/cm² 下进行恒流充、放电，其库仑效率为 98.5%、电压效率高达 89.3%，远高于之前报道的具有交联网络的多孔离子传导膜组装的全钒液流电池单电池的电压效率。

  由于多孔离子传导膜的研究时间较短，研究积累较少，对多孔离子传导膜的成膜机理、离子传输机理及容量衰减机理等关键科学问题的研究不够全面和深入。成膜机理指导如何合成及制备高性能多孔离子传导膜；离子传输机理指导如何在多孔离子传导膜内构建可控的高选择性、高传导性的离子传输网络；容量衰减机理可以指导如何实现多孔离子传导膜组装的全钒液流电池的长期稳定运行。大连化学物理研究所的 Zhao 等利用层层自组装的方法制备了不同荷电态的多孔离子传导膜，研究了膜的荷电状态对离子传输的影响[79]。在自组装过程中，通过在多孔离子传导膜孔壁和表面上组装不同荷电态的聚电解质（PE）来调节其荷电状态。组装在膜孔壁和表面上的聚电解质层能够构建优异的离子迁移通路，从而提高多孔离子传导膜在全钒液流电池中的离子传导性。Zhao 等的研究表明，在"唐南"排斥效应的作用下，荷正电多孔离子传导膜组装的全钒液流电池单电池显示出比荷负电多孔离子传导膜组装的单电池更高的库仑效率，表明其具有更好的选择性。相比于荷正电的多孔离子传导膜，荷负电多孔离子传导膜的放电容量衰减更快。此外，多孔离子传导膜的荷电态不会对电解液的体积变化产生大的影响。五价钒离子在正极电解液中的长期累积则是放电容量衰减的主要原因。不同荷电态多孔离子传导膜组装的全钒液流电池单电池在 80 mA/cm² 下进行恒流充、放电，电压效率都约为 90%，显示出优良的离子传导性。美国西北太平洋国家实验室的 Li 等利用聚丙烯（PP）微孔离子传导膜研究了全钒液流电池中的容量衰减机理，重点研究了正、负极电解液组成对多孔离子传导膜电化学性能的影响，通过对充、放电循环过程中正、负极电解液液压的原位监控，发现对流来源于离子传导膜两侧的液压差[80]。此外，Li 等搭建了一套独特的装置，通过对正、负极电解液储罐中气压的调节来原位检测和控制液压差[图 5.26（a）]。发现在充、放电过程中正、

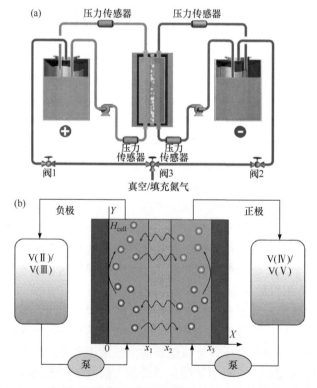

图 5.26　（a）通过调节压力调控容量的设备；（b）计算模型示意图

负极电解液黏度的不同导致离子传导膜两侧液压不同，液压的不同又促进电解液从正极半电池到负极半电池的对流。电解液的净迁移和正、负极电解液中不平衡的自放电反应导致钒离子价态的不对称，进一步带来了循环过程中容量衰减的问题。而且，正极电解液中钒离子不对称的价态造成正极半电池中更高的 SOC 范围，从而导致过电位和气体析出。因此，通过调控电解液储罐的气压可以有效调控全钒液流电池的储能容量衰减。

此后，香港科技大学的 Zhou 等开发出一种二维暂态模型，利用此模型研究了离子通过商业化多孔聚氯乙烯/二氧化硅膜的迁移机理[图 5.26（b）][81]。在验证了模型的有效性和准确性后，Zhou 等研究了孔径、膜厚度和全钒液流电池运行环境对离子传导膜性能的影响，得出以下结论。

（1）钒离子通过离子传导膜的传输由对流决定。

（2）将孔径减小到 15 nm 以下可以使对流驱使的钒离子迁移最小化。然而，只有将孔径降低到接近钒离子的尺寸，才能进一步降低迁移和扩散驱使的钒离子迁移。

（3）全钒液流电池的运行环境，例如，半电池的压降和电解液流速，都会影响离子通过离子传导膜的传输速率。

虽然 Li 等和 Zhou 等的结论可以在一定程度上指导如何在多孔离子传导膜内构筑离子传输通路，但难以实现通路的可控性。而成膜机理可以指导如何制备孔结构可控的多孔离子传导膜，从而成功实现对多孔离子传导膜的结构设计和优化。中国科学院大连化学物理研究所 Lu 等利用一种新型的溶剂处理法研究了多孔离子传导膜的成膜机理[82]。溶剂处理过程分为溶剂浸泡和溶剂挥发两个步骤，通过对溶剂挥发过程中时间的控制，调控多孔离子传导膜的孔结构。究其原理，聚合物在溶剂挥发过程中所受到的内聚力和溶胀力是调控多孔离子传导膜孔结构的根本原因（图 5.27）。在溶剂挥发过程中，二者之间的合力使膜的孔结构发生收缩，形成致密的形貌，有利于提高离子传导膜的选择性和稳定性。精确控制多孔离子传导膜的孔径大于水合质子的直径，而小于水合钒离子的直径可以实现多孔离子

图 5.27　溶剂处理过程中孔的形变示意图

传导膜的高选择性，即电池的高库仑效率。而保持孔的连贯性则是为了提高多孔离子传导膜的高质子传导性，即电池的高电压效率。采用溶剂处理后的多孔离子传导膜组装的全钒液流电池单电池在 80 mA/cm² 下进行恒流充、放电，其库仑效率从未处理基膜的 54.71%升高到 98.95%，而电压效率仅从 91.19%下降到 90.65%，能量效率从 49.89%升高到 89.69%。

以上述研究为基础，Lu 等又利用溶剂处理过程中聚合物和溶剂之间的相互作用，在离子传导膜基体中构建了高度有序的疏/亲水相分离结构（图 5.28）[83]。首先利用相分离法制备多孔聚醚砜/磺化聚醚醚酮共混离子传导膜，然后对共混离子传导膜进行溶剂处理。利用溶剂浸泡过程中磺化聚醚醚酮和溶剂之间存在的相互作用，诱导膜孔结构的收缩和磺化聚醚醚酮聚合物链在孔壁上的团聚，最终形成具有高度选择性的离子迁移通路。此离子迁移通路由高度亲水的磺化聚醚醚酮和疏水的聚醚砜基体构成（图 5.28），从而制备出由本征稳定的疏水聚醚砜基体和亲水的磺化聚醚醚酮构成的有序疏/亲水相分离结构。荷负电的孔壁有利于提高多孔膜的质子传导性，同时收缩的孔结构阻止正、负极电解液中钒离子的迁移。采用该溶剂处理后的多孔离子传导膜组装的全钒液流电池单电池在 80 mA/cm² 下进行恒流充放电，其库仑效率超过 99%，能量效率超过 91%。

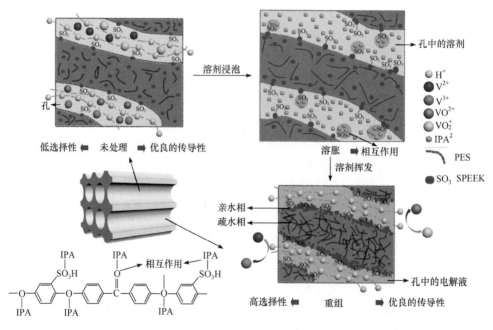

图 5.28　溶剂诱导多孔聚醚砜/磺化聚醚醚酮共混离子传导膜中聚合物链重组的原理示意图

此后，Lu 等又深入研究了聚合物-溶剂相互作用与二者本征性质之间的关系[84]，并利用 Flory-Huggins 相互作用参数对聚合物-溶剂相互作用进行定量计算。基于对聚合物-溶剂相互作用的实验研究和理论分析，通过对聚合物和溶剂本征性质的调节，可以实现聚合物-溶剂相互作用形式和强度的可控性，进一步优化和提高多孔离子传导膜的性能。

在原创性的"离子筛分传导机理"的指导下，张华民研究团队经过近 20 年的持续努力，在非氟多孔离子传导膜研究领域也取得技术突破，经过概念验证和膜材料组分优化、孔结构优化等工作，成功地研究开发出高离子选择性、高稳定性、高传导性的非氟多孔离子传导膜，并掌握了工程放大技术，自主开发出工业化生产装备，实现了批量化生产（图 5.29）。

图 5.29　中国科学院大连化学物理研究所自主研发出的多孔离子传导膜制膜装备

测试结果表明，中国科学院大连化学物理研究所的多孔离子传导膜（DICP-G1）的化学（电化学）性能及机械强度等物理性能都非常优异。利用该多孔离子传导膜组装了单电池并进行了 13000 次充、放电循环加速寿命考察试验，结果如图 5.30 所示。所开发的多孔离子传导膜具有非常优异的化学（电化学）稳定性及耐久性，经过 13000 次充、放电循环加速寿命试验，电池的库仑效率、电压效率及能量效率均没有明显的变化。表 5.2 给出了由多孔离子传导膜和 Nafion 115 离子交换膜组装的千瓦级电堆的性能参数，其库仑效率高达 99.5%，远高于 Nafion 115 离子交换膜组装的千瓦级电堆的 96.1%，这表明该多孔离子传导膜具有优异的离子选择性，钒离子的互串很少；多孔离子传导膜组装的千瓦级电堆的电压效率为 82.1%，低于 Nafion 115 离子交换膜组装的千瓦级电堆的 85.2%，表明该多孔离子传导膜的离子传导性低于 Nafion 115 离子交换膜；电池的能量效率等于库仑效率与电压效率的乘积，因此，多孔离子传导膜和 Nafion 115 离子交换膜组装的千瓦级电堆的电池能量效率分别为 81.7% 和 81.9%，性能基本相同。因此，要进一步提高多孔离子传导膜电池的能量效率，必须提高离子传导膜的离子传导性。

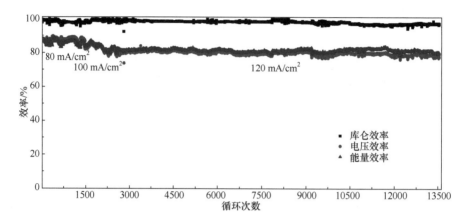

图 5.30 中国科学院大连化学物理研究所自主研发的多孔离子传导膜的耐久性测试结果

表 5.2 中国科学院大连化学物理研究所多孔离子传导膜和 Nafion 离子交换膜组装的千瓦级电堆的性能*

膜型号	库仑效率/%	电压效率/%	能量效率/%
DICP-G1	99.5	82.1	81.7
Nafion115	96.1	85.2	81.9

* 电堆的工作电流密度为 80 mA/cm^2。

在第一代多孔离子传导膜研究开发经验积累的基础上，张华民研究团队在保持膜的高离子选择性不变的前提条件下，进一步提高了膜的离子传导性，又成功地开发出第二代多孔离子传导膜（DICP-G2），性能参数如表 5.3 所示。测试结果表明，该多孔离子传导膜具有非常优良的电池性能和化学稳定性。

表 5.3 中国科学院大连化学物理研究所第二代多孔离子传导膜电池性能参数*

膜型号	库仑效率/%	电压效率/%	能量效率/%
Nafion 115	96.1	85.2	81.9
DICP-G2	98.7	88.8	87.6

* 电池的工作电流密度为 80 mA/cm^2。

采用第二代多孔离子传导膜设计组装出的 30 kW 级电堆如图 5.31 所示。该 30 kW 级电堆在工作电流密度为 80 mA/cm^2 时，电堆的额定输出功率为 29.9 kW，额定能量效率为 83.1%。与 Nafion 115 离子交换膜组装的 30kW 级电堆相比，相同功率规格的电堆，体积降低约 20%，成本降低约 30%。因此，研究结果表明，多孔离子传导膜的成本低，离子选择性和化学稳定性优异。

图 5.31　采用自主开发的离子传导膜组装的 30 kW 级电堆

大连融科储能技术发展有限公司采用张华民团队研究开发且批量生产的非氟离子传导膜（DICP 离子传导膜）、碳塑复合双极板、钒电解液及国内企业生产碳毡经表面改性的电极，组装出 8 个 25 kW 的电堆，由以上全部国产材料组成的 8 个电堆组装出 200 kW 全钒液流电池储能系统（图 5.32）。并且由 8 个相同功率的 Nafion 115 离子交换膜组装的电堆也组装出 200 kW 的全钒液流电池储能系统。

图 5.32　全部用国产材料组装的 200 kW 全钒液流电池储能系统

分别测试了这两套 200 kW 全钒液流电池储能系统的库仑效率、能量效率和电压效率等主要性能，结果如表 5.4 所示。由测试结果可知，由包括非氟离子传导膜在内的全部国产材料组装的 200kW 全钒液流电池储能系统的性能优于由

Nafion 115 全氟磺酸离子交换膜组装的 200 kW 全钒液流电池储能系统的性能。

表 5.4　全部由国产材料组装的 200 kW 和用 Nafion 115 离子交换膜组装的 200 kW 全钒液流电池储能系统的性能比较

膜型号	库仑效率/%	电压效率/%	能量效率/%
DICP 离子传导膜	96.5	80.0	77.1
Nafion 115	92.4	79.8	73.8

当前，多孔离子传导膜研究的重点仍是平衡其离子选择性和离子传导性之间的矛盾，同时提高其稳定性并降低成本。多孔离子传导膜在全钒液流电池中综合性能的提高可以有效降低电池在高电流密度下的欧姆极化，从而提高电池的功率密度。而高性能、低成本多孔离子传导膜在全钒液流电池中的应用，将大幅度降低全钒液流电池的成本。

参 考 文 献

[1] Li X, Zhang H, Mai Z, et al. Ion exchange membranes for vanadium redox flow battery(VRB)applications[J]. Energy & Environmental Science, 2011, 4（4）: 1147-1160.

[2] Schwenzer B, Zhang J, Kim S, et al. Membrane development for vanadium redox flow batteries[J]. ChemSusChem, 2011, 4: 1388-1406.

[3] Mauritz K A, Moore R B. State of understanding of Nafion[J]. Chemical Reviews, 2004, 104: 4535-4586.

[4] Ding C, Zhang H, Li X, et al. Vanadium flow battery for energy storage: Prospects and challenges[J]. The Journal of Physical Chemistry Letters, 2013, 4: 1281-1294.

[5] Hsu W Y, Gierke T D. Ion transport and clustering in nafion perfluorinated membranes[J]. Journal of Membrane Science, 1983, 13: 307-326.

[6] Yeager H, Steck A. Cation and water diffusion in Nafion ion exchange membranes: influence of polymer structure[J]. Journal of the Electrochemical Society, 1981, 128: 1880-1884.

[7] Schmidt-Rohr K, Chen Q. Parallel cylindrical water nanochannels in Nafion fuel-cell membranes[J]. Nature Materials, 2008, 7: 75-83.

[8] Jiang B, Yu L, Wu L, et al. Insights into the impact of the nafion membrane pretreatment process on vanadium flow battery performance[J]. ACS Applied Materials & Interfaces, 2016, 8: 12228-12238.

[9] Yu L, Lin F, Xu L, et al. Structure-property relationship study of Nafion XL membrane for high-rate, long-lifespan, and all-climate vanadium flow batteries[J]. RSC Advances, 2017, 7: 31164-31172.

[10] Teng X, Lei J, Gu X, et al. Nafion-sulfonated organosilica composite membrane for all vanadium redox flow battery[J]. Ionics, 2012, 18: 513-521.

[11] Lin C H, Yang M C, Wei H J. Amino-silica modified Nafion membrane for vanadium redox flow battery[J]. Journal of Power Sources, 2015, 282: 562-571.

[12] Teng X, Zhao Y, Xi J, et al. Nafion/organic silica modified TiO₂ composite membrane for vanadium redox flow battery via in situ sol-gel reactions[J]. Journal of Membrane Science, 2009, 341: 149-154.

[13] Wang N, Peng S, Lu D, et al. Nafion/TiO₂ hybrid membrane fabricated via hydrothermal method for vanadium

redox battery[J]. Journal of Solid State Electrochemistry, 2012, 16: 1577-1584.

[14] Aziz M A, Shanmugam S. Zirconium oxide nanotube-Nafion composite as high performance membrane for all vanadium redox flow battery[J]. Journal of Power Sources, 2017, 337: 36-44.

[15] Yu L, Lin F, Xu L, et al. A recast Nafion/graphene oxide composite membrane for advanced vanadium redox flow batteries[J]. RSC Advances, 2016, 6: 3756-3763.

[16] Teng X, Dai J, Su J, et al. Modification of Nafion membrane using fluorocarbon surfactant for all vanadium redox flow battery[J]. Journal of Membrane Science, 2015, 476: 20-29.

[17] Luo Q, Zhang H, Chen J, et al. Modification of Nafion membrane using interfacial polymerization for vanadium redox flow battery applications[J]. Journal of Membrane Science, 2008, 311: 98-103.

[18] Zeng J, Jiang C, Wang Y, et al. Studies on polypyrrole modified nafion membrane for vanadium redox flow battery[J]. Electrochemistry Communications, 2008, 10: 372-375.

[19] Ma J, Wang S, Peng J, et al. Covalently incorporating a cationic charged layer onto Nafion membrane by radiation-induced graft copolymerization to reduce vanadium ion crossover[J]. European Polymer Journal, 2013, 49: 1832-1840.

[20] Xi J, Wu Z, Teng X, et al. Self-assembled polyelectrolyte multilayer modified Nafion membrane with suppressed vanadium ion crossover for vanadium redox flow batteries[J]. Journal of Materials Chemistry, 2008, 18: 1232-1238.

[21] Lu S, Wu C, Liang D, et al. Layer-by-layer self-assembly of Nafion–[CS–PWA] composite membranes with suppressed vanadium ion crossover for vanadium redox flow battery applications[J]. RSC Advances, 2014, 4: 24831-24837.

[22] Zhang L, Ling L, Xiao M, et al. Effectively suppressing vanadium permeation in vanadium redox flow battery application with modified Nafion membrane with nacre-like nanoarchitectures[J]. Journal of Power Sources, 2017, 352: 111-117.

[23] Teng X, Sun C, Dai J, et al. Solution casting Nafion/polytetrafluoroethylene membrane for vanadium redox flow battery application[J]. Electrochimica Acta, 2013, 88: 725-734.

[24] Teng X, Dai J, Bi F, et al. Ultra-thin polytetrafluoroethene/Nafion/silica composite membrane with high performance for vanadium redox flow battery[J]. Journal of Power Sources, 2014, 272: 113-120.

[25] Bi Q, Li Q, Tian Y, et al. Hydrophilic modification of poly（vinylidene fluoride）membrane with poly（vinyl pyrrolidone）via a cross-linking reaction[J]. Journal of Applied Polymer Science, 2013, 127: 394-401.

[26] Li M Z, Li J H, Shao X S, et al. Grafting zwitterionic brush on the surface of PVDF membrane using physisorbed free radical grafting technique[J]. Journal of Membrane Science, 2012, 405: 141-148.

[27] Liu F, Hashim N A, Liu Y, et al. Progress in the production and modification of PVDF membranes[J]. Journal of Membrane Science, 2011, 375: 1-27.

[28] Madaeni S, Zinadini S, Vatanpour V. A new approach to improve antifouling property of PVDF membrane using in situ polymerization of PAA functionalized TiO_2 nanoparticles[J]. Journal of Membrane Science, 2011, 380: 155-162.

[29] Qiu J, Zhang J, Chen J, et al. Amphoteric ion exchange membrane synthesized by radiation-induced graft copolymerization of styrene and dimethylaminoethyl methacrylate into PVDF film for vanadium redox flow battery applications[J]. Journal of Membrane Science, 2009, 334: 9-15.

[30] Hester J, Banerjee P, Won Y Y, et al. ATRP of amphiphilic graft copolymers based on PVDF and their use as membrane additives[J]. Macromolecules, 2002, 35: 7652-7661.

[31] Divya K, Rana D, Sri Abirami Saraswathi M S, et al. Custom-made sulfonated poly（vinylidene fluoride-*co*-hexafluoropropylene）nanocomposite membranes for vanadium redox flow battery applications[J]. Polymer Testing,

2020, 90: 106685.

[32] Qiu J, Zhao L, Zhai M, et al. Preirradiation grafting of styrene and maleic anhydride onto PVDF membrane and subsequent sulfonation for application in vanadium redox batteries[J]. Journal of Power Sources, 2008, 177: 617-623.

[33] Qiu J, Li M, Ni J, et al. Preparation of ETFE-based anion exchange membrane to reduce permeability of vanadium ions in vanadium redox battery[J]. Journal of Membrane Science, 2007, 297: 174-180.

[34] Qiu J, Zhai M, Chen J, et al. Performance of vanadium redox flow battery with a novel amphoteric ion exchange membrane synthesized by two-step grafting method[J]. Journal of Membrane Science, 2009, 342: 215-220.

[35] Luo X, Lu Z, Xi J, et al. Influences of permeation of vanadium ions through PVDF-g-PSSA membranes on performances of vanadium redox flow batteries[J]. The Journal of Physical Chemistry B, 2005, 109: 20310-20314.

[36] Yuan Z, Li X, Duan Y, et al. Highly stable membranes based on sulfonated fluorinated poly（ether ether ketone）s with bifunctional groups for vanadium flow battery application[J]. Polymer Chemistry, 2015, 6: 5385-5392.

[37] Bae B, Yoda T, Miyatake K, et al. Proton-conductive aromatic ionomers containing highly sulfonated blocks for high-temperature-operable fuel cells[J]. Angewandte Chemie, 2010, 122: 327-330.

[38] Hickner M A, Ghassemi H, Kim Y S, et al. Alternative polymer systems for proton exchange membranes（PEMs）[J]. Chemical Reviews, 2004, 10: 4587-4612.

[39] Deavin O I, Murphy S, Ong A L, et al. Anion-exchange membranes for alkaline polymer electrolyte fuel cells: comparison of pendent benzyltrimethylammonium-and benzylmethylimidazolium-head-groups[J]. Energy & Environmental Science, 2012, 5: 8584-8597.

[40] Varcoe J R, Atanassov P, Dekel D R, et al. Anion-exchange membranes in electrochemical energy systems[J]. Energy & Environmental Science, 2014, 7: 3135-3191.

[41] Lu S, Xu X, Zhang J, et al. A Self-anchored phosphotungstic acid hybrid proton exchange membrane achieved via one-step synthesis[J]. Advanced Energy Materials, 2014, 4: 1400842.

[42] Skyllas-Kazacos M, Grossmith F. Efficient vanadium redox flow cell[J]. Journal of the Electrochemical Society, 1987, 134: 2950-2953.

[43] Skyllas-Kazacos M, Rychcik M, Robins R G, et al. New all-vanadium redox flow cell[J]. Journal of the Electrochemical Society, 1986, 133（5）: 1057.

[44] Hwang G J, Ohya H. Preparation of cation exchange membrane as a separator for all-vanadium redox flow battery[J]. Journal of Membrane Science, 1996, 120: 55-67.

[45] Chen D, Wang S, Xiao M, et al. Preparation and properties of sulfonated poly（fluorenyl ether ketone）membrane for vanadium redox flow battery application[J]. Journal of Power Sources, 2010, 195: 2089-2095.

[46] Chen D, Wang S, Xiao M, et al. Synthesis and characterization of novel sulfonated poly（arylene thioether）ionomers for vanadium redox flow battery applications[J]. Energy & Environmental Science, 2010, 3: 622-628.

[47] Mai Z, Zhang H, Li X, et al. Sulfonated poly（tetramethydiphenyl ether ether ketone）membranes for vanadium redox flow battery application[J]. Journal of Power Sources, 2011, 196: 482-487.

[48] Zhang S, Zhang B, Zhao G, et al. Anion exchange membranes from brominated poly（aryl ether ketone）containing 3,5-dimethyl phthalazinone moieties for vanadium redox flow batteries[J]. Journal of Materials Chemistry A, 2014, 2: 3083-3091.

[49] Yun S, Parrondo J, Ramani V. Derivatized cardo-polyetherketone anion exchange membranes for all-vanadium redox flow batteries[J]. Journal of Materials Chemistry A, 2014, 2: 6605-6615.

[50] Xu W, Zhao Y, Yuan Z, et al. Highly stable anion exchange membranes with internal ccross-linking networks[J].

Advanced Functional Materials, 2015, 25: 2583-2589.

[51] Mohammadi T, Kazacos M S. Evaluation of the chemical stability of some membranes in vanadium solution[J]. Journal of Applied Electrochemistry, 1997, 27: 153-160.

[52] Sukkar T, Skyllas-Kazacos M. Membrane stability studies for vanadium redox cell applications[J]. Journal of Applied Electrochemistry, 2004, 34: 137-145.

[53] Kim S, Tighe T B, Schwenzer B, et al. Chemical and mechanical degradation of sulfonated poly（sulfone）membranes in vanadium redox flow batteries[J]. Journal of Applied Electrochemistry, 2011, 41: 1201-1213.

[54] Chen D, Hickner M A.V^{5+} degradation of sulfonated Radel membranes for vanadium redox flow batteries[J]. Physical Chemistry Chemical Physics, 2013, 15: 11299-11305.

[55] Ho T L. Contrapolarization: a new concept in organic reactivity[J]. Research on Chemical Intermediates, 1989, 11: 157-224.

[56] Zhang H, Zhang H, Li X, et al. Nanofiltration（NF）membranes: the next generation separators for all vanadium redox flow batteries（VRBs）[J]. Energy & Environmental Science, 2011, 4: 1676-1679.

[57] Lu W, Yuan Z, Zhao Y, et al. Porous membranes in secondary battery technologies[J]. Chemical Society Reviews, 2017, 46: 2199-2236.

[58] Zhang H, Zhang H, Li X, et al. Silica modified nanofiltration membranes with improved selectivity for redox flow battery application[J]. Energy & Environmental Science, 2012, 5: 6299-6303.

[59] Guillen G R, Pan Y, Li M, et al. Preparation and Characterization of Membranes Formed by Nonsolvent Induced Phase Separation: A review[J]. Industrial & Engineering Chemistry Research, 2011, 50: 3798-3817.

[60] Chae Park H, Po Kim Y, Yong Kim H, et al. Membrane formation by water vapor induced phase inversion[J]. Journal of Membrane Science, 1999, 156: 169-178.

[61] Strathmann H, Kock K. The formation mechanism of phase inversion membranes[J]. Desalination, 1977, 21: 241-255.

[62] Strathmann H, Kock K, Amar P, et al. The formation mechanism of asymmetric membranes[J]. Desalination, 1975, 16: 179-203.

[63] Wei W, Zhang H, Li X, et al. Hydrophobic asymmetric ultrafiltration PVDF membranes: an alternative separator for VFB with excellent stability[J]. Physical Chemistry Chemical Physics, 2013, 15: 1766-1771.

[64] Li Y, Zhang H, Li X, et al. Porous poly（ether sulfone）membranes with tunable morphology: Fabrication and their application for vanadium flow battery[J]. Journal of Power Sources, 2013, 233: 202-208.

[65] Xu W, Li X, Cao J, et al. Morphology and performance of poly（ether sulfone）/sulfonated poly（ether ether ketone）blend porous membranes for vanadium flow battery application[J]. RSC Advances, 2014, 4: 40400-40406.

[66] Cao J, Zhang H, Xu W, et al. Poly（vinylidene fluoride）porous membranes precipitated in water/ethanol dual-coagulation bath: The relationship between morphology and performance in vanadium flow battery[J]. Journal of Power Sources, 2014, 249: 84-91.

[67] Zhang H, Ding C, Cao J, et al. A novel solvent-template method to manufacture nano-scale porous membranes for vanadium flow battery applications[J]. Journal of Materials Chemistry A, 2014, 2: 9524-9531.

[68] Wei X, Nie Z, Luo Q, et al. Nanoporous polytetrafluoroethylene/silica composite separator as a high-performance all-vanadium redox flow battery membrane[J]. Advanced Energy Materials, 2013, 3: 1215-1220.

[69] Yuan Z, Zhu X, Li M, et al. A highly ion-selective zeolite flake layer on porous membranes for flow battery applications[J]. Angewandte Chemie, 2016, 55: 3058-3062.

[70] Li Y, Zhang H, Zhang H, et al. Hydrophilic porous poly（sulfone）membranes modified by UV-initiated

polymerization for vanadium flow battery application[J]. Journal of Membrane Science, 2014, 454: 478-487.

[71] Li Y, Li X, Cao J, et al. Composite porous membranes with an ultrathin selective layer for vanadium flow batteries[J]. Chemical Communications, 2014, 50: 4596-4599.

[72] Zhang H, Zhang H, Zhang F, et al. Advanced charged membranes with highly symmetric spongy structures for vanadium flow battery application[J]. Energy & Environmental Science, 2013, 6: 776-781.

[73] Zhao Y, Li M, Yuan Z, et al. Advanced charged sponge-like membrane with ultrahigh stability and selectivity for vanadium flow batteries[J]. Advanced Functional Materials, 2016, 26: 210-218.

[74] Cao J, Yuan Z, Li X, et al. Hydrophilic poly（vinylidene fluoride）porous membrane with well connected ion transport networks for vanadium flow battery[J]. Journal of Power Sources, 2015, 298: 228-235.

[75] Yuan Z, Dai Q, Zhao Y, et al. Polypyrrole modified porous poly（ether sulfone）membranes with high performance for vanadium flow batteries[J]. Journal of Materials Chemistry A, 2016, 4: 12955-12962.

[76] Zhao Y, Lu W, Yuan Z, et al. Advanced charged porous membranes with flexible internal crosslinking structures for vanadium flow batteries[J]. Journal of Materials Chemistry A, 2017, 5: 6193-6199.

[77] Qiao L, Zhang H, Li M, et al. A Venus-flytrap-inspired pH-responsive porous membrane with internal crosslinking networks[J]. Journal of Materials Chemistry A, 2017, 5: 25555-25561.

[78] Yuan Z, Dai Q, Qiao L, et al. Highly stable aromatic poly（ether sulfone）composite ion exchange membrane for vanadium flow battery[J]. Journal of Membrane Science, 2017, 541: 465-473.

[79] Zhao Y, Yuan Z, Lu W, et al. The porous membrane with tunable performance for vanadium flow battery: The effect of charge[J]. Journal of Power Sources, 2017, 342: 327-334.

[80] Li B, Luo Q, Wei X, et al. Capacity decay mechanism of microporous separator-based all-vanadium redox flow batteries and its rrecovery[J]. ChemSusChem, 2014, 7: 577-584.

[81] Zhou X L, Zhao T S, An L, et al. Modeling of ion transport through a porous separator in vanadium redox flow batteries[J]. Journal of Power Sources, 2016, 327: 67-76.

[82] Lu W, Yuan Z, Zhao Y, et al. High-performance porous uncharged membranes for vanadium flow battery applications created by tuning cohesive and swelling forces[J]. Energy & Environmental Science, 2016, 9: 2319-2325.

[83] Lu W, Yuan Z, Li M, et al. Solvent-Induced rearrangement of Ion-transport channels: A way to create advanced porous membranes for vanadium flow batteries[J]. Advanced Functional Materials, 2017, 27（4）: 1604587.

[84] Lu W, Yuan Z, Zhao Y, et al. Advanced porous PBI membranes with tunable performance induced by the polymer-solvent interaction for flow battery application[J]. Energy Storage Materials, 2018, 10: 40-47.

第6章　全钒液流电池电堆及系统技术

6.1　概　　述

　　能源是支撑人类生存的基本要素，是推动世界发展的动力之源。提高能源供给能力，保证能源资源安全，支撑人类社会可持续发展已成为全球性挑战。以化石能源为主的能源结构显然无法支撑人类社会的可持续发展。因此，推进能源革命，包括能源消费革命、供给革命、技术革命、体制革命，实行能源结构调整，控制以化石能源为主的能源消费，推进可再生能源的普及应用已成为全社会的共识。

　　开发和普及应用绿色、高效的可再生能源，提高其在能源供应结构中的比重，是实现人类可持续发展的必然选择。可再生能源发电，如风能、太阳能发电受到昼夜更替、季节更迭等自然环境和地理条件的影响，电能输出具有不连续、不稳定、不可控的特点，给电网的安全稳定运行带来严重冲击[1, 2]。电网对可再生能源发电的消纳能力成为决定其经济效益和发展前景的关键因素。为缓解可再生能源发电对电网的冲击，提高电网对可再生能源发电的接纳能力，需要通过大容量储能装置进行调幅调频、平滑输出、计划跟踪发电，提高可再生能源发电的连续性、稳定性和可控性，减少大规模可再生能源发电并网对电网的冲击。因此，大规模储能技术是解决可再生能源发电普及应用的关键瓶颈技术。

　　为适应不同应用领域对储能技术的需要，人们已探索和研究开发出多种电力储存（储能）技术，图 6.1 给出了已开发的各种储能技术及其适用范围，越向右上方的储能技术，其储能规模越大[3]，这些储能技术各自具有其应用领域和独特的技术经济。适合于大规模储能的技术主要包括压缩空气储能技术、抽水储能技术、液流电池技术、钠硫电池技术、锂离子电池技术等，它们在能源管理、电能质量改善和稳定控制等应用中具有良好的发展前景。

　　对于应用于风能、太阳能等可再生能源发电系统的大规模储能技术，电力系统对储能装备的输出功率和储能容量需求量大。与手机、笔记本电脑和电动汽车用电池不同，用于可再生能源发电平滑输出、跟踪计划发电和智能电网削峰填谷的储能电池，由于输出功率和储能容量大，如果发生安全事故会造成巨大的危害和损失，因此大规模储能技术的安全性、可靠性是实际应用的重中之重。同时，大规模储能技术要求其使用寿命长、维护简单，生命周期的性价比要高。随着大

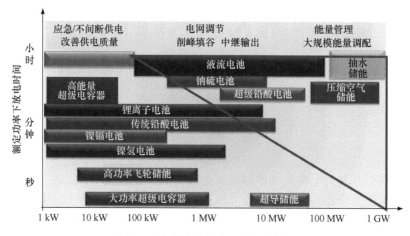

图 6.1　各种储能技术及适用规模[3]

规模储能电池技术的普及应用，电池报废后其数量是相当大的，因此储能电池生命周期的环境负荷也是重要的指标。

因此，大规模电池储能技术需要满足以下基本要求，其中安全性是重中之重：①安全性好；②生命周期的性价比高；③生命周期的环境负荷小。

6.2　全钒液流电池的原理和特点

钒的可溶性化合物具有二价（V^{2+}）、三价（V^{3+}）、四价（VO^{2+}）、五价（VO_2^+）4 个价态，其在水溶液中相邻两种价态可保持稳定存在，非相邻价态的两种离子之间不能稳定存在，会发生歧化反应。全钒液流电池的正极电解液为含有 4 价钒离子（VO^{2+}）和 5 价钒离子（VO_2^+）的溶液，负极电解液为含有 2 价钒离子（V^{2+}）和 3 价钒离子（V^{3+}）的溶液。通过电解液中不同价态钒离子在电极表面发生氧化还原反应，完成电能和化学能的相互转化，实现电能的存储和释放。在液流电池充、放电循环过程中，正、负极电解液在循环泵的作用下，通过管道流经电池的正、负极，发生电化学反应后回到电解液储罐中。具体过程如图 6.2 所示，充电时，正极的 VO^{2+} 失去电子变为 VO_2^+；负极的 V^{3+} 得到电子变为 V^{2+}；同时 H^+ 以水合质子的形式通过离子交换膜（或离子传导膜）迁移到负极侧。放电过程与充电过程恰好相反，负极的 V^{2+} 失去电子变为 V^{3+}；正极的 VO_2^+ 得到电子变为 VO^{2+}；同时水合质子通过离子传导膜迁移到正极侧；电解液中的 H^+ 有两个功能，一是参与电化学反应，二是充当导电离子。在电池内部，离子通过离子传导膜定向移动形成了电流内部导电回路，从而保持了电荷平衡；而反应所产生的电子通过外电路定向移动，形成电流[4,5]。

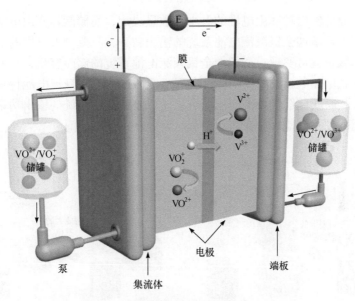

图 6.2　全钒液流电池工作原理示意图

电池充、放电时，电极上所发生的反应如下。

正极反应：
$$VO^{2+} + H_2O - e^- \underset{\text{放电}}{\overset{\text{充电}}{\rightleftharpoons}} VO_2^+ + 2H^+ \qquad E^{\ominus} = 1.004 \text{ V}$$

负极反应：
$$V^{3+} + e^- \underset{\text{放电}}{\overset{\text{充电}}{\rightleftharpoons}} V^{2+} \qquad E^{\ominus} = -0.255 \text{ V}$$

电池总反应：
$$VO^{2+} + V^{3+} + H_2O \underset{\text{放电}}{\overset{\text{充电}}{\rightleftharpoons}} VO_2^+ + V^{2+} + 2H^+ \qquad E^{\ominus} = 1.259 \text{ V}$$

基于全钒液流电池系统自身的技术特点，全钒液流电池技术相对于其他储能技术具有以下优势。

（1）全钒液流电池储能系统运行安全可靠，全生命周期内环境负荷小、环境友好。

全钒液流电池的储能介质为钒离子的稀硫酸水溶液，只要控制好充、放电截止电压，保持电池系统存放空间具有良好的通风条件，全钒液流电池就不存在着火爆炸的危险，安全性高。全钒液流电池电解液在密封空间内循环使用，在使用过程中通常不会产生环境污染物质，也不受外部杂质的污染。此外，全钒液流电池中正、负极电解液均为同种元素，电解液可以通过在线或离线再生反复循环利用。全钒液流电池电堆及全钒液流电池系统主要是由碳材料、塑料和金属材料叠合组装而成的，当全钒液流电池系统废弃时，金属材料可以循环利用，碳材料可以作为燃料加以利用。因此，全钒液流电池系统全生命周期内安全性好、环境负荷很小、环境非常友好。

（2）全钒液流电池储能系统的输出功率和储能容量相互独立，设计和安置灵活。

全钒液流电池的输出功率由电堆的大小和数量决定，而储能容量由电解液的浓度和体积决定。要增加全钒液流电池系统的输出功率，只要增大电堆的电极面积和增加电堆的数量就可实现；要增加全钒液流电池系统的储能容量，只要提高电解液的浓度或者增加电解液的体积就可实现（图 6.3）。全钒液流电池特别适合于需要大容量、长时间储能装备的应用场合。全钒液流电池系统的输出功率在数百瓦至数百兆瓦范围，储能容量在数百千瓦时至数百兆瓦时范围。

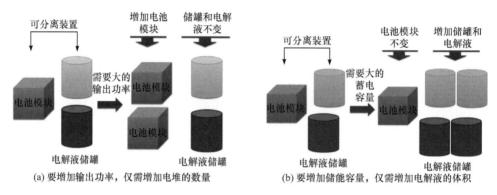

图 6.3　全钒液流电池输出功率和储能容量关系示意图

（3）能量效率高，启动速度快，无相变化，充、放电状态切换响应迅速。

近几年来随着液流电池，特别是全钒液流电池材料技术和电池结构设计制造技术的不断进步，电池内阻不断减小，性能不断提高，电池工作电流密度由原来的 $60\sim80$ mA/cm^2 提高到 $200\sim300$ mA/cm^2。且在此条件下，电堆的能量效率可达 80%，电池的功率密度显著提高，材料使用量显著减少，电堆成本大幅度降低。另外，全钒液流电池在室温条件下运行，电解液在电极内连续流动，在充、放电过程中通过溶解在水溶液中活性离子价态的变化来实现电能的存储和释放，而没有相变化。所以，其启动速度快，充、放电状态切换响应迅速。

（4）全钒液流电池储能系统采用模块化设计，易于系统集成和规模放大[6]。

全钒液流电池电堆是由多个单电池按压滤机方式叠合而成的。全钒液流电池单电池电堆的额定输出功率一般在 $20\sim40$ kW；全钒液流电池储能系统通常是由多个单元储能系统模块组成，单元储能系统模块额定输出功率一般在 $200\sim500$ kW。与其他电池相比，全钒液流电池电堆和电池单元储能系统模块额定输出功率大、均匀性好，易于集成和规模放大。

（5）具有强过载能力和深放电能力。

全钒液流电池储能系统运行时，电解液通过循环泵在电堆内循环，电解液活性物质扩散的影响较小；而且，电极反应活性高，活化极化较小。与其他电池不同，全钒液流电池储能系统具有很好的过载能力，全钒液流电池放电没有记忆效应，具有很好的深放电能力。

全钒液流电池也存在其自身的不足之处：①全钒液流电池系统由多个子系统组成，系统复杂；②为使电池系统在稳定状态下连续工作，液流电池储能系统需要包括电解液循环泵、电控设备、通风设备、电解液冷却设备等支持设备，并给这些储能系统支持设备提供能量，所以全钒液流电池系统通常不适用于小型储能系统；③受全钒液流电池电解质溶解度等的限制，全钒液流电池的能量密度较低，只适用于对体积、质量要求不高的大规模固定储能电站，而不适合用于移动电源和动力电池。

从 1984 年开始，澳大利亚新南威尔士大学（UNSW）M. Skyllas-Kazacos 教授的研究团队在全钒液流电池技术领域做了大量研究工作，内容涉及电极反应动力学、电极材料、膜材料评价及改性[7-9]、电解液制备方法[10-12]及双极板的开发等方面[13-15]，为全钒液流电池储能技术的发展做出了重大的贡献，经过 20 余年的发展，已进入大规模商业示范运行和市场开拓阶段。

6.3　全钒液流电池电堆的结构设计

6.3.1　电堆的构成

全钒液流电池电堆是由数节或数十节单电池按照压滤机的形式组装而成的。其主要部件包括：端板、导流板、集流板、双极板、电极框、电极、离子传导（交换）膜及密封材料。图 6.4 是由 4 节单电池构成的电堆流动示意图。图中各单电池之间采用串联的形式，由双极板连接相邻两节电池之间的正、负极，并在电堆的两端由集流板输出电压，从而形成具有一定电压等级的全钒液流电池电堆。电堆的工作电流由实际运行的电流密度和电极面积决定，电堆串联的单电池节数决定电堆的输出电压和功率，电堆的额定功率密度由额定工作电流密度和单节电池的电压决定。

6.3.2　电堆中的电解液分布

对于液流电池来说，电解液在电池内部的流动分布是影响电堆性能的一个关键因素。电解液由电堆的入口管路流入，进入共用管路，并逐一并联流入各单电池电极框内的分支流道，而后流经电极参与电化学反应，再从出口分支流道和共用管路经出口管路流出电堆。其中对电堆性能影响最大的因素是电解液

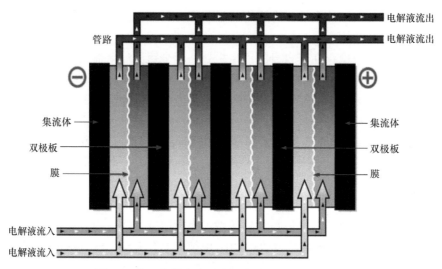

图 6.4　由 4 节单电池组成的液流电池电堆示意图

在电极框内的分支管路与电极内的流动。如果电极中的电解液分布不均，则会产生极大的浓差极化，降低电堆工作电流密度。而且局部的高过电位容易造成关键材料的降解或腐蚀，缩短电堆的使用寿命。因此在电堆设计时，有效地调控电极中电解液均匀分布的流场结构极为重要。图 6.5 为常见的全钒液流电池电堆的电解液分配框的结构示意图。图 6.6 为模拟计算得到的不同区域的电解液流速分布图。

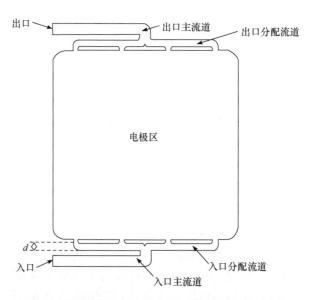

图 6.5　液流电池电堆的电解液分配框的结构示意图

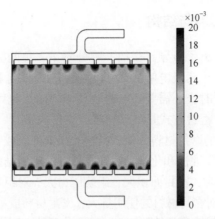

图 6.6　液流电池电堆电解液分配模拟结果图

6.3.3　电堆的共用管路设计

　　共用管路连接电堆中的各节单电池，将电解液均匀地分配到每节单电池中，因而其流动形式的选择及结构参数的设计直接影响电解液在电极中的分布均匀性，从而影响电堆中单电池的电压均匀性，进而影响电堆的性能、稳定性及使用寿命。常用的电解液在电堆共用管路中的流动形式为两种：U 型和 Z 型，二者的主要差异在于电解液进出电堆的流动方式，如图 6.7 所示。

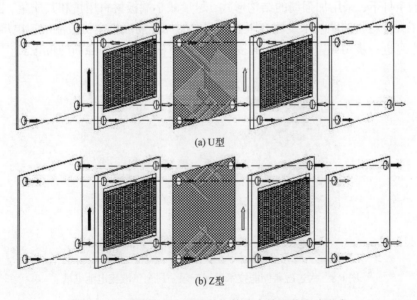

(a) U 型

(b) Z 型

图 6.7　电解液溶液在电堆共用管路中的两种流动形式

6.3.4 电堆的密封材料与结构

全钒液流电池是由离子传导（交换）膜分隔正、负两极电解液，因此，在电堆内需要密封技术来防止两极电解液之间互相渗透，影响电堆的库仑效率和储能容量甚至运行安全；同时，还需要通过密封技术，防止电解液向电堆外侧泄漏。选择合适的密封材料、密封方式是液流电堆设计的关键。

全钒液流电池常用的密封材料为橡胶材料，如氟橡胶或者三元乙丙橡胶。要求密封材料具有优良的耐腐蚀性和化学稳定性及弹性。密封结构方式一般分为面密封与线密封。采用面密封时，密封面积大、组装压力大、对组装平台的要求高，密封效果好。但面密封结构对密封材料的使用量大，密封材料成本高。如果采用线密封，则对电堆的双极板及密封槽等部件的加工精度和装配精度要求很高，技术难度大。

6.3.5 端板和导流板

端板作为电堆最外侧的部件，起到紧固电堆的作用，一般为铸铁板或者铝合金板等。电堆的端板要求有优良的刚性强度和加工平整度。刚性强度不好的端板容易产生挠曲变形，造成电极内的碳毡压缩比和电解液分布的不均匀，增大电堆的欧姆极化，进而影响电堆性能。因此，高刚性强度、轻质和低成本材料是设计选择端板材料的三个条件。在设计液流电池电堆端板结构时，应在满足设计刚度要求的条件下，采用加强筋的结构形式，尽量减小端板材料用量和其质量，图 6.8 给出了大连融科储能技术发展有限公司开发的加强筋端板全钒液流电池电堆。另外，也可进一步用如图 6.9 所示的多目标优化算法来布置加强筋的位置。

图 6.8 大连融科储能技术发展有限公司全钒液流电池电堆

导流板是将流入电堆的电解液按照设计要求，流入共用管路，以达到均匀分配电解液的目的。导流板的材料为 PP 或者硬聚氯乙烯（UPVC）等耐腐蚀的塑料，同时较大的厚度也可以起到增大端板刚度的辅助作用。

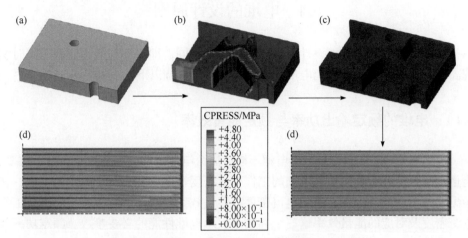

图 6.9　端板多目标优化结构

6.3.6　电堆的组成与组装

　　双极板、密封件、电极框、电极、离子传导（交换）膜、电极、电极框、密封件、双极板材料叠合在一起构成了全钒液流电池的一节单电池，数节或数十节单电池以压滤机的方式叠放在一起并在两侧装有集流板、端板就组装出液流电池电堆。电堆组装过程中，关键步骤有两个方面。一是定位，电堆组件随着单电池节数的增多显著增加，一个 30 kW 的电堆通常大约由 50 节单电池组成，组件有几百件，将这些组件逐一地按照定位结构进行组装，可以避免错位，以保证电解液的均匀分配和防止漏液；二是装配的压力均匀性，在压力机加压时，施压面与端板的平行度及加压速度极为重要，平行度不好或者运行速度过快都会导致电堆的变形，甚至组件弹出等问题出现。图 6.10 为 U 型流动形式的电堆组装示意图。

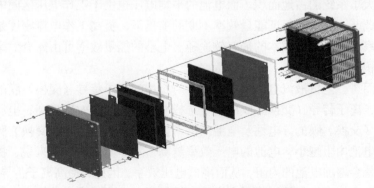

图 6.10　U 型流动形式的电堆组装示意图

6.4　电堆的设计原则

全钒液流电池电堆的设计思路与其他电池相同，即保证高能量效率的同时实现高可靠性与低成本，因此电堆的设计原则主要围绕以下几点展开。

6.4.1　电堆的额定输出功率与额定能量效率

与锂离子电池、铅酸（炭）电池不同，液流电池电堆的库仑效率、电压效率、能量效率、电解液利用率与电堆的工作电流密度密切相关，对于给定的电堆，在输出功率不同的条件下，工作电流密度与能量效率不同。因此，输出功率、工作电流密度及对应的能量效率这三个参数是表示电堆性能的必要参数。额定功率及在额定功率运行时的工作电流密度、能量效率是评价电堆性能的三个必不可缺的重要参数。

电堆的额定输出功率是指在满足指定能量效率的条件下，电堆在一个充、放电循环过程中可获得的最大可持续输出功率。电堆的能量效率是指电堆在恒功率充、放电条件下，从电堆输出的能量占输入电堆的能量的百分比。

在不同的工作电流密度下，电堆的输出功率和能量效率可用以下方法计算。

电堆输出功率=工作电流密度×电极有效面积×平均输出电压×单电池节数

电堆的能量效率=库仑效率×电压效率

电堆的库仑效率是指在规定条件下，电堆放电过程所放出电量的安时数（或瓦时数）占充电过程中所消耗电量安时数（或瓦时数）的百分比，而电堆的电压效率是指电堆放电平均电压占充电平均电压的百分数。增加电极面积和单电池节数均可以提高电堆的输出功率，但增加材料的使用量会提高成本，增加的体积和质量也增大了系统的占地面积。而电池的平均电压也由于工作电压区间的限制无法大范围调节，因此在保证能量效率不变的前提下，提高工作电流密度是提高电堆输出功率、降低电堆成本的最有效途径。电堆的能量效率可由库仑效率和电压效率的乘积来计算。

一般而言，全钒液流电池的库仑效率与所用的离子传导（交换）膜的选择性密切相关，离子传导（交换）膜的离子选择性越好，库仑效率越高；电压效率与离子传导（交换）膜的导电性及电池内阻密切相关，离子传导（交换）膜的导电性越好、电池内阻越小，电池的电压效率越高。对于给定的电堆来说，提高工作电流密度就会增加电池的内阻，从而降低电压效率，因此，提高离子传导（交换）膜的离子选择性和导电性、降低电堆的欧姆极化，即降低内阻是提高电堆性能的

最关键因素。另外，提高电极材料的电化学活性及电解液在电极内的分布和流动
均匀性，对提高电堆的能量效率和使用寿命也极为重要。

6.4.2　低流阻、高均匀性流场结构

　　液流电池电堆中的流场设计主要涉及两个方面，一是电极框内的分支流道设
计与电极内的流场设计；二是单电池间的电解液共用管路的设计。
　　电极框内的分支流道、分配口的几何参数决定了电解液在电极内的分配均匀
性，从而影响电池的过电位以及电流密度分布，局部过电位及电流密度的过高和
过低对电堆的整体性能有很大的影响。图 6.11 为电流密度分布图。尤其在电堆放
大的过程中，流场的影响将进一步加剧，因此流道结构的优化设计对提高电流密
度的分布均匀性即液流电池的性能至关重要，是提高液流电池性能和寿命研究的
重要方向。

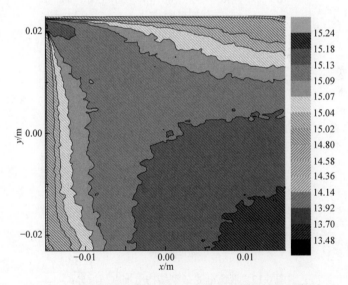

图 6.11　液流电池电堆内部电流密度分布模拟结果示意图

　　电解液共用管路的流动形式分为 U 型和 Z 型。对于 U 型结构，如图 6.12 所
示，共用管路及单节电池中电解液的流量由外至内逐渐降低，并且随着电池节数
的增加，电解液流量分配的均匀性变差。而对于 Z 型结构，如图 6.13 所示，电堆
中心处单电池中的电解液流量最低，两端最大，共用管路的进口和出口电解液流
量呈中心对称分布，并且随着节数的增多，流量的分配均匀性变差。单电池间流
量的分配不均匀直接影响各单电池的浓差极化，进而影响充放电深度及电压的均

匀性，因此，共用管路的设计与优化对于电堆内电解液在各单电池间流量的均匀分配十分重要。从图 6.12 及图 6.13 中还可以看出，单纯由共用管路造成的流量差异较小。但如果不同单电池电极的孔隙率、比表面积等性质相差较大，将引起较大的流量差异，所以，各单电池的一致性也是决定电堆性能的关键因素。

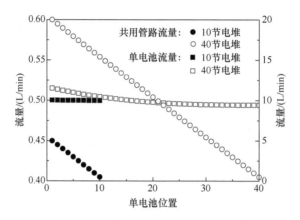

图 6.12　液流电池 U 型电堆结构电解液分配

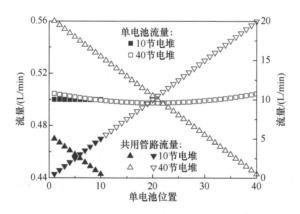

图 6.13　液流电池 Z 型结构电堆电解液分配

6.4.3　漏电电流的控制

电解液流经公共管路和流场的主流道、分配口，进入各个单电池，不同单电池间具有离子通道，由于电池串联，电池间有电子通道。当电子通道和离子通道构成闭合导电回路时，即产生漏电电流，这种电流不经过有用负载，而是以自放电的形式额外消耗。

一般而言，共用管路、支路及总漏电电流在电堆中呈对称分布，支路漏电电流在中心位置最小，电解液的总漏电电流在中心位置最大。充电时总漏电电流为负值，即输入电流有一部分没有用于电化学反应，而是通过电解液管路产生自放电；放电时漏电电流为正，即实际输出电流小于电堆放电电流，其中一部分也是由于自放电而额外消耗。漏电电流的大小与电池内阻及单电池串联数量有关，因此在设计电堆时必须加以权衡，全面综合考虑电堆额定输出功率、电堆电极面积、电堆单电池节数。电堆内漏电电流的计算主要依据基尔霍夫定律，建立电堆内的等效电路图，对于 N 节单电池串联构成的电堆，其等效电路图如图 6.14 所示。其中电池内阻为定值，是电池电压随电流线性变化产生的内阻，而电池开路电压 E^0 是随时间变化的。

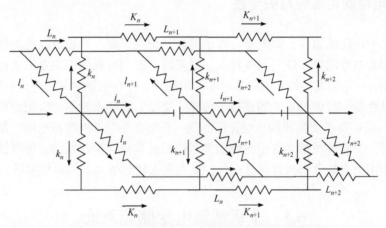

图 6.14　全钒液流电池电堆的等效电路示意图

　　由等效电路图可计算各节单电池、共用管路及总漏电电流的大小和分布规律。如图 6.15 所示，共用管路、分支管路及总漏电电流在电堆中呈现对称分布。其中

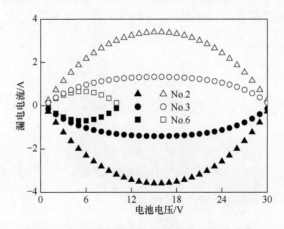

图 6.15　不同节数电堆中的总漏电电流分布

总漏电电流在电堆的中心节数处最大，而分支管路漏电电流则最小。一般地，在充电时，总漏电电流为负，一部分电流通过离子通道产生自放电；而在放电时，漏电电流为正，电堆的放电电流中有一部分产生漏电，而实际的输出电流减小。从等效电路图可以看出，减小漏电电流的方法主要在于调节各部分电阻，例如，增加共用管路及分支管路的长度或者减小截面积。另外减少单电池的节数也有利于减小漏电电流。近年来，有研究者提出补偿电路的概念，即提供另一路与漏电电流方向相反、大小相等的补偿电流来抵消漏电损失，但漏电电流的采集及补偿电流的控制是难点。

6.4.4　电堆的可靠性与安全性

电堆中任何的组件，如电极、离子传导（交换）膜、双极板、密封件、端板等均影响着电堆的可靠性与耐久性。一般来说，影响可靠性的主要因素在于以下两个方面：一是耐腐蚀性，包括各组件的耐酸性，也有电极的氧化造成的腐蚀等；二是机械性能，其中最重要的是离子传导（交换）膜和密封垫。常用的离子交换膜，如 Nafion 离子交换膜的机械强度不高，有时会在电堆组装和电堆长期运行后出现破碎。密封件虽然常选用耐腐蚀性很强的氟橡胶，但长期的耐酸腐蚀和高压紧力的作用也会导致密封件弹性变差，从而失去密封效果，使电堆漏液。

6.5　全钒液流电池储能系统

6.5.1　全钒液流电池系统的组成

如图 6.16 所示，全钒液流电池系统出电堆、电解液、电解液储罐、电解液循环泵、管道、电池管理系统（BMS）、支持（支撑）系统等组成。

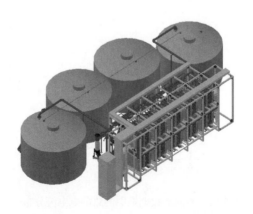

图 6.16　全钒液流电池储能系统示意图

电解液循环泵是实现电解液不停循环的动力设备，一旦循环泵出现故障，全钒液流电池系统将无法进行正常的充、放电，另外循环泵的功耗也对系统的能量效率有很大的影响。实验表明，循环泵影响全钒液流电池系统能量效率的 3%～5%。由此可见循环泵的稳定性和可靠性对于液流电池系统有着至关重要的作用。因为耐酸性的要求，循环泵内壁材质一般要求为塑料材质，如 PP 和 PVC 等。而循环泵的类型主要是离心式磁力泵。电解液储罐是电解液的储存容器，材质一般为 PP、PVC、PE 等。对于储罐的要求最主要的是安全与可靠，否则一旦泄漏，不仅造成电解液损失，而且造成环境污染等问题。支持系统设备仪表包括流量计、压力传感器、过滤器及换热器等。其中换热器尤为重要，不同于其他类型的化学电池，全钒液流电池的电解液通过管路在电堆和电解液储罐之间不停地循环，因而可以将电堆内部的热量及时排出电堆外。此时将电解液进行换热，换热控制过程简单、易实现。这也是液流电池能够进行大规模应用的主要原因之一。换热器一般采用水冷式或者风冷式换热器，材质为 PP、PE、聚四氟乙烯等塑料材质或耐酸腐蚀、耐氧化的金属材料。

6.5.2　全钒液流电池系统的设计原则

全钒液流电池系统的设计需重点关注外部条件接口条件匹配、高能量转换效率及高安全性。

1. 外部条件接口条件

外部条件接口条件是指与外部用户或者风电场的连接，其中包括系统功率、储能容量、能量转化效率及电压等级等要求。鉴于液流电池储能系统的优点，电池储能系统的储能容量与功率可以独立设计，与其他储能电池相比，系统的输出功率和储能容量设置灵活，储能容量不受储能电池功率的影响，通过增减电解液的体积就可以调控全钒液流电池系统的储能容量。电池系统的能量效率为放电能量与充电能量的比值，主要受电堆的库仑效率、电压效率、漏电电流损耗和系统运行的自身功耗等因素的影响。充、放电能量损失越小，能量效率越高。全钒液流电池储能系统由多个电堆在电路上通过串联、并联或者串并联相结合的方式构建而成，达到一定要求的额定功率和电压才能满足应用需求。

2. 高能量效率

高能量效率的电堆是高效液流电池储能系统的基础，在此基础上，系统管路设计及智能运行控制技术等都是实现电池系统高效率的必要条件。

1）液流电池系统的漏电损耗控制

与电堆中产生漏电电流相似，液流电池系统中，由于液流电池系统是由多个电堆串并联构成的，并且电解液管路的并联供液方式使得离子通路与电堆间的电子通路构成闭合回路，产生漏电电流，即旁路电流。相比于电堆中的漏电电流，因为电堆的电压，特别是大功率电堆的电压远高于单电池的电压。另外电堆均匀性的差异均会造成管路中的自放电。因此，大功率电堆之间的均匀性对液流电池系统的漏电电流的影响很大。严重时，漏电电流产生的热量，使电解液的温度大幅度上升，造成电堆中的电极框、双极板、离子传导膜及管路发生变形甚至破裂。控制液流电池系统中漏电电流的思路在于如何切断离子通路或增大电阻，从而减小漏电电流。另外，液流电池停机时，由于电堆中还存有相当量的电解液，也会产生漏电电流，所以，液流电池储能系统停机后，应采用放电措施将电堆内电解液中的电放掉，以避免漏电电流对电堆和电解液循环管路的损伤，延长液流电池系统的使用寿命。

2）电解液荷电状态的控制

液流电池系统的实际可放出（剩余）的瓦时容量与实际可放出的最大瓦时容量的比值称为荷电状态，全钒液流电池电解液的荷电状态可以实时监测，可以有效控制液流电池在规定的充、放电区间内运行，这是液流电池的很有应用价值的特点，对提高液流电池储能系统的效率、稳定性、可靠性及跟踪计划发电极为重要，在液流电池储能系统中，通常都专门配有监控电解液荷电状态的电池，一般称其为荷电状态电池。将液流电池系统中的正、负极电解液流路各取出一支路的电解液流入荷电状态电池中，监测该荷电状态电池的开路电压。开路电压反映了正、负极电解液不同价态离子的变化，可通过质量守恒定律和法拉第定律获得液流电池的荷电状态。一般液流电池系统的荷电状态（0～100）所对应的开路电压的范围是 1.2～1.5V。荷电状态电池正、负极两端预留开路电压监测接线端，液流电池管理系统对开路电压实时监测，从而保证液流电池按照设定的荷电状态进行工作。

3）液流电池支持（支撑）设备低能耗技术

为使液流电池储能系统在稳定运行状态下连续工作所必须提供给支持（支撑）设备的能量，称为辅助能耗。支持（支撑）设备主要包括电解液循环泵、温控设备和控制管理设备等。电解液流量的大小不仅直接影响循环泵的功耗及液流电池的性能，而且影响电池内电解液的分布均匀性，从而影响液流电池储能系统的能量效率和储能容量等性能，如图 6.17 所示。电解液流量的选择应在保证液流电池系统的能量效率和储能容量的前提下，尽量降低电解液流量，从而降低循环泵功耗，提高液流电池系统的综合能量效率。

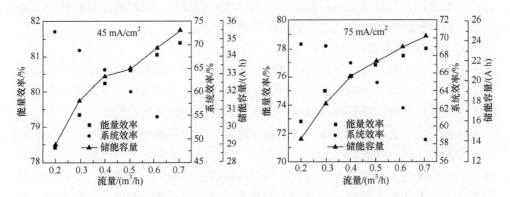

图 6.17　不同电解液流量下液流电池能量效率、系统效率和储能容量的关系

4）正、负极电解液调平技术

全钒液流电池系统在充、放电循环工作过程中，正、负极之间的离子和水会通过离子传导(交换)膜产生迁移，使电解液向着正极或者负极的一侧迁移（迁移方向根据膜材料的不同而不同）。电池长期运行会导致正、负极电解液的体积、浓度和组成逐渐失衡，使得系统的能量效率和储能容量降低。为了恢复液流电池系统性能，通常在其运行相当长一段时间之后，将正、负极电解液适当混合，但是该操作本身非常烦琐并且需要额外的电能以实现混液。专利 US20110300417 提出了正、负极电解液储罐通过阀门和管路长期连通的方式，但长期运行后发现，系统会因漏电损失而降低能量效率。因此，正、负极电解液调平技术有待进一步发展，根据不同的运行状态进行有效的调节，实现操作的简单易行，同时降低能量损失。

3. 高安全性控制管理

1）充、放电截止电压

硫酸体系电解液全钒液流电池的适宜电压范围一般在 1.0～1.60 V，全钒液流电池储能系统必须严格控制其充、放电截止电压，尤其是必须严格控制充电截止电压上限，否则会增加析氢等副反应发生的概率，严重时会腐蚀电极、双极板等关键材料，严重影响系统效率与使用寿命。

2）电解液温度控制

全钒液流电池电解液的运行温度范围一般为 0～45℃，适宜的运行温度为10～40℃，超过运行温度上限，容易造成电解液五价钒的析出，造成电极和管路堵塞；电解液温度低于运行温度，容易造成负极电解液中的 V^{2+} 离子生成沉淀而析出。根据能量守恒定律，能量损失大部分以热量的形式释放，热量使得电解液温度不断升高，当自然散热不能满足热量排放的需要时，必须采用强制散热的方式使电解液的温度保持在适宜的运行温度范围之内。

3）液流电池系统的热管理

如前所述，液流电池系统的能量转化效率为 70%～80%，有一部分热量需要排出，以维持液流电池电解液的运行温度。利用能量守恒方程和热衡算方程可计算出进入换热器前的电解液的温度，为换热器的选型提供技术参数。

换热方式可为风冷和水冷两种。液流电池系统为钒离子的硫酸水溶液，而且正极电解液中含有强氧化性的 5 价钒离子，负极电解液中含有强还原性的 2 价钒离子，所以全钒液流电池电解液具有很强的酸腐蚀性和氧化还原性。换热器的材质需要为 PP、PTFE 等耐腐蚀材料。塑料换热器是目前腐蚀溶液热交换器比较通用的设备，可参见具体的换热器设计、选型手册。

4）氢安全

电池系统在运行过程中，由于副反应的发生，会在负极产生微量的氢气，长年运行累积，存在安全隐患。依据液流电池电堆的性能，有效控制液流电池储能系统的充、放电截止电压是控制析氢量的有效手段。同时，为保证使用安全万无一失，一般采用惰性气体置换技术，及时排除电解液储罐中的氢气，并在全钒液流电池储能系统室内安装通风装置，并设置可燃气体检测报警仪。

6.5.3　全钒液流电池的控制管理系统

液流电池控制管理系统（BMS）的作用是实现液流储能电池系统中各电堆、设备仪表、储能模块运行状态参数的实时监测、控制管理模块的控制管理及联锁保护等功能，防止液流电池系统受到损害，保证液流电池系统的正常安全运行。内容包括运行参数管理和报警参数设定、模拟量测量、保护功能及运行状态的自诊断、预测控制、监测记录等功能。

电池控制管理系统的实现是通过各类传感器，如流量传感器、压力传感器、温度传感器、氢气传感器、漏液传感器等采集数据，经过模型分析之后输出控制信号，控制系统内的阀门及开关管理功能。对于 BMS 来说，运行状态监测诊断与预测控制管理是两个最重要的方面，直接影响液流电池系统的可靠性与使用寿命。

1. 液流电池系统运行状态的监测诊断

实现故障诊断的功能首先要明确各类故障类型，建立完整的数据库。全钒液流电池系统常见的故障类型包括：单节电池电压过高、电解液的流量下降、温度过高、漏电报警、循环泵工作失常及电解液失衡和系统无法正常启动等。通过系统模拟上述的故障，并且记录故障时出现的不同现象，当再次出现类似现象时可以将特征数据进行比对，从而确定故障类型，甚至可以实现智能预测控制，预防故障发生。

2. 电池系统的安全保护

液流电池系统安全管理主要包括三方面内容，一是电解液的泄漏防护，二是液流电池电堆保护，三是氢气的安全防护。

电解液的泄漏主要表现在管路、阀件连接处及电堆的泄漏上，电堆的漏液一般是轻微渗漏，一般不会造成危害，而管路、阀件连接处的电解液泄漏可能会造成电解液的喷溅而造成危害。因此需要对电解液的泄漏做好充分的预防、监测和紧急处理措施。首先在液流电池启动和运行过程中，应定期进行检查，提前发现可能出现的漏点，预防控制；同时设置漏液传感器以对漏液进行实时监测，缩短出现漏液的应对时间；最后一旦发生漏液，监测到漏液信号后，电池管理系统应及时停机，自动关闭相关电解液阀门，避免漏液事故的进一步扩大，同时提醒工作人员及时处理。

各种故障可能引起液流电池系统不能正常运行的前兆通常首先反映在液流电池电堆内某节单电池的工作电压的变化。因此在液流电池系统运行时，监测电堆各节单电池工作电压，依据电池电堆在稳定功率输出时，某节单电池工作电压的变化和可能引起这种变化的原因，在电堆事故发生前采用针对性的预测控制及自修复策略和措施，排除故障，使电池电堆恢复到正常运行状态。当液流电池电堆单电池电压偏离工作电压范围且无法通过自修复策略和措施排除故障时，应及时自动停机保护，避免电堆及液流电池系统的进一步损伤。

在氢气的安全防护中，一般采用惰性气体置换技术，及时排除电解液储罐中的氢气，并要求全钒液流电池室内应设置可燃气体检测报警仪，放置液流电池储能系统的建筑物应装有通风装置。

6.6　液流电池发展现状与挑战

经过近 20 年的努力，我国全钒液流电池储能技术水平处于国际领先地位。领军的大连融科储能技术发展有限公司与中国科学院大连化学物理研究所合作团队已获授权液流电池国家专利 200 余件，形成了完整的自主知识产权体系，大连融科储能技术发展有限公司在国内外率先建立了年产 300 MW 的全钒液流电池储能装备的产业化基地。实施的大连蛇岛光伏电池发电的 10 kW/50 kW · h 全钒液流电池储能供电系统已经安全、稳定、可靠地运行了 8 年多，金风科技股份有限公司北京亦庄分布式微电网用 200 kW/800 kW · h 和国电龙源卧牛石风电场用 5 MW/10 MW · h 全钒液流电池储能系统已经安全、稳定、可靠地运行了 7 年多，目前还在稳定可靠运行（图 6.18），验证了全钒液流电池储能系统的安全性和可靠性，已满足产业化应用的要求。渗入产业链研究开发的机构和企业还不够多，要推进液流电池储能技术的普及应用，建立液流电池储能产业，还需要官、产、学、研、用（户）共同努力，加大投入，不断创新，完善技术，大幅度提高液流电池储能系统的可靠性和稳定性，降低液流电池的制造成本，建立可行的商业化模式，以满足大规模实用化、产业化的要求。提高液流电池的可靠性、稳定性，及降低成本主要包括以下几个方面。

图 6.18　中国国电卧牛石风电场 5 MW/10 MW · h 全钒液流电池系统

（1）开发新一代高性能、低成本的全钒液流电池关键材料技术。例如，高稳定性、高浓度电解液；高离子选择性、高导电性、高化学稳定性离子传导（交换）膜；高导电性、高韧性双极板；高反应活性、高稳定性、高厚度均匀性电极材料。目前，全钒液流电池电解液的支持电解质分为硫酸水溶液和盐酸、硫酸混合酸水溶液两种。硫酸的蒸气压较低，所以硫酸体系电解液的腐蚀性小，但钒在稀硫酸水溶液中的溶解度相对较小，为 1.5～1.7 mol/L，造成其能量密度低，工作温度窗口较窄。在盐酸、硫酸混合酸水溶液中，钒的溶解度较高，稳定性好，为 2.5～3.0 mol，所以盐酸、硫酸混合酸体系的能量密度高，工作温度窗口宽。但由于盐酸的蒸气化高，腐蚀性强，在充电过程中会有氯气生成。所以，对电堆材料和管路材料的要求高，从而提高了电池系统的成本。

　　因此，研究开发高浓度、高稳定性、低成本的全钒液流电池电解液体系，拓展钒电解液的使用温度范围和高比能量、高稳定性、低成本的液流电池新体系是液流电池电解液的重要研究方向。

　　目前，全钒液流电池中使用的离子传导（交换）膜是全氟磺酸质子交换膜。该膜具有很好的化学稳定性和质子导电性，但由于含离子交换基团的离子簇在酸性水溶液中容易发生溶胀，离子交换通道半径增大，钒的水合离子可以通过，离子选择性差。另外，全氟磺酸质子交换膜价格昂贵，厚度为 150 μm 的全氟磺酸质子交换膜，如杜邦公司生产的 Nafion 质子交换膜市场价格为每平方米 700 美元左右，无法在工程中实际应用，严重阻碍了其产业化。开展高离子选择性、高导电性、高化学稳定性、环境友好、低成本的非氟离子传导膜对推进全钒液流电池的产业化具有重要意义。

　　在保持双极板高致密性、高机械强度、高韧性的条件下，进一步提高双极板的导电性，对于降低电堆的内阻，提高电池的工作电流密度，即功率密度具有重要作用。因此，需要开发满足上述性能要求的双极板材料。

　　全钒液流电池电极（碳毡、石墨毡）的性能与液流电池电堆内的活化极化、欧姆极化和浓差极化都密切相关。提高电极的催化反应活性、导电性及密度分布和厚度均匀性是高性能电极研究开发的重点。

　　（2）液流电池电堆是发生充、放电反应，实现电能与化学能相互转换的部件，是液流电池的核心部件，电堆的性能和可靠性直接影响液流电池储能系统的性能和可靠性。目前液流电池电堆的工作电流密度较低，造成其功率密度较低、材料用量大、成本高，影响其大规模普及应用。因此，优化电堆的结构设计，提高电解液活性物质钒离子在电堆内部的时空分布均匀性，降低离子传导膜、电极、双极板之间的接触电阻，可以有效降低电堆内的欧姆极化，从而提高电堆的电压效率和能量效率。开展新型电堆结构设计优化，研究开发高功率密度全钒液流电池电堆的结构设计技术，使电堆的工作电流密度由现在的 60～80 mA/cm² 提高到 300 mA/cm² 以上，同时提高电解液的利用率，是液流电池结构设计的重要研究方向。

（3）全钒液流电池系统包括电堆、电解液储供子系统、电池管理子系统等，系统相对复杂。开发高可靠性、高稳定性、低成本的大功率液流电池模块的设计集成技术和百兆瓦级全钒液流电池储能系统的集成、智能控制管理策略及综合能量管理技术也极为重要。

全钒液流电池技术产业化应用示范阶段，需要政府加大对储能新技术开发、工程转化、应用示范、产业化等方面的经费支持力度，对创新能力强、具有自主知识产权的研究机构和企业给予重点支持。通过材料创新和电堆结构设计与集成技术创新，大幅度降低全钒液流电池储能系统的成本。落实储能产业政策，规范储能技术标准，推动储能技术的市场应用，推进全钒液流电池储能技术的产业化进程。

参 考 文 献

[1] Dunn B, Kamath H, Tarascon J M. Electrical energy storage for the grid: a battery of choices[J]. Science, 2011, 334 （6058）: 928-935.

[2] Yang Z, Liu J, Baskaran S, et al. Enabling renewable energy—and the future grid—with advanced electricity storage[J]. JOM The Journal of the Minerals, Metals and Materials Society, 2010, 62 （9）: 14-23.

[3] Rastler D M. Electricity energy storage technology options: a white paper primer on applications, costs and benefits[R]. Electric Power Research Institute, 2010.

[4] Yang Z, Zhang J, Kintner-Meyer M C W, et al. Electrochemical energy storage for green grid[J]. Chemical Reviews, 2011, 111 （5）: 3577-3613.

[5] Li X, Zhang H, Mai Z, et al. Ion exchange membranes for vanadium redox flow battery（VRB）applications[J]. Energy & Environmental Science, 2011, 4 （4）: 1147-1160.

[6] Skyllas-Kazacos M, Kazacos G, Poon G, et al. Recent advances with UNSW vanadium-based redox flow batteries[J]. International Journal of Energy Research, 2010, 34 （2）: 182-189.

[7] Chieng S C, Kazacos M, Skyllas-Kazacos M. Preparation and evaluation of composite membrane for vanadium redox battery applications[J]. Journal of Power Sources, 1992, 39 （1）: 11-19.

[8] Sukkar T, Skyllas-Kazacos M. Membrane stability studies for vanadium redox cell applications[J]. Journal of Applied Electrochemistry, 2004, 34 （2）: 137-145.

[9] Sukkar T, Skyllas-Kazacos M. Modification of membranes using polyelectrolytes to improve water transfer properties in the vanadium redox battery[J]. Journal of Membrane Science, 2003, 222 （1）: 249-264.

[10] Menictas C, Cheng M, Skyllas-Kazacos M. Evaluation of an NH_4VO_3-derived electrolyte for the vanadium-redox flow battery[J]. Journal of Power Sources, 1993, 45 （1）: 43-54.

[11] Skyllas-Kazacos M, Peng C, Cheng M. Evaluation of precipitation inhibitors for supersaturated vanadyl electrolytes for the vanadium redox battery[J]. Electrochemical and Solid-state Letters, 1999, 2 （3）: 121-122.

[12] Kazacos M, Cheng M, Skyllas-Kazacos M. Vanadium redox cell electrolyte optimization studies[J]. Journal of Applied Electrochemistry, 1990, 20 （3）: 463-467.

[13] Haddadi-Asl V, KAZACos M, Skyllas-Kazacos M. Conductive carbon-polypropylene composite electrodes for

vanadium redox battery[J]. Journal of Applied Electrochemistry, 1995, 25（1）: 29-33.

[14] Zhong S, Kazacos M, Burford R P, et al. Fabrication and activation studies of conducting plastic composite electrodes for redox cells[J]. Journal of Power Sources, 1991, 36（1）: 29-43.

[15] Zhong S, Kazacos M, Kazacos M S, et al. Flexible, conducting plastic electrode and process for its preparation: US5665212[P]. 1997-09-09.

第7章 数值模拟与结构设计及其在液流电池中的应用

液流电池特别是全钒液流电池储能技术因其安全性好、可靠性高、循环寿命长、电解液可反复循环利用、环境友好等诸多优点，在电力储能领域受到广泛关注。为满足可再生能源普及应用对百兆瓦以上级大规模液流电池储能系统的需要和商业化应用对降低其成本的要求，研究开发高功率密度电堆极为重要。而数值模拟及基于数值模拟结果的电堆结构设计在高功率密度液流电池电堆的研究开发中发挥重要作用。本章主要总结了笔者研究团队近年来在全钒液流电池数值模型从流动模型到二维、三维模型的发展历程，以及基于数值模拟对全钒液流电池流场结构的设计与优化经验，并提出了今后的研究发展方向。同时，也综述了其他研究者的工作。

7.1 概　　述

随着社会经济的发展和人们生活水平的提高，对能源的需求量日益增加。全球范围内由能源大量消耗引起的化石能源匮乏、气候恶化及大气污染等环境问题也日益加剧，使普及应用可再生能源的需求变得愈加迫切。因此，推进可再生能源的普及应用，提高可再生能源在能源结构中的比重，是解决能源资源和能源安全问题的关键，更是保证人类社会可持续发展、推进社会进步的必然趋势。

可再生能源发电的不稳定、不连续、不可控特性会对电网造成冲击，限制了电网对可再生能源的接入。近年来，严重影响了可再生能源的并网应用，仅2016年，我国弃风、弃光、弃水总量高达 1300 亿 kW·h，达到三峡电站全年发电量约 800 亿 kW·h 的 1.5 倍以上。在这种背景下，凸显出大规模储能技术和装备的重要性。储能技术可以平衡发电和用电，实现电网的调幅调频、跟踪计划和削峰填谷，确保电网稳定，因此，大规模储能技术是实现可再生能源普及应用的核心技术。

近年来，随着可再生能源开发利用规模不断扩大，储能技术的研究与应用日渐广泛，技术不断进步。2016 年 12 月，国务院颁布了《"十三五"国家战略性新兴产业发展规划》。该规划指出"要加快发展先进核电、高效光电光热、大型风电、高效储能、分布式能源等，加速提升新能源产品经济性，加快构建适应新能源高比例发展的电力体制机制、新型电网和创新支撑体系，促进多能互补和协同优化，引领能源生产与消费革命。大力发展'互联网+'智慧能源。加快研发分布式能源、储能、智能微网等关键技术，构建智能化电力运行监测管理技术平台，建设以可再生能源为主体的'源—网—荷—储—用'协调发展、集成互补的能源互联网"。

在众多储能技术中，全钒液流电池技术因其使用寿命长、储能规模大、安全可靠、环境友好等优点，成为规模储能的首选技术之一。近年来，全钒液流电池技术的研究开发和产业化取得了长足进展；由中国科学院大连化学物理研究所与其技术入股并提供技术支撑的大连融科储能技术发展有限公司共同合作，实施了包括当时全球最大规模的 5 MW/10 MW·h 项目在内的近 40 余项全钒液流电池储能系统应用示范工程，在国内外率先实现了产业化；2016 年 4 月，国家能源局正式批复同意大连融科储能技术发展有限公司与大连热电集团共同建设 200 MW/ 800 MW·h 全钒液流电池储能电站国家示范工程，这标志着全钒液流电池技术已进入产业化应用的推广阶段。

电堆是全钒液流电池储能系统的核心部件，为满足可再生能源普及应用对大规模全钒液流电池储能系统的需要和商业化对降低其成本的要求，研究开发高功率密度全钒液流电池电堆极为重要。要提高电堆功率密度，开展与电堆内部流场、浓度场、质量场、温度场、反应场等各微观场间耦合作用相适配的流场结构设计及其调控机制的研究工作十分关键。而数值模拟及基于其的结构设计在高功率密度全钒液流电池电堆的研发中发挥了重要作用。近年来，研究者们在全钒液流电池数值模拟和流场结构设计与优化方面开展了大量工作，逐渐明确了电堆内部各微观场分布特性，并在此基础上设计出新型流场结构，有效提高了电堆功率密度。

针对此，本章主要就笔者的研究团队及其他研究人员在全钒液流电池数值模型从流动模型到二维、三维模型的发展历程，以及基于数值模拟对全钒液流电池流场结构的设计与优化进展进行论述。

7.2　全钒液流电池数学模型的研究进展

全钒液流电池模型可分为市场尺度、电堆或系统尺度、单电池尺度、材料尺度等多种类型[1-4]，如图 7.1 所示，不同尺度类型的模型适用于不同的应用领域，如市场尺度的成本分析、系统寿命分析主要采用经验模型；电堆或系统尺度如系统温度、荷电状态、容量衰减等主要采用集总参数模型和经验模型等；单电池尺度如电池内部传递现象和反应过程主要采用多物理场耦合微观模型；材料尺度如化学位移、键能的计算主要采用基于分子动力学理论等的分子/原子模型。本节主要集中于单电池尺度的多物理场耦合微观模型。

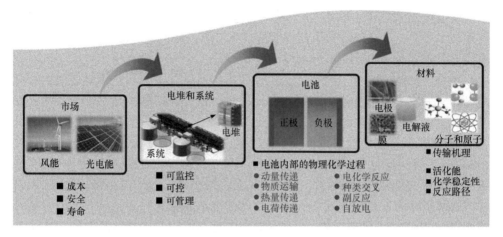

图 7.1　各种不同尺度的全钒液流电池数学模型[5]

　　全钒液流电池的微观模型是基于单电池内部各个离散点，建立在包括质量守恒、动量守恒、能量守恒、电荷守恒等一系列通量守恒方程基础上，并引入电化学方程（Butler-Volmer 方程）进行耦合，赋予相应的边界条件及初始条件进行求解的模型。微观模型主要应用于电池内部的基本传递（动量、质量和热量传递）与反应过程、膜渗透、副反应等的分析。

7.2.1　电解液流动模型

　　液流电池中最基本的传递过程为电解液的流动过程。基于连续性方程和动量守恒方程，采用 Fluent 流体力学软件模拟，根据计算得到的流场分布规律，刘记等、马相坤等、徐波等、邱泽晶[6-9]先后提出通过优化流道结构和操作条件等来提高流场内电解液分布均匀性，进而提高电池性能的策略。基于连续性方程和动量守恒方程建立的模型适用于电解液流动过程的研究，简单易解、省时高效，但是未考虑液相传质、传热、电化学反应的影响，因此其应用受限。

7.2.2　二维多物理场耦合模型

　　二维多物理场耦合模型是既考虑电解液流动过程，又考虑液相传质、电化学反应、电场等的基本模型，始于 Shah 等[10]提出的二维瞬态电池模型。该模型通过 Butler-Volmer 方程将 Darcy 方程、组分输运方程、电荷守恒方程等相耦合。模型几何结构由电极、集流板和离子传导膜组成，如图 7.2 所示。

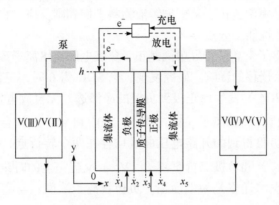

图 7.2　全钒液流电池二维瞬态模型的结构示意图

通过该模型的模拟计算，获得了液流电池内反应物浓度、交换电流密度、过电位等重要参数在二维空间内的分布特点，如图 7.3 所示，并研究了电极结构参数如孔隙率，操作参数如电解液流量等对反应物浓度、交换电流密度、过电位的影响机制，提出减小孔隙率可提高过电位和交换电流密度空间分布的均匀性，增加电解液流量可以降低副反应发生速率，从而提高电池库仑效率。该模型为液流电池后续更深入的微观过程分析奠定了理论基础。H. Al-Fetlawi 等[11]在上述模型基础上，考虑电池传热，引入能量方程，建立起二维瞬态非等温电池模型，并考察了绝热、自然对流、强制对流条件下不同环境温度、电解液流量等对电池内部温度分布及电池性能的影响。

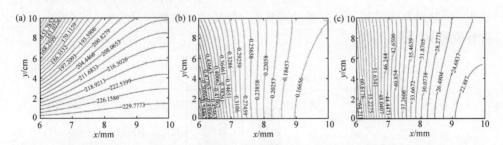

图 7.3　充电结束时电池负极的（a）反应物 V^{3+} 浓度、（b）交换电流密度和（c）过电位分布

上述模型主要关注电池内部的基本传递与反应过程，忽略了电池中离子传导膜两侧正、负极电解液钒离子渗透（互串）及析氢、析氧副反应等问题，计算相对简单。但事实上，离子传导膜两侧钒离子相互渗透及水迁移会导致电池正、负

极电解液物料失衡，降低电池储能容量和使用寿命；而析氢、析氧副反应会消耗部分工作电流，降低电池内的有效反应电流密度，进而导致电池性能下降。因此，建立包含离子传导膜两侧正、负极电解液物料平衡和副反应过程的微观模型对进一步准确研究电池性能十分重要。

You 等[12]建立了由离子传导膜两侧正、负极电解液钒离子渗透引起的自放电模型，且考虑了水迁移的影响。研究发现，当 SOC 为 0 时，三价钒离子（V^{3+}）和四价钒离子（VO^{2+}）发生由正极到负极的净渗透，无自放电发生；而当 SOC 为 65%时，不同价态的钒离子（V^{2+}、V^{3+}、VO^{2+} 和 VO_2^+）均会发生渗透并引起自放电。模拟和实验得到的开路电压曲线均存在两个转折点，分别对应于正极五价钒离子（VO_2^+）和负极二价钒离子（V^{2+}）反应完全的时刻，与实际情况较接近。该模型假设水迁移是为平衡正、负极钒离子浓度，与实际情况有一定的偏差。

M. Skyllas-Kazacos 等[13]在 Ao Tang 的模型基础上考虑了水迁移引起的正、负极电解液体积差，认为离子传导膜两侧正、负极电解液钒离子渗透是正、负极的电解液体积差、压力梯度、副反应及二价钒离子氧化的综合结果。其指出由副反应和负极二价钒离子氧化造成的电池容量衰减不可简单地通过正、负极电解液再混合方法恢复，提出了在电池正极周期性地添加还原剂以保证 VO_2^+/VO^{2+} 和 V^{2+}/V^{3+} 比例相匹配，从而实现电池容量真正意义上的恢复的方法。

Knehr 等[1, 3]通过分析离子传导膜两侧正、负极电解液中钒离子渗透指出，对流传递是离子传导膜两侧钒离子渗透的主要原因，这里的对流传递包括由离子和电解液间的黏性作用引起的电渗透和离子传导膜两侧压力梯度引起的压差渗透，且发现正、负极电解液流量相同时净的电渗透量为 0，而正、负极压力相同时的压差渗透量为 0，如图 7.4 所示。他们进而提出减小容量损失的有效方法是保证电池正、负极的压力相近（可以通过调节正、负极的电解液流量实现），以减小离子传导膜两侧的压差渗透。

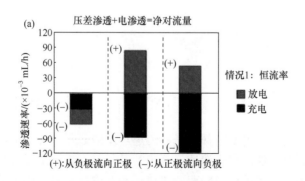

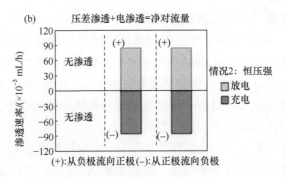

图 7.4 （a）正负极电解液流量相同时离子传导膜两侧对流渗透；（b）正负极压力相同时离子传导膜两侧对流渗透

Knehr 等[1]考虑了离子传导膜两侧正、负极的电解液中氢离子浓度差引起的 Donnan 电势和正极氧化还原反应引起的氢离子变化的影响，修正了能斯特方程，并将其与考虑了对流、扩散和电迁移项的物料输运方程结合，首次建立了包含所有物料（钒离子、氢离子、水及硫酸氢根离子等）渗透的二维模型。Knehr 等认为离子传导膜两侧正、负极电解液浓度和电势不连续，但质量通量和电流相等，提出等效厚度概念。他们分析了不同条件下离子传导膜内物料浓度分布、电势分布情况。图 7.5 为离子传导膜内 H^+、HSO_4^- 浓度分布和电势分布情况。该模型为深入分析离子传导膜内的物料传递过程奠定了理论基础。

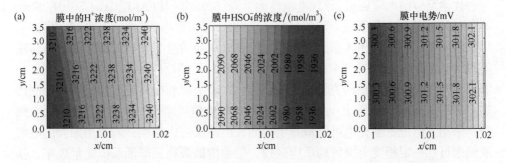

图 7.5 离子传导膜内（a）H^+浓度分布、（b）HSO_4^- 浓度分布和（c）电势分布

Yang 等[14]利用二维模型研究了离子互串的机理和影响，并着重考查了电场的作用。作者在模型中考虑了所有可能引起离子互串的机理，并通过不人为设定膜与电极之间的边界条件来最大程度地模拟真实情况。研究发现，膜的性能和运行条件均显著影响电场大小，而电场大小又会显著影响离子互串的速率，且即使在开路时，由于膜两侧氢离子浓度不均，电池内部电场依然存在，并驱使钒离子从氢离子浓度低的一侧向浓度高的一侧通过迁移和对流的形式传递。最后，作者提

出，通过增大电渗流可有效缓解容量衰减。

　　Gandomi 等[15]研究了静电电势差和浓度梯度两种驱动力对离子传导膜两侧正、负极电解液钒离子互串的影响，得出在充电过程中，静电场的存在促进 VO_2^+ 和 VO^{2+} 从正极向负极传递，而抑制负极 V^{2+} 和 V^{3+} 向正极传递，在放电过程中则相反。另外，研究还发现，钒离子透过离子传导膜传递的速率与 SOC 密切相关，并在此基础上推导出二者的交互作用系数。

　　Zhou 等[16]通过建立二维瞬态模型分析了采用商用聚氯乙烯/二氧化硅多孔膜作为全钒液流电池的离子传导膜时正、负极电解液中钒离子的互渗过程及其对电池性能的影响，得出当膜上的孔径为初始值 45 nm 时，钒离子互渗的主要驱动力为对流，若将孔径降到 15 nm 以下，对流导致的互渗将被充分抑制，若要有效控制迁移和扩散引起的互渗，须将孔径降到与钒离子接近，为全钒液流电池高性能离子传导膜的开发提供了有效指导作用。此外，同 Knehr 等[1, 3]一样，笔者也发现，膜两侧的压差显著影响钒离子的互渗，所以在电池运行过程中保持正、负极压强一致十分重要。

　　通过离子传导膜两侧正、负极电解液中钒离子渗透问题的分析，可以了解到离子传导膜两侧的钒离子渗透难以彻底消除，只有选用高离子选择性、高质子传导性的离子传导膜，通过周期性地平衡正、负极物料，合理调节操作条件等机械性措施来平衡离子传导膜两侧的钒离子浓度，才能稳定液流电池的储能容量。

　　液流电池充、放电过程中的副反应会消耗部分电池效率，降低电池内有效参与电化学反应的电流密度，导致电池性能下降。Shah 等[2]和 Al-Fetlawi 等[17]在 Shah 等[10]的研究基础上分别建立了析氢副反应和析氧副反应的二维瞬态模型。模型采用气液两相流，引入相体积分数描述气泡和电解液的组分输运方程，通过滑移速度耦合气液相方程。图 7.6 是有析氧反应存在和无副反应时的电流密度分布。Li 等[18]通过构建二维模型研究了电解液流速、SOC 上限和电流密度对充电过程的影响，发现将 SOC 上限即充电截止电压设置为较大值可增大充电容量，但副反应加剧；采用大电流密度充电可缩短充电时间，但副反应也加剧；若采用加大的电解液流速可在一定程度上缓解副反应过程，但会增加泵耗，降低系统能量效率。基于此，笔者的研究结果发现，在液流电池的运行过程中，合理设置其充、放电截止电压十分重要，并提出充、放电过程的运行策略：在泵耗一定的情况下，初期先采用大电流密度充电，后期采用较小的电流密度充电，这样就可以在保证充电容量较高的同时缩短充电时间，并抑制副反应的发生。副反应模型计算复杂，一般可以通过控制 SOC 范围减少副反应的发生。但从根本上需通过优化电池结构提高电池内电解液流动、反应物浓度等在空间分布的均匀性来消除，本质上仍需明晰电池内部传递过程。

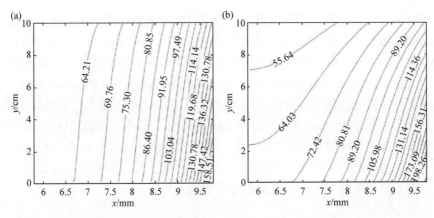

图 7.6　(a) 有析氧反应存在时的电流密度分布；(b) 无副反应时的电流密度分布

除了液流单电池中的基本过程外，单电池/电堆的运行条件也显著影响电池/电堆的性能。Ke 等[19]通过构建二维模型研究了电解液流动形式和体积流量对电池性能的影响，结果发现，在理想平推流和抛物线流下，液流电池内界面流动分布大不相同，这是因为采用不同流动形式时电极和流道进出口处压力的非线性变化；而若改变体积流量，采用两种流动形式时电极内部体积流量几乎相同。Khazaeli 等[20]通过构建包括 6 节电池的二维模型研究了流速对电堆放电电压、放电深度和泵耗的影响，发现将电解液流速从 10 mL 增加到 70 mL 时，每节电池的平均电压提升了约 50 mV，且放电深度增加，但若流速继续增加则变化不大；随着流速增大，电堆的能量效率逐渐增大，但系统效率几乎不变，这是由于增大电解液的流量会增加电解液循环泵的功耗。故只是简单地增大流速不能作为提升系统效率的手段。Ke 等[21]构建了一个简单的分析模型，包括电极和流道两部分，其中，电极区域采用 Darcy-Brinkman 关系式约束，而流道区域采用 Navier-Stokes 方程来模拟。基于该模型，笔者的研究团队考察了进口体积流率、流道尺寸和碳纸厚度对电池性能的影响，发现在研究条件下，当流速为 33.3 cm/s 时，最大电流密度为 377 mA/cm^2，与实验所得的 400 mA/cm^2 相近，证实了该数值分析模型的可靠性。

此外，考虑到模型中常用的稀溶液假设与实际情况的偏离，Zhou 等[22]通过构建二维暂态模型，利用 Stokes-Einstein 关系式研究了离子浓度对离子移动性的影响，发现相比于直接采用实验测得的稀溶液中离子扩散系数，用 Stokes-Einstein 关系式算得的离子导电性更准确，且能更有效地预测浓度分布、局域电流分布和放电电压。笔者的研究团队发现，局域电流密度在靠近集流体侧低于靠近离子传导膜侧，使得前移区域得不到有效利用，从而得出电极需要减薄的结论。

针对多物理场耦合微观模型计算量大、计算复杂的问题，研究者们提出了一些简化模型。You 等[23]运用无量纲法，假设电解液流动形式为平推流，简化了多孔电极的二维模型。基于 Shah 等建立的模型，You 等[24]通过采用电解液 SOC 定义物料浓度的方法，将瞬态问题转化为稳态问题，在不影响计算结果的前提下，节省了大量时间。M. Vynnycky[25]引入量纲法和渐进分析法，将模型降阶为一维，在不影响计算精度的情况下降低了计算复杂度，适合于电池放大过程的结构设计。Lei 等[26]通过利用 Possion 方程耦合 Nernst-Planck 方程来计算膜/电极界面上的物理量分布情况，并将模型降至一维，利用该模型分析了 Donaan 效应对离子互串和电池性能的影响，发现在模型中引入 Donaan 效应项后能更准确地模拟出离子交换膜附近离子浓度和离子过电势的分布情况。

7.2.3　三维多物理场耦合模型

相比二维微观模型，三维微观模型能更详细且准确地描述物理量在三维空间内的分布特点，更接近真实情况。基于 Shah 等[10]的二维瞬态电池模型，Ma 等[27]首次提出了基于电极结构尺寸的全钒液流电池负极半电池三维模型，如图 7.7（a）所示。模型控制方程及其相应的边界条件和初始条件与前述二维模型相似，只存在结构维数上的不同。模型揭示了电解液流动速度、反应物浓度、交换电流密度、过电位等在三维空间内的分布规律。图 7.7（b）为电解液流速在三维空间内的分布特点。该模型为建立更真实可靠的三维全电池模型奠定了理论基础。

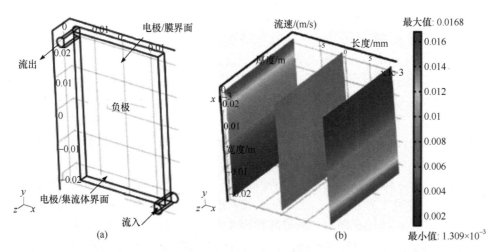

图 7.7　（a）负极半电池三维模型结构示意图；（b）电解液流速在三维空间内的分布特点

基于上述模型，笔者的研究团队将全钒液流电池三维半电池模型完善至非等温的准稳态三维全电池模型[28]，验证了该模型的可行性，并将所建模型的模拟计算方法成功应用于电池内部传递过程分析，探索了电池内部的电解液流动和液相传质过程的基本特征（图 7.8）、浓差极化在时间和空间上的不均匀分布特性（图 7.9）和电池内部温度分布特性（图 7.10）等，明确了电池内部电解液流动分布均匀性是影响其他物理量分布均匀性的关键，也是影响储能系统运行可靠性的重要因素。因此，有必要进行液流电池流场结构的优化与创新，提高电解液流动分布均匀性，以强化液相传质、传热，提高浓度、温度空间分布均匀性，这对于提高系统运行可靠性非常关键。

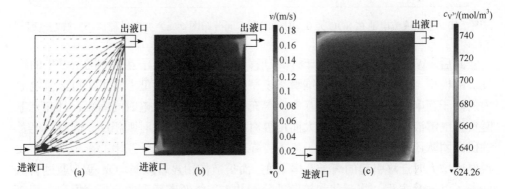

图 7.8　$XY1$ 截面上（a）速度矢量与流线分布、（b）速度云图和（c）反应物（V^{3+}）浓度分布特性

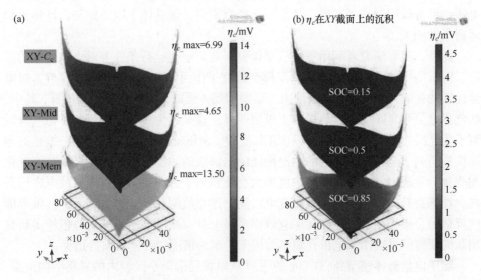

图 7.9　浓差极化的空间分布和时间分布特性

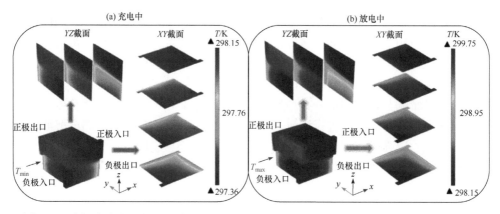

图 7.10　全钒液流电池在 SOC 为 0.5 时的温度空间分布图：（a）充电过程；（b）放电过程

其后，Won 等[29]构建了用于计算迁移与扩散引起的离子互串和随后发生的副反应的模型，然后将其并入三维瞬态模型中，利用该新模型考察了全钒液流电池内的离子互串过程，发现离子互串使得充电时间增加而放电时间缩短，且在充电时负极电解液中钒离子浓度增大而正极对应地减小，放电时则相反；同时，笔者的研究团队还利用该模型探究了离子传导膜厚度变化对离子互串的影响规律，发现厚度增大时迁移引起的离子互串不变，而扩散作用显著减弱。Oh 等[30]通过引入 Nernst-Planck 方程，将迁移和扩散项分别并入三维暂态模型的质量守恒和电荷守恒的源项中，对比研究了扩散和迁移对离子传递的影响，发现充电时负极电解液中钒离子浓度增大，放电则减小，正极相反，而通过控制 SOC 下限，即放电截止电压，可有效抑制离子互串，从而减小容量损失，而具体下限值则与设计参数和运行条件相关。

此外，也有研究者利用三维模型探究了液流电池运行条件等对电池性能的影响。Won 等[31]通过构建三维非等温模型研究了作为电极用碳纸层数（厚度）对电池性能的影响，发现当电极碳纸由 1 层增加到 4 层时，放电性能不断提升，其中，活化过电势明显降低，且负极比正极更明显，这是因为负极二价钒离子与三价钒离子相互反应的反应动力学过程比正极更慢。Sathisha 和 Dalal[32]利用三维暂态等温模型研究了全钒液流电池的电池性能随电解液的浓度、流速和电极孔隙率变化而变化，发现电解液中钒离子浓度增大会让钒离子分布更均匀，同时放电电压升高，性能提升；流速增大可延长充电时间，库仑效率和储能容量增大；孔隙率即使降低一个微小的值，也会让库仑效率明显上升，副反应明显减弱。但笔者研究团队的研究结果表明，电极孔隙率适用于特定的情况，并不具有普适性。

除了电池整体模型外，G. Qiu 等[33, 34]从电极局部微小区域内的真实结构出发，建立了三维孔尺度的全钒液流电池微观模型，模型几何结构如图 7.11 所示。笔者的研究团队采用 X 射线计算机断层扫描（X-ray computed tomography，XCT），获得电极孔尺度特征，并运用有限体积法和玻尔兹曼法对耦合的组分输运方程、电荷方程及电化学方程进行求解，获得了充、放电性能曲线及反应物浓度、过电位、交换电流密度在孔尺度上的空间分布，其相比电极尺度的三维模型更加真实。

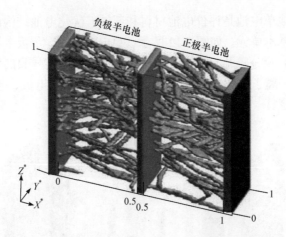

图 7.11　G. Qiu 等建立的全钒液流电池模型的几何结构

在基础研究方面，建模分析方法具有重要的理论指导意义，但由于建模过程中会涉及对真实情况的近似，故目前建立的模型还未能准确完整地描述电池内的微观传递和反应过程，一些重要的物理量在电池内的空间分布情况仍不明晰，模型还需进一步向着更真实的三维全电池结构、多物理场耦合的方向发展。在应用研究方面，三维模型较二维模型更适合分析流场结构对电堆内部微观场特性及多场耦合作用适配性的影响机制，但受到巨大的计算量和高昂的计算成本限制，目前多应用于小型单电池，且模型假设条件较多，使得所建模型偏离大功率液流电池电堆的实际运行状态，不能真实反映电堆内部各物理场特性，实际应用价值较低。为了系统、高效地分析流场结构对电堆内部各微观场特性及各场间耦合作用的影响机制，构建合理简化、考虑流场结构在内的千瓦级大功率电堆三维模型十分重要。

7.3　全钒液流电池结构设计的研究进展

7.3.1　全钒液流电池的部件及结构

全钒液流电池储能系统主要由电堆、电解液储供单元、电池管理系统、功率转换系统、能量管理系统等部分组成。电堆是全钒液流电池储能系统的核心，一般由十数节或者数十节单电池以特定要求，按压滤机的形式叠合而成[35]。其中，全钒液流电池单电池是组成电堆的最基本单元。为以下论述清晰，在此，首先回顾一下全钒液流电池的结构。

1. 全钒液流电池单电池的组成

全钒液流电池单电池是评价电池材料和部件、优化电池结构设计和运行条件及组装电堆的最基本单元。如图 7.12 所示，单电池中正、负极电解液通过中央的离子传导（交换）膜分隔开，氢离子（质子）通过离子传导膜的传导形成电池内部的电流导电路。离子传导（交换）膜两侧对称地配置有电极、电极框、双极板、集流板、端板及螺杆、螺帽等。

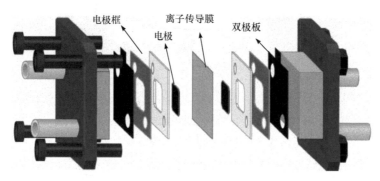

图 7.12　全钒液流电池单电池结构示意图

2. 全钒液流电池电堆的结构

电堆是全钒液流电池储能系统的核心部件。如图 7.13 所示，电堆是由多个单

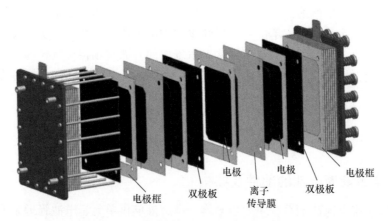

图 7.13　全钒液流电池电堆结构示意图

电池以压滤机方式叠合紧固而成，具有一套或多套电解液循环管道和统一的电流输出的组合体。

电堆性能和成本直接影响全钒液流电池储能系统的性能和成本。全钒液流电池储能系统一般应用于风能、太阳能等可再生能源发电储能及电网削峰填谷等领域，这要求液流电池储能系统的输出功率和储能容量均较大。为简化系统、提高全钒液流电池储能系统运行的可靠性和稳定性，适用于此领域的单体电堆的额定输出功率通常为数十千瓦级，今后可能会向百千瓦级发展。

3. 全钒液流电池的流场结构

在全钒液流电池电堆内，电解液的流动场所的结构直接影响电解液的流动特性和在电极中的分布均匀性，进而影响电极表面的液相传质过程，影响电池性能。因此，设计出科学合理的流场结构以保证电解液在电池内均匀良好的流动是实现全钒液流电池高效稳定运行的前提条件，其在电堆及工程放大中尤为重要。

借鉴质子交换膜燃料电池的流场结构，在全钒液流电池的导流板上刻有进、出电解液导流流道，如蛇形流道、并行流道、交指流道等[36, 37]，如图 7.14 所示，这种情况下，导流板上的进、出电解液导流流道与电极共同构成电解液的流场。

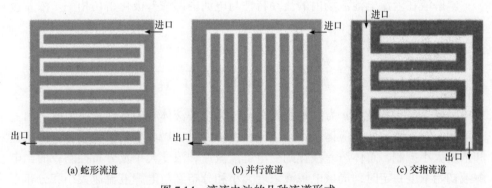

(a) 蛇形流道　　　　　(b) 并行流道　　　　　(c) 交指流道

图 7.14　液流电池的几种流道形式

通常情况下，全钒液流电池中电解液的流动场所由电极框及设置在其中的电极构成。电极框中通常设有进液口、电解液进液导流流道、进液分配槽、电极置放区、电解液出液收集槽、出液导流流道和出液口，如图 7.15 所示。

电解液在流场内的流动过程包括进入电极前的电解液初始分配、电极内的电解液流动、流出电极后的电解液收集过程。电极框或者导流板上的导流流道起着分配电解液进入电极、收集流出电极的电解液的作用，直接影响电解液在电极内

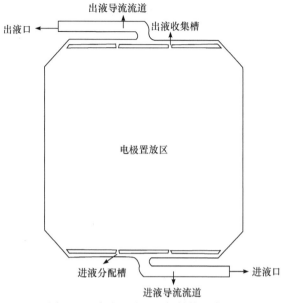

图 7.15　液流电池电极框结构示意图

的流动特性，而电极内电解液的流动特性直接影响电极表面的液相传质过程，进而影响液流电池充、放电性能。

电解液在液流电池流场内的流动特性与电池内部浓差极化密切相关。浓差极化表达式为[38]

$$\eta_{\mathrm{c}} = \frac{RT}{nF} \ln\left(1 - \frac{i}{1.6 \times 10^{-4} \times nF\left(u^{0.4}c_{\mathrm{b}}\right)} \right)$$

式中，η_{c} 为浓差极化；u 为电解液流速；c_{b} 为电解液体相中活性物质浓度。由上式可知，对于特定的反应体系，当电流密度不变时，局域浓差极化受电解液流速和浓度大小控制，总体浓差极化则受电解液流速和浓度大小及分布控制；而当电解液初始浓度一定时，局域电解液浓度大小和分布又与电解液流速大小和分布密切相关[39]，可以认为，电解液流速通过影响电解液浓度而进一步影响电池内部的浓差极化。需要说明的是，电解液流速大小与浓度大小呈正相关，但电解液流速分布均匀性与浓度分布均匀性间的作用关系则不然，具体来讲，在垂直电解液流动方向（X 方向）上，电解液流速分布越均匀，浓度分布就越均匀，而在电解液流动方向（Y 方向）上，电解液流速的均匀分布则难以实现电解液的均匀分布[39]。因此，可以认为电池内部总浓差极化主要受两方面控制：电解液的流速大小及其分布均匀性（X 方向）；电解液浓度分布均匀性（Y 方向）。

电解液流速和浓度大小及分布特性影响电池内部传质、传热等过程的均匀性，若电解液流速和浓度较小且分布不当，将会产生一系列降低电池性能的局部效应，如流动死区、局部过热、局部浓差极化过大等，引起电池材料局部受损或腐蚀，降低电池使用寿命等。其中，浓差极化是限制全钒液流电池，尤其是高功率全钒液流电池和电堆开发应用的瓶颈所在。因此，为实现全钒液流电池的高效稳定运行，需要对流场结构进行优化设计，一方面在不增加泵耗的前提下提高电解液流动速度大小和其在 X 方向上的分布均匀性，另一方面在保证电解液流速在 X 方向分布均匀的同时实现电解液浓度在 Y 方向上的均匀分布。下文将从这两个方面展开论述。

7.3.2　电解液流动方式

流场结构不同，电解液流动方式就不同。为了深入研究电解液流场结构对电解液流动特性的影响，首先需要了解液流电池中几种基本的电解液流动方式，包括平流式流动、穿流式流动和混流式流动。

1. 平流式流动

图 7.16 为电解液在电池中以平流式流动的示意图。电解液从电极框的进液口、进液导流流道（有时含进液分配槽）流入电极，沿电极 x 方向平行流动，再经电极框上的（有时含出液收集槽）出液导流流道、出液口流出电池。对于电解液的平流式流动，流场结构简单，由电极框实现电解液的分配与收集，但是，电解液在电极区域中流动路径长，由于反应的不断进行，进、出口反应物浓度差较大，进、出口液相传质情况差异显著。在全钒液流电池中，平流式流动是最常用的电解液流动方式。

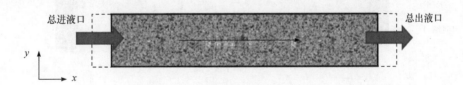

图 7.16　电解液平流式流动示意图

2. 穿流式流动

图 7.17 为电解液在电池中以穿流式流动的示意图。与平流式流动的流场结构不同，穿流式流场结构由进液口、含有进液堵口的进液流道、电极、含有出液堵

口的出液流道及出液口组成。电解液穿流式流动路径为：在外力驱动作用下，电解液由进液口流入，沿进液流道流动，受到进液堵口的阻碍，被迫沿着电极厚度方向（$-y$ 向）穿透，汇入出液流道，在出液堵口的作用下，电解液被迫从出液口流出。对于电解液穿流式流动，电解液在电极中流动路径短，进、出口反应物浓度差较小，有利于电极中的液相传质。但是，实现穿流式流动的流场结构较复杂，在保证电极压缩率的同时形成进液流道和出液流道的腔室尤其困难。目前，穿流式流动在全钒液流电池中的应用较少。

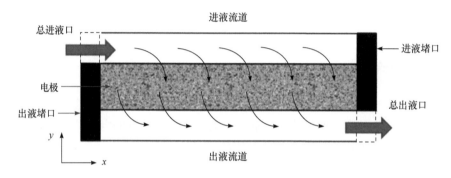

图 7.17　电解液穿流式流动示意图

3. 混流式流动

混流式流动是平流式流动和穿流式流动的结合。图 7.18 为电解液在电池中以混流式流动的示意图。

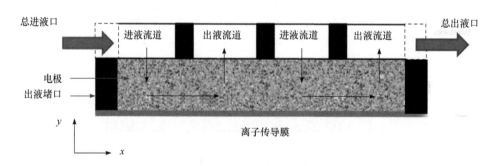

图 7.18　电解液混流式流动示意图

混流式流动一般通过在集流板上刻有并行、蛇形或者交指等进出液导流流道来实现。电解液由进液口流入进液导流流道，在外力驱动下，电解液沿电极厚度方向（$-y$ 向）渗入，由于进、出液导流流道在电极厚度的同一侧，但交错排列，渗入电极的电解液会在电极内部进行短距离平流式（x 向）流动，随后沿电极厚度反方向（y 向）渗出，汇入出液导流流道，最后由出液口流出。混流式流动缩短了平流流动的距离，降低了流场结构的复杂性。

7.3.3　全钒液流电池流场结构设计的研究进展

如前文所述，全钒液流电池流场结构设计的研究主要集中于两方面，一方面提高电解液流动速度及其在 X 方向上的分布均匀性，消除该方向上的流动死区、局部浓差极化过大等局部效应，延长电池使用寿命和提高运行稳定性；另一方面提高电解液浓度在 Y 方向上的分布均匀性，降低该方向上，尤其是出口附近的浓差极化，进而提高电池性能。

1. 电解液流速及其在 X 方向上的分布均匀性

为了提高全钒液流电池内电解液流动分布均匀性，研究者们借鉴燃料电池常用的流场结构，即在集流板上刻有并行流道、蛇形流道和交指流道等，与电极一起形成液流电池的流场。Bhattarai 等[40]研究了交指流道应用于全钒液流电池流场结构中的效果。交指流道中，进液导流流道和出液导流流道交错排列，进液导流流道内的电解液被强迫穿过多孔电极区，先后经穿流-平流-穿流式流动，到达出液导流流道。研究结果表明，采用交指流道的流场结构可以提高电极内电解液分布的均匀性。汪钱等、陈金庆等[41, 42]设计并比较了全钒液流电池内加设并行流道和蛇形流道结构对电池性能的影响。结果表明，采用蛇形流道可以提高电解液在电极内部的分布均匀性，从而增强液相传质，降低浓差极化，进而提高电池储能容量，改善电池整体性能。汪钱等[41]通过在电极上开孔的方式增大了电池内部电解液的湍动程度，进一步强化了液相传质。此后殷聪等[43]采用流体力学计算方法，通过并行流道和蛇形流道内的电解液流动过程模拟，分析得到了相应流道的流动特性参数，如流动阻力和多孔电极的渗透率等。其结果表明：蛇形流场结构中流道深度和流道宽度对电解液流动影响很大，流道深度越小，电解液在电池流场内的流动阻力越大，渗透率也越大。相比较而言，并行流场结构中流道深度对电解液在多孔电极中的渗透率影响较小，因为电解液在多孔电极中的渗透较少，这也使得电解液与电极接触面积小，集中于电极表面，最终导致电池性能较差。这表明蛇形流道中电解液渗透率高，电解液与电极的有效接触面积较大，电极利用率高，因此，具有蛇形流道的液流电池表现出较好的电池性能。

刘记等[6]采用流体力学计算方法指导了流场结构的优化设计。以并行流道为初始结构，采用流体力学计算获得了并行流道内电解液的流动分布特性。以模拟计算的结果为指导，对并行流道进行首次优化，设计出了电解液在电极内均匀分布的蛇形流道，如图 7.19 所示。在电解液流动均匀分布的基础上，对蛇形流场进行二次优化，最大程度地降低了蛇形流道中电解液的流动阻力。

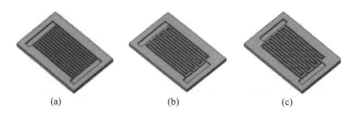

图 7.19　（a）初始并行流道；（b）优化后的蛇形流道；（c）二次优化后的蛇形流道

　　除了并行流道和蛇形流道外，Houser 等[44]和 Latha 等[45]研究比较了采用交指流道和蛇形流道的电池，Houser 等[44]发现，当采用低电解液流速或薄电极时，采用交指流道的电池储能容量比采用蛇形流道的电池高 30%左右；当采用高电解液流速或厚电极时，采用两种结构的电池储能容量几乎相等。作者分析，这是因为两种结构对流速和电极厚度变化的响应方式不同，并据此提出，最佳流场设计并非简单的最佳几何结构问题，而是与电极性能、电解液性能和运行条件等密切相关。而 Latha 和 Jayanti[45]则发现交指流道中压降低于蛇形流道，但作者认为仅凭压降大小不足以判定优劣，应结合电解液流向反应区域的速率，并认为交指流道中电解液更新更快，故其电化学性能更好。Houser 等[46]还基于系统效率利用等效流程设计对交指流道和蛇形流道流场进行优化，并得到过电势小、容量大的流场结构，但其泵耗损失大，于是作者又通过纵横比设计，在不增加过电势、不损失容量的情况下有效降低了泵耗。该作者所用的设计策略具有一定的借鉴意义。

　　综上所述，采用上述蛇形流道和交指流道的流场结构均可以提高电解液在电极内部的分布均匀性，强化液相传质，降低浓差极化，提高电池性能，这是因为在这类结构中电解液在电池内呈混流式流动，增大了电解液的湍动程度，有利于传质，特别是蛇形流道形成的流场可以有效地提高电解液的流动均匀性。不过这类流道主要适用于碳纸、碳布等薄电极，其活性位点数量有限，难以在大规模储能中应用。

　　实际应用中全钒液流电池内电解液通常呈平流式流动，而传统的方形对角流液流电池内电解液分配不均匀，引起电池各点传质强弱不同，导致浓差极化空间分布不均匀，在流动死区处浓差极化最大。这种浓差极化不均匀分布特性将引起电池性能下降，造成电池材料局部老化或降解，影响电池运行可靠性。由数值模拟分析可知，电池内部电解液流动分布均匀性是影响其他物理量分布均匀性的关键，为了提高浓差极化在方形电池内的分布均匀性，降低浓差极化，Zheng 等[38]提出平推流流场结构，有效实现了电解液的均匀分配，消除了流动死区，如图 7.20 所示。方形平推流电池结构效果提升显著，且加工简易，实用性强，目前已在全钒液流电池中得到广泛应用。

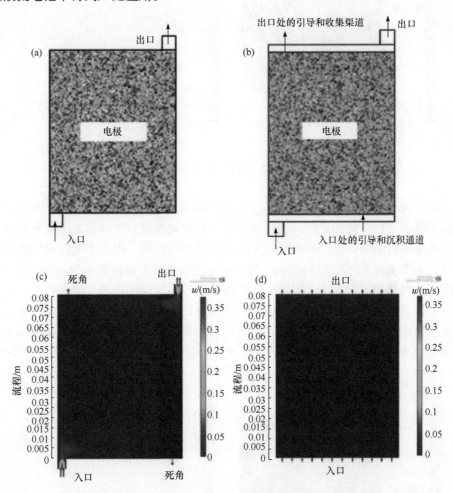

图 7.20　（a）方形对角流电池结构；（b）方形平推流电池结构；（c）方形对角流电池内的流动速度分布；（d）方形平推流电池内的流动速度分布

马相坤等[7]基于流体力学计算建立了全钒液流电池流场的二维数学模型，通过模拟计算获得了给定平流式流场中电解液在多孔电极内的分布规律。如图 7.21 所示。由图可见，平流式流场结构中电解液流动呈不均匀分布特征，在进、出电极的区域存在较大面积的低速区甚至流动死区，不利于电池的长期稳定运行。

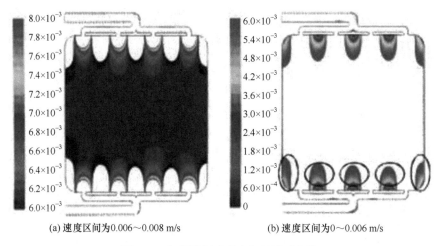

(a) 速度区间为0.006～0.008 m/s   (b) 速度区间为0～0.006 m/s

图 7.21　初始流场内的电解液流动规律

　　为了提高电解液的流动均匀性，减小流动低速区，马相坤等[7]对平流式流场中的电极框进行了优化设计。通过增加进出液导流流道长度和增加进液分配槽、出液收集槽数量的方式，有效降低了流动低速区的面积，提高了电解液的流动均匀性，如图 7.22 所示。该研究也考查了电解液流量对电解液流动均匀性的影响，在给定流场结构的情况下，增加电解液流量是减小流动低速区、流动死区，提高电解液流动均匀性的有效途径，但是电解液流量的增加会增大系统能耗，对液流电池的使用寿命和系统效率带来负面影响。因此，电解液流量大小的选择应从多方面综合考虑。Wu 等[47]也考查了电极框上的进液分配槽和出液收集槽对电堆性

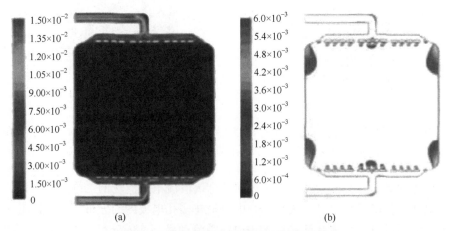

(a)   (b)

图 7.22　优化后流场内的电解液流动规律
(a) 全流场内的速度分布；(b) 速度区间为 0～0.006 m/s

能的影响，通过结合模拟计算设计出多级分配槽和收集槽结构，并将其应用于额定功率为 5 kW 的电堆中，在 80 mA/cm² 的电流密度下充、放电能量效率为 78.4%，功率达 7.2 kW。但由于其采用三级分液/集液结构，这部分占用空间较大，导致电极框、双极板、膜等材料利用率降低，从而提高了电堆成本，不利于其工程应用。

　　Zheng 等[39]基于其对平推流流场结构的研究，提出了在不增加流动阻力的前提下，显著降低浓差极化的调控策略：降低平推流电池结构流程，如图 7.23 所示。

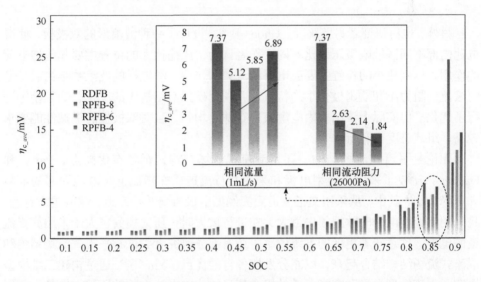

图 7.23　160 mA/cm² 时 RDFB 与 RPFB-8、RPFB-6、RPFB-4 的正极半电池内平均浓差极化随 SOC 的变化规律

　　基于上述浓差极化调控策略，结合中国科学院大连化学物理研究所张华民研究团队在电池材料方面的创新，设计并组装出 2 kW 级高工作电流密度（高功率密度）全钒液流电池电堆，在保持能量效率不低于 80% 的条件下，电堆的工作电流密度由 80 mA/cm² 提高至 160 mA/cm²，电解液利用率超过 55%，额定输出功率可达 2.1 kW，在高工作电流密度下多次循环未见明显性能衰减。此后，其在 2 kW 级高功率密度电堆设计开发的基础上，结合研究团队的综合研究成果，成功地设计出额定输出功率为 30 kW 级的高功率密度电堆，如图 7.24 所示。该电堆在保持能量效率不低于 80% 的条件下，工作电流密度由原来的 80 mA/cm² 提高至 130 mA/cm²，电解液利用率为 53.1%。验证了所提出策略的可行性与有效性，实现了该策略的工程应用价值。

图 7.24　（a）2 kW 级电堆；（b）30 kW 级电堆

　　另外，也有研究者另辟蹊径，Choe 等[48, 49]设计了一种波浪形的双极板，使得电池内部不同区域电极压缩比不同。作者认为，压缩比大的位置主要起传递电荷的作用，压缩比小的位置主要起电解液流通的作用，故这样的波浪状结构兼具电解液流动阻力小和欧姆极化小的特点，并利用模拟对结构中的波长、峰谷差等进行了优化。但实际上该结构内电解液分布并不均匀，且对双极板的机械性能要求较高，组装难度也有所增大。

　　无论是平流式流场结构，还是混流式流场结构，都各有优缺点，Perry 和 Darling[50]比较了采用流经型电极和采用并行流道或交指流道时电池内部的电阻和压降大小，其中，从采用交指流道到流经型电极再到并行流道，性能越来越差，且采用流经型电极时欧姆损失最大，在进行放大时，压力损失也大于采用交指流道的电池，这意味着更低的系统效率。还有部分研究者尝试将平流式流场结构和混流式流场结构结合起来，以充分发挥各自的优点。Yin 等[51]通过构建三维模型探究了在流经型电极和交指流道的组合流场结构中电池内部的压强、电势、局域电流密度和过电势的分布情况，发现电解液流速和交指流道的结构参数（包括流道深度、宽度及流道之间的间隔）与这些变量的分布有密切关系，但作者未考虑 SOC、电流密度和电极性能等对电池性能的影响。Xu 等[52]研究了当碳毡作电极时，在集流体上加蛇形流道和不加流道的区别。结果发现，加设流道后放电电压上升，但压力损失也增大；当二者均在最大功率下运行时，加设流道的电池能量效率比不加流道时高 5%，从而说明，在集流体上设置流场结构可有效提升系统效率。Bhattarai 等[53]欲通过在电极上设计流道的方式将并行流道、交指流道等结构应用到平流式全钒液流电池中，其在电极上分别设计了矩形开口并行流道、矩形开口交指流道、圆孔交指流道和圆孔交叉流道四种结构，并通过实验与采用传统电极的电池的比较发现，采用矩形开口交指流道的电极时，电池的系统效率提高了 2.7%，并指出这主要源于泵耗降低；采用圆孔交指流道的电极时，电池系统效率提升了 2.5%，这主要源于电解液分布得更加均匀。虽然此类设计能够在一定程度上提升系统性能，但该设计针对性强，在工程实际应用中难以实现。

　　然而，无论是否与平流式流场结构相结合，该类衍生于燃料电池的流场结构总是需要在集流板上刻有相对较复杂的流道，这对集流板材料有严格的要求，限制了其规模应用，故研究尚处于实验室研发阶段。实际应用中仍以平流式结构为主。

　　2. 电解液浓度在 Y 方向上的分布均匀性

　　在 Zheng 等[39]的方形平推流液流电池内，沿 X 方向和 Y 方向电解液的流动均匀性都很好，但是，从入口到出口，随着反应过程的进行，反应物不断被消耗，浓度逐渐降低，使得浓差极化逐渐增加，在出口处达到最大，如图 7.25 所示，这种现象在高工作电流密度下尤为显著。这使得浓差极化成为限制高功率密度电堆电流密度进一步提高的关键因素。并且，当电池流场工程放大时，这种进、出液口浓差极化差异更加显著，故该方向上浓差极化均匀性还有待进一步提高。

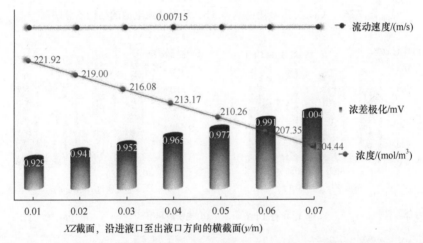

图 7.25　160 mA/cm² 下 RPFB-8 内自进液口至出液口方向各截面的电解液流速、浓度和浓差极化分布

　　为了提高电池进、出口方向上的浓差极化分布均匀性，以及进一步降低浓差极化，Zheng 等[54]提出以沿进、出口方向速度递增的方式弥补该方向上反应物浓度的逐渐减小，以消除其所带来的浓差极化分布不均匀，设计出进口截面积大、出口截面积小的环形液流电池流场结构，如图 7.26 所示。

　　与方形平推流电池相比，环形液流电池结构强化了液相传质，降低了电池内部，尤其是出口附近的浓差极化，显著提高了电解液利用率、储能容量及电压效率，优化了电池的综合性能。且其性能优势在高充、放电电流密度或者高 SOC 时更为突出，如图 7.27 所示。新型环形液流电池结构设计策略为进一步提高工作电流密度和电解液利用率、降低全钒液流储能系统成本提供了有效指导。

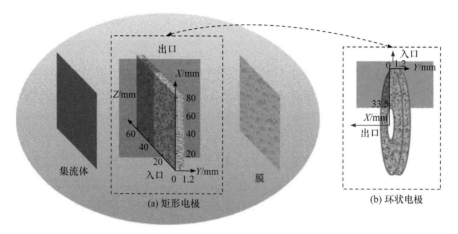

图 7.26 （a）方形液流电池和（b）环形液流电池的结构示意图

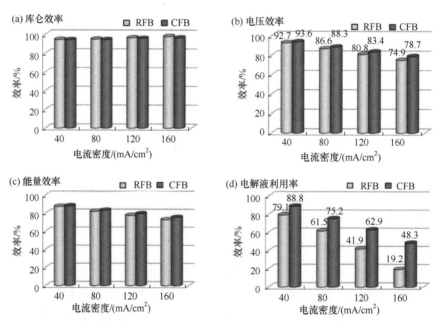

图 7.27 方形平推流电池（RFB）和环形液流电池（CFB）的充放电性能

环形液流电池虽然通过强化液相传质降低了浓差极化，提高了电池的综合性能，但由于其具有特殊的弧形边缘，材料利用率低，装配和密封复杂，加工难度大，不利于全钒液流电池的大规模储能应用。基于此，Yue 等[55]提出了梯形流场结构（图 7.28），并对其结构参数进行了优化。

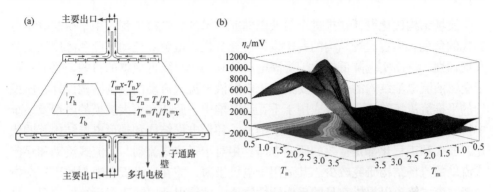

图 7.28　（a）梯形液流电池及其（b）结构参数与浓差极化的关系

　　根据优化结果，Yue 等成功组装出了 0.5 kW 级的电堆，并进行了充、放电性能测试，结果如图 7.29 所示。由图可见，与环形结构类似，相对于平推流流场结构的电堆，梯形电堆的电压效率、能量效率和电解液利用率均得到了较大的提升，且工作电流密度越高，优势越明显。同时，梯形电堆的加工和组装及对电堆材料的利用率与传统的方形电堆相差不大，有利于其大规模工程应用。但值得一提的是，梯形流场内，尤其是靠近壁面的位置电解液分布的均匀性等问题仍有待进一步研究。

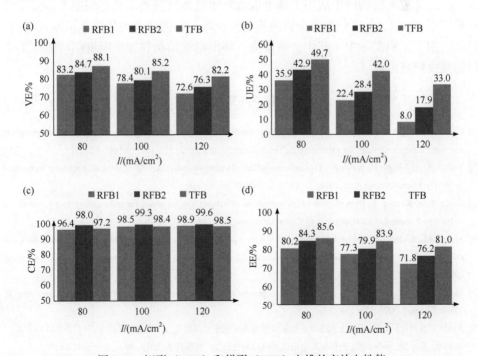

图 7.29　矩形（RFB）和梯形（TFB）电堆的充放电性能

　　流场结构优化设计在推进全钒液流储能技术的大规模工程应用中扮演着不可替代的角色。通过流场结构的科学设计可充分提高电解液流动速度和浓度及其分布均匀性，进而实现降低极化，提高电解液利用率，降低成本的目的。目前，关于全钒液流电池结构的研究主要集中于电解液平流式流动的流场结构设计，所设计的平推流流场结构已有效应用于千瓦级电堆中，亟待在更大规模的电堆及系统中得到成功应用。新型流场结构如平推流、环形电堆结构和梯形电堆结构等的优化、放大和工程化都是重要的研究方向。相对于平流式流动，混流式流动和穿流式流动的流场结构研究较少。其适用于电极极薄，需在双极板上雕刻蛇形、交指或者并流式流道以提供充足的反应活性物质，才能保证电池正常运行的情况，且对双极板机械强度要求更高，限制了其在工程上的开发应用。

　　相比于传统的实验手段，数值模拟具有快速高效、成本低廉等诸多优点，已经发展为科学研究中的一种重要手段，而数值模拟及基于其的结构设计在全钒液流电池研究和应用中也发挥了不可替代的作用。数值模型经历了从二维到三维的逐步完善和过渡，发展至今，其已广泛用于全钒液流电池结构设计实践中，但当前的模型均基于理想化的假设条件，与电池内部的真实过程尚有明显差距，需要对模型进行进一步发展和完善。在全钒液流电池流场结构的研究中，早期部分研究对混流式流动结构，即衍生于燃料电池的蛇形流道和交指流道等做了深入的考查，但这类流场结构由于适用于薄电极及对集流体材料要求高等问题难以实现大规模应用。所以，大部分关于全钒液流电池流场结构的研究均集中在平流式结构，且已应用于工程实际中，其中，平推流、环形电堆结构和梯形电堆结构等都是今后的重要研究内容。

参 考 文 献

[1] Knehr K W, Agar E, Dennison C, et al. A transient vanadium flow battery model incorporating vanadium crossover and water transport through the membrane[J]. Electrochem Society, 2012, 159（9）: A1446-A1459.

[2] Shah A A, Al-Fetlawi H, Walsh F c. Dynamic modelling of hydrogen evolution effects in the all-vanadium redox flow battery[J]. Electrochimica Acta, 2010, 55（3）: 1125-1139.

[3] Knehr K W, Kumbur E. Role of convection and related effects on species crossover and capacity loss in vanadium redox flow batteries[J]. Electrochemistry Communications, 2012, 23（1）: 76-79.

[4] Minghua L, Hikihara T. A coupled dynamical model of redox flow battery based on chemical reaction, fluid flow, and electrical circuit[J]. IEICE Transactions on Fundamentals of Electronics, Communications and Computer Sciences, 2008, 91（7）: 1741-1747.

[5] Zheng Q, Li X F, Cheng Y H, et al. Development and perspective in vanadium flow battery modeling[J]. Applied Energy, 2014, 132: 254-266.

[6] 刘记, 左春柽, 于海明, 等. 全钒液流电池双极板流道的建模及其优化[J]. 装备制造技术, 2013, （12）: 1-4.

[7] 马相坤, 张华民, 邢枫, 等. 全钒液流电池流场模拟与优化[J]. 电源技术, 2013, 36（11）: 1647-1650.

[8] 徐波, 齐亮, 姚克俭, 等. 全钒液流电池电解液分布的数值模拟[J]. 化工进展, 2013, 32: 313-319.

[9] 邱泽晶. 全钒液流电池管道内流场模拟分析[J]. 电源技术, 2012, 36: 1651-1653.

[10] Shah A, Watt-Smith M, Walsh F. A dynamic performance model for redox-flow batteries involving soluble species[J]. Electrochimica Acta, 2008, 53: 8087-8100.

[11] Al-Fetlawi H, Shah A A, Walsh F C. Non-isothermal modelling of the all-vanadium redox flow battery[J]. Electrochimica Acta, 2009, 55（1）: 78-89.

[12] You D, Zhang H, Chen J. A simple model for the vanadium redox battery[J]. Electrochimica Acta, 2009, 54: 6827-6836.

[13] Tang A, Bao J, Skyllas-Kazacos M. Thermal modelling of battery configuration and self-discharge reactions in vanadium redox flow battery[J]. Journal of Power Sources, 2012, 216: 489-501.

[14] Yang Z, Tong L, Tabor D P, et al. Alkaline benzoquinone aqueous flow battery for large-scale storage of electrical energy[J]. Advanced Energy Materials, 2018, 8: 1702056.

[15] Gandomi Y A, Aaron D S, Mench M M. Coupled membrane transport parameters for ionic species in all-vanadium redox flow batteries[J]. Electrochimica Acta, 2016, 218: 174-190.

[16] Zhou X L, Zhao T S, An L, et al. Modeling of ion transport through a porous separator in vanadium redox flow batteries[J]. Journal of Power Sources, 2016, 327: 67-76.

[17] Al-Fetlawi H, Shah A, Walsh F. Modelling the effects of oxygen evolution in the all-vanadium redox flow battery[J]. Electrochimica Acta, 2010, 55: 3192-205.

[18] Li Y, Skyllas-Kazacos M, Bao J. A dynamic plug flow reactor model for a vanadium redox flow battery cell[J]. Journal of Power Sources, 2016, 311: 57-67.

[19] Ke X Y, Prahl J M, Alexander J I D, et al. Mathematical modeling of electrolyte flow in a segment of flow channel over porous electrode layered system in vanadium flow battery with flow field design[J]. Electrochimica Acta, 2017, 223: 124-134.

[20] Khazaeli A, Vatani A, Tahouni N, et al. Numerical investigation and thermodynamic analysis of the effect of electrolyte flow rate on performance of all vanadium redox flow batteries[J]. Journal of Power Sources, 2015, 293: 599-612.

[21] Ke X, Alexander J I D, Prahl J M, et al. A simple analytical model of coupled single flow channel over porous electrode in vanadium redox flow battery with serpentine flow channel[J]. Journal of Power Sources, 2015, 288: 308-313.

[22] Zhou X L, Zhao T S, An L, et al. A vanadium redox flow battery model incorporating the effect of ion concentrations on ion mobility[J]. Applied Energy, 2015, 158: 157-166.

[23] You D, Zhang H, Chen J. Theoretical analysis of the effects of operational and designed parameters on the performance of a flow-through porous electrode[J]. Journal of Electroanalytical Chemistry, 2009, 625（2）: 165-171.

[24] You D, Zhang H, Chen J. A simple model for the vanadium redox battery[J]. Electrochimica Acta, 2009, 54（27）: 6827-6836.

[25] Vynnycky M. Analysis of a model for the operation of a vanadium redox battery[J]. Energy, 2011, 36（4）: 2242-2256.

[26] Lei Y, Zhang B W, Zhang Z H, et al. An improved model of ion selective adsorption in membrane and its application in vanadium redox flow batteries[J]. Applied Energy, 2018, 215: 591-601.

[27] Ma X, Zhang H, Xing F. A three-dimensional model for negative half cell of the vanadium redox flow battery[J]. Electrochimica Acta, 2011, 58: 238-246.

[28] Zheng Q, Zhang H M, Xing F, et al. A three-dimensional model f or thermal analysis in a vanadium flow battery[J].

Applied Energy, 2014, 113: 1675-1685.

[29] Oh K, Yoo H, Ko J, et al. Three-dimensional, transient, nonisothermal model of all-vanadium redox flow batteries[J]. Energy, 2015, 81: 3-14.

[30] Oh K, Won S, Ju H. Numerical study of the effects of carbon felt electrode compression in all-vanadium redox flow batteries[J]. Electrochimica Acta, 2015, 181: 13-23.

[31] Won S, Oh K, Ju H. Numerical degradation studies of high-temperature proton exchange membrane fuel cells with phosphoric acid-doped PBI membranes[J]. International Journal of Hydrogen Energy, 2016, 41: 8296 -8306.

[32] Sathisha H M, Dalal A. 3D Unsteady Numerical Simulation of All-Vanadium Redox Flow Battery[M] //Saha A K, Das D, Srivastava R, et al. Fluid Mechanics and Fluid Power-Contemporary Research. New Pelhi: Springer, 2017: 457-466.

[33] Qiu G, Dennison C R, Knehr K W, et al. Pore-scale analysis of effects of electrode morphology and electrolyte flow conditions on performance of vanadium redox flow batteries[J]. Journal of Power Sources, 2012, 219: 223-234.

[34] Qiu G, Joshi A S, Dennison C R, et al. 3-D pore-scale resolved model for coupled species/charge/fluid transport in a vanadium redox flow battery[J]. Electrochimica Acta, 2012, 64（1）: 46-64.

[35] 张华民. 液流电池技术[M]. 北京: 化学工业出版社, 2015.

[36] Hamilton P, B Pollet. Polymer electrolyte membrane fuel cell （PEMFC） flow field plate: design, materials and characterisation[J]. Fuel Cells, 2010, 10（4）: 489-509.

[37] Li X G, Sabir I. Review of bipolar plates in PEM fuel cells: Flow-field designs[J]. International Journal of Hydrogen Energy, 2005, 30（4）: 359-371.

[38] Tang A, Bao J, Skyllas-Kazacos M. Studies on pressure losses and flow rate optimization in vanadium redox flow battery[J]. Journal of Power Sources, 2014, 248: 154-162.

[39] Zheng Q, Xing F, Li X F, et al. Flow field design and optimization based on, the mass transport polarization regulation in a flow-through type vanadium flow battery[J]. Journal of Power Sources, 2016, 324: 402-411.

[40] Broman B, Zocchi A. Alternation stacks; Circulation fluid flow [P]. US. 20030087156A1, 2003-05-08.

[41] 汪钱, 陈金庆, 王保国. 导流结构和电极结构对全钒液流电池性能的影响[J]. 电池, 2009, 38（6）: 346-348.

[42] 陈金庆, 王保国, 吕宏凌. 全钒液流电池电解液流场结构优化设计[J]. 现代化工, 2011, 31（9）: 52-55.

[43] 殷聪, 王晶, 汤浩. 全钒氧化还原液流电池的流场工程设计与优化[J]. 东方电气评论, 2011, 25（4）: 7-12.

[44] Houser J, Clement J, Pezeshki A, et al. Influence of architecture and material properties on vanadium redox flow battery performance[J]. Journal of Power Sources, 2016, 302: 369-377.

[45] Latha T J, Jayanti S. Hydrodynamic analysis of flow fields for redox flow battery applications[J]. Journal of Applied Electrochemistry, 2014, 44: 995-1006.

[46] Houser J, Pezeshki A, Clement J T. Architecture for improved mass transport and system performance in redox flow batteries[J]. Journal of Power Sources, 2017, 351: 96-105.

[47] Wu X W, Yuan X H, Wang Z A, et al. Electrochemical performance of 5 kW all-vanadium redox flow battery stack with a flow frame of multi-distribution channels[J]. Journal of Solid State Electrochemistry, 2017, 21（2）: 429-435.

[48] Bruno G, Di Trani N, Hood R L, et al. Unexpected behaviors in molecular transport through size-controlled nanochannels down to the ultra-nanoscale[J]. Nature Communications, 2018, 9: 1682.

[49] Choe J, Kim J, Lee D G. Shape optimization of the corrugated composite bipolar plate （CCBP） for vanadium redox flow batteries （VRFBs）[J]. Composite Structures, 2016, 158: 333-339.

[50] Perry M L, Darling R M, The influence of electrode and channel configurations on flow battery performance[J]. Journal of the Electrochemical Society, 2014, 161（9）: A1381-A1387.

[51] Yin C, Gao Y, Xie G Y, et al. Three dimensional multi-physical modeling study of interdigitated flow field in porous electrode for vanadium redox flow battery[J]. Journal of Power Sources, 2019, 438: 227023.

[52] Xu Q, Zhao T S, Zhang C. Performance of a vanadium redox flow battery with and without flow fields[J]. Electrochimica Acta, 2014, 142（142）: 61-67.

[53] Bhattarai A, Wai N, Schweiss R, et al. Advanced porous electrodes with flow channels for vanadium redox flow battery[J]. Journal of Power Sources, 2017, 341: 83-90.

[54] Zheng Q, Xing F, Li X F, et al. Dramatic performance gains of a novel circular vanadium flow battery[J]. Journal of Power Sources, 2015, 277: 104-109.

[55] Yue M, Zheng Q, Xing F, et al. Flow field design and optimization of high power density vanadium flow batteries: A novel trapezoid flow battery[J]. AIChE Journal, 2018, 64（2）: 782-795.

第8章 新型电对液流电池探索

大功率、高容量储能技术是推进能源结构调整，普及应用风能、太阳能等可再生能源的关键技术。液流电池由于其能量、功率可独立设计，安全性高，循环寿命长等特点已经成为大规模储能技术中最有前景的技术之一。经过数十年的发展，部分液流电池体系尤其是以全钒液流电池为代表的技术已经进入大规模工程示范和商业推广应用阶段。然而，成本受钒市场价格的影响和制约。因此，众多的科研工作者对新型电对液流电池开展了探索研究[1]。根据支持电解液的特点，探索研究的新型电对液流电池可分为水系和非水系两大类。水系液流电池是指使用水作为支持电解质，非水系液流电池是指使用有机物（非水）作为支持电解质。对于非水系液流电池的研究，主要是想利用其较高的电位；而对于水系液流电池的研究旨在降低储能活性物质的成本，提高电池的能量密度，降低电池的成本。通常情况下，水系液流电池可以根据活性物质分为无机物体系及有机物体系。

8.1 非水系液流电池

8.1.1 Li/TEMPO 液流电池

早在 20 世纪 80 年代，人们就提出了非水系液流电池的概念[2]。早期非水系液流电池的储能活性物质主要是基于无机金属（V 和 Ru 等）的有机配合物，但是这种液流电池的主要问题是活性物质的浓度低，早期的非水系液流电池的工作电流密度极低。2014 年，Wang 等提出了 Li/TEMPO 体系[3]。正极使用的是 2,2,6,6-四甲基哌啶-1-氧基（TEMPO），负极使用的是 Li 片（图 8.1），溶剂为碳酸乙烯酯（EC）、碳酸丙烯酯（PC）、碳酸甲基乙基酯（EMC）（4：1：5），支持电解质为 LiPF$_6$。正极反应为 TEMPO 的自由基型反应，负极为锂的沉积与溶解。

Li/TEMPO 液流电池的开路电压可以达到 3.5 V，电化学测试证明 TEMPO 具有很好的电化学活性及可逆性，同时正极的活性物质浓度可以达 2 mol，能量密度可以达到 126 W·h/L。然而，由于有机体系电解液的电导率较低，Li/TEMPO 体系不仅工作电流密度很低，只有 5 mA/cm^2（图 8.2），而且能量效率也很低。而全钒液流电池在保持能量效率大于 80%的前提条件下，工作电流密度可达到 300 mA/cm^2 以上。

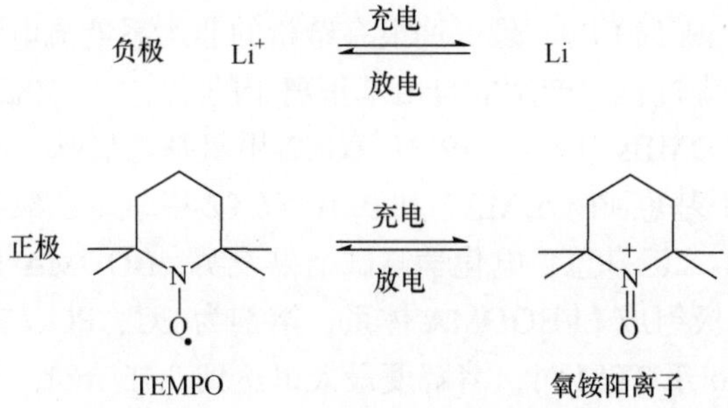

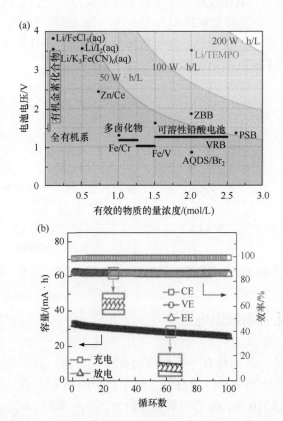

图 8.1　Li/TEMPO 液流电池的电极反应

图 8.2　（a）不同液流电池体系的开路电压和电解质浓度的比较；（b）0.1 mol TEMPO 在 1 mol
LiPF$_6$ 支持电解质下的充、放电循环性能

8.1.2　Li/BODMA 液流电池

1,4-二甲氧基苯衍生物（DMBs）具有良好的氧化还原可逆性，高的氧化还原

电位（4.0～4.8 V, *vs.* Li/Li⁺），是一种很有希望的非水系液流电池活性物质。为了
提高其在自由基反应过程中产生的自由基正离子的稳定性，Zhang 等[4]在 2017 年
提出了两种新型的 DMBs 分子——9, 10-双（2-甲氧基乙氧基）-1, 2, 3, 4, 5, 6, 7, 8-
八氢-1, 4：5, 8-二甲基蒽（BODMA）和 9, 10-双（2-甲氧基乙氧基）-1, 2, 3, 4, 5, 6,
7, 8-八氢-1, 4：5, 8-二乙基蒽，电化学测试结果表明，BODMA 具有更好的电化学
活性。将其与锂负极组成 Li/BODMA 体系，溶剂为 EC、PC、EMC（4：1：5），
支持电解质为 1 mol LiTFSI 时，溶解度最大可达到 0.15 mol，开路电压可以达到
4.02 V。在 5 mA/cm² 的电流密度下，储能容量为理论容量的 92%，150 次充、放
电循环后，库仑效率、电压效率和能量效率几乎保持不变，分别为 98%、80%和
78%，平均每次充、储能容量保持率为 99.97%（图 8.3）。但是，该体系工作电流
存在密度非常小，功率密度很低，锂负极枝晶等问题，并且正极活性物质的溶解
度较低，电池的功率密度和能量密度都很低。

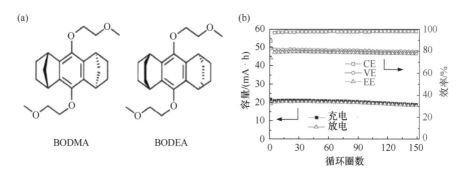

图 8.3　5 mA/cm² 电流密度下 Li/BODMA 液流电池循环容量及效率图

8.1.3　Li/醌类化合物液流电池

醌类化合物是一系列具有芳香结构的有机化合物，典型的醌类化合物是苯
醌。醌参与了许多生物电子传递过程，如光合作用和 ATP 合成等，是一种环境
友好的活性物质。2016 年，Yu 等[5]系统地研究了 1,4-苯醌（BQ）、1,4-萘醌（NQ）、
9,10-菲醌（PQ）、蒽醌（AQ）和 5,12-并四苯醌（NAQ）五种醌类化合物，探
究了其分子结构和电化学性质的关系。之后他们将这五种醌作为正极活性物
质，与锂片组成液流电池，溶剂为 DMA，支持电解质为 0.5 mol/L LiTFSI。其
中 AQ 和 NAQ 由于活性物质的沉淀，容量快速衰减；BQ 虽然具有简单的分子
结构、良好的溶解度和较高的氧化还原电位，但是电池的充、放电循环稳定性
较差。

8.1.4　Li/二茂铁液流电池

茂金属化合物是具有两个环戊二烯的夹心结构的金属配合物，具有良好的电化学活性。与 TEMPO 的自由基型反应相比，二茂铁的电化学活性是通过铁的价态变化实现的，避免了高活性自由基与溶剂引起的副反应，电化学稳定性更好。Yu 等在 2015 年提出了 Li/二茂铁液流电池[6]，正极电解质使用的是二茂铁盐溶液，负极为锂片，该 Li/二茂铁液流电池的开路电压大约是 3.4V（图 8.4）。

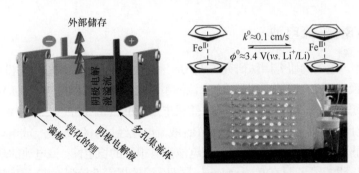

图 8.4　Li/二茂铁液流电池的结构示意图与电化学反应式及用该电池点亮的 LED 灯

电化学测试结果表明，二茂铁及二茂铁盐具有很高的电化学反应活性及电化学稳定性。该液流电池不使用离子交换（传导）膜，通过对负极锂片进行硝酸锂钝化处理避免了电池的自放电。在 30 C 的倍率下，电池的库仑效率保持在 95%～100%，同时，经 500 次充、放电循环后，该液流电池的储能容量还保持在初始容量的 81%。该 Li/二茂铁液流电池正极电解质溶解度低，而且锂负极存在短路的安全隐患。

二茂铁作为一种电化学活性良好的有机化合物，在有机液流电池的应用中受限于其较低的溶解度（在 1 mol LiPF$_6$ 的 EC∶PC∶EMC=1∶1∶1 电解质中溶解度只有 0.04 mol/L）。Wang 等[7]通过对二茂铁引入季铵基团改性（Fc1N112-TFSI）（图 8.5），将二茂铁的溶解度从 0.04 mol/L 提高到 0.85 mol/L。

电化学测试结果表明，改性二茂铁中吸电子基团的引入并没有影响二茂铁的电化学活性，同时电池的开路电压由于吸电子基团的引入提高了 0.23V。在活性物质的浓度为 0.1mol/L 的条件下，电池的库仑效率为 99%，电压效率为 88%，100次充、放电循环的单次容量保持率为 99.95%。提高活性物质的浓度到 0.8 mol/L，电池的库仑效率可达 90%，电压效率大约为 84%，能量密度超过 50W·h/L[7]。然而，Li/改性二茂铁液流电池的问题是工作电流密度低，电解质浓度为 0.1 mol/L 时，工作电流密度只有 3.5 mA/cm^2，提高电解质浓度到 0.8 mol/L，电池的工作电流密度只有 1.5 mA/cm^2，使该液流电池的功率密度和能量密度都很低。在运行过程中，电池的稳定性差，电池的储能容量衰减较快；锂片作为负极同样存在安全隐患。

图 8.5　Fc1N112-TFSI 的合成示意图

8.1.5　Li/Br₂ 液流电池

2017 年，笔者的研究团队研究了 Li/Br₂ 液流电池[8]。该液流电池正极反应为 Br₂ 和 Br⁻ 的转换，负极为锂的沉积和溶解。该体系液流电池的开路电压为 3.1 V（图 8.6）。使用高溶解度的溴作为正极活性物质，正极电解液能量密度可达 232.1 W·h/kg；并且倍率性能良好；如图 8.7 所示，该 Li/Br₂ 液流电池经过 1000 次充、放电循环后，其能量效率仍然保持在 80% 以上，说明该电池具有很好的稳定性。该电池的缺点是电池的工作电流密度极低，只有 0.1 mA/cm²；同时，溴的挥发性较强，并有很强的腐蚀性。

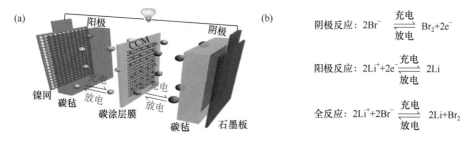

图 8.6　（a）Li/Br₂ 液流电池单电池的结构示意图；（b）正、负极的电极反应及电池反应

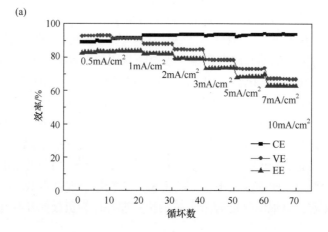

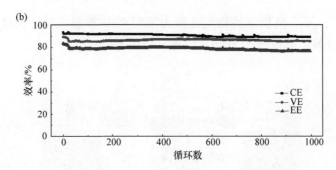

图 8.7 （a）电池在不同电流密度下的性能；（b）电池在 1 mA/cm² 电流密度下 1000 次充、放
电循环的性能

8.1.6 FL/DBMMB 液流电池

锂的电位很低（−3.05V），作为液流电池负极可以获得很高的开路电压，但是由于锂负极容易生成锂枝晶的问题，在使用过程中存在安全隐患，因此选择更为合适的负极材料显得尤为重要。为了避免锂负极的使用，2015 年 Wang 等提出了 FL/DBMMB 液流电池[9]，该液流电池采用 2,5-二叔丁基-1-甲氧基-4-[2′甲氧基乙氧基]苯（DBMMB）和 9-芴酮（FL）作为正、负极活性物质，四乙基铵双（三氟甲磺酰）亚胺（TEA-TFSI）作为支持电解质，乙腈作为溶剂，该液流电池的开路电压为 2.37V。在工作电流密度为 15 mA/cm² 时，电池的库仑效率为 86%，电压效率为 83%，与一般的锂负极相比，该体系没有枝晶的问题，安全性大大提高；同时该液流电池的工作电流密度较高，可以获得相对比较高的功率密度。但是，FL/DBMMB 体系正、负极均为自由基型的反应，稳定性差，容易与溶剂发生副反应；另外，活性物质的浓度低（0.5 mol），理论能量密度只有 15 W·h/L；并且电池的储能容量衰减快。

8.2 水系新型液流电池

8.2.1 水系有机电对液流电池

1. 醌/溴液流电池

为了探索成本低、能量密度高的液流电池体系，科研工作者研究探索了许多以水为溶剂、以含有机化合物电对为储能活性物质的液流电池，称其为水系有机电对液流电池。

2014 年，Aziz 等提出了醌/溴液流电池体系[10]，该液流电池的原理示意图如图 8.8 所示。正、负极活性物质分别为溴和 9,10-蒽醌-2,7-二磺酸（AQDS），正极使用氢溴酸，负极使用 H_2SO_4 作为支持电解质。

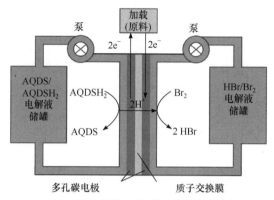

图 8.8 醌/溴液流电池单电池原理示意图

醌/溴液流电池的工作电流密度可以达到 500 mA/cm²，功率密度很高，并且正、负极活性物质的成本较低。但是醌/溴液流电池中，溴具有强氧化性和强腐蚀性，并且体系的开路电压很低，只有 0.7 V。

2. 醌/铁液流电池

为了减少溴基液流电池由溴的强腐蚀性带来的环境问题，以及提高电池的开路电压。2015 年，Aziz 等又提出了如图 8.9 所示的醌/铁液流电池[11]，正极活性物质为 $K_4Fe(CN)_6$，负极活性物质为 2,6-二羟基蒽醌（2,6-DHAQ），支持电解质为 1 mol KOH，该液流电池的开路电压为 1.20 V。

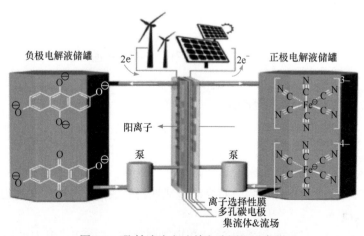

图 8.9 醌/铁液流电池单电池原理示意图

如图 8.10 所示，该醌/铁液流电池在 100 mA/cm² 下可以稳定运行 100 次以上充、放电循环，能量效率可保持在 84%，电池的单次充、放电循环的储能容量衰减为 0.1%。但是该电池需要使用价格昂贵的 Nafion 离子交换膜，同时该体系的碱性环境会造成离子交换膜的稳定性下降，并且电解液的浓度较低（正极浓度为 0.4 mol，负极浓度为 0.5 mol），电池的能量密度不高。为进一步降低电解液成本，提高活性物质溶解度，从而提高电池的能量密度，2017 年，Aziz 等[12]又提出了一种新的醌/铁液流电池，正极活性物质依旧采用 K₄Fe(CN)₆，而负极活性物质采用一种新型的苯醌衍生物——2,5-二羟基-1,4-苯醌（DHBQ），在 1 mol/L KOH 支持电解质中溶解度可达 4.31 mol/L，电池的开路电压为 1.21 V，最大功率密度达到 300 mW/cm²，库仑效率可达 99%。在 100 mA/cm² 电流密度下进行 150 次充、放电循环，平均每次充、放电循环的储能容量保持率为 99.76%。但是 DHBQ 的循环稳定性较差，可与氢氧根离子发生亲核反应，造成储能容量衰减，制约了其在实际中的应用。

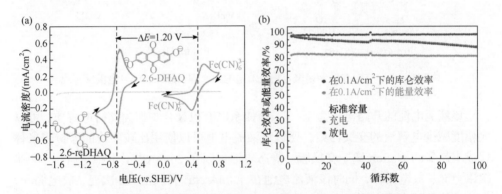

图 8.10　（a）2 mmol/L 2,6-DHAQ 和亚铁氰化钾在 100 mV/s 扫速下的循环伏安图；
　　　　　（b）醌/铁液流电池 100 次充放电循环的库仑效率、能量效率

3. TEMPO/紫精聚合物液流电池

2015 年，T. Janoschka 等采用 TEMPO 和紫罗碱的聚合物分别作为正、负极活性物质，提出了一种如图 8.11（a）所示的 TEMPO/紫精聚合物液流电池[13]，该 TEMPO/紫精聚合物液流电池由一个电池和两个电解液储罐组成。正极电解液溶液和负极电解液溶液由采用离子筛分传导机理的多孔离子传导膜分开，起到阻隔正、负极电解液大分子储能活性物质，同时传导盐离子的作用。在充、放电过程中，具有氧化还原活性的聚合物 P1 和 P2 溶液连续地从电解液储罐被输送到电堆内，在其中发生氧化还原反应。图 8.11（b）为 TEMPO/紫精聚合物液流电池电极反应示意图。P1 为 TEMPO 自由基，P2 为紫精。

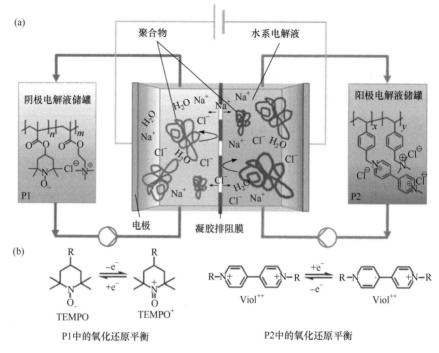

图 8.11　（a）TEMPO/紫精聚合物液流电池的原理示意图；（b）电极反应式

　　该液流电池的开路电压为 1.3 V。该体系以有机聚合物作为支持电解质，可以大幅度减少电解液的交叉污染，所以该液流电池可以使用比较廉价的渗析膜来替代成本昂贵的 Nafion 离子交换膜。静态电池可以在 20 mA/cm² 下稳定运行 10000 次以上充、放电循环，同时该液流电池在 40 mA/cm² 下，经 100 次充、放电循环，电池的能量效率没有明显衰减。但是，TEMPO/聚紫精液流电池的成本较高（尤其是负极活性物质紫罗碱），而且紫罗碱的毒性很大，对环境的污染严重。同时，聚合反应的操作复杂，成本很高。另外，聚合物的溶解度较低，所以 TEMPO/聚紫罗碱体系的能量密度较低。

　　4. 二茂铁/紫精液流电池

　　由于二茂铁具有良好的电化学活性及可逆性，成本较低，多年以来在非水系液流电池领域中受到了广泛的关注。但是受限于二茂铁分子的结构和性质，二茂铁及其氧化态产物在水中的溶解度非常低。Liu 等通过对二茂铁进行分子改性，如图 8.12 所示，在环戊二烯集团上引入季铵基团，改善了二茂铁及其氧化产物在水中的溶解度[14]。使用紫精为负极电化学活性物质，提出了二茂铁/紫精液流电池，并进行了电池性能测试，该液流电池电解液的理论能量密度可以达到 45.5 W·h/L。虽然二茂铁的改性大大提高了电解液的理论比容量和能量密度，但是电池的实际能量密度仍然小于 10 W·h/L，而且用于电池实际测试的电解质浓度比较低，这主要是由于增加电解液的浓度，电解液的黏度增大，不利于传质过程及电化学反应过程的进行。另外二茂铁作为液流电池的正极活性物质使用，其标准电位较低，电池的开路电压不高，通过引入吸电子基团等方式提高二茂铁的电位仍然是一个很重要的工作。此外，紫精-二茂铁体系不稳定，不管是紫精还是改性的二茂铁都存在自分解副反应，电解液的稳定性较差。电池经过 7 天 700 次充、放电循环，储能容量衰减了 30%。

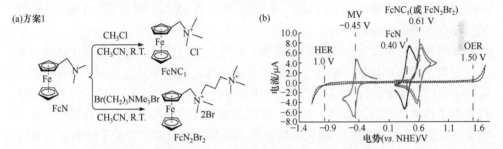

图 8.12　（a）二茂铁改性方程式；（b）FcNC₁（红色），FcN₂Br₂（紫色），FcN（黑色），以及紫精（蓝色）的循环伏安图

虚线表示 0.5 NaCl 水溶液的循环伏安，标出了析氢电位（HER，−1.00 V）和析氧电位（OER，1.50 V）

　　为了解决紫精和二茂铁在水系液流电池中的不稳定问题，同时提高电解液的实际浓度，Aziz 等对紫精和二茂铁进行了如图 8.13 所示的改性处理。通过烷基化反应在二茂铁的两个环戊二烯基团上都引入了烷基季铵基团来提高二茂铁氧化态产物的稳定性和溶解度；另外，在紫精联吡啶结构中的两个氮原子上同样引入烷基季铵基团以提高紫精还原产物的稳定性[15]。改性后，电解液的实际浓度可以达到 1.3 mol/L，比之前报道的紫精/二茂铁液流电池有很大的提高，在充、放电循环

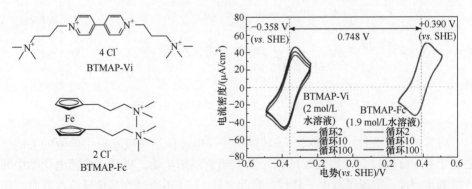

图 8.13　BTMAP-Vi 和 BTMAP-Fc 的分子结构及在 10 mV/s 扫速下的循环伏安谱图

标明了这两种分子的溶解度和相对于标准氢电极（SHE）的还原电位

过程中，电池每次充、放电循环的容量保持率可以达到 99.99%。虽然上述改性大幅度提高了电解液的浓度和稳定性，但是烷基季铵基团的引入大幅度降低了电池的开路电压（0.7 V），电池的实际能量密度没有明显提高；另外，电解液的浓度虽然有所提高，但是改性后的二茂铁和紫精的分子量增加很大，电解液的黏度上升，所以电池的工作电流密度较之前报道的紫精-二茂铁体系有所下降，电解液的利用率也比较低。

当 BTMAP-Vi 循环时，工作电极附近溶液的溶解氧逐渐耗尽。条件：在 0.5 mol/L NaCl 中，活性物质浓度为 1 mmol/L，扫描速率为 10 mV/s。第 2、第 10 和第 100 次的循环伏安谱图重叠在一起。

紫精作为一种联吡啶结构的有机物，理论上讲应该可以进行双电子转移。但是，双电子转移产物的不溶性造成紫精在水系液流电池中只能进行单电子转移，限制了电池的能量密度和电解质利用率的提高。所以通过分子结构设计来提高紫精双电子转移产物的溶解性，是实现紫精双电子反应，提高紫精类液流电池能量密度的关键。Luo 等通过二硫代草酰胺与 4-吡啶甲醛反应，合成了如图 8.14 所示的高溶解性双电子转移的 π 共轭紫精类衍生物[(NPr)$_2$TTz]Cl$_4$[16]，其溶解度达 1.3 mol。与水溶性的 TEMPO 组装成液流电池，开路电压可达 1.44 V，电解液的理论能量密度为 53.7 W·h/L。40 mA/cm^2 充、放电循环时，电池的能量效率为 70%，单次充、放电循环的储能容量保持率为 99.97%。双电子转移的实现有望提高电池的能量密度及紫精系液流电池的实际应用价值。但是电池测试过程中，电解液的浓度很低，只有 0.1 mol/L；并且，双电子转移后还原态的紫精在空气中不稳定。

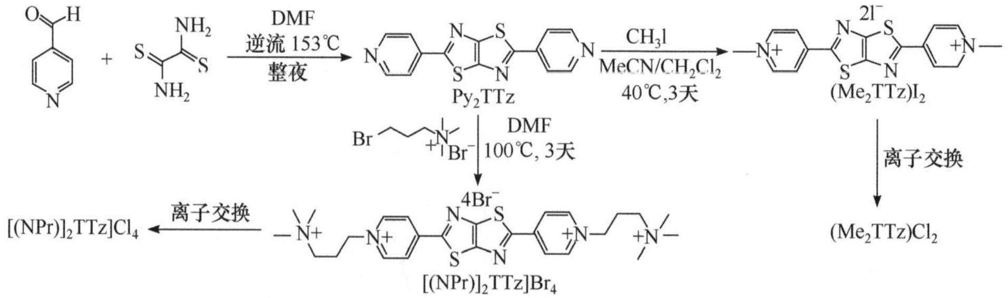

图 8.14　π共轭紫精衍生物（Me$_2$TTz）Cl$_2$ 和[(NPr)$_2$TTz]Cl$_4$ 的合成示意图

对紫精进行改性，实现双电子转移是提高电池能量密度和应用价值的关键。之前 T. L. Liu 通过合成如图 8.15 所示的共轭紫精衍生物，提高了紫精电化学中间产物的水溶性，实现了双电子转移。除此之外，Liu 还通过烷基化反应在联吡啶结构中引入亲水的烷基季铵基团，进一步提高了双电子转移产物的溶解度，实现紫

精在水溶液中的双电子转移[17]。相对于标准氢电极，紫精的还原电位降低至
−0.78 V。在充、放电循环过程中，电池的单次充、放电容量保持率比较高，可达
到 99.99%。同时在 60 mA/cm² 时的能量效率约为 65%。DFT 计算表明单电子和双
电子转移的产物通过高电荷离域化来稳定这些分子。紫精实现双电子转移大大提
高了电池的电化学性能和能量密度，但是用于实验测试的电解质浓度依旧比较低，
这主要是双电子转移产物的黏度太大导致的。这意味着实际应用仍然需要提高双
电子转移产物的亲水性，重点是提高亲水基团的数目或者是引入更加亲水的基团。
另外，紫精作为一种有机物，在电化学反应过程中，仍然存在不稳定性，并且紫
精的合成成本仍然需要降低。另外，紫精的毒性较大，使用过程中的安全问题仍
然是很大的挑战。

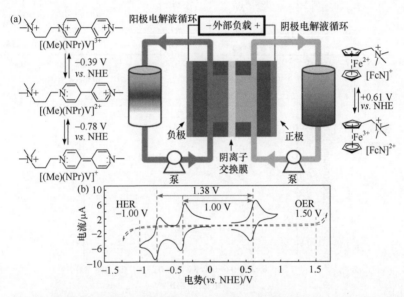

图 8.15　（a）电池结构示意图及阳极电解液 FcNCl 和阴极电解液[(Me)(NPr)V]Cl₃ 的电化学反应原
理；（b）4 mmol/L [(Me)(NPr)V] Cl₃（0.39 V 和 0.78 V）和 4 mmol/L FcNCl（0.61 V）在 0.5 mol/L NaCl
（实线）中的循环伏安图

储罐中的颜色梯度代表充、放电过程中溶液颜色的变化，虚线是仅含有 0.5 mol/L NaCl 溶液的循环伏安图，并且图
中标记出了析氢反应（1V）和析氧反应（1.50V）的起始电位

5. 咯嗪/铁氰化钾液流电池

虽然紫精作为负极电化学活性物质具有电化学性质优良、溶解度高的优点，
但是紫精成本高，毒性大的缺点仍然限制了其实际应用。针对以上缺点，Aziz 等
合成了一种如图 8.16 所示的咯嗪结构的有机化合物作为液流电池的负极活性物
质。该物质可以通过邻苯二胺和四氧嘧啶进行缩合反应获得，该有机化合物的成

本较低；并且该物质是一种纯天然成分，与紫精相比，对环境的影响很小[18]。图 8.16（a）和（b）分别为 2 mmol/L FMN 和光敏色素分子在玻碳电极上扫速分别为 10 mV/s 及 100mV/s 的循环伏安图。图 8.16（c）为 2 mmol/L ACA（红色曲线）和亚铁氰化物（金曲线）在玻碳电极上扫速为 100 mV/s 的循环伏安图；箭头表示扫描方向。图 8.16（d）为放电模式的电池示意图。

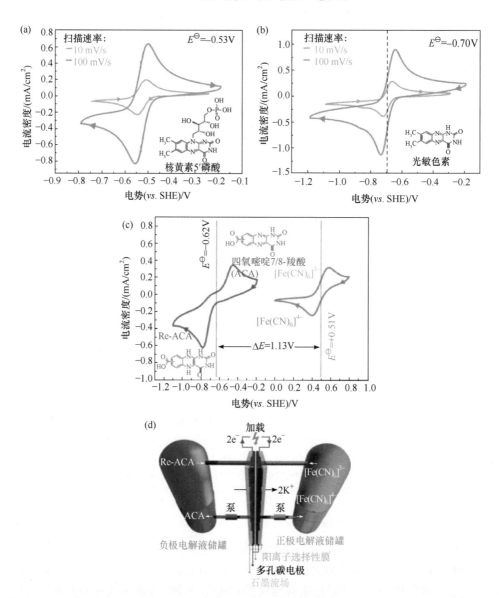

图 8.16　咯嗪/铁氰化钾液流电池所用电对及电池结构示意图

与铁氰化钾配对组成的咯嗪-铁氰化钾液流电池，开路电压可达 1.2 V。充、放电循环性能测试结果表明，电池的库仑效率可达 99.7%，电池的容量保持率可达 99.98%。DFT 计算表明，通过引入吸电子基团，该咯嗪-铁氰化钾液流电池的开路电压得到提高。不过，该体系使用强碱性溶液，OH⁻对离子交换膜材料的腐蚀性很强，膜材料的成本高。此外，正极使用铁氰化钾作为电化学活性物质，存在生成沉淀或者剧毒的氰化物的可能。

6. 钒/吩噻嗪液流电池

吩噻嗪及其衍生物是典型的噻嗪杂芳族化合物之一，具有很高的生物活性，在纺织和制药工业中有广泛应用。2019 年，G. Yu 等[19]研究了一种典型的吩噻嗪衍生物——亚甲蓝（MB），作为氧化还原活性物质在水系有机液流电池中的应用（图 8.17）。亚甲蓝具有出色的可逆性和结构稳定性。电化学分析表明，亚甲蓝及

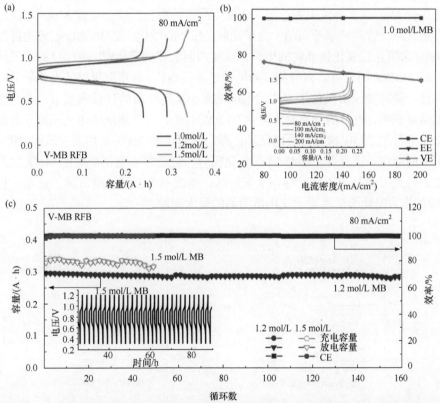

图 8.17　（a）不同吩噻嗪浓度的钒/吩噻嗪液流电池的充、放电曲线；（b）钒/吩噻嗪液流电池（1 mol/L 吩噻嗪）在不同电流密度下的循环效率（插图：相应的充、放电曲线）；（c）在 80 mA/cm² 下分别使用 1.2 mol/L 和 1.5 mol/L 吩噻嗪电解液的钒/吩噻嗪液流电池的循环容量和库仑效率

其还原态在酸性溶液中均具有出色的稳定性和高溶解度。将其与 V（Ⅱ）电解液组成液流电池，该钒/吩噻嗪液流电池在 900 个充、放电循环中表现出稳定的容量保持率，最高容量可达 71 A·h/L。虽然钒/吩噻嗪液流电池表现出优良的循环性能和很高的实际储能容量，但是亚甲蓝的氧化还原电位仅有 0.57 V（vs. SHE），组成的钒/吩噻嗪液流电池电压只有约 0.8 V。一般通过引入吸电子基团可以进一步增加其氧化还原电位，从而提高钒/吩噻嗪液流电池的电压。

8.2.2　新型水系无机电对液流电池

1. 钛/锰液流电池

锰和铁都是比较廉价且储量丰富的金属，Mn^{2+}/Mn^{3+} 电对具有良好的电化学活性、可逆性及很高的氧化还原电位（1.54 V）。另外，锰盐的溶解度高，成本低。但是三价 Mn^{3+} 在水溶液中不稳定，会发生严重的歧化反应，生成 MnO_2 沉淀，造成容量衰减及管路堵塞等问题。为了抑制 Mn^{3+} 的歧化，Y. R. Dong 等通过加入 $TiOSO_4$ 来阻止二氧化锰晶粒的生长，从而抑制沉淀的产生[20]（图 8.18）。另外，加入的 $TiOSO_4$ 同时可以充当负极的电化学活性物质，表现出很好的电化学活性和可逆性，同时正、负极使用相同的电解液减小了电解质的迁移和互串。电池性能测试结果表明，电池的能量密度可达 23.5 W·h/L，与全钒液流电池相近；电池可以稳定运行超过 50 次充、放电循环，库仑效率接近 100%。然而，虽然 $TiOSO_4$ 的引入能够在一定程度上缓解 Mn^{3+} 歧化反应，但是并不能完全阻止 MnO_2 沉淀的产生。最重要的是 $TiOSO_4$ 存在水解问题，生成不溶于酸碱的沉淀，这也是目前 $TiOSO_4$ 作为电化学活性物质使用所面临的最大问题之一。

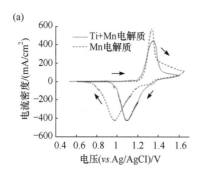 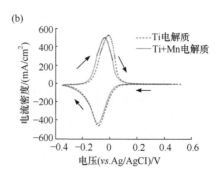

图 8.18　（a）Mn 正极电化学反应的循环伏安谱图；（b）Ti 负极电化学反应的循环伏安谱图

（a）中实线和虚线分别表示 Ti+Mn 电解质和 Mn 电解质，扫描速度为 3 mV/s，箭头表示扫描方向；（b）中实线和虚线分别表示 Ti+Mn 电解质和 Ti 电解质，扫描速度为 3 mV/s，箭头表示扫描方向

2. 锌/碘液流电池

通常液流电池的能量密度较低，适用于固定的储能电站，限制了液流电池的应用领域。与溴相比，I/I_2 溶解度高，毒性小及电化学性能优良。所以锌/碘液流电池具有能量密度高，正、负极电化学活性可逆性高及电解液环境友好等特点，近几年来，受到人们的重视。2016 年，Li 等第一次提出了如图 8.19（a）所示的锌/碘液流电池[21]。锌/碘液流电池使用 ZnI_2 溶液作为电池正、负极电解液，浓度可达 5mol/L。锌/碘液流电池的正极反应为 I^- 和 I_3^- 之间的氧化还原，负极为锌的溶解和沉积；锌/碘液流电池的开路电压为 1.3V[图 8.19（b）]，能量密度可达 167 W · h/L，远远超过一般液流电池的能量密度。

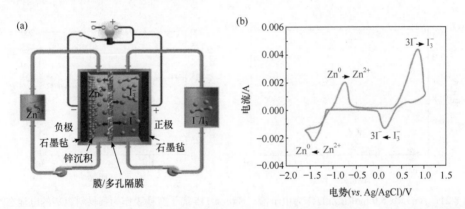

图 8.19　（a）锌/碘液流电池单电池的结构示意图；（b）锌/碘液流电池正、负极电解液的循环伏安测试结果

正极反应：$\qquad I_3^- + 2e^- \rightleftharpoons 3I^-\ E^{\ominus} = 0.536\ V\ (vs.\ SHE)$

负极反应：$\qquad Zn \rightleftharpoons Zn^{2+} + 2e^-\ E^{\ominus} = -0.762\ V\ (vs.\ SHE)$

全电池反应：$\quad I_3^- + Zn \rightleftharpoons 3I^- + Zn^{2+}\ E^{\ominus} = 1.298\ V\ (vs.\ SHE)$

然而，在实际运行中，在低温条件下运行，锌/碘液流电池的正极存在 I_2 析出的问题，沉淀生成的主要原因为电解液中的 Zn^{2+} 与 I_3^- 反应，生成了化合物 $[Zn \cdot I_3 \cdot 5H_2O]^+$[图 8.20（a）]。因此，笔者研究团队通过在溶液中加入乙醇与 Zn^{2+} 生成新的配合物[图 8.20（b）]，从而防止 $[Zn \cdot I_3 \cdot 5H_2O]^+$ 的生成。

对于锌基液流电池，共性的问题是在负极锌的沉积过程中会面临枝晶的生成，这主要是溶液中 Zn^{2+} 的浓差极化所致。笔者的研究团队发现，在电解液中添加乙醇可以增大负极锌沉积的过电位，降低沉积的交换电流密度，从而可以有效抑制负极锌枝晶的产生。如图 8.21 所示，锌/碘液流电池的另一个问题是电池的工作电

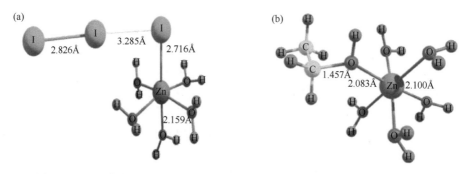

图 8.20   （a）在充电过程中，电解液中形成的[Zn·I₃·5H₂O]⁺离子及（b）乙醇
络合锌离子的配合物

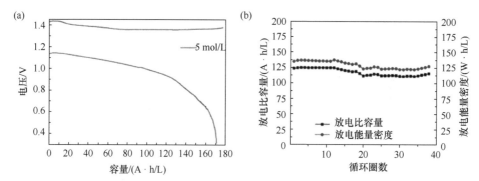

图 8.21   （a）以 5.0 mol/L ZnI₂ 作为电解液，Nafion 115 离子交换膜作为膜材料组装的电池在 5
mA/cm² 下的充、放电曲线；（b）3.5mol/L ZnI₂ 和 Nafion 115 离子交换膜组装的电池在电池电流
密度为 10 mA/cm² 时的放电能量密度和比容量

流密度很低，到目前为止，只有 10 mA/cm²；另外，电池循环稳定性差，50 次充、
放电循环后电池的性能就大幅度衰减，严重限制了锌/碘液流电池的实际应用。

锌/碘液流电池具有很高的能量密度，但是由于 I₂ 在水中是难溶的，正极电解
液中的 I⁻只能充电到可溶的 I₃⁻，这意味着正极的电解质利用率不能超过 2/3。为了
提高 I⁻的利用率，卢怡君等在 ZnI₂ 电解液的基础上加入了 ZnBr₂，利用 Br⁻可以与
I₂ 生成可溶 I₂Br⁻的原理提高了碘在水溶液中的溶解度，从而提高了锌/碘液流电池
的能量密度[22]（图 8.22）。

从图 8.22（b）的实验测试结果可以看出，电解液中加入 ZnBr₂ 后，锌/碘液流电
池的能量密度可达 202 W·h/L，这远高于 Li 等报道的 167 W·h/L[图 8.23（a）]。然
而，相比于电解液理论容量 268 A·h/L，实际测试比容量只有 174 A·h/L，仍然具有
比较大的差距。最重要的是，锌/碘液流电池的工作电流密度只有 10 mA/cm²，电池的
功率密度低，另外，电池的充、放电循环寿命也只有 50 次[图 8.23（b）]。

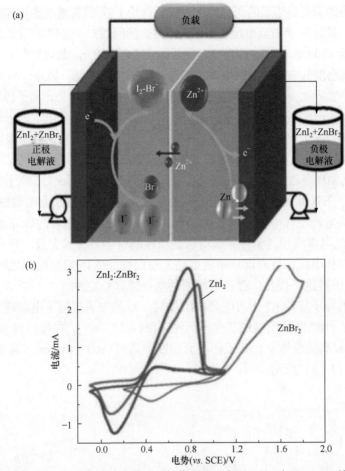

图 8.22　（a）加入 $ZnBr_2$ 后锌/碘液流电池的工作原理示意图；（b）加入 $ZnBr_2$ 前后正极电解液的循环伏安测试结果

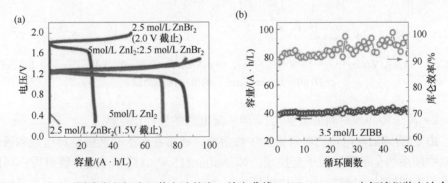

图 8.23　（a）不同浓度电解液组装电池的充、放电曲线；（b）3.5 mol/L 电解液组装电池在 10 mA/cm² 下的循环性能测试结果

　　通过系统的研究，笔者的研究团队发现，理论上锌/碘液流电池具有很高的能量密度，但是，目前锌/碘液流电池还面临两个方面的问题：一是锌/碘液流电池的工作电流密度很低（10 mA/cm²），即功率密度低；二是电池的充、放电循环寿命很短。电池的工作电流密度低主要是由于传统的 ZnI₂ 溶液的电导率低，另外，锌/碘液流电池的电解液为中性溶液，在中性环境下 Nafion115 离子传导膜对 Zn²⁺ 离子传导率不高，即 Nafion115 离子传导膜的导电（导离子性）较差，因此，导致电池的工作电流密度很低（<10 mA/cm²）；另外，在高电流密度条件下运行时，严重的欧姆极化会在负极引起析氢副反应，造成溶液的 pH 上升，最终造成 Zn²⁺ 生成氢氧化锌沉淀。锌/碘液流电池充、放电循环寿命短的原因主要是负极锌沉积生长到 Nafion115 离子交换膜内造成的极化及 I₃⁻ 在 Nafion 115 离子交换膜内造成了膜污染，从而引起电池性能的下降。

　　为了解决电池工作电流密度低及循环寿命短的问题，笔者的研究团队通过在锌/碘液流电池电解液和离子传导膜材料创新性的科学与技术突破，开发出充、放电寿命长、工作电流密度高即功率密度高、稳定性好的锌/碘液流电池[23]。

　　1）对电解液进行优化，提高电解液的电导率和稳定性

　　开发出电导率好的 KI 作为电解液添加剂，K⁺ 的加入提高了电解液的导电性，大幅度提高了锌/碘液流电池的工作电流密度[图 8.24（a）]，在保持锌/碘液流电池能量效率为 80% 的条件下，其工作电流密度提高到 100 mA/cm²，其实验结果如图 8.24（a）和（b）所示。

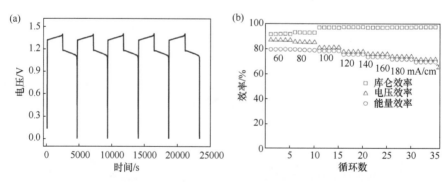

图 8.24　（a）KI/ZnBr₂ 作为电解液活性物质在 80 mA/cm² 下的充、放电曲线图；（b）电流密度在 60～180 mA/cm² 下的电池性能测试

　　2）离子传导膜材料的创新与锌/碘液流电池的循环稳定性

　　由于锌/碘液流电池的电解液为中性溶液，通常在质子交换膜燃料电池和液流电池中使用的全钒磺酸质子交换膜，如 Nafion115 离（质）子交换膜对质子（H⁺ 离子）有很好的传导性，但在中性环境下 Nafion115 离子传导膜对 Zn²⁺ 离子传导率不高，即 Nafion115 离子传导膜的导电（导离子）性较差，因此，导致电池的工

作电流密度很低（<10 mA/cm²）。笔者的研究团队借鉴在全钒液流电池中原创性发明的、基于离子筛分传导机理的离子传导膜，开发出适用于锌/碘液流电池的聚烯烃多孔离子传导膜，该聚烯烃多孔传导膜不仅具有良好的 Zn²⁺离子传导性，而且，合成的聚烯烃多孔膜独特的孔结构中充满了氧化态的 I_3^-，可以消除刺穿进入膜内的锌枝晶，从而防止由锌枝晶造成的电池短路；即使锌枝晶刺入聚烯烃多孔膜内，也可以通过与多孔结构中的 I_3^-反应消除锌枝晶，实现了如图 8.25 所示的锌/碘液流电池性能的自动恢复功能。锌/碘液流电池性能测试表明，在工作电流密度 80 mA/cm² 下，电池可以稳定运行超过 1000 次循环（图 8.26），并且千瓦级的电堆可以稳定运行超过 300 次充、放电循环，展现出良好的应用前景。

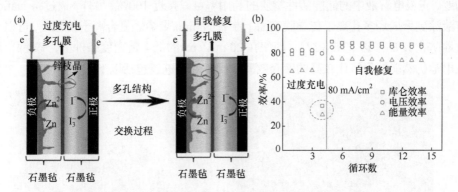

图 8.25　（a）聚烯烃多孔离子传导膜锌/碘液流电池短路-恢复过程示意图；（b）电池过充和自愈过程的性能变化

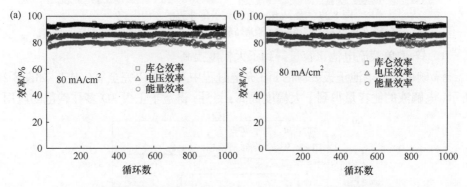

图 8.26　（a）5 mol/L 电解液锌/碘液流电池在 80 mA/cm² 下的充、放电循环性能；（b）6 mol/L 电解液锌/碘液流电池在 80 mA/cm² 下的充、放电循环性能

3. 锌/碘单液流电池

如前节所述，锌/碘液流电池电解液理论上具有很高的能量，但是由于碘单质

（I₂）难溶于水，如果电解液中有析出的 I₂ 沉淀的存在，在充、放电循环过程中会堵塞电解液循环泵和管路，所以传统的锌/碘液流电池正极电解液中的 I⁻只能充电到可溶的 I₃⁻状态，因此锌/碘液流电池正极电解液中的储能活性物质 I⁻利用率低于2/3，限制了锌/碘液流电池能量密度的发挥。

为了简化锌/碘液流电池系统，进一步提高锌/碘液流电池的能量密度，降低锌/碘液流电池储能系统的成本，笔者的研究团队借助锌/溴单液流电池（ZISFB）、锌/镍单液流电池的硬件开发经验提出了锌/碘单液流电池。单液流电池通过将正极电解液吸附在正极多孔碳毡中，从而去掉正极的电解液循环泵和电解液管路等部件。这样，正极电解液的 I⁻可以充电到 I₂，而不用担心电解液循环泵和循环管路堵塞的问题，正极电解液中的储能活性物质的利用率可以接近 100%。另外，通过将 Nafion溶液涂到聚烯烃多孔离子传导膜表面上制备 Nafion/聚烯烃复合离子传导膜，可以有效地防止 I₃⁻的渗透（图 8.27），即使在 20 mA/cm² 的低电流密度条件下，锌/镍单液流电池仍然能够保持比较高的库仑效率。具体研究进展包括以下几个方面。

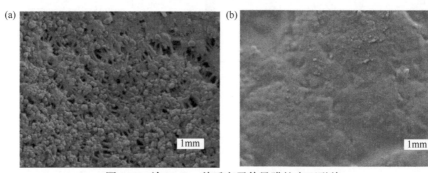

图 8.27　涂 Nafion 前后离子传导膜的表面形貌
（a）聚烯烃多孔基膜的表面形貌；（b）聚烯烃多孔离子传导膜表面涂覆 Nafion 树脂后的形貌

1）锌/碘单液流电池比容量得到了大幅度提高

锌/碘单液流电池正极一侧的 I⁻在充电过程中几乎可以完全氧化成 I₂，如图 8.28所示，电解液的比容量得到了大幅度提高；另外，得益于正极 3D 多孔碳毡的应用，

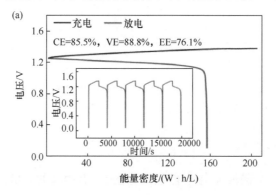

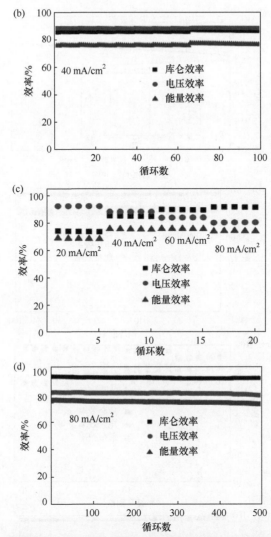

图 8.28　聚烯烃多孔离子传导膜组装的锌/碘单液流电池的性能测试结果

（a）、（b）电解液浓度为 6 mol/L，40 mA/cm² 条件下，电池的充、放电曲线和循环性能；（c）ZISFB 在不同电流密度下的电池性能；（d）电解液浓度为 6 mol/L，80 mA/cm² 条件下，电池的充、放电的循环性能

正极的 I_2 沉积/溶解是完全可逆的，并且正极 I_2 的面容量可达 40 mA · h/cm²，电池的循环稳定性较好（图 8.28）。

2）Nafion/聚烯烃复合离子传导膜可以有效提高电池的库仑效率

Nafion/聚烯烃复合离子传导膜在锌/铁单液流电池中的应用，大幅度降低了正极 I_3^- 的互串，抑制了正极电解液中 I_3^- 向负极的扩散，防止了电池的自放电，并且 Nafion 树脂涂层对复合离子传导膜的导电性影响很小，所以对锌/铁单液流电池的电压效率没有明显的影响[图 8.29（a）和（b）]。同时，涂覆 Nafion 树脂涂层的 Nafion/

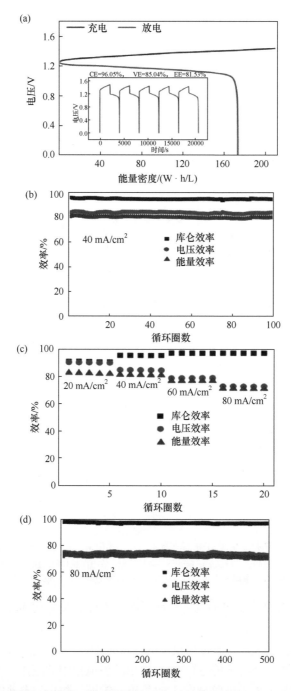

图 8.29　Nafion/聚烯烃复合离子传导膜组装的锌/碘单液流电池的充、放电性能测试结果

电解液浓度 6 mol/L，40 mA/cm² 下的充、放电曲线（a）和充、放电循环性能（b）；（c）锌/铁单液流电池在不同电流密度条件下的充、放电性能；（d）电解液浓度 6 mol/L，80mA/cm² 条件下电池的充、放电循环性能

聚烯烃复合离子传导膜的离子选择性有所提高，在 20mA/cm² 的低电流密度下，锌/铁单液流电池的库仑效率仍可达 92%[图 8.29（c）]；另外，如图 8.29（d）所示，电池在 80 mA/cm² 下运行了 500 次充、放电循环，性能没有明显下降。图 8.29 给出了锌/铁单液流电池电堆在工作电流密度 80 mA/cm² 条件下的恒流充、放电性能和 300 次充、放电循环性能的测试结果。

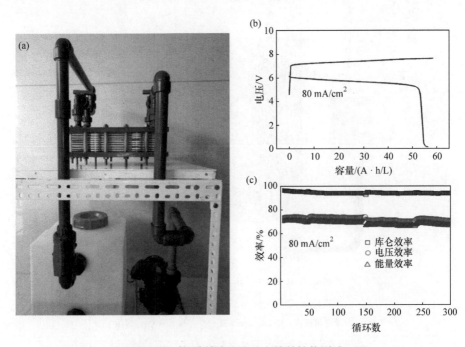

图 8.30　锌/碘单液流电池电堆的性能测试
（a）锌/碘单液流电池电堆评价装置；（b）锌/碘单液流电池电堆在 80 mA/cm² 条件下的充、放电曲线；
（c）锌/碘单液流电池电堆在 80 mA/cm² 条件下的充、放电循环性能

4. 硫/碘液流电池体系

锌/碘液流电池由于碘的溶解度比较高，高浓度的电解质可以获得高的能量密度，但对锌负极的均匀沉积技术要求高，控制难度大，容易出现锌枝晶问题，造成电池的短路；另外，与传统的锌/溴液流电池相似，充电时，电流密度过大，容易造成锌的不均匀沉积，使循环寿命大幅度降低，同时，负极活性物质锌的面容量受限，使电池的储能容量较低。因此，2016 年，Lu 等提出了如图 8.31 所示的硫/碘液流电池[25]。该体系分别使用 KI 和 K_2S_2 作为正、负极活性物质，正极为 I^- 和 I_3^- 之间的反应，负极为 S_2^- 和 S^{2-} 之间的反应，电池的开路电压为 1.05 V，避免了沉积型负极的使用。另外，由于 KI 和 K_2S_2 的溶解度很高，电池的能量密度可达

86 W·h/L。但是，该电池体系的开路电压不高，电流密度较低，并且电池的充、放电循环寿命仍然有待提高。

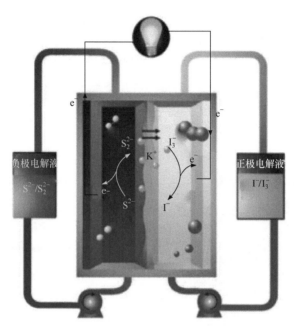

正极反应：$I_3^- + 2e^- \rightleftharpoons 3I^-$　$E^{\ominus} = 0.54$ V (*vs.* SHE)

负极反应：$2S_2^{2-} \rightleftharpoons S_2^{2-} + 2e^-$　$E^{\ominus} = -0.51$V (*vs.* SHE)

全电池反应：$I_3^- + 2S^{2-} \rightleftharpoons 3I^- + S_2^{2-}$　$E^{\ominus} = 1.05$ V (*vs.* SHE)

图 8.31　硫/碘液流电池结构原理示意图及电池反应

全钒液流电池经过十多年的基础研究和工程开发，在关键材料（电解液、双极板、离子传导膜）、电堆、电池管理系统、系统集成及工程应用方面都取得了创新性的进步，技术上满足了工程应用的要求。但由于液流电池技术的研究开发历史比较短，经费支持力度较低，仍存在很大的发展空间。今后，通过电池材料的创新，包括提高电解液的浓度和稳定化温度窗口、提高电极材料的电化学反应活性和离子传导膜的离子导电性及离子选择性、提高双极板材料的导电性；优化电堆结构设计创新，减小电堆的内阻，从而大幅度降低电堆的活化极化和欧姆极化，进一步提高电堆的工作电流密度。同时，可以大幅度降低成本。

对于液流电池新体系，包括水系和非水系，虽然在研究方面取得了很大的进步，但是要满足实际应用的需要，仍然面临着很多艰巨的挑战。主要包括：在有机溶剂的非水系液流电池体系中，由于其导电性较低和活性物质浓度低，其欧姆极化很大，导致工作电流密度低，系统成本高。非金属离子的水系液流电池，特别是有机电对的水系液流电池，存在的主要问题是导电性差、工作电流密度低、溶解度小、能量密度低、化学稳定性低、循环性能差等。若要解决上述问题，首先要对电解质进行更加系统的电化学及物理化学性质的研究，同时，寻找新的电化学活性物质，或者对其进行合适的分子改性，这涉及电化学、物理化学、有机化学及分子工程等多个领域。另外离子交换（传导）膜是液流电池最关键的材料之一，在新体系的研发过程中应该加强对离子交换（传导）膜材料的研究和开发。随着上述问题的解决及大规模储能时代的到来，液流电池新体系在储能方面将展现出应用前景。

参 考 文 献

[1] Gong k, Fang Q R, Gu S, et al. Nonaqueous redox-flow batteries: organic solvents, supporting electrolytes, and redox pairs[J]. Energy & Environmental Science, 2015, 8（12）: 3515-3530.

[2] Singh P. Application of non-aqueous solvents to batteries[J]. Journal of Power Sources, 1984, 11（1-2）: 135-142.

[3] Wei X, Xu W, Vijayakumar M, et al. TEMPO-based catholyte for high-energy density nonaqueous redox flow batteries[J]. Advanced materials, 2014, 26: 7649-7653.

[4] Zhang J, Yang Z, Shkrob I A, et al. Annulated dialkoxybenzenes as catholyte materials for non-aqueous redox flow batteries: Achieving high chemical stability through bicyclic substitution[J]. Advanced Energy Materials, 2017, 7（21）: 1701272.

[5] Ding Y, Li Y F, Yu G H. Exploring bio-inspired quinone-based organic redox flow batteries: A combined experimental and computational study[J]. Chem, 2016, 1（5）: 790-801.

[6] Ding Y, Zhao Y, Yu G H. A membrane-free ferrocene-based high-rate semiliquid battery[J]. Nano letters, 2015, 15: 4108-4113.

[7] Wei, X, Cosimbescu L, Xu W, et al. Towards high-performance nonaqueous redox flow electrolyte via ionic modification of active species[J]. Advanced Energy Materials, 2015, 5: 1400678.

[8] Xi X, Li X, Wang C, et al. Non-aqueous lithium bromine battery of high energy density with carbon coated membrane[J]. Journal of Energy Chemistry, 2017, 4: 639-646.

[9] Wei X, Xu W, Huang J, Zhang L, et al. Radical compatibility with nonaqueous electrolytes and its impact on an all-organic redox flow battery[J]. Angewandte Chemie, 2015, 54, 8684-8687.

[10] Huskinson B, Marshak M P, Suh C, et al. A metal-free organic-inorganic aqueous flow battery[J]. Nature, 2014, 505（7482）: 195-198.

[11] Lin K, Chen Q, Gerhardt M, et al. Alkaline quinone flow battery[J]. Science, 2015, 349: 1529-1532.

[12] Yang Z, Tong L, Tabor D P, et al. Alkaline benzoquinone aqueous flow battery for large-scale storage of electrical energy[J]. Advanced Energy Materials, 2018, 8（8）: 1-9.

[13] Janoschka T, Martin N, Martin U, et al. An aqueous, polymer-based redox-flow battery using non-corrosive, safe, and low-cost materials[J]. Nature, 2015, 527: 78-81.

[14] Hu B, DeBruler C, Rhodes Z, et al. Long-cycling aqueous organic redox flow battery （AORFB） toward sustainable and safe energy storage[J]. Journal of the American Chemical Society, 2017, 139: 1207-1214.

[15] Beh E S, De Porcellinis D, Gracia R L, et al. A neutral pH aqueous organic–organometallic redox flow battery with

extremely high capacity retention[J]. ACS Energy Letters, 2017, 2（3）: 639-644.

[16] Luo J, Hu B, Debruler C, et al. A π-conjugation extended viologen as a two-electron storage anolyte for total organic aqueous redox flow batteries[J]. Angewandte Chemie, 2018, 130（1）: 237-241.

[17] DeBruler C, Hu B, Moss J, et al. Designer two-electron storage viologen anolyte materials for neutral aqueous organic redox flow batteries[J]. Chem, 2018, 3（6）: 961-978.

[18] Lin K X, Gómez-Bombarelli R, Rafael, Beh E S, et al. A redox-flow battery with an alloxazine-based organic electrolyte[J]. Nature Energy, 2016, 1（9）: 16102.

[19] Zhang C K, Niu Z H, Peng S S, et al. Phenothiazine-based organic catholyte for high-capacity and long-life aqueous redox flow batteries[J]. Advanced Materials, 2019, 31（24）: 1901052.

[20] Dong Y R, Kaku H, Hanafusa K, et al. A novel titanium/manganese redox flow battery[J]. ECS Transactions, 2015, 69（18）: 59-67.

[21] Li B, Nie Z, Vijayakumar M, et al. Ambipolar zinc-polyiodide electrolyte for a high-energy density aqueous redox flow battery[J]. Nature Communications, 2015, 6（1）: 6303.

[22] Weng G M, Li Z, Cong G, et al. Unlocking the capacity of iodide for high-energy-density zinc/polyiodide and lithium/polyiodide redox flow batteries[J]. Energy & Environmental Science, 2017, 10（3）: 735-741.

[23] Xie C X, Zhang H, Xu W, et al. A long cycle life, self‐healing zinc–iodine flow battery with high power density[J]. Angewandte Chemie International Edition, 2018, 57（35）, 11171-11176.

[24] Xie C, Liu Y, Lu W, et al. Highly stable zinc–iodine single flow batteries with super high energy density for stationary energy storage[J]. Energy & Environmental Science, 2019, 12（6）: 1834-1839.

[25] Li Z, Weng G, Zou Q, et al. A high-energy and low-cost polysulfide/iodide redox flow battery[J]. Nano Energy, 2016, 30: 283-292.

第9章 液流电池储能技术的应用

9.1 液流电池储能技术的应用概况

9.1.1 液流电池的典型应用领域

随着人类社会的发展，对能源的需求越来越高，使化石能源资源越来越匮乏，而化石能源的大量消耗造成了严重的环境污染，恶劣天气频发。大力推进风能、太阳能等可再生能源的普及应用已成为世界各国能源安全和社会、经济可持续发展的重要战略，推动能源消费革命、供给革命、技术革命、体制革命，推进能源结构战略调整，提高化石能源利用效率，普及应用可再生能源，是实现我国社会和经济可持续发展，解决能源资源和能源安全及环境污染问题，落实节能减排，提高全社会绿色低碳发展的战略需求。可再生能源正逐渐由辅助能源变为主导能源，大规模储能技术可以有效解决可再生能源发电的随机性、间歇性和波动性等问题，解决可再生能源普及应用的瓶颈技术[1]。电力系统能源结构的变化为大规模电化学储能技术的普及应用带来了新的机遇。

由于电力系统所需的大规模储能装备要求其输出功率和储能容量大，如果发生安全事故，造成的危害和损失就会很大。因此，对大规模储能设备的要求：一是安全性好；二是生命周期的性价比高，即生命周期的经济性好；三是生命周期的环境负荷低，即生命周期环境友好。近年，兆瓦级以上钠硫电池和锂离子电池储能技术在工程应用示范中都出现过安全事故，不仅造成了重大经济损失，还造成严重的环境污染。因此对于大规模储能技术而言，安全可靠性是在电力系统中应用的重中之重。

液流电池具有安全性好、输出功率和储能容量可独立设计、单体电堆功率高、均匀性好、储能系统设计灵活、易于放大、储能易于扩展等特点，适用于输出功率为数千瓦至数百兆瓦、储能容量为数百千瓦时至数百兆瓦时的储能范围，最适于需要大容量、长时间储能的能量管理领域[2]。在电力系统固定式大规模储能应用领域，从储能系统的安全性、生命周期的性价比和环境负荷方面综合考虑，液流电池特别是全钒液流电池储能技术是最佳技术方案之一。

全钒液流电池具有电能转换效率高，可实时准确监测其充、放电状态，电解液可长期使用，电池材料可循环利用及环境友好等突出优点，在电力系统中的适合的应用场景包括以下几点。①可再生能源发电领域：可实现风能、太阳能发电的跟踪计划发电，保证联合出力的稳定性和连续性，同时可提高可再生能源电站的电能质量。②电力系统的调峰、调频辅助服务：在电力系统配置大规模液流电池储能系统，可实现电网的负荷均衡、谷电峰用，提高发电设备的利用率和能源的利用效率。③用户侧的分布式微电网和工商业储能：可实现分布式发电的最优化运行和配置，调节分布式发电中可再生能源的出力和电能质量，可实现用户端的峰谷套利及降低最大需量，提升用户的用能可靠性，并降低用电成本。

9.1.2　液流电池储能系统的应用

自 20 世纪液流电池概念被提出以来，其已经有近 40 年的发展。液流电池储能技术近十年在项目应用和产业方面发展最为快速。表 9.1 列举了部分国际上已经投运过的液流电池项目。如图 9.1 所示，截止到 2017 年年末，全球已投运过液流电池储能项目的规模总计 79.8 MW，其中全钒液流电池装机规模为 59 MW，占比 73.9%；多硫化钠/溴电池装机 12 MW，占比 15%；锌/溴电池装机规模为 5.4 MW，占比 6.7%；其他液流电池装机为 3.4 MW，占比 4.4%。可以看出全钒液流电池是目前液流电池技术中应用最广泛的储能技术。液流电池的研发初期，是以铁/铬电池和多硫化钠/溴电池为主的，但由于该两种液流电池技术自身能量效率较低、充、放电衰减较快、循环寿命较短的限制，后续研究开发和工程应用项目鲜有报道。20 世纪 80 年代，澳大利亚西南威尔士大学 M.Skyllas-Kazacos 教授提出了全钒液流电池的概念并做了大量创新性的研究工作，为全钒液流电池储能技术的发展做出了重大贡献。20 世纪 80 年代后期开始，住友电气工业株式会社投入了巨额的人力、财力，推进全钒液流电池储能技术的发展和工程应用。但是，住友电气工业株式会社的研究开发重点主要放在了全钒液流电池储能系统的集成和工程应用示范，对电池关键材料和电堆的结构设计的研究开发投入不足，致使电池材料，如离子交换膜、电极、双极板等关键材料性能差、价格高；电堆的功率密度较低，材料消耗量大。导致全钒液流电池储能系统价格高，可靠性差，严重影响了全钒液流电池储能技术的实际应用。

表 9.1　全球已投运过的部分液流电池项目[3]

电池供应商	序号	项目规模	项目名称	开展时间	安装地点
大连融科储能技术发展有限公司	1	1.0 MW/4 MW·h	河南鹤壁风光储微电网	2017 年	中国，河南
	2	125 kW/625 kW·h	宁夏嘉泽微电网	2016 年	中国，宁夏
	3	600 kW/2400 kW·h	北京八达岭微电网	2016 年	中国，北京
	4	60 kW/240 kW·h	大连博融检测中心微电网	2015 年	中国，辽宁
	5	2.0 MW/4 MW·h	锦州国电和风风电场储能	2014 年	中国，辽宁
	6	125 kW/1 MW·h	青海中广核微电网	2014 年	中国，青海

续表

电池供应商	序号	项目规模	项目名称	开展时间	安装地点
大连融科储能技术发展有限公司	7	3.0 MW/6 MW·h	锦州黑山风电场储能	2014 年	中国，辽宁
	8	100 kW/400 kW·h	辽宁电科院微电网	2014 年	中国，辽宁
	9	5.0 MW/10 MW·h	龙源卧牛石风电场储能	2013 年	中国，沈阳
	10	200 kW/800 kW·h	北京金风科技微电网	2012 年	中国，北京
	11	6 kW/50 kW·h	陕西延长石油微电网	2012 年	中国，陕西
	12	60 kW/600 kW·h	大连友谊街微电网	2011 年	中国，辽宁
	13	10 kW/200 kW·h	大连旅顺蛇岛离网供电	2011 年	中国，辽宁
	14	3.5 kW/14 kW·h	宁夏吴忠微电网	2011 年	中国，宁夏
	15	60 kW/300 kW·h	大连融科研发中心微电网	2010 年	中国，辽宁
	16	3.5 kW/54 kW·h	通信基站光储离网系统	2010 年	中国，辽宁
	17	5 kW/50 kW·h	西藏能源示范中心光伏储能	2009 年	中国，西藏
	18	5 kW/50 kW·h	大连别墅风光储微电网	2009 年	中国，辽宁
	19	100 kW/200 kW·h	北京智能微电网	2008 年	中国，北京
日本住友电气工业株式会社	1	2 MW/8 MW·h	美国圣迭戈电网辅助服务	2017 年	美国
	2	15 MW/60 MW·h	可再生能源并网	2015 年	日本
	3	500 kW/3 MW·h	太阳能发电并网储能	2014 年	日本
	4	1 MW/5 MW·h	太阳能发电并网储能	2012 年	日本
	5	2 kW/10 kW·h	太阳能发电/储能实验	2012 年	日本
	6	4 MW/6 MW·h	风力发电平滑	2005 年	日本
	7	100 kW/400 kW·h	太阳能发电储能	2005 年	日本
	8	120 kW/960 kW·h	需求侧管理	2005 年	日本
	9	120 kW/960 kW·h	需求侧管理	2004 年	日本
	10	100 kW/800 kW·h	需求侧管理	2004 年	日本
	11	170 kW/1360 kW·h	需求侧管理	2004 年	日本
	12	300 kW/1200 kW·h	备用电源	2003 年	日本
	13	100 kW/200 kW·h	实验验证	2003 年	日本
	14	30 kW/90 kW·h	需求侧管理	2003 年	日本
	15	120 kW/960 kW·h	需求侧管理	2003 年	日本
	16	100 kW/100 kW·h	验证实验	2003 年	日本
	17	42 kW/84 kW·h	需求侧管理	2001 年	日本

续表

电池供应商	序号	项目规模	项目名称	开展时间	安装地点
日本住友电气工业株式会社	18	500 kW/5000 kW·h	需求侧管理	2001 年	日本
	19	250 kW/500 kW·h	备用电源	2001 年	日本
	20	1.5 MW/1.5 MW·h	备用电源	2001 年	日本
	21	30 kW/240 kW·h	太阳能发电储能	2001 年	日本
	22	170 kW/1020 kW·h	风力发电平滑	2000 年	日本
	23	200 kW/1600 kW·h	实验验证	2000 年	日本
	24	100 kW/800 kW·h	需求侧管理	2000 年	日本
	25	450 kW/900 kW·h	实验验证	1996 年	日本
VRB Power System	1	10 kW/40 kW·h	美国光伏/储能发电	2007 年	美国
	2	5 kW/20 kW·h	意大利通信基站备用电源	2006 年	意大利
	3	5 kW/20 kW·h	丹麦可再生能源发电储能	2006 年	丹麦
	4	10 kW·h	加拿大偏远地区供电	2006 年	加拿大
	5	15 kW/120 kW·h	丹麦风力发电储能	2006 年	丹麦
	6	10 kW·h	德国光储发电并网	2005 年	德国
	7	90 kW/180 kW·h	美国备用电源	2005 年	美国
	8	250 kW/2000 kW·h	美国电网削峰填谷	2004 年	美国
	9	200 kW/1600 kW·h	澳洲金岛风-柴-储联合发电	2003 年	澳大利亚
	10	250 kW/520 kW·h	南非应急备用电源	2002 年	南非
北京普能世纪科技有限公司	1	2 MW/8 MW·h	国家电网张北风光储联合发电	2012 年	中国，河北
	2	100 kW/200 kW·h	韩国提高发电量与电网利用	2012 年	韩国
	3	100 kW/600 kW·h	斯洛伐克提高发电量与电网利用	2012 年	斯洛伐克
	4	500 kW/1 MW·h	大型风电并网储能试验研究	2011 年	中国
	5	600 kW/3.6 MW·h	美国食品加工厂削峰填谷	2011 年	美国
	6	400 kW/500 kW·h	印尼岛屿（松巴岛）微网储能	2011 年	印尼
	7	50 kW	CENER VRB 微网研究项目	2011 年	西班牙
朝阳华鼎储能技术有限公司	1	500 kW/1 MW·h	赤峰风电场储能	2012 年	中国，内蒙古
UET	1	2 MW/6.4 MW·h	美国华盛顿州可再生能源储能	2015 年	美国
	2	1 MW/3.2 MW·h	美国华盛顿州变电站储能	2015 年	美国
	3	600 kW	UET HQ BESS	2014 年	美国

续表

电池供应商	序号	项目规模	项目名称	开展时间	安装地点
UET	4	250 kW	德国 Bosch Braderup ES 设备液流电池	2017 年	德国
Gildemeister Energy Solutions	1	200 kW/1.6 MW·h	德国 Pellwove/SmartRegionPellworm 岛，可再生能源	2013 年	德国
	2	80×10 kW	偏远地区供电	2002-2014 年	奥地利
	3	45 kW	博帕尔 Sun-carrier Omega Net Zero 大厦项目	2012 年	印度
	4	200 kW	SmartPowerFlow 项目	2015 年	德国
	5	260 kW	DMG 吉特迈集团 cellcube 工业智能电网	2011 年	德国
	6	2 MW	Milton-竞赛	2016 年	加拿大
V-Fuel Pty Ltd	1	1 kW/12 kW·h	泰国光伏/储能应用	1993 年	泰国
REDT Energy Storage	1	100 kW/1.2 MW·h	苏格兰岛	2015 年	英国
	2	5 kW	PVCROPS Evora 液流电池示范项目	2013 年	葡萄牙
	3	10 kW	RedT-德国-10kW 项目	2015 年	德国
	4	40 kW	RedT-英国南部示范项目	2015 年	英国
H_2, Inc	1	1 MW/4 MW·h	风电场储能	2015 年	韩国
	2	100 kW/200 kW·h	微电网-测试	2013 年	韩国
	3	50 kW	Samyoung 全钒液流电池项目	2013 年	韩国
	4	100 kW/600 kW·h	蔚山昂山工业电化学工程项目	2017 年	韩国
IMERGY	1	10 kW	Trojane 项目	2015 年	斯洛文尼亚
	2	30 kW	GAT 学院 30 kW 液流电池项目	2015 年	印度
	3	30 kW	Livermore 谷表演艺术中心 30 kW 液流电池项目	2015 年	美国
	4	625 kW	跨国电信公司项目	2016 年	南非
sun2live	1	3 MW	安提瓜项目-3 MW	2015 年	安提瓜
Primus Power	1	250 kW	美国国防部海军陆战基地微网储能项目	2015 年	美国
	2	500 kW	PSE 储能创新项目	2012 年	美国
	3	250 kW	MID Primus Power 风能储能示范项目-可再生能源并网	2014 年	美国
	4	20 kW	20 kW/72 kW·h ICL 阻燃剂生产基地-库卡蒙格牧场项目	2015 年	美国
ZBB 能源公司	1	250 kW	锡尔堡威望项目	2011 年	美国

电池供应商	序号	项目规模	项目名称	开展时间	安装地点
ZBB 能源公司	2	250 kW	伊利诺伊研究所科技化完美动力示范项目	2014 年	美国
	3	25 kW	怀尼米港海军设施项目	2013 年	美国
	4	60 kW	Pualani 庄园项目	2012 年	美国
	5	500 kW	圣尼古拉斯岛海军设施项目	2013 年	美国
	6	25 kW	圣彼得堡太阳能公园项目	2014 年	美国
	7	100 kW	UC 圣迭戈 ZBB/SunPower 能源储存项目	2014 年	美国
	8	25 kW	体育场馆的太阳能和电动汽车充电系统项目	2014 年	美国
	9	125 kW	美国珍珠港军事基地项目(JBPHH)	2012 年	美国
	10	25 kW	VISA (数据处理中心)项目	2014 年	美国
	11	1000 kW	白兰度罗阿岛度假村项目	2014 年	法属波利尼西亚
	12	25 kW	BPC 能源项目	2014 年	俄罗斯
	13	25 kW	UTS (悉尼科技大学)项目	2014 年	澳大利亚
	14	100 kW	CSIRO, ZBB 锌/溴液流电池实验	2010 年	澳大利亚
RedFlow	1	200 kW	Ausgrid 智能电网智能城市项目(SGSC) - RedFlow	2012 年	澳大利亚
	2	100 kW	Ausgrid 智能电网智能城市项目- RedFlow	2012 年	澳大利亚
	3	90 kW	昆士兰大学项目-RedFlow M90	2012 年	澳大利亚
	4	3 kW	Powerco 的 RedFlow 液流电池示范项目	2012 年	新西兰
	5	300 kW	RedFlow 300 kW 阿德莱德项目	2015 年	澳大利亚
VionX Energy	1	500 kW	国家电网分布式储能系统示范项目	2016 年	美国
	2	500 kW	国家电网分布式储能系统示范项目	2016 年	美国
ViZn Energy Systems	1	80 kW	Flathead 电力项目	2014 年	美国
	2	64 kW	BlueSky 微网项目	2013 年	澳大利亚
	3	2 MW	2 MW/6 MW·h 安大略竞赛项目	2016 年	加拿大
	4	1 MW	Comed-Bronzeville 示范项目	2016 年	美国
Urban Electric Power	1	100 kW	UEP CUNY 示范项目	2013 年	美国
EnerVault	1	250 kW	EnerVault Redox 液流电池示范项目	2014 年	美国

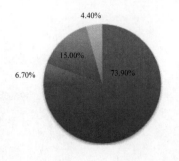

图 9.1　各种液流电池技术的累计装机容量比例

　　2000 年，中国科学院大连化学物理研究所张华民研究团队开始了液流电池，特别是全钒液流电池系统的基础研究和工程开发，在全钒液流电池电解液、电极双极板、非氟离子传导膜等关键材料，高功率密度电堆等核心部件，电池管理系统和智能运行技术等方面都取得了原创性的突破，大幅度降低了全钒液流电池的成本；已获国家授权专利 260 余件，形成了完整的自主知识产权体系。2008 年，中国科学院大连化学物理研究所技术入股成立了大连融科储能技术发展有限公司，2012 年实施了包括当时全球最大规模的 5 MW/10 MW·h 商业化应用示范项目在内的 30 余项工程应用项目。全钒液流电池储能技术逐渐被市场认可。2016 年，大连融科储能技术发展有限公司建成了年产 300 MW 全钒液流电池储能装备制造基地。目前在建和规划的全钒液流储能项目规模超过 400 MW，其中大连融科储能技术发展有限公司正在承建的国家级 200 MW/800 MW·h 液流储能调峰电站项目最受世界关注，其建设完成后将是全球最大规模的电化学储能电站。

　　全钒液流电池是液流电池技术中最具有商业化应用潜力的技术。如图 9.2 所示，从投运项目地理分布看，排在前三位的国家依次为日本、中国和美国，占比分别为 43.1%、25.2% 和 18.3%，占全部投运项目的 86.6%。从应用领域的情况看，如图 9.3 可知，全钒液流电池在可再生能源发电领域装机约为 36.7 MW，占 62.2%；在电网侧应用领域装机达 6.8 MW，占 11.5%；在用户侧微电网和工商业储能领域装机达 15.5 MW，占 26.3%。可再生能源发电领域仍是现阶段全钒液流电池的主流应用。如图 9.4 所示，目前国际上活跃的全钒液流电池生产商包括日本住友电气工业株式会社、大连融科储能技术发展有限公司和美国 UET 公司，其中住友电气工业株式会社和大连融科储能技术发展有限公司投运项目规模分别为 27 MW 和 12.46 MW，两个公司投运规模已经占据全球投运规模的 67%。如图 9.5 所示，从项目应用的时间上看，近几年全钒液流电池项目稳步增长。单体项目规模逐渐从兆瓦级向百兆瓦级方向发展，储能容量（储能装备额定功率时放电小时数）将

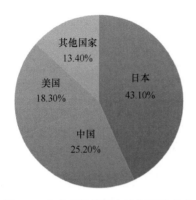

图 9.2　全球全钒液流电池累计装机容量的比例

图 9.3　全球全钒液流电池储能装备在各应用领域的累计装机容量比例

逐步由 2～4 h 向十数小时发展。这种趋势非常符合电力系统对大规模储能系统的功率和容量的要求，而且与全钒液流电池的技术和经济性特性十分吻合。

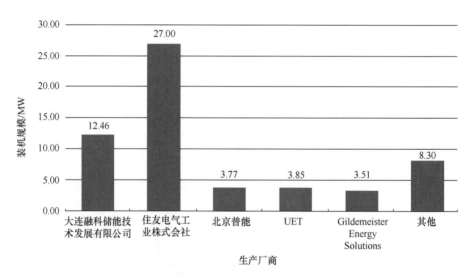

图 9.4　全球主要全钒液流电池生产商累计装机规模

　　相比于全钒液流电池，锌/溴电池的应用项目规模较少，截至目前投运项目规模 5.4 MW，项目规模以百千瓦级为主，大多应用于微电网领域，美国是开展锌/溴电池项目最多的国家。目前国际上活跃的锌/溴电池主要厂商为 Primus Power、EnSync Energy（原 ZBB 能源）公司、RedFlow、VionX Energy（原 Premium Power）等（图 9.6）。

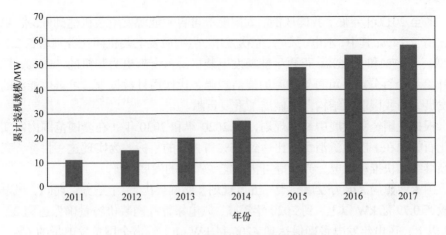

图 9.5　近年全钒液流电池装机情况

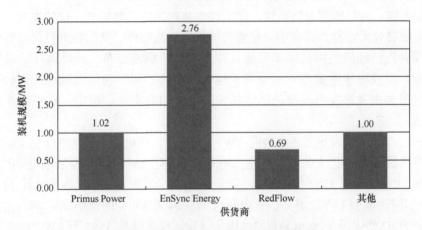

图 9.6　锌/溴液流电池各供货商装机规模

9.2　液流电池在可再生能源发电中的应用

随着社会和经济的发展，人类对能源的需求越来越大，而传统化石能源长期的大量消耗造成资源日益短缺，化石能源的开采利用环节又造成了严重的环境污染，恶劣天气增多，给社会造成了严重的损失。能源的清洁化和低碳化，已经成为当代能源革命的必然趋势。随着国际社会对保障能源安全、保护生态环境、应对气候变化等问题的日益重视，加快开发利用可再生能源已成为世界各国的普遍共识和一致行动。发展可再生能源已成为许多国家推进能源转型的核心内容和应对气候变化的重要途径，也是我国推进能源生产和消费革命、推动能源转型的重要措施。

截至 2017 年年底，我国风能、太阳能等可再生能源发电装机达到 6.5 亿 kW，同比增长 14%；其中，水电、风电、光伏发电、生物质发电装机同比分别增长 2.7%、10.5%、68.7%和 22.6%。可再生能源发电装机约占全部电力装机的 36.6%，同比上升 2.1 个百分点，可再生能源的清洁能源替代作用日益显现。可再生能源的迅速发展，为我国能源结构调整做出了重要贡献。

根据我国经济发展中长期规划，到 2020 年和 2030 年，在全国范围内需实现非化石能源在一次能源消费占比达到 15%和 20%的目标。为实现这一目标，我国必须继续加快推动风电、光伏等可再生能源产业的发展。

国家能源局《电力发展"十三五"规划》明确提出，"十三五"期间，风电新增投产 0.79 亿 kW 以上，到 2020 年年底，风电累计并网装机容量确保达到 2.5 亿 kW 以上；风电年发电量确保达到 4200 亿 kW·h，约占全国总发电量的 6%。到 2020 年年底，全国太阳能发电并网装机确保实现 1.5 亿 kW 以上。

受风能、太阳能资源随机性、间歇性本质的制约，风电和光伏的发电出力与常规电源有较大差异，具有十分显著的随机性、波动性、间歇性和反调峰特性，大规模并网已经给电网的功率平衡、频率控制、潮流分布、调峰调压、系统安全稳定，以及电能质量等方面带来了越来越大的不利影响。以风电、光伏等为代表的可再生能源发电规模的迅速扩大，给电网的安全、稳定、经济运行带来了挑战。

2017 年，我国发电量 64179 亿 kW·h。其中，火电发电量 45513 亿 kW·h，水电发电量 11945 亿 kW·h，核电发电量 2483 亿 kW·h，风电发电量 3057 亿 kW·h，太阳能发电 1182 亿 kW·h。截至 2017 年，我国发电装机容量共计 177703 万 kW，同比增加 7.6%。其中，火电装机 110604 万 kW，同比增加 4.3%，占总装机容量的 62.2%以上；水电装机 34119 万 kW，核电装机 3582 万 kW，风电装机 14817 万 kW，太阳能发电装机 13025 万 kW，同比增加 68.7%，非水新能源装机容量达到总装机容量的 36.8%以上。从上述数据可以看出，我国火电装机占支配地位，且大多为燃煤电站。燃煤电站具有相对较小的调峰能力，且频繁调节出力导致煤耗增加，运行经济性变差，同时也会对机组寿命造成不利影响。而能够参与调峰的水电装机容量不足，高比例可再生新能源接入电网将带来以下问题：①在新能源集中的三北地区，大风期与供暖期处同一时期，冬季供暖期负荷峰谷差大，受供暖影响，火电调峰能力下降，电网的风电消纳能力不足；②新能源发电受天气的短期波动和气候的周期性变化的影响，其出力具有间歇性、随机性、不稳定性和分布不均匀性等特点，会影响区域电网的稳定运行；③新能源高比例接入和运行，势必会减少常规机组的开机容量，引起系统的整体惯量减少及调频/调压能力下降；④新能源发展规划与电网建设不相适应，电网外送通道建设滞后，普遍出现严重的弃风、弃光等问题，新能源资源优势难以发挥。

储能系统配套可再生能源发电，储能装置并网点在可再生能源发电场内部母线，通过发电场的主升压变压器接入外部电网。储能系统所能起到的作用主要分为两部分：一是对可再生能源发电侧的作用；二是多区域间储能系统的共享及互补所产生的杠杆作用。

1. 储能系统在可再生能源发电侧的作用

储能系统在可再生能源发电侧的作用主要有以下几个方面。

1）平滑功率输出

受资源特性影响，风力、光伏等可再生能源的发电功率输出具有随机性、间歇性和波动性特点等。随着可再生能源发电装机容量的增加，可再生能源发电在电网中所占的比例越来越高，对电网稳定性造成愈发严重的影响，如降低电网接入点的电压质量，增加电网系统的频率波动。

为了降低风能、光太阳能等可再生能源发电大规模并网对电网造成的不利影响，电网公司制定了一系列针对可再生能源发电并网的技术规定。以风力发电为例，《风电场接入电力系统技术规定》（GB/T 19963—2011）对风电场有功功率变化限值做出了规定，其详细规定值如表 9.2 所示。

表 9.2　风电场有功功率变化限值

风电场装机容量/MW	10 min 有功功率变化最大限值/MW	1 min 有功功率变化最大限值/MW
<30	10	3
30~150	装机容量/3	装机容量/10
>150	50	15

风电场配套储能系统通过控制算法得到风电场功率输出的平滑目标，而目标功率与风电场实际发电功率之间的差值即为储能系统需要补偿的功率指令。储能系统在能量管理控制系统的调度下，快速调节功率输出，对风电场并网功率进行有效平滑，从而降低对并网点电压和频率的不利影响。

2）改善跟踪发电计划能力

参照电网调度部门对常规发电机组的调度模式，为有效维持电力系统负荷与发电的平衡，促进系统运行稳定，也会向可再生能源发电电源下发计划发电出力曲线。但相对于常规火力发电机组，可再生能源发电出力具有较大的波动性和随机性。尽管可再生能源发电基本配置了功率预测系统，但功率预测系统预测精度受到多方面因素影响，预报精度较差，使得根据可再生能源发电功率预测数据而制定的计划发电曲线与风电场实际发电输出功率曲线间也存在较大的偏差。以风力发电为例，国家能源局《风电场功率预测预报管理办法》（国能新能〔2011〕177

号）要求日预测最大误差不超过 25%，实时预测误差不超过 15%。近年来，虽然风电场功率预测精度有了大幅度的提高，但是依然不能满足调度需求，仍然需要安排大量的备用容量为可再生能源发电进行调峰，以满足系统的稳定性需求。当系统调峰能力不能满足要求时，可再生能源发电电源也要参与调峰，导致弃风、弃光现象的发生。

在提高预测功率精度的基础上，可再生能源发电配套储能系统，利用储能系统可实现可再生能源发电电源对调度计划发电曲线的跟踪功能。例如，在风电场实际出力高于或低于调度计划时，能量管理控制系统迅速下达功率调节指令，储能系统快速响应，填补出力误差，有效跟踪计划发电曲线，从而提高风电场的可调度性，降低风电场并网区域内调峰电场的调峰压力，提高电网消纳风电的能力，降低弃风现象发生的频率。

3）参与电网系统调频

常规风能、太阳能等可再生能源发电系统不具备一次调频能力。随着电力系统对于电能质量的控制要求越来越高，要求风能、太阳能等可再生能源发电电源具备一次调频能力的呼声越来越高。现阶段对风电场参与一次调频的各种要求中，均提出了风电场需预留 10%容量，以便于参与一次调频。但是预留 10%风电场发电容量实质造成了弃风限电，导致风电实际发电小时数降低，风电场经济效益受到不利影响。风电场在配套储能系统后，以储能系统作为调频功率的输出源，即可取消风电场的预留功率。在电网频率未越限时，风电场以最大功率输出，不设预留，当电网频率波动，需要风电场提供额外有功支持时，由储能系统来实现对有功输出的调节，从而在实现一次调频的基础上，提高了风电场的运行效率和经济收益。

单纯以风电场实现一次调频功能时，除了需预留功率这一问题之外，还存在调节速度较慢，难以满足电网要求的问题，而储能系统本身具备快速响应的特性，且安装位置处于风电场升压站内，不需要复杂的通信与控制信号传输环节，能够快速响应电网频率的变化，提高一次调频的响应速度。

另外，通过对储能系统配套的储能变流器采用虚拟同步（VSG）控制，可以进一步提升风电场针对电力系统一次调频需求的响应，使得风电场的一次调频特性具有类似常规火力发电机组一次调频特性，风电场出力的网源友好性得到大幅度改善。

4）改善低电压/高电压故障穿越特性

风电场和光伏电站具备良好的故障穿越能力是保证故障状态下不发生脱网事故、引起电网波动的基本保障。电力系统对其故障穿越能力制定了明确的技术规定。特别是近年来特高压直流输电技术快速发展，在东北、西北地区，国家建立了多条特高压直流输电线路。当特高压直流输电线路发生换相失败引发闭锁故障时，特高压变电站周围电网电压会发生骤升，这就要求风电场和光伏电站的高电压穿越能力必须达标，不会发生大面积脱网导致电网崩溃事故。储能系统的快速无功响应能力能够在电网故障的情况下为可再生能源发电电源提供无功支撑，从而提高其故障穿越能力。在电网发生电压跌落或者电压骤升的故障时，利用储能系统，采取动态协调无功控制策略，快速稳定可再生能源发电并网点电压，可有效提高其故障穿越能力。

5）充分发挥发电机组超发能力

按照风电机组设计规范，风电机组需具备 1.1 倍的过载输出能力。但是根据电力系统调度规定，风电场发电并网功率不能超过额定装机容量，否则电力系统调度部门会对超发风电场采取惩罚措施。当风电场配套储能系统后，可以将超出额定容量的电能存储于储能系统内，当风速小于额定风速，发电量减少时，储能系统迅速将存储的电能释放，输出到电网，不仅避免了调度部门的考核惩罚，同时也提高了风电场的经济收益。

6）削峰填谷、回收弃风、弃光

由于电力的消纳问题，可再生能源发电电源通常因为参与系统调峰而发生弃电，大大损失了业主的收益。而利用储能系统可以在限电时，将超出限定负荷的发电量存储于储能设备中，待出力减小或者限电解除后，储能系统将存储的能量输出到电网。利用储能系统削峰填谷的能力，在遵照调度限电指令的前提下，可增加业主的收益。

2. 多区域间储能系统的共享及互补所产生的杠杆作用

在风能、太阳能等可再生能源发电侧配置一定容量的储能系统，可从电源侧改善其并网特性并进一步接受电网调控，参与辅助服务，增加网源友好特性。然而由于储能的成本相对较高，要在单一场站实现可再生能源发电与储能的完全实时互补在经济上难以实现。因此，在实际运行中将不可避免地出现储能系统调节能力不足的情况。另外，不同区域可再生能源资源，尤其针对风力发电，不同区域的可再生能源发电输出具有差异性，而各电源之间又具有一定的时空互补性。所以，通过广域协调调控手段，可充分利用储能系统容量，在全局层面优化储能系统的配置和分布，降低投资压力。

通过多区域网源友好型可再生能源发电项目建设，构建网源友好型可再生能源发电电源集群，可以充分利用不同空间尺度上的可再生能源发电互补特性和储能系统相互补偿能力，进一步改善多区域可再生能源发电集群并网特性，提高储能系统利用效率。同时也可以优化储能系统在不同时间尺度上的多场景应用，充分发挥其杠杆作用。从区域乃至全网角度充分挖掘储能的作用，提高系统运行的经济性，提高电网对可再生能源发电的消纳能力。

随着可再生能源发电配套储能系统项目的推广应用，无论在区域还是在全网范围内，储能系统规模会逐渐增大，储能系统所能起到的作用也从不同功能的量变而向质变转变。当储能系统装机容量达到一定规模和体量时，电力线系统的电源结构就会发生相当程度的变化，储能系统作为电网调度系统可以调度的一个重要组成部分而发生作用。由于储能系统具有快速的有功、无功响应能力和精准的功率控制能力，在广域协调调度策略控制下，可以作为优质调峰和调频资源来代替部分常规火力发电调峰和调频资源，从而关停部分常规火力发电机组，为新能源发电置换出更多的发电通道，有效提高电力系统对于风能、太阳能等可再生能源发电的接纳能力，同时储能系统还可以参与到区域电网的频率和电压调整中，提高区域电网的稳定运行水平。

9.3　液流电池在可再生能源发电中的应用案例

9.3.1　澳大利亚国王岛风电储能项目

图 9.7 为 2003 年 Pinnacle 公司在澳大利亚国王岛风电场安装的 200 kW/800 kW·h 的全钒液流电池储能系统。国王岛位于澳大利亚的巴斯海峡上，处于塔斯马尼亚州的北海岸和维多利亚州的南海岸之间。由于该岛与澳大利亚大陆分离，岛上的电力供应之前全部来自柴油机发电，考虑到该岛具有丰富的风力资源，后期陆续建设了风力发电场。该项目是在 Huxley Hill 风电场原有 3 台 250 kW 的风力发电机组基础上扩建增加了 2 台 850 kW 的风力发电机组和一套全钒液流电池储能系统。项目主要目的是增加风力发电在供电系统中的比例，预期通过节约柴油的使用，降低电力供应的成本。全钒液流电池储能系统的功能是调节可再生能源发电输出，实现发电和负荷平衡。

(a) 电池系统放置厂房外观　　　　　　(b) 电解液储罐　　　　　　　　(c) 电堆图

图 9.7　澳大利亚国王岛全钒液流电池储能系统

项目 200 kW/800 kW·h 全钒液流电池储能系统由日本住友电气工业株式会

社提供，系统的容量应用分配如下：200 kW×4 h 用于蓄电储能；300 kW×5 min 用于保障柴油发电机启动时间；400 kW×10 s 用于调控电力系统。

　　本项目在实际运行中取得了良好的运行效果：①使风电场具有 80%低电压瞬时穿越的能力；②全岛 45%～50%用电量由风力发电提供；③每年减少 100 万 L 柴油，折合减排 3000 t 二氧化碳[4]。

9.3.2　日本住友电气工业株式会社在北海道风电场的储能项目

　　图 9.8 为日本住友电气工业株式会社于 2005 年在日本北海道札幌 32 MW 风力发电场安装的 4 MW/6 MW·h 全钒液流电池储能系统。该全钒液流电池储能系统用于风电平滑输出并网和调幅调频的示范验证实验。

图 9.8　日本北海道风电场用 4 MW/6MW·h 全钒液流电池储能系统

　　经三年运行数据统计，该套全钒液流电池储能系统运行最多的储能模块实现了充、放电循环切换 27 万次，按满充、满放循环次数达 1200～1500 次，预期使用寿命可以达到 15 年。同时项目运行数据证实了系统具有快速响应和频繁充、放电切换能力。从风电场的出力曲线可以看到，全钒液流电池系统可以有效补偿风电出力的波动。

　　该项目是国际上第一个兆瓦级全钒液流电池系统与风能发电联合使用的应用案例，运行效果充分证明了全钒液流电池系统具有超长的充、放电循环次数及对风电波动的快速调整能力，为后续全钒液流电池在可再生能源中的应用积累了大量的实际经验。

　　在北海道风电储能项目的基础上，日本住友电气工业株式会社在北海道安平町南早来变电站安装了 15 MW/60 MW·h 的全钒液流电池系统[5]。项目于 2015 年 12 月并网运行，该项目是目前全球最大规模的全钒液流电池投运项目。本项目是住友电气工业株式会社与北海道电力共同实施的实证示范项目，主要功能是配合安平町南早来变电站 111 MW 太阳能电站，实现与电网的友好并网。图 9.9 给出了该风电场配套全钒液流电池系统的出力曲线。项目总投资近 10 亿人民币，计划用 3 年的时间，验证全钒液流电池系统对风能和太阳能发电输出变动的调节性能，并将进行最佳控制技术的开发和验证等。如图 9.10 所示，该 15 MW/60 MW·h 的全钒液流电池储能系统建在室内，建筑物分为两层，一楼为全钒液流电池电解液储罐区域，二楼为全钒液流电池电堆及变流器、能量管理系统等电力电子设备区域。

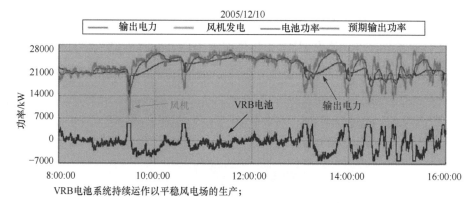

VRB电池系统持续运作以平稳风电场的生产；

仅为风场额定容量的20%，全钒液流电池电力系统对稳定风场和电力输出具有重要作用；

全钒液流电池电力系统能够智能地全天充电，所以能够保持50% SOC集成控制策略

图 9.9　日本北海道风电场配套全钒液流电池储能系统的出力曲线

图 9.10　日本北海道 15 MW/60 MW·h 全钒液流电池系统建筑的外观和内部实景图

按规划，项目的主要测试内容包括：①相应于太阳能发电和风能发电的秒级剧烈输出变动的调节，提出抑制频率变动的“短周期变动对策”；②预测小时级太阳能发电和风能发电输出变动，并加以平抑来保持供需平衡的“长周期变动对策”；③对太阳能发电和风能发电输出功率急剧增加，而削减火力发电输出仍无法应对时的“成本较低对策”；④全钒液流电池储能系统性能和可靠性评测。图 9.11 为日本住友电气工业株式会社在北海道安平町南早来变电站安装的 15 MW/60 MW·h

的全钒液流电池系统设计外观图。

图 9.11　15 MW/60 MW·h 全钒液流电池系统电站的设计图

9.3.3　张北国家风光储输全钒液流电池项目

河北省张北国家风光储输示范工程位于河北省张北县，该国家风光储输示范工程的总规模包括 500 MW 风能、100 MW 太阳能发电和 110 MW 化学储能装备（图 9.12 和图 9.13）。

图 9.12　国家能源大型风电并网系统研发（实验）中心

在项目的第一阶段，由中国电力科学研究院组织实施国家能源大型风电并网系统研发（实验）中心。研发中心将主要对风电大规模并网、多种电化学储能及其控制系统等相关问题进行综合性试验研究，解决新生产风电机组产品的型式认证和入网检测问题。北京普能世纪科技有限公司为此项目提供了一套 1 MW·h 的全钒液流储能系统，额定功率为 500 kW，最高短时输出功率为 750 kW。

图 9.13　国家风光储输示范工程全钒液流电池储能室外观

　　第二阶段，国家电网公司扩大示范的规模，在"国家风光储输示范工程"中建设 14 MW 的锂离子电池和 2 MW/8 MW·h 的全钒液流电池储能系统，后续又增建了 1 MW/6 MW·h 胶体铅酸电池。储能电池功能定位包括调控风能、太阳能和其他可再生能源的出力、电站的频率调节和电压支持及实现可再生能源电站与电网的交互式管理。

9.3.4　辽宁中国国电石风电储能项目

　　2012 年 8 月，由大连融科储能技术发展有限公司和中国科学院大连化学物理研究所共同设计和建设了当时世界上规模最大的"5 MW/10 MW·h 全钒液流电池储能应用示范电站"。该项目于 2012 年 12 月并网运行，并于 2013 年 5 月通过国家电网有限公司和国电龙源业主的测试验收，所有的指标都达到了设计要求。储能电站功能包括实现跟踪计划发电、平滑风电功率输出，暂态有功出力紧急响应、暂态电压紧急支撑功能等。

　　本项目的国电龙源卧牛石风电场位于辽宁省沈阳市法库县，风电场装机容量为 45 MW，风电机组由 35 kV 线路连接至风电场升压站。储能电站规划总容量 5 MW/10 MW·h。储能电站是由全钒液流电池系统、储能逆变器、升压变压器和就地监控系统及储能电站监控系统等设备组成。采用标准化、模块化的设计理念，5 MW/10 MW·h 全钒液流电池储能系统由 15 个 352 kW/700 kW·h 全钒液流电池单元电池系统组成，即实际规模为 352 kW/700 kW·h。该全钒液流电池储能电站已安全、稳定运行了 8 年多，并仍在安全稳定运行中，证实了全钒液流电池储能技术的长寿命、高可靠性、高安全性。该 5 MW/10 MW·h 全钒液流电池储能系统是目前国内外运行时间最长的兆瓦以上级商业示范全钒液流电池储能电站。

在能量管理系统的统一调度下, 5 MW/10 MW · h 全钒液流电池储能系统实现了以下功能。

1. 实现了平滑输出

用功率监测仪测量风电场风力发电、储能电站和风电场并网点功率。测试数据如图 9.14 所示。

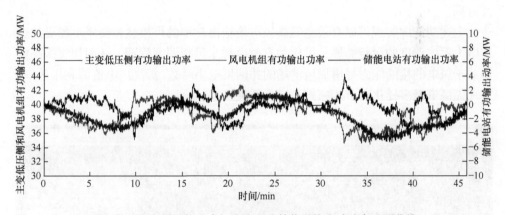

图 9.14　主变低压侧和全钒液流电池储能系统有功功率监测曲线

分别对风力发电实时功率和并网总功率数据进行分析, 得到两种情况下的 1 min 有功功率变化值如表 9.3 所示。根据国家标准《风电场接入电力系统技术规定》(GB/T 19963—2011) 中风电场 1 min 有功功率变化最大限值为 5 MW。从表 9.3 中可以看出, 储能系统未参与平滑之前, 风电场 1 min 有功功率变化最大值为 5.6 MW, 未能满足风电并网限值要求。利用储能系统平滑后, 风电场 1 min 有功功率变化最大值降低至 2.56 MW, 最大限值变化满足了技术规定要求。对比可以看出风电并网总功率平滑程度明显改善。从监测结果可以看出, 储能系统在平滑风电场出力、抑制风电出力波动、提高风电供电可靠性方面作用比较明显。

表 9.3　储能系统投产前后风电场有功功率变化最大限值

风电场装机容量 (50 MW)	风电机组 10 min 有功功率变化最大限值/MW	风电机组 1 min 有功功率变化最大限值/MW
标准规定限值	16.67	5.00
平滑前	6.81	5.60
通过储能系统平滑后	5.53	2.56

2. 提高了风电场跟踪计划发电能力

图 9.15 给出了 5 MW/10 MW·h 全钒液流电池储能电站在执行计划发电功能时的实时运行曲线。从图 9.15 可以看出，通过对储能系统的充放电调控，在备有储能系统的风电场中，该偏差可通过全钒液流电池储能系统实时地储存或释放电能进行跟踪弥补，风电场可以较好地实现跟踪发电计划。图中蓝色曲线为风力发电实时功率，绿色曲线为储能系统实时充、放电曲线，红色曲线为风电场并网总功率变化曲线。图中纵坐标表示功率，单位为 MW，横坐标表示运行日期及时间。

上述功能的实现可以有效地提高风电场输出功率的可控性，使风电场更加适应电力系统调度的运行需要，可作为有效电源来进行调度管理。从而切实提高电网对于风电的接纳能力并增加风电场的并网发电小时数，提高风电资源利用效率，实现能源资源多样化和节能减排、绿色低碳发展。

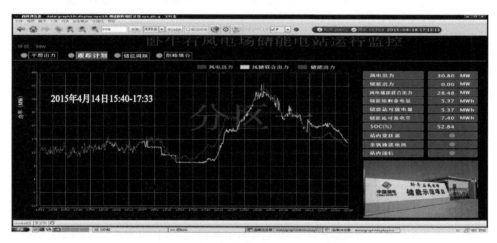

图 9.15　5 MW/10 MW·h 储能电站在执行计划发电功能时的实时运行曲线

3. 实现风场弃风限出力情况下储电，增加风电场收益

图 9.16 给出了 5 MW/10 MW·h 全钒液流电池储能电站在执行弃风储电功能时的实时运行曲线。从图 9.16 可以看出，在风能发电系统安全约束、调峰能力不足或处于故障及紧急状态的状况下，电网调度部门对风电场下发弃风限出力指令。此时，储能系统可以在能量管理系统的调度下，与风电场自动发电控制系统相配合，对储能系统进行充电，在解除限出力指令后，储能系统向电网放电，实现减少弃风，增加风电场收益的目的，提高风能资源利用率。

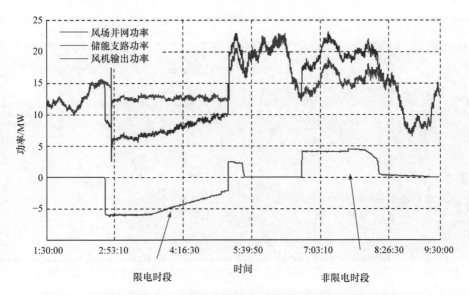

图 9.16　5 MW/10 MW·h 储能电站在执行弃风储电功能时的实时运行曲线

4. 暂态有功出力紧急响应、暂态电压紧急支撑功能

5 MW/10 MW·h 储能系统过载能力达到额定输出功率（5 MW）的 150%，即额定输出功率可达 7.5 MW，且具备在过载 120%情况下的长期运行能力，可用于满足风电场并网点处的暂态有功出力紧急响应和暂态电压紧急支撑功能需求。

5. 接受电网调度，参与电网调频

5 MW/10 MW·h 全钒液流电池储能电站实现了与辽宁省电网调度中心之间的遥信、遥测、遥调、遥控功能。辽宁省电网调度中心可以根据电网运行需求，对该储能电站系统进行实时调度，参与电网调频、平衡负荷等任务。图 9.17 给出了 5 MW/10 MW·h 全钒液流电池储能电站接受调度参与调频的响应曲线。从图 9.17 中可以看出，全钒液流电池储能电站充、放电响应速度快，从零功率至满功率响应时间大约为 2 s。同燃煤火力发电机组相比，具有更高的调频效率。

6. 接受电网调度，参与电网调峰、实现削峰填谷

图 9.18 给出了 5 MW/10 MW·h 全钒液流电池储能电站接受调度参与调频的响应曲线。如图 9.18 所示，5 MW/10 MW·h 全钒液流电池储能电站可以接受辽宁省电网调度中心调度，参与电网削峰填谷，可以有效提高电网对风力发电的接纳能力，有利于可再生能源发电的发展和普及应用，实现节能减排和绿色发展。

图 9.17　5 MW/10 MW·h 储能电站接受调度的响应曲线

图 9.18　5 MW/10 MW·h 储能电站接受调度的调频响应曲线

　　截至 2021 年 9 月，本项目已稳定运行了 8 年 9 个月，积累了大量的实际运行数据和工程建设、维护经验，是全球安全、稳定运行时间最长的兆瓦级全钒液流电池系统，这充分验证了全钒液流电池的可靠性、稳定性和安全性。另外，从运行角度看，该 5 MW/10 MW·h 全钒液流电池储能电站的调度运行除可以实现本地操作外，还可以直接受到辽宁省电网调度中心的调度指令，表现出稳定的运行状态和快速的响应效果，充分证明了全钒液流电池系统对于风电波动控制、计划发电能力和响应电网服务的功能。

9.4　液流电池储能技术在电网侧的应用

9.4.1　液流电池在电网侧的作用和价值

电力系统中传输和分配电能的部分称为电网，我国电网系统按照电压等级分为输电网和配电网两种类型。通常情况下，输电线路电压等级在 110 kV 及以上的输电线路称为输电网，输电线路电压等级低于 110 kV 的称为配电网。输电网多采用双回/多回线路输电，多发电厂/电源/变电站互联成网，联系更加紧密可靠，其功能是将远离负荷中心的发电设备所发电能输送到负荷中心。配电网一般采用单回线输电，其结构一般为单电源辐射状网络结构，同时开环运行，输电可靠性要弱于输电网，主要职能是将电能从总负荷中心进一步分配给用户。配电网用户分为两大类，一是大工业用户，供电电压等级较高，二是城镇居民用电。二者的供电电压等级、电能质量等要求均不相同，通常由输电网引出不同馈线供电，形成不同的配电网区。

9.4.2　输电网发展面临的突出问题

（1）电网资源优化配置能力亟须提升。

预计 2020 年我国跨区跨省输电规模将超过 4 亿 kW，其中东中部地区负荷中心至少需新增区外来电 2 亿 kW，目前已安排的输电能力难以满足大规模西电东送、北电南供的需要。

（2）电网对新能源消纳能力不足、调峰难度日益增大，电网不适应能源革命和能源结构调整发展的需要。

我国电网以燃煤火电为主，水电比重严重偏低，电源结构不合理；随着核电、风能、太阳能发电在电网中比例的增加，电网调峰越来越困难。

目前，清洁能源布局集中在西北、东北、西南等地区，难以就地消纳，需要加强跨区输电通道建设。预计 2020 年水电、风电和太阳能发电装机将分别达到3.5 亿 kW、2.4 亿 kW 和 1.5 亿 kW，主要分布在西部、北部地区，这对提高电网配置和消纳可再生能源发电能力提出了更加紧迫的要求。

（3）网源协调问题对电网安全运行的影响逐渐凸显。

随着新能源装机规模的不断增加，尤其在我国"三北"地区，网源协调矛盾逐渐显现。风电、光伏等新能源发电等的高、低电压穿越性能、耐压特性、有功、无功波动等均将对电网的安全稳定运行造成较大影响，如造成风机脱网或联络线功率、电压震荡等。

9.4.3　储能系统接入输电网所起的作用

储能系统在能量管理控制系统的调度下，通过功率变换装置快速进行有功／无功功率调整，可以保持电力系统内部瞬时功率的平衡，避免负荷与发电之间出现较大的功率不平衡，维持电力系统电压、频率和功角的稳定，提高供电可靠性；可以改善电能质量，满足用户的多种电力需求，减少因电网电能质量带来的损失；可以协助电力系统在灾变事故后重新启动与快速恢复，提高电力系统的自愈能力。

1. 有效提高系统的调峰和调频效率

电池储能系统具有自动化程度高、增减负荷灵活、对负荷随机和瞬间变化可做出快速反应等优点，能保证电网周波稳定，起到很好的调频作用。其通过与常规调频机组的调速器、现有自动发电控制系统有效结合，参与电网的一、二次调频，维持系统频率在标准范围之内，可成为提高电力系统对可再生能源的接纳能力并减少旋转备用容量需求的有效途径。国外的大量研究表明，电池储能系统几乎能够即时跟踪区域控制误差，而发电机的响应则很慢，有时会偏离区域控制误差。

假定燃煤机组进行调频时的爬坡速率为 3%额定功率/min，则大约需要 30 多分钟才能够使燃煤机组从零功率输出到满发功率。如果电网功率突然下降，在接下来的 10 min 需要并入电网 25 MW 的功率，即在接下来的 10 min，需要从所有调频机组那里获得每分钟 2.5 MW 的功率增长速率。如果只有燃煤机组以 3%额定功率/min 的爬坡速率进行调频，则需要 83.3 MW 的燃煤机组才能满足调频需要。相反，25 MW 的电池储能能够在 100 ms 内提供 25 MW 的功率，具有更高的调频效率。

2. 抑制低频振荡和暂态，稳定提高电网稳定性

储能装置能够较好地提供系统动态（小扰动）稳定控制，快速稳定系统的频率振荡。储能系统装设灵活，选取合适安装地点，较小容量的储能装置就可用于电力系统稳定性控制，如抑制低频振荡和暂态稳定等。目前研究较多的是动态稳定控制（小扰动低频振荡控制）、暂态稳定控制、频率控制、快速功率响应、黑启动等。

大规模并网风电而造成的频率骤降已是近年来大范围内发生的事件。我国在甘肃酒泉与张家口相继发生风电场大规模脱网事故，造成了我国局部电网频率的较大跌落。电池储能系统具有快速响应、精确跟踪的特点，使得其比传统调频手段高效，有助于提高电网的电能质量和系统稳定性。

3. 减少电力系统备用容量

液流电池储能系统在参与电力调频的应用中，由于响应快速、运行灵活，具有减少调频旋转备用容量，减少区域控制误差校正所需的调控容量。负荷备用和

大部分事故备用容量要求处于旋转运行状态,在负荷突发和事故发生时快速响应。根据电网的实际情况,负荷备用多由水电机组承担,而事故备用多由火电机组承担。火电机组承担的旋转备用容量常分散于系统中若干机组上,即这些机组处于空转或低出力运行状态,因而热效率很低,燃料消耗量增加,费用较高。

液流电池储能系统具有较快的响应速度,从 90%额定功率充电转为 90%额定功率放电的响应时间在 100 ms 以下,技术上能满足突发负荷变化和突发事故发生的要求,可承担电力系统的负荷和事故备用,提高供电可靠性,减少停电损失。同时,用液流电池储能系统来作负荷和事故备用,可以降低火电机组"热备用"的煤耗,提高设备的综合利用率,并减少用于承担备用容量的发电设备的投资。

图 9.19 给出了美国西北太平洋国家实验室对 100 MW 天然气发电调峰电站和 100 MW 化学电池调峰电站的效益分析的研究结果。由图 9.19 可知:①100 MW 天然气发电调峰电站的启动时间(响应时间)大约需要 10 min,而 100 MW 化学电池调峰电站的启动时间(响应时间)大约是 1s,比前者快 600 倍;②100 MW 天然气发电调峰电站的功率输出范围是 50～100 MW,而 100 MW 化学电池调峰电站的功率范围是–100～100 MW,即后者的功率输出范围是前者的 4 倍,天然气发电调峰电站既可以作为电源向电网提供电能,又可以作为负荷为电网储能,发挥双功能调峰作用;③天然气发电调峰电站每年的可使用时间约为 2768 h,利用率为 20%～40%,而化学电池调峰电站每年的可利用时间约为 95%,后者每年的可使用小时数是前者的 3 倍;④100 MW 天然气发电调峰电站运行时每小时需

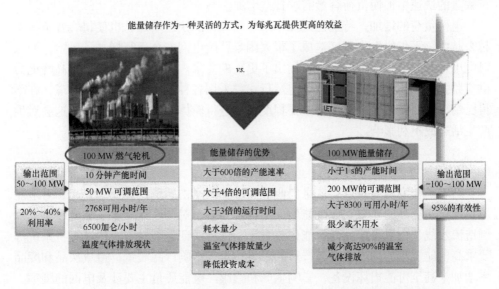

图 9.19　100 MW 天然气发电调峰电站和 100 MW 化学电池调峰电站的效益分析

要 6500 gal[1 gal（US）=3.78543 L]水，而 100 MW 化学电池调峰电站运行时只需要很少量的水；⑤100 MW 化学电池调峰电站运行时温室气体的排放量比 100 MW 天然气发电调峰电站温室气体的排放量减少 90%。研究结果充分表明了化学电池调峰电站的优势和有效性。

4. 削峰填谷，减小峰谷负荷差

大规模电池储能系统特别是全钒液流电池储能系统，因其快速响应特性，具有优越的调峰性能，可在用电低谷期间作为负荷存储电网的过剩电能，在用电高峰期间作为电源向电网释放电能，实现发电和用电间解耦及负荷调节，削减负荷峰谷差，从而可以缓解高峰负荷供电需求的压力，提高现有电网设备的利用率和电网的运行效率；其规模化应用还将有效延缓和减少电网建设，特别是可有效延缓和减少用户侧增容建设，提高电网的整体资产利用率。

9.4.4　配电系统运行面临的挑战

1. 日益增加的负荷容量需求及峰谷负荷差

随着社会和经济的快速发展及人民生活水平的提高，对电能的需求日益增加，电网负荷增加速度很快，很多配电网和变电站容载比越来越低。配电网和变电站容载比过低，供电能力适应性减小，给配网供电可靠性造成冲击。特别是电动汽车数量的快速增加使负荷容量需求日益增加。

电网负荷的增加，特别是近几年来空调负荷的快速增加，也使得峰谷负荷差越来越大。不仅给电力调度造成了很大困难，给电网安全运行增加了风险，而且对配电网和变电站运行及管理也提出了更高的要求。因此，在用电负荷高峰电力供应紧张时，为保证供电安全稳定运行，需采用各种方法加大需求侧管理，在不得已情况下需要按时间及负荷重要程度等级进行轮休、避峰、错峰，但这会对生产生活造成不利影响。

2. 电能质量要求越来越高

随着高精度工业制造、信息产业等高敏感性严格的负荷产业的兴起，对电能质量提出了更高的要求。如电能质量不符合要求，对如医疗设备、集成电路芯片制造流水线、微电子产品的智能化流水线、银行及证券交易中心的计算机系统等要求高电能质量的用户会造成严重的后果，不仅影响产品质量，造成次品和废品率增加，甚至可能损坏设备，影响生产和健康。电能质量主要涉及电网的频率、电压、谐波状况等指标。在高压输电网侧，电网容量足够大，电压、频率等指标均比较稳定，而配电网及变电站处于电网运行末端，供电区域内负荷的变化容易导致配电线路的电压和频率的波动，同时供电区域内各类非线性和非阻性负载的运行也会产生不同程度的谐波污染，导致电能质量下降，影响负荷运行的正常需求。

3. 分布式发电大规模接入对区域电网将产生很大压力

首先，近几年来我国风能、太阳能等可再生能源发电的发展速度非常快，特别是分布式太阳能发电大量上网之后，对配电网产生较大压力。因为目前已投运的配电网不是为了可再生能源发电而建的，必须改造才能适应新能源大规模接入，由此需要实行大量的改造。如果不改造，可能会形成电网输送瓶颈，可再生能源发电难以得到有效接纳。另外，传统电网的功率潮流是从上向下单向流动，可再生能源发电的接入出现了从下向上流动的情况。而且分布式电源接入点大都分布在配网相对薄弱的区域，大规模间歇性、波动性分布式电源的接入，会带来配网的电压越限、潮流过载、继电保护等问题。另外，我国正在大力发展电动汽车，并配套建设大批量充电站和充电装置，以满足快速发展的电动汽车行业的需求。电动汽车充电装置将集中布局在相对比较集中的城市地区，大规模的无序快充将给城市配网的承载能力带来严峻考验。

总之，负荷容量和峰谷负荷差的不断增加及对电能质量越来越高的需求，加之分布式发电大批量接网及电动汽车充电装置的快速发展，不仅对配电网安全、可靠、稳定供电提出了较大挑战，而且对配电网的规划、建设和运营也提出了新的、更高的要求。

针对快速增加的负荷容量需求和峰谷负荷差，有效的解决方法是对配电网输电线路和变电站进行扩容增容。从配电网规划及变电站建设方面来讲，容量扩大的比例一般情况下要达到原配电网容量的25%以上，有的情况下，甚至要达到原容量的50%以上。根据配电网设计原则，为了满足用电负荷的需求，配电网设计容量及变电站容量以最大负荷点作为设计点。然而，最大负荷峰值通常在每年内很少的一段时间出现，甚至有的情况下，最高负荷累计出现的时间每年也就几十小时甚至几小时，结果造成配电网和变电站在每年的大部分时间里负载率较低，输电线路及站内设备容量没有得到充分利用，造成设备投资的严重浪费。在城市重负荷地区，输电通道和用地紧张也导致配电网扩容困难。上述问题的存在导致输电线路和变电站扩容增容费用高昂，一次性投资巨大。而更为严重的情况是，在某些城市重负荷地区，由于备用容量不足和用地紧张问题的存在，配电网面临无法扩容增容的困难，电力供应紧张局面很难得到缓解。针对上述问题，选择合适接入点建设和运行分布式储能系统可以起到有益的效果。

9.4.5　储能系统在配电网所起的作用

1. 延缓变电站和输电线路扩容增容建设，减少投资，提高收益

在电力体制改革的强力推动下，优化和降低电网运行、维护成本，延缓改造扩建投资，以给用户提供高质量、低成本的电能是电网公司的责任。对于所供负荷已经接近配电网和变电站容量上限，预计未来几年要超过容量上限的配电网，安装储能系统能够在未来几年缓解供电压力，而不需要建设新的变电站和新增输电线路，是可供选择的有效手段之一。随着储能技术的发展和成本的逐渐降低，储能装置将会越来越多地被应用，并替代传统电网的升级改造措施，以延缓线路和变电站投资，实现"无线路解决方案"，并可以预见，储能技术也必然在越来越注重收益率的电网规划中得到广泛应用[6]。

2. 减小负荷峰谷差，提高变电站负载率和输电线路利用效率

较大的用电负荷峰谷差是造成电力系统运行收益低下和电力供应紧张的主要因素。一方面浪费电力设备投资，增加发电、供电成本，另一方面发电机组因为参与调峰导致频繁起停或压机运行，不仅造成资源浪费，也会降低发电机组寿命，影响电网的安全运行。均衡负荷，减小峰谷负荷差是优化电力系统运行经济性、安全性的主要手段和措施。

在配电网侧配置储能系统，可以在晚间负荷低谷时段将电能储存起来，白天负荷高峰时段再将其释放出去，可以有效地对供电区域负荷进行均衡调配，减小峰谷负荷差，从而能够提高系统运行效率和输配电设备利用率。

另外，储能装置在变电站负荷高峰期间释放电能，不仅满足了变电站负荷高峰期间负荷平衡的需求，而且变压器最大负荷也得到一定程度的降低，变压器温升幅度也有所降低，不仅增加了供电可靠性，而且也有利于延长变压器的使用寿命，提高整个变电站的运营年限。

3. 参与调频调压，提高配电网供电电能质量

分布式电网发电功率的波动会导致配电网供电区域内的功率潮流发生变化，甚至潮流方向发生变化，导致配电网内部频率和电压发生波动。电池储能系统具有快速的充、放电响应能力，无论是在充、放电转换，还是在爬坡速率方面都具有优异的表现，可以在几十毫秒内快速地释放或吸收有功和无功，调节配电网供电区域内部的频率和电压，提高供电电能质量。储能系统所具有的调频调压响应能力是迄今最快速、最灵活的调节手段，可有力保证配电网供电区域的电压和频率的稳定。

从增强电力系统安全运行稳定性和提高供电电能质量的角度分析，分布式储

能系统具有更大的优势。按照配电网系统功率潮流运行状况，合理选择储能装置接入点，可以得到更好的控制效果。分布式储能系统有以下三种方式来帮助实现对用户可靠性供电。

（1）在关键时刻辅助供电或者传输电能。

（2）将对供电负荷需求从峰值时刻转移至负荷低谷时刻。

（3）在强制停电或者供电中断的情况下向用户提供电能。

4. 作为备用电站，实现配电网孤岛运行供电，提高供电安全保障能力

当电网输电中断时，利用配电网内的储能电站，可以实现配电网的孤岛运行，为配电网内重要敏感负荷供电。实现孤岛运行后，也可在电网调度侧的统一调度下，变电站储能系统对电网输出电能，辅助电网实现黑启动，具有重大现实意义。

进一步来讲，具有孤岛运行功能的储能系统可以与可再生能源分布式发电系统配合，构建起含负荷在内的智能微网系统，有效增加配电网供电可靠性，提升配电网运行及管理水平。上述功能的实现无疑会进一步提高配电网的运行质量和效益。

9.5　液流电池在电网侧的应用案例

9.5.1　美国犹他州 Castle Valley 储能项目

图 9.20 给出了 2005 年，加拿大的 VRB Power System 公司在美国犹他州的 Castle Valley 阿蒙德农场建设的一套 250 kW/2 MW·h 的全钒电池储能系统[7]。

图 9.20　美国犹他州的 Castle Valley 阿蒙德农场 250 kW/2 MW·h 全钒液流电池系统

Castle Valley 地区配电线路长达 85 mi①，在用电高峰时出现电压下降造成

---

① 1 mi=1609.344 m。

系统可靠性不足（图 9.21 实线）。采用传统的架设新的输送线路和变电站方式的价格非常高，并且铺设难度很大，建成后的线路利用率也不高。本项目采用配备全钒液流电池储能系统的方式来解决上述问题。配备储能系统后，用电峰值可控制在供电负荷以内（图 9.21 虚线）。该系统无人值守，维护费低于 0.008 美元/（kW·h），且在 13000 个充、放电循环内能量效率保持在 70% 以上。配备该系统可使其配电设施更新延后十年，节省的费用达每年二十多万美元。

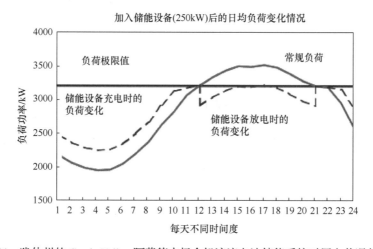

图 9.21 犹他州的 Castle Valley 阿蒙德农场全钒液流电池储能系统对用电状况的改善

9.5.2 美国华盛顿州 Avista 全钒液流电池储能项目

图 9.22 给出了美国华盛顿州 Avista 1 MW/3.2 MW·h 全钒液流电池储能电站项

图 9.22 美国 Avista 1 MW/3.2 MW·h 电力公司全钒液流电池储能电站系统

目。该储能电站是位于美国西雅图的 UET 公司与 Avista 公用事业公司共同实施的项目，如图 9.22 所示，项目规模为 1 MW/3.2 MW·h，采用 UET 公司一体化集装箱的全钒液流电池产品，项目得到了华盛顿州清洁能源基金 320 万美元的资助，美国太平洋西北国家实验室与华盛顿州立大学也参与了本项目，负责项目中的液流电池系统的管理控制和接入部分。项目于 2015 年 6 月开始调试并运行。项目中全钒液流电池系统将由 Avista 公共事业公司进行管理调度，主要用于负荷峰谷管理、频率、电压调节及黑启动[8]。

9.5.3 中国辽宁大连液流电池储能调峰电站项目

大连储能调峰电站项目是国家能源局批复的国家储能电站调峰项目，全钒液流电池储能系统规模为 200 MW/800 MW·h，项目实施地点在辽宁省大连市，项目功能定位包括参与电网调峰、可再生能源接入、紧急备用电源及黑启动。该项目将是目前全球最大规模的单体电化学储能电站，对电化学储能电池的价值验证、产业化推广及政策制定都起到重要的基础作用。本项目全钒液流电池系统的技术开发和产品交付由大连融科储能技术发展有限公司负责。

如图 9.23 所示，该 200 MW/800 MW·h 全钒液流电池调峰电站项目的全钒液流电池系统采用模块化的模式建设，基础单元模块是由两个 250 kW/1000 kW·h 子模块组成的可实现独立充、放电控制的 500 kW/2000 kW·h 储能模块；再由 50 个可实现独立充、放电控制的 500 kW/2000 kW·h 储能模块构成一套 25 MW/100 MW·h 储能单元。由 4 套 25 MW/100 MW·h 储能单元组成一套 100 MW/400 MW·h 分系统。最终，由两套 100 MW/400 MW·h 分系统组合成 200 MW/800 MW·h 全钒液流电池调峰电站。

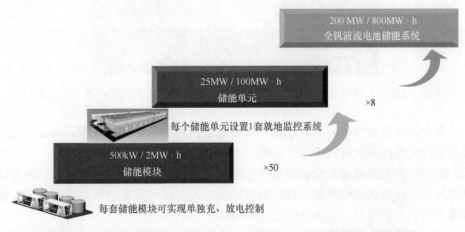

图 9.23 模块化结构的大连 200 MW/800 MW·h 全钒液流电池调峰电站

200 MW/800 MW·h 项目的全钒液流电池拟布置在 2 个储能厂房内（每个厂房内安放 100 MW/400 MW·h），总占地面积 3.2 万 m²。储能车间拟分三层：第一层拟放置电解液储罐，第二层拟放置电堆集装箱，第三层拟放置 35 kV 变压器及 PCS 箱式柜、制冷机、储能电站用变压器及开关柜。大连 200 MW/800 MW·h 全钒液流电池国家调峰电站设计布局如图 9.24 所示，效果图如图 9.25 所示。

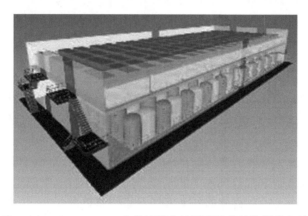

图 9.24　大连 200 MW/800 MW·h 全钒液流电池国家示范储能调峰电站布局设计图

图 9.25　大连全钒液流电池国家储能调峰电站一期（100 MW/400 MW·h）外部效果图

该全钒液流电池储能调峰电站在辽宁省电网调度中心统一管理下调度运行，根据电网运行的需要将实现以下功能。

（1）参与电网调峰：全钒液流电池储能电站具有削峰填谷的功能，是解决辽宁尤其是大连电网调峰缺额问题的有效措施，可以起到提高电网调峰能力、改善能源结构、节能降耗、促进节能减排的作用。

（2）作为重要负荷紧急备用电源：当遇到严重灾害天气或特殊情况而导致线

路故障时，本液流电池储能电站将充当 UPS 为大连重要负荷提供电能。

（3）提升电网对可再生能源的接入能力：全钒液流电池储能电站和调频、热备机组联合运行，利用全钒液流储能电池良好的快速响应及过载能力，能够弥补风电的不连续性和间歇性，在辽宁省电力系统调度室的调统一调配下，储能电站和调频、调峰、热备机组联合运行，提升电网对风电的接纳能力。

（4）黑启动：全钒液流电池储能电站具有自启动能力，可作为地区火电机组黑启动的辅助电源，用于启动区域内火力发电机组发电，提升大连电网供电可靠性。

9.5.4　英国多硫化钠/溴液流电池储能电站

多硫化钠/溴液流电池由于采用廉价的溴化钠作为电解液，成本低，因此在研究开发初期主要的功能定位是电网级储能调峰电站。图 9.26 给出了 2000 年，Innogy 公司使用其注册的 Regenesys 技术在英国 Little Barford 建造运行了一座 12 MW/150 MW·h 的多硫化钠/溴液流电池储能调峰电站。由于多硫化钠/溴液流电池中，离子交换膜对正、负离子的选择性的问题，硫离子会从负极侧迁移向正极侧。因此，该液流电池储能系统在运行一段时间后需要从正极侧移除硫酸盐，同时补充负极侧的硫化钠。然而，Regenesys 系统对电解液体系的平衡维护技术尚停留在实验室阶段，其后的放大试验发现该技术环节的复杂性远超预期。此外，在安装和运行过程中，溴和多硫化钠储罐均出现泄漏问题。基于以上原因，Little Barford 12 MW/150 MW·h 的多硫化钠/溴液流电池储能调峰电站一直未能正常运行，已经停运。

图 9.26　英国 Little Barford 12 MW/150 MW·h 的多硫化钠/溴液流电池储能调峰电站外观

9.6　液流电池在微电网和分布式储能中的应用案例

9.6.1　液流电池在分布式储能中的作用和价值

随着电力需求的不断增长，集中式大电网在过去几十年里体现出来的优势使其得以快速发展，成为主要的电力供应形式。然而，集中式大电网也存在一些不足之处：成本高，运行难度大，难以满足用户越来越高的安全性和可靠性要求。尤其是近几年来，世界范围内接连几次发生大面积停电事故以后，大电网的脆弱性充分暴露出来，特别是在发生自然灾害、电网事故的紧急情况下，军工、医院、金融等系统突然断电造成的不仅仅是经济损失，还会危及社会的安全与稳定。因此，全球范围内开始对电力系统的发展模式进行探索并另辟蹊径。2003 年，北美大停电后，国际上的专家们得出了一个结论，发展分布式电源比通过改造电网来加强安全更加简便、快捷。我国 2008 年南方雪灾的教训也说明在继续发展集中大机组、集中式大电网供电的同时，要注重在负荷中心或接近负荷中心的地域建设足够的分布式电源，以在出现非常规灾害或者战时情况下，保证居民最小能源供应和最基本的生活条件，并将这种电源作为保障电网安全的重要设施和手段，其成本应纳入整个电网系统运营成本当中。

分布式发电具有污染少、能源利用效率高、安装地点灵活等优点，并且与集中式发电相比，节省了输配电资源和运行费用，减少了集中输电的线路损耗。分布式发电可以减少电网总容量，改善电网峰谷性能，提高供电可靠性，是大电网的有力补充和有效支撑。近 20 年来，大部分国家已经把分布式发电提上日程，并开始对分布式发电系统的运行调度及潜在效益开展认真研究。所以分布式发电是电力系统的发展趋势之一，并受到了世界范围内主要国家的高度重视。

随着分布式发电装机容量的增加，分布式发电在局部电网的渗透率也逐渐提高，其本身存在的问题也逐步显现出来。分布式发电单机接入成本高、控制困难。究其原因，一是分布式发电电源相对大电网是一个不可控元，因此大系统往往采取限制、隔离的方式来处置分布式电源，以期减小其对大电网的冲击。2001 年，美国颁布了《关于分布式电源与电力系统互联的标准草案》[9]，并通过了有关法令让部分分布式电源上网运行，其中对分布式电源的并网标准做了规定：当电力系统发生故障时，分布式电源必须马上退出运行，这就大大限制了分布式电源的作用。二是目前配电系统的运行架构及能量流动的单向、单路径特征，使得分布式发电必须以负荷形式并入和运行，且发电量必须小于安装地用户负荷，导致分布式发电的接入在容量上就受到了极大的限制。

随着新型技术的应用，尤其是电力电子技术、现代控制理论和电池储能技术的发展，出现了分布式发电智能微网概念。与传统的集中式电源系统相比，分布式发电智能微网接近负荷，不需要建设大电网进行远距离高压储电，可以减少线损，节省输配电建设投资和运行费用。由于其兼具发电、供热、制冷等多种服务供能，分布式能源可以有效地实现能源的梯级利用，达到更高的能源综合利用效率。

微电网的提出旨在中低电压层面上实现分布式电源的灵活高效利用，解决数量庞大、形式多样的分布式电源点并网问题，同时其具有一定的能量管理和响应能力，尽可能维持功率的平衡，有效降低调度难度。特别是微电网可以提供不间断电源，可在外部电网故障时继续向重要负荷供电，提高供电的安全性和可靠性。但是微电网中的分布式发电电源，如风力发电、太阳能光伏发电等电源具有很大的随机性和波动性，并网接入方式也有所不同，导致微网在电能质量、协调控制、保护等方面必然与传统集中电网存在不同。例如，当微电网中的负荷或者网络拓扑发生变化时，如何通过对微电网各种分布式电源进行有效的协调调度，从而保证微电网能够在不同的运行方式下均能满足负荷对电能质量的要求，是微电网可靠运行的关键。同时，微电网可在并网模式和离网模式两种模式下供电，特别是在离网模式下，如何建立微电网母线的频率和电压并保持实时平衡，是要解决的关键问题。电化学储能系统具有快速的有功、无功响应能力，能够有效解决能量不平衡的问题，不仅可以调节微网电源与负荷的平衡问题，而且是微电网离网运行必不可少的关键环节，是构建和实施分布式发电智能微电网的关键支撑技术之一，可有效改善微电网的运行特性，提高微电网运行稳定性和电能质量，对于促进分布式发电智能微网的发展具有非常重要的意义。

储能技术作为支撑分布式发电智能微网系统运行的关键技术之一，其所起到的主要作用和功能可分别从以下几个方面进行阐述。

1. 调节负荷平衡，促进系统稳定

当微电网与外部电网连接运行时，若微电网中分布式电源发出的功率大于微电网内负荷的需求，能量会经过并网连接点（PCC）流向外部电网。若微电网中分布式电源发出的功率小于微电网内负荷的需求，外部电网会经过 PCC 点向微电网注入能量。由于外电网的刚性，微电网的频率和电压由外部电网决定，微电网分布式电源不参与电压和频率的调节。

当外部电网故障或检修时，微电网与外部电网断开，离网运行。当外部电网恢复或检修结束后，微电网重新接入外部电网，并列运行。在并网与离网相互切换的动态过程中和离网运行中，为了保证平滑过渡和稳定运行，需要进行电压、频率和相角的控制。

储能系统可实时监控微电网及外部电网频率、电压、负荷、分布式发电电

源等相关参数，能够保证微电网并网模式和离网模式的相互切换及满足离网运行的需求。并网运行时，若微电网向外部电网输出能量，切换过程中储能系统可以储存微电网内部多余的能量，若微电网从外部电网吸收能量，切换过程中储能系统可以放电以快速弥补微电网内部缺少的能量，从而实现并、离网之间的平滑无缝切换。

在离网运行模式下，储能系统具有自启动功能，通过下垂控制，实现对微电网电压、频率的稳定控制，这是微电网实现稳定运行的基础。利用储能系统建立微电网的电压和频率后，微电网的分布式电源则可以像接入外部电网那样，通过跟踪微电网频率和电压，接入微电网，实现发电并向微电网输送电能。

在离网运行模式下，储能系统还可以实时调节分布式发电电源和负荷之间的平衡。若分布式发电电源输出功率和负荷用电功率不平衡时，微电网的频率会发生变化，储能系统在下垂控制下实现微电网的二次调频，使得离网运行模式下，微电网频率快速恢复至额定频率，有效保证微电网系统的稳定运行。

2. 电能质量优化

分布式发电是建立在电力电子技术基础之上的，大量的电力电子转换器增加了大量的非线性负载，将会引起电网电流、电压波形发生畸变，引起电网的谐波污染。分布式发电对电能质量的影响主要体现在造成电压闪变和引入大量谐波。

采用储能装置可以起到稳定系统的作用，从而抑制电压闪变。储能系统不仅可以提供有功调节能力，而且也能够提供无功调节能力。储能系统的无功调节具有可靠性高、反应速率更快的特点，特别对于类似大功率冲击负荷引起的电压波动、闪变具有更好的调节效果。

拟制和消除微电网中的谐波有两种途径。一种途径是从改变非线性负荷本身性能考虑，减少它们注入微电网系统中的谐波电流，另一种途径就是投入谐波补偿装置来补偿谐波。储能系统所配置的储能变流器通过设计，可以作为一种有源滤波装置，具有高可控性和快速响应特性。与常用的无源滤波装置的最大区别是它能够主动向微电网注入补偿电流，从而弥补无源滤波装置的不足，是电力系统无功补偿和谐波治理的发展方向[10]。

9.6.2　微电网经济运行优化

储能在微电网中的经济效益是多方面的。结合电力市场机制，通过储能装置对负荷侧进行管理的方法，在不改变用户用电习惯的情况下，可以改善微电网用户的电能支出，实现经济效益。通过调节储能装置，可以实现削峰填谷的作用，也可以改善微电网的负荷运行状况，减小峰谷差，使得微电网内部发电设备的利用率得到提高，并将会提高整个微电网的运行效率，以及供电可靠性，创造一定的经济效益和社会效益。

9.7 液流电池在微电网和分布式储能中的应用案例

9.7.1 日本住友电气工业株式会社横滨工厂微电网项目

图9.27、图9.28给出了日本住友电气工业株式会社横滨工厂微电网储能电站。该微电网储能电站坐落于日本住友电工横滨工厂内部，是日本智能城市项目中能源部分的试点工程[11]。该微电网系统由28台聚光光伏（最大总发电200 kW）、全

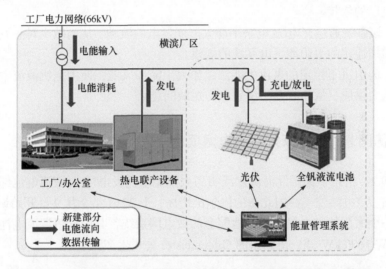

图9.27 日本住友电气工业株式会社横滨工厂微电网项目演示示意图

图9.28 住友电气工业株式会社聚光太阳能发电和1 MW/5 MW·h全钒液流电池储能系统微电网

钒液流电池系统（规模为 1 MW/5 MW·h）和 6 台燃气发电机系统（总计 3.6 MW）构成。微电网采用能量管理系统（EMS），监控聚光光伏产生的电量、电池电量和电量消耗，并将测量数据存储在中央服务器中，结合工厂实时的购售电电价，通过储能电池的充、放电调节，最经济化地给工厂提供电力，同时可以反馈给商业电网获益。项目于 2012 年 7 月开始试运行。该项目作为示范试点项目，预期的功能和目标包括以下几个方面。

（1）工厂削峰填谷，目标削减工厂内 1 MW 的电力需量，从而有助于缓解日本的急性电力短缺问题。

（2）将全钒液流电池与太阳能发电机相结合，实现了基于计划的稳定供电。这种改进将提高太阳能发电的价值，但是容易受到天气影响，并加速引进自然电源。

（3）系统根据电力负荷控制电池放电的电量，稳定电力消耗，最大限度地减少对发电厂的依赖。

（4）该系统通过充电/放电来平衡太阳能发电的波动，从而减少对热发电的依赖，并增加连接的太阳能发电系统的规模。

（5）为引进不稳定的可再生能源，如太阳能和风能，使用全钒液流电池有助于稳定电力供应，从而有助于缓解电力短缺问题。

9.7.2　德国北海佩尔沃姆岛微电网项目

图 9.29 给出了德国北海佩尔沃姆岛太阳能电池发电/全钒液流电池储能的微电网电站。该电站位于德国北海的佩尔沃姆岛，于 2013 年 9 月 9 日开始调试。该项目是一个太阳能和全钒液流电池配套的微电网系统，其中全钒液流电池的规模为 200 kW/1600 kW·h，由德国的 Gildemeister 公司生产[12]。

图 9.29　德国佩尔沃姆岛太阳能电池发电/全钒液流电池储能系统智能微电网

　　本项目一方面研究了高比例可再生能源的并网和运行策略，提高了可再生能源电站与电网的协调运行机制；另一方面研究了创新的电池技术，通过集中安装不同规模的储能技术，实现了负荷的柔性管理，通过能量管理系统，集中优化了储能在整个分布式功能系统的作用。项目的最终目的是推广分布式能源系统和储能技术在电力系统的应用。

9.7.3　中国北京、中国宁夏金风科技集团微电网项目

　　金风科技股份有限公司可再生能源多能互补微网项目是国家级风-光-储智能微电网示范项目，位于北京亦庄金风工业园区，2012 年投入运行。该系统包含 2.5 MW 风机，屋顶 500 kW 光伏，以及 2 台共 130 kW 微型燃机。储能系统采用了锂电池、超级电容及由大连融科储能技术发展有限公司提供的 200 kW/800 kW·h 全钒液流电池储能系统等多种储能方式，其中全钒液流电池系统作为整个微电网系统的核心储能设备，功能包括平滑可再生能源出力、削峰填谷、辅助控制电压频率等。园区负荷主要是金风科技办公楼和生产车间。微电网通过能量管理系统可以实现对用户进行柔性电力管理，既可以与外部电网并网运行，也可以独立运行。这套微网系统每年可为企业提供清洁电力约 260 万度（1 度为 1 千瓦·时），占园区总用电量的30%，局部时间段甚至超出用电需求量，每年向电网售电创收 40 余万元。到 2019 年年底，该 200 kW/800 kW·h 钒液流电池储能系统已经安全稳定、无故障运行了 8 年，并仍在继续可靠运行。图 9.30、图 9.31 分别给出了金风科技股份有限公司可再生能源多能互补微网项目微电网工程设计效果图和大连融科储能技术发展有限公司提供的 200 kW/800 kW·h 全钒液流电池储能系统照片。

图 9.30　金风科技股份有限公司可再生能源多能互补微网项目微电网工程

图 9.31　200 kW/800 kW·h 全钒液流电池储能系统照片

　　金风科技第二个全钒液流电池微电网项目坐落于宁夏吴忠市红寺堡区工业园区，项目包含 2.0 MW 风机、375 kV 多晶、双轴跟踪及高透光伏发电系统、65 kV 微燃机、2 台充电桩及由大连融科储能技术发展有限公司提供的 125 kW/625 kW·h 一体化集装箱式全钒液流储能系统。该项目于 2016 年 7 月并网运行，在北京亦庄微电网项目的基础上，该项目完善了系统能量管理系统功能，优化了微电网的电源和储能匹配，储能设备采用了大连融科储能技术发展有限公司生产的第二代集装箱式的全钒液流电池系统，集成度更高，更适合于室外应用，现场安装和调试比较便捷。本项目的建设为当地园区企业提供经济、绿色、便捷的能量解决方案。图 9.32 及图 9.33 分别给出了宁夏嘉泽微电网示范应用项目现场鸟瞰图及该项目中由大连融科储能技术发展有限公司生产的 125 kW/625 kW·h 一体化集装箱式全钒液流电池系统。

图 9.32　宁夏嘉泽项目现场鸟瞰图

图 9.33　宁夏嘉泽微电网中的 125 kW/625 kW·h 全钒液流电池储能系统

9.7.4　中国辽宁旅顺蛇岛微电网储能项目

大连旅顺蛇岛国家级自然保护区的电力供应一直采用柴油机发电来供电，柴油机噪音对岛上生态影响很大，并且时常断电，严重影响了岛上研究人员的正常工作和生活。本项目依据旅顺蛇岛上基本负荷情况，由大连融科储能技术发展有限公司设计并建造了一座由 21 kW 太阳能光伏发电系统、10 kW/200 kW·h 全钒液流储能电池系统及逆变器等相关控制设备组成的供电系统，该系统示意图如图 9.34 所示。该系统的使用大大降低了柴油机的使用。目前系统已连续运行了 8 年多，没有发生断电情况，保障了岛上正常工作和生活用电。

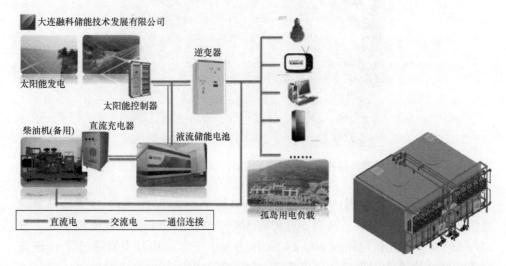

图 9.34　旅顺蛇岛光伏-储能联合供电系统示意图及 10 kW/200 kW·h 全钒液流电池示意图

9.7.5　锌/溴液流电池微电网储能项目

到 2019 年年底，锌/溴液流电池全球总装机达 5.4 MW，每个项目的规模以百千瓦级为主，项目应用地主要在美国和澳大利亚，主要应用是分布式微电网领域。特别是美国军方多个军事基地部署了可再生能源配套锌/溴液流电池的微电网系统。

2013 年年末，ZBB 公司为美国加州圣尼古拉斯岛海军基地提供了一套 500 kW/1000 kW·h 的锌/溴电池系统，与风电、太阳能发电及柴油机系统构成微电网。本项目是海军作为试点示范项目首次实施的大型可再生能源微电网项目。项目在 2013年年末投运，2015 年年末退役。微电网中能量管理系统对风力发电机组和柴油发电系统产生的峰值功率进行了负荷管理，以尽量减少柴油发电机组的运行时间。这个项目示范使海军基地对先进的储能系统进行了测试和了解，成功的测试和认证将使这项技术向更广泛的海军基地使用过渡[13]。

2014 年年初，ZBB 公司为美国夏威夷州檀香山珍珠港西肯联合基地提供了一套 125 kW/400 kW·h 的锌/溴液流电池储能系统，这套系统同样包含了自身的能量管理控制系统，与现有的太阳能和风力发电系统构成微电网并实现联合运行，此储能系统提高了军事基地的电力供应保障能力（图 9.35）。

图 9.35　美国珍珠港西肯联合基地 125 kW/400 kW·h 锌/溴液流电池系统

2016 年 11 月，美国的 VionX Energy（原 Premium Power）在美国马萨诸塞州的埃弗雷特市安装了两套 500 kW/3000 kW·h 的锌/溴液流电池系统，分别与 605 kW 的光伏电站及 600 kW 的风力发电配套，项目主要通过锌/溴液流电池来降低峰值能源需求和停电成本（图 9.36）[14]。

图 9.36　VionX Energy 锌/溴液流电池系统

9.8　液流电池应用的发展趋势

综上，液流电池在电力系统的应用近年来呈增长趋势，尤其在电力系统新能源发电侧和输电网络中的应用更是成为其主要应用方向。全钒液流电池因为其安全、环保、寿命长，不存在交叉污染和容量易恢复等特性而成为液流电池技术中的主流应用技术。目前，全钒液流电池储能技术在全球范围内受到越来越广泛的关注。

虽然相比于锂离子电池来说，全钒液流电池能量效率偏低、占地面积偏大，但全钒液流电池技术及产品的发展依然有较大潜力。全球范围内，参与全钒液流电池储能技术的研究机构和企业纷纷继续加大投入，致力于改善和提高其效率、功率密度、能量密度及高低温稳定性等方面的工作。随着研发和投入的深入，全钒液流电池产品性能将会逐渐提高。同时，全钒液流电池产品的上下游产业链也在逐步完善，有利于全钒液流电池储能技术产品的质量控制和成本降低。

中国发布的《能源发展战略行动计划（2014—2020 年）》，要求切实加强电源与电网统筹规划，科学安排调峰、调频、储能配套能力，切实解决弃风、弃光问题，并将大规模储能技术与分布式能源、智能电网和先进可再生能源等一起列为九大重点创新领域。另外，随着智能电网、分布式能源的发展，储能的重要性越来越受到关注。大规模可再生能源的应用和电力体制改革的深入及激励政策的出台，为全钒液流电池提供了广阔的市场空间，全钒液流电池将很快迎来第一轮市场爆发期，特别是在大容量储能技术领域有着更加广阔的应用和推广前景。

参 考 文 献

[1] Yang Z, Zhang J, Kintner-Meyer M.C, et al. Electrochemical energy storage for green grid[J]. Chem Rev, 2011, 111:

3577-3613.

[2] 张华民. 储能与液流电池技术[J]. 储能科学与技术, 2012, 1: 58-63.

[3] https://www.sandia.gov/ess-ssl/doe-global-energy-storage-database/.

[4] https://www.hydro.com.au/system/files/documents/King_Island_Renewable_Energy_PK_2008.pdf.

[5] http://www.energystorageexchange.org/projects/2043.

[6] 夏翔, 雷金勇, 甘德强. 储能装置延缓配电网升级的探讨[J]. 电力科学与技术学报, 2009, 24:33-39.

[7] http://www.energystorageexchange.org/projects/583.

[8] http://www.energystorageexchange.org/projects/1406.

[9] IEEE Std 1547TM-2003.IEEE Standard for Interconnecting Distributed Resources with Electric Power Systems[S]. New York: IEEE-SA Standards Board, 2003.

[10] 张建华, 黄伟. 微电网运行控制与保护技术[M]. 北京: 中国电力出版社, 2010.

[11] http://global-sei.com/news/press/12/prs069_s.html.

[12] http://www.energystorageexchange.org/projects/1250.

[13] http://www.energystorageexchange.org/projects/1036.

[14] https://www.smartgrid.gov/files/OE0000224_VionXEnergy_FactSheet.pdf.

索　引

B

部分氟化离子交换膜　212

C

充、放电性能测试　42

储能容量的提升及恢复策略　171

纯碳负极型铅炭电池　22

D

电堆的额定输出功率与额定能量效率　252

电堆的共用管路设计　249

电堆的构成　247

电堆的结构设计　247

电堆的密封材料与结构　250

电堆的设计原则　252

电堆中的电解液分布　247

电极的功能与作用　183

电极的特点与分类　183

电解液流动方式　281

电解液流动模型　268

电解液中水和钒离子的迁移规律　144

端板和导流板　250

多孔离子传导膜　223

多硫化钠/溴液流电池　76

多硫化钠/溴液流电池电解液　100

E

二茂铁/紫精液流电池　304

F

钒/多卤化物电解液　136

钒/吩噻嗪液流电池　309

钒/溴液流电池　69

钒化学的相关知识　112

非氟离子交换膜　214

非水系液流电池　296

G

高安全性控制管理　259

咯嗪/铁氰化钾液流电池　307

H

混合酸体系钒电解液　136

J

极化曲线测试　48

碱性锌/铁液流电池　85

K

控制管理系统　260

醌/铁液流电池　302

醌/溴液流电池　301

L

离子交换（传导）膜的作用和性能要求　203

离子在离子交换膜中的传输机理　167

锂离子电池　4

锂离子电池电解液　7

锂离子电池负极材料　7

锂离子电池隔膜　8

锂离子电池正极材料　6

流场结构　253

硫/碘液流电池体系　319

硫酸型钒电解液　126

漏电电流的控制　254

N

钠硫电池　13

钠硫电池的工作原理　14

钠硫电池的结构和原理　14

钠硫电池的特性　15

内并型铅炭电池　22

内混型铅炭电池　21

Q

铅酸单液流电池　84

铅炭电池的原理　20

铅炭电池的种类和结构　20

全钒液流电池的部件及结构　277

全钒液流电池的流场结构　279

全钒液流电池的原理和特点　244

全钒液流电池电堆及系统技术　243

全钒液流电池电解液　112

全钒液流电池电解液的稳定性　174

全钒液流电池电解液的制备　117

全钒液流电池数学模型　267

全钒液流电池系统　256

全氟磺酸离子交换膜　204

S

双极板的功能与作用　194

双极板的特点与分类　195

水系无机电对液流电池　310

水系有机电对液流电池　301

T

钛/锰液流电池　310

铁/铬液流电池　53

铁/铬液流电池电解液　98

X

系统的设计原则　257

锌/碘单液流电池　315

锌/碘液流电池　311

锌/镍单液流电池　71

锌/铈液流电池　84

锌/铁液流电池　85

锌/溴单液流电池　66

锌/溴液流电池　55

新型电对液流电池　296

Y

液流电池　31

液流电池储能系统　38

液流电池单电池　35

液流电池的典型应用领域　323

液流电池的分类　39

液流电池电堆　36

液流电池电极　183

液流电池电解液　98

液流电池双极板　194

液流电池系统　38

液流电池效率及储能容量稳定性　170

液流电池性能的评价方法　40

液流电池用离子交换（传导）膜　203

Z

质子浓度对全钒液流电池储能容量的
影响　158

中性锌/铁液流电池　88

其他

FL/DBMMB 液流电池　301

Li/BODMA 液流电池　297

Li/Br_2 液流电池　300

Li/TEMPO 液流电池　296

Li/二茂铁液流电池　299

Li/醌类化合物液流电池　298